Variación léxica en los nombres de las partes del cuerpo

# Studien zur romanischen Sprachwissenschaft und interkulturellen Kommunikation

HERAUSGEGEBEN VON GERD WOTJAK

Band 79

## PETER LANG

Frankfurt am Main · Berlin · Bern · Bruxelles · New York · Oxford · Wien

Carolina Julià Luna

# Variación léxica
# en los nombres de las partes
# del cuerpo

Los dedos de la mano
en las variedades hispanorrománicas

PETER LANG
Internationaler Verlag der Wissenschaften

**Bibliografische Information der Deutschen Nationalbibliothek**
Die Deutsche Nationalbibliothek verzeichnet diese Publikation in der
Deutschen Nationalbibliografie; detaillierte bibliografische
Daten sind im Internet über http://dnb.d-nb.de abrufbar.

ISSN 1436-1914
ISBN 978-3-631-61826-4

© Peter Lang GmbH
Internationaler Verlag der Wissenschaften
Frankfurt am Main 2012
Alle Rechte vorbehalten.

www.peterlang.de

# Índice

# Introducción[1]

La investigación del léxico de las partes del cuerpo humano, eje central que verte-bra los 10 capítulos en los que se divide la presente obra, constituye un tema de interés transversal en la historia de los estudios lingüísticos. Las perspectivas des-de las que se ha enfocado el análisis de esta cuestión son muy diversas (etimolog-ía, gramática, dialectología, fraseología, semiótica, onomasiología, semasiología, etc.) y, en conjunto, reflejan la importancia que poseen las voces referidas a este dominio semántico en el desarrollo, evolución y uso de cualquier lengua.

A modo de ejemplo, se pueden mencionar algunas de las interesantes líneas de investigación que han surgido en torno a este objeto de estudio. Desde el punto de vista gramatical, debe citarse la tendencia al análisis de la interesante relación que se establece entre la expresión de la posesión y los nombres de las partes del cuer-po (Bally 1926; Kliffer 1987; Chappell y McGregor 1996; Picallo y Rigau 1999; Velázquez -Castillo 1996, 2000). De otro lado, los estudios histórico-etimológicos han pretendido determinar, de modo general o particular, el origen y la evolución de las voces de este dominio léxico-conceptual con objeto de caracterizar su sin-gularidad y sus particularidades de formación (Zauner 1903 [1902]; Meyer-Lübke 1914-1915; Malkiel 1958; Benveniste 1969; Skoda 1988; André 1991; Castillo Contreras 1996, 2000; Madariaga 2003). También se han examinado los rasgos de este sector léxico desde una perspectiva diastrática (Buzek 2005; Negro Romero 2009) y diatópica (Bennett 1982; Rabanales 1983; López Morales 1992; Luna Traill 1997; Caprini y Ronzitti 2007) con objeto de establecer el grado de estabili-dad o variabilidad designativa que presentan las denominaciones de los conceptos corporales a través de distintos registros y espacios geográficos.

Entre las investigaciones de carácter diatópico sorprende considerablemente el escaso número de referencias o análisis sobre los datos de los mapas geolingüísti-cos (Meya Llopart 1975; Veny 2000; Romero y Santos 2002; Julià 2007, 2009a, 2010, 2011, en prensa a) si se tiene en cuenta que esta esfera del vocabulario apa-rece sistemáticamente en los cuestionarios de los atlas lingüísticos.

Muchas de las líneas de trabajo mencionadas en torno a esta parte del lexicón convergen en la semántica. Desde este punto de vista se han desarrollado trabajos tanto onomasiológicos como semasiológicos (Renson 1962; Blank y Koch 1999; Julià 2009a, 2009b, 2010, 2011, en prensa a y b); y se ha prestado una atención muy especial a cuatro particularidades o propiedades de este dominio léxico-semántico: al modo en el que el léxico expresa la categorización mental que los

---

1    El desarrollo de esta publicación ha sido posible gracias a la financiación del Ministerio de Ciencia e Innovación para el proyecto «Portal de léxico hispánico: bibliografía, léxico y do-cumentación» (n.º de ref. FFI2008-06324-C02-01) y del *Comissionat per Universitats i Re-cerca* de la Generalitat de Catalunya para el «Grup de Lexicografia i Doacronia» (n.º de ref. SGR2009-1067).

hablantes poseen de las distintas partes del cuerpo (Brown 1976; Andersen 1978; Brown y Witkowski 1985; Krefeld 1999; Brown 2005 a y b; Enfield, Majid y Staden 2006); a su carácter pancrónico y pantópico, es decir, a su relativo valor universal en las lenguas (Ullmann 1963; Weinreich 1963; Leech 1985 [1974]; Gutiérrez Pérez 2010); a su relevancia en la comunicación lingüística para expresar nociones no verbales (Guiraud 1986 [1980]; Ruthrof 1999; Kreidlyn 2008); y, fundamental y esencialmente, a la facultad que posee para crear y atraer metáforas y metonimias (Oroz 1949; Tagliavini 1949; Brown y Witkowski 1981; Martín-Municio 1992; Martins-Baltar y Calbris 1997; Gutiérrez Pérez 2010).

Además, el interés por el estudio del léxico del cuerpo humano ha ido en aumento, si cabe, a partir del surgimiento de las teorías experiencialistas de la lingüística cognitiva (Blank y Koch 1999 y 2000; Pascual Aransáez 1998-1999; Blank 2003; Dworkin 2006; Koch 2008), muy probablemente porque uno de los postulados básicos de esta corriente teórica es la consideración de que el cuerpo es la base del pensamiento y la conceptualización de la realidad, lo que se ha designado *corporeización de la mente* o *embodiment* (Johnson 1992 [1987]; Ziemke 2003).

La presente monografía constituye una revisión y reestructuración de los contenidos de una parte de mi tesis doctoral presentada en 2010 en la Universidad Autónoma de Barcelona y pretende, en la medida de lo posible, contribuir a completar una de las líneas de investigación menos desarrolladas en los estudios léxicos del cuerpo humano, el examen de los datos procedentes de los mapas elaborados por la geografía lingüística. Para ello, se ha adoptado una perspectiva de análisis multidisciplinar en la que se combina el análisis de la variación y la distribución de las formas léxicas en el espacio con el estudio etimológico y la motivación semántica a partir de la aplicación de las teorías y los postulados de la lingüística cognitiva. Esto permite obtener una visión poliédrica de las características del objeto de estudio seleccionado.

El análisis que se ha desarrollado parte de los datos que atesoran los atlas lingüísticos regionales publicados sobre las variedades hispanorrománicas: el catalán (*ALDC*), el español (*ALCyL, ALEA, ALECant, ALEANR, ALeCMan, ALEICan*) y el gallego (*ALGa*). Los conceptos corporales que se han elegido para llevar a cabo la investigación son los cinco dedos de la mano porque, por un lado, son unas de las partes del cuerpo que poseen mayor representación en los cuestionarios de los atlas lingüísticos (Julià 2007: 125-126) ya que se encuentran en casi todos ellos; y, por otro lado, conforman un grupo de partes muy importantes en el desarrollo de la vida cotidiana del ser humano y en la configuración del conocimiento (Wilson 2002 [1998]), por lo que resulta muy interesante estudiar la evidencia lingüística de sus características cognitivas.

El libro se divide en dos partes claramente diferenciadas y complementarias destinadas a presentar los aspectos y conceptos teóricos más importantes en el estudio del léxico del cuerpo humano y su aplicación a los datos de la geografía lingüística. La primera, conformada por los cinco primeros capítulos, es una presentación de los distintos modelos teóricos que se han tenido en cuenta para el estudio posterior de las informaciones geolingüísticas. En el capítulo 1, se señala el lugar que ha ocupado el cuerpo humano en la evolución de las ciencias cognitivas y, en especial, en la lingüística cognitiva; en el capítulo 2, se presentan las posibilidades de investigación que posee el léxico del cuerpo humano desde la perspectiva de la semántica cognitiva y la etimología; en el capítulo 3 y 4 se introducen los conceptos de metáfora y metonimia y se aportan numerosos ejemplos de estos procedimientos semántico-cognitivos en la formación de nombres de partes del cuerpo; el capítulo 5 se destina a la caracterización del concepto 'somatismo' y de las unidades lingüísticas somáticas. Con esta primera parte, se pretende ofrecer un breve estado de la cuestión sobre los principales métodos de análisis y resultados que se han obtenido en el estudio lexicológico de las partes del cuerpo humano. La segunda parte, conformada por los cinco últimos capítulos de carácter práctico, constituye la exposición del análisis etimológico, semántico y diatópico de las distintas designaciones que se han recogido en los atlas regionales del español, el catalán y el gallego sobre los conceptos referidos a los cinco dedos de la mano: dedo pulgar (capítulo 6), dedo índice (capítulo 7), dedo corazón (capítulo 8), dedo anular (capítulo 9) y dedo meñique (capítulo 10).

# PARTE I
## TEORÍAS Y MÉTODOS DE INVESTIGACIÓN
## DEL LÉXICO DEL CUERPO HUMANO

# Capítulo 1. El cuerpo humano en las ciencias cognitivas

Desde la Antigüedad, el hombre se ha interesado por las relaciones que existen entre la mente, el cuerpo y la realidad externa a él. Se puede considerar una de las cuestiones fundamentales de la filosofía, la ciencia y la religión de todos los tiempos (Johnson 1992 [1987]: 221-261; Lakoff y Johnson 1999: 337-548). Desde la teoría de las ideas de Platón o *sospecha platónica de la imaginación* (Johnson 1992 [1987]: 224), hasta la *filosofía de la mente*, pasando por René Descartes, Thomas Hobbes, Immanuel Kant y otros pensadores de distintas épocas, se han ido postulando diferentes teorías sobre el conocimiento humano basadas en la vinculación entre el cuerpo y el entorno.

En la historia más reciente de la investigación sobre el conocimiento humano destaca el interés de las *ciencias cognitivas* por el estudio de la relación que se establece entre el cuerpo, la realidad y la mente. Sin embargo, debe tenerse en cuenta que el primer cognitivismo no concedió apenas importancia al cuerpo pues lo concebía como una entidad distinta y separada de la mente, razón por la que entendía la *cognición* como un conjunto de representaciones simbólicas a partir de las que la realidad se conceptualiza en la mente y que no poseen aparente relación con la experiencia y el cuerpo (Varela 1990: 37). Posteriormente, a partir de la reformulación de algunas afirmaciones, el cognitivismo resolvió que era improbable la existencia del conocimiento y del pensamiento sin la acción del cuerpo humano y su contacto con el exterior. En el presente capítulo, se describen brevemente las características principales de la *lingüística cognitiva* y se da cuenta del modo en el que se ha investigado desde esta disciplina la relación que mantienen cuerpo, mente y realidad en la creación del conocimiento a partir del análisis de las estructuras lingüísticas.

## 1.1. La lingüística cognitiva

Los orígenes de la *lingüística cognitiva* proceden, en primera instancia, de la gramática generativa ya que George Lakoff y Ronald Langacker, los «padres» (Cuenca y Hilferty 1999: 11) de esta disciplina, se formaron en el seno del *generativismo chomskiano*. En la década de 1980, las teorías de estos dos lingüistas se consolidaron y se formalizaron en esta nueva corriente (Langacker 1987-1991 y Lakoff 1987a).

El objetivo principal de la *lingüística cognitiva* es el estudio del modo en el que se reflejan los principios cognitivos en las categorías conceptuales de los ítems léxicos de la lengua (Cuyckens y Zawada 1997: x). Uno de los rasgos definitorios más destacados que caracteriza a esta propuesta teórica es la afirmación de que el origen de los pensamientos y de la estructura cognitiva y, en consecuencia, de las producciones lingüísticas —que son el reflejo de ésta— surge de la interacción que se establece entre el hombre y su entorno, esto es, de su *experiencia*. En este sentido, el cognitivismo lingüístico que defienden Lakoff y Johnson (1986 [1980]) posee una base filosófica muy importante. Su propuesta, centrada en la conceptualización de la realidad, del significado y la forma de comunicarlos, se opone a las dos teorías de la significación que predominaban en el momento en que postularon su doctrina: el *objetivismo*, la creencia de que «existe una verdad absoluta e incondicional», y el *subjetivismo*, la concepción de que la verdad «se obtiene solo a través de la imaginación independientemente de las circunstancias externas» (Lakoff y Johnson 1986 [1980]: 235). El hecho de que ninguna de estas dos posturas lógicas explicara la verdadera relación entre la mente y la realidad fue el motivo que impulsó a estos dos investigadores a proponer el *experiencialismo* —o *realismo experiencial* (Lakoff 1987a)—, como alternativa ideológica para demostrar que «la verdad es relativa a nuestro sistema conceptual, que se basa en nuestras experiencias y las de otros miembros de nuestra cultura» (Lakoff y Johnson 1986 [1980]: 236). Con estas afirmaciones pretendían dar una alternativa a los supuestos errores del *objetivismo* y del *subjetivismo*:

> el objetivismo y el subjetivismo yerran en la explicación de la manera en que entendemos el mundo, a través de nuestras interacciones con él. El objetivismo se equivoca en el hecho de que entender, y la verdad en consecuencia, es algo necesariamente relativo a nuestro sistema conceptual cultural y no puede ser enmarcado en ningún sistema conceptual absoluto o neutral. El objetivismo también olvida el hecho de que los sistemas conceptuales humanos son de naturaleza metafórica e implican una comprensión imaginativa de un tipo de cosas en términos de otro. El subjetivismo, por su parte, niega específicamente que nuestra comprensión, incluso nuestra comprensión imaginativa se dé en términos de un sistema conceptual que está fundamentado en nuestro funcionamiento dentro de nuestro ambiente físico y cultural (Lakoff y Johnson 1986 [1980]: 237).

Lakoff y Johnson (1986 [1980]: 222-224) proponían y presentaban un nuevo modelo para explicar la forma en que los seres humanos conceptualizan la realidad. Los postulados principales en que se sustentan sus teorías *experiencialistas*, según Cuenca y Hilferty (1999: 15-16), son cuatro:

> 1. [...] el pensamiento es más que una manipulación de símbolos abstractos; presenta una estructura ecológica en el sentido de que la eficiencia en el procesamiento cognitivo depende de la estructura global del sistema (Cuenca y Hilferty 1999: 15).
> 2. [...] el pensamiento —es decir, las estructuras que constituyen nuestros sistemas conceptuales— surge de la experiencia corpórea y tiene sentido según dicha experiencia. Es lo que en inglés se denomina *embodiment* y que podríamos traducir como *carácter corpóreo del lenguaje*. El núcleo de nuestros sistemas conceptuales se basa directamente en la percepción física, en el movimiento corporal y en la experiencia física y social (Cuenca y Hilferty 1999: 15).

3. [...] el pensamiento tiene propiedades gestálticas y, por tanto, no es atomístico: los conceptos tienen una estructura global que es más que la pura suma de la unión de bloques de construcción conceptual a partir de reglas generales (Cuenca y Hilferty 1999: 16).

4. [...] el pensamiento es imaginativo, lo cual explica la capacidad de pensamiento abstracto, que nos lleva más allá de lo que podemos percibir. La estructura conceptual sólo puede describirse usando "modelos cognitivos", no a partir de valores de verdad como los utilizados en la lógica proposicional (Cuenca y Hilferty 1999: 16).

Así pues, en este nuevo modelo teórico de la comprensión de la realidad, la lengua es el modo de expresión de la conceptualización del mundo y el cuerpo, como entidad física, es uno de los principales medios de conexión con el entorno, por ello, es en el lenguaje donde se puede apreciar esta estrecha relación entre el cuerpo y el significado.

## 1.2. El concepto de 'embodiment' o 'corporeidad' en las disciplinas cognitivas

El *embodiment* o *carácter corpóreo del lenguaje* constituye un postulado crucial en los presupuestos teóricos cognitivos (Ruiz Gurillo 2006: 3) mediante el que se puede argumentar que el cuerpo humano es básico en el desarrollo del conocimiento humano porque es el elemento que nos une a todos los seres de la especie humana y el que nos permite mantener contacto con el resto de entidades físicas que conforman el mundo. Por tanto, desde la perspectiva cognitiva se manifiesta que la mente, el cuerpo y el mundo externo «forman [...] un mismo sistema» (Clark 1999 [1997]: 16).

*Embodiment*[2] es el término inglés que se ha empleado para referirse al destacado papel que tiene el cuerpo en la mente humana y, en español, se traduce como *corporeidad*[3] de la cognición. Según Rohrer (2007b: 27), el *embodiment* «is the claim that human physical, cognitive and social embodiment ground our conceptual and linguistic systems». El mismo investigador, se detiene en la descripción

---

2   Para una visión general del origen y el uso del término en las disciplinas cognitivas, véanse, entre otros, Rohrer (2001, 2007a y 2007b), Ziemeke (2003), Anderson (2003), Goschler (2005: 33-37), Johnson y Rohrer (2007) y Martínez del Castillo (2008: 146-147).

3   Existen distintas traducciones españolas del término inglés *embodiment*. En la versión española de *The Body in the Mind* de Johnson (1992 [1987]), se emplean términos como *corporeidad del significado* (p. 17) o *comprensión corporeizada* (p. 305). Varela, Thompson y Rosch (1992: 202-203) usan la expresión *acción corporizada* para referirse al hecho de que «la cognición depende de las experiencias originadas en la posesión de un cuerpo con diversas aptitudes sensorio-motrices están encastradas en un contexto biológico, psicológico y cultural más amplio». En el ámbito de la teoría lingüística, Cuenca y Hilferty (1999: 15-17) se refieren al *carácter corpóreo* del lenguaje y a la *naturaleza corpórea* o *corporeización* del lenguaje. Recientemente, Olza Moreno (2011) ha empleado la designación *corporalidad*.

de los distintos significados que ha ido adquiriendo el término en su aplicación a las disciplinas cognitivas. Es necesario tener en cuenta que la hipótesis de la corporeidad cognitiva es relativamente moderna, pues el *primer cognitivismo* (Varela 1990: 119) había postulado —probablemente partiendo del modelo cartesiano— que el cuerpo y la mente eran entidades que actuaban de modo independiente en la generación del conocimiento humano. Hasta los inicios del *cognitivismo actual* y de las teorías experiencialistas, los investigadores no empezaron a centrar su atención en la importancia que posee el cuerpo en la creación del significado y en la conceptualización de la realidad.

Sin embargo, antes del surgimiento del cognitivismo, algunos investigadores en el marco de la psicología (Jean Piaget 1975 [1926]) y la filosofía (Merleau Ponty 1975 [1945]) se refirieron ya a la importancia que el cuerpo ejerce en la configuración de la mente.

En el campo de la psicología, destacan las teorías de la psicología infantil y del desarrollo cognitivo de Jean Piaget recogidas en *La représentation de l'espace chez l'enfant* (1926). Es una de las primeras ocasiones en que se propone la idea de que al nacer la única forma que tienen los niños de relacionarse con el mundo es su cuerpo y sus capacidades sensoriales y motrices porque constituyen los únicos medios que les proporcionan, en primera instancia, la experiencia suficiente para adquirir y desarrollar el conocimiento que les servirá de ayuda en el periplo de la vida humana. En términos de Piaget (1975 [1926]), la relación entre el organismo del niño con el exterior condiciona la formación de su propia conciencia.

Aunque todavía en un estadio inicial, la teoría formulada por Piaget sobre el desarrollo cognitivo infantil a partir de investigaciones empíricas es uno de los primeros trabajos en psicología en los que se deja constancia de que el desarrollo de la mente humana está totalmente vinculado con el concepto de *embodiment*. El investigador francés deduce que las acciones corporales tienen una importancia vital en la infancia para la formación de la conciencia humana, lo que, de acuerdo con Peñalba (2005), está totalmente relacionado con las teorías del *experiencialismo* de Lakoff y Johnson (1986 [1980])[4], pues «desde el principio vivimos una contención física constante en nuestro entorno» (Johnson 1992 [1987]: 75).

En filosofía, Maurice Merleau Ponty debe considerarse el predecesor de los postulados existencialistas centrados en la importancia que el cuerpo y la experiencia corporal adquieren en la mente. Las ideas principales de su teoría, la *fenomenología* (Audi 1999: 664-666 s. v. *phenomenology*), se detallan en el manual titulado *Phénoménologie de la perception* (1945). En sus páginas se advierte que su objetivo principal es la demostración de la relevancia de la experiencia corporal en la creación del pensamiento humano. En palabras del mismo filósofo, «la adquisición más importante de la fenomenología estriba, sin duda, en haber unido el

---

4    Para más información sobre la relación entre las teorías de Piaget y el *embodiment* postulado por las disciplinas cognitivas, véase Johnson (2007) y Gibbs (2006: 208-210).

subjetivismo y objetivismo extremos en su noción del mundo o de la racionalidad. La racionalidad se mide, exactamente, con las experiencias en las que se revela» (Merleau Ponty 1975 [1945]: 19). Destaca la claridad con la que el autor, en este fragmento, se distancia de las teorías del conocimiento predominantes en su época, *subjetivismo* y *objetivismo*, en favor de la *fenomenología*, basada en la idea de que los conocimientos humanos proceden, en primera instancia, de la experiencia. Así pues, sus palabras no son más que los primeros testimonios del *experiencialismo* de Lakoff y Johnson (1986 [1980]) que se ha descrito anteriormente (§ 1.1.).

Así, tanto el concepto *embodiment* como las teorías *experiencialistas* deben entenderse desde una perspectiva filosófica, la *fenomenología*, que tiene su máxima representación en los postulados de Merleau Ponty. Posteriormente, las teorías postuladas por el filósofo sobre la importancia del cuerpo en la mente fueron adquiriendo nuevos adeptos en otras disciplinas.

En el campo de la lingüística, los primeros y más destacados trabajos sobre este tema los conforman diferentes obras de Lakoff y Johnson[5]. La primera, *Metaphors We Live By* (1980), fue escrita en colaboración por los dos autores y en ella expusieron una propuesta teórica sobre la conceptualización del conocimiento basada en el estudio de la metáfora que se presenta como uno de los principales recursos de los que dispone el ser humano para entender la realidad experimentada por su propio cuerpo. Es en el contacto con el entorno, es decir, en la creación de la experiencia, cuando el cuerpo interviene y se convierte en el vehículo que permite que se generen tanto el conocimiento como el pensamiento y las emociones. En definitiva, para estos investigadores la adquisición del conocimiento y su transmisión lingüística es, en gran medida, metafórico. Entienden que la metáfora, concebida como la transformación de la realidad en estructuras fácilmente inteligibles mediante comparaciones, permite una mayor intercomprensión entre los hablantes y el exterior. Tal es la importancia que Lakoff y Johnson (1986 [1980]: 283) otorgan a los mecanismos metafóricos que llegan a identificar este procedimiento cognitivo como un sentido más de la experiencia humana.

Tan solo siete años más tarde, en 1987, los mismos investigadores publicaron nuevamente, aunque esta vez de forma individual, dos obras cruciales para la historia de la lingüística cognitiva en las que se afianzaron los postulados del *experiencialismo* y, en especial, el de la importancia del cuerpo humano en la adquisición y transmisión del conocimiento. En el título de la obra de Johnson (1992 [1987]), *The Body in the Mind: The Bodily Basis of Meaning, Imagination and*

---

5    Del legado que dejó la *fenomenología* filosófica de Merleau Ponty al cognitivismo, son conscientes los propios creadores del *experiencialismo*. El mismo Johnson (1992 [1987]: 46) explica que sus propuestas teóricas habían ya sido expuestas en *fenomenología* y, por ello, reconoce que algunas de las afirmaciones que recoge en su libro no son novedosas sino herederas de esta corriente filosófica. Asimismo, se lamenta de la poca aceptación que las ideas de este modelo tuvieron en Inglaterra y Norteamérica.

*Reason*, se aprecia la relación entre el cuerpo y la mente en el experiencialismo. En el prefacio del libro, Johnson resume de forma clara y sencilla los objetivos que se ha propuesto en la redacción del mismo y, entre ellos, el cuerpo adquiere, junto al significado y a la conceptualización, un papel muy importante, como puede apreciarse en palabras del propio investigador:

> *El cuerpo en la mente* es una exploración de algunas de las estructuras imaginativas corporeizadas más importantes de la comprensión humana que configura nuestra red de significados y que da lugar a patrones de deducción y reflexión en todos los niveles de abstracción. No sólo me propongo defender que el cuerpo está «en» la mente (es decir, que esas estructuras imaginativas de la comprensión son decisivas para el significado y la razón), sino explorar de qué manera el cuerpo está en la mente [...] cómo es posible y necesario que los significados abstractos y que la razón y la imaginación tengan una base corporal (Johnson 1992 [1987]: 19).

En esencia, Johnson (1992 [1987]) sigue la línea iniciada en Lakoff y Johnson (1986 [1980]) con el fin de renovar la teoría de la significación y la imaginación y demostrar que mediante los postulados del objetivismo no es posible explicar la naturaleza básica del significado y la racionalidad humana.

En el libro de Lakoff (1987a), titulado *Women, Fire, and Dangerous Things. What Categories Reveal about the Mind*, se demuestra empíricamente la relación entre cuerpo, lengua y cognición a partir del análisis de diferentes ejemplos de categorización de la realidad en varias lenguas, entre las que destaca el dyirbal, una variedad lingüística aborigen australiana. La investigación de Lakoff se basa en un estudio llevado a cabo por Dixon unos años antes (1982). Los hablantes de esta lengua conceptualizan y categorizan los objetos y seres del mundo en cuatro grupos: (a) hombres y animales; (b) mujeres, fuego, agua, objetos y animales peligrosos; (c) comestibles vegetales; (d) otras realidades. Lakoff (1987a: 5-11) afirma que este modo de categorizar la realidad, descrita a partir de la *teoría de prototipos*[6], se manifiesta también lingüísticamente: los elementos del primer grupo aparecen acompañados siempre de la palabra *bayi*; los del segundo, de *balan*; los del tercero, de *balam* y los del último, de *bala*. Así, con determinadas secuencias lingüísticas, los hablantes de esta lengua transmiten su forma de entender la realidad, que es fruto de las experiencias que han vivido. A partir del estudio de

---

6  La *teoría* o *semántica de prototipos* es una de las principales líneas de investigación que surgió en el *cognitivismo lingüístico*, «cuyas ideas se originan a partir de cuatro teorías lingüísticas cognitivas: la *semántica de marcos* de Fillmore (1982), la *gramática cognitiva* de Langacker (1987-1991), la teoría sobre la metáfora y la metonimia de Lakoff y Johnson (1986 [1980]) y la *teoría de los espacios* de Fauconnier (1985)» (Llamas 2005: 114, nota 6). La idea de *prototipo* 'elemento más representativo de un grupo' está muy relacionada con el concepto de *categoría* 'conjunto de elementos del mundo que se pueden relacionar entre sí porque poseen similitudes entre ellos' y el concepto *categorización* 'comprensión de la realidad a partir de diferentes procesos cognitivos' (*cfr.* Cuenca y Hilferty 1999: 31-64).

esta lengua, Lakoff demuestra que el error principal de la clásica teoría de la categorización es considerar la mente y el cuerpo como entidades independientes. Para demostrar la estrecha relación entre estos dos elementos constitutivos del ser humano y la importancia de la forma en la que está compuesto el cuerpo para la comprensión de la realidad, construye una serie de esquemas (RECIPIENTE; PARTE-TODO; CENTRO-PERIFERIA; LLENO-VACÍO, etc.) que conforman la base de lo que él denomina *realismo experiencial* (Lakoff 1987a: 265-268).

Con posterioridad a la publicación de estas tres obras de referencia, diferentes investigadores, psicólogos, políticos, científicos, músicos, políticos, filósofos y lingüistas, entre otros, han seguido estudiando, siempre en el marco científico del cognitivismo, la importancia del cuerpo en el desarrollo de la mente y de la concepción del mundo. De este modo, las ideas inicialmente aplicadas al lenguaje han sido paulatinamente incorporadas a otras áreas de conocimiento.

En el ámbito de la ciencia, cabe destacar el libro *Bright Air, Brilliant Fire on the Matter of the Mind* del biólogo norteamericano Gerald Edelman (1992). Este científico, galardonado con un Premio Nobel en 1972 por su trabajo sobre el sistema inmunitario, se interesó por el estudio de la mente y de la conceptualización corporal de la realidad. Su obra se divide en cinco partes: en las cuatro primeras, recoge propuestas teóricas (filosóficas, psicológicas y biológicas) sobre el pensamiento y la mente y, en la última parte, el autor se detiene en explicar por qué el funcionamiento de la mente sería inexplicable sin tener en cuenta la biología y «how the mind is embodied» (Edelman 1992: 211). Asimismo, partiendo de los propósitos expuestos en las diferentes obras de Lakoff y Johnson, postula una teoría sobre el funcionamiento del cerebro basada en tres aspectos: la experiencia de la percepción, la formación del conocimiento y el lenguaje.

Desde la perspectiva científica, destaca también Antonio Damasio, investigador americano especializado en neurofisiología, que publicó en 1994 el libro *Descarte's Error. Emotion, Reason and the Human Brain*. En esta obra, el autor explica cómo el trato con los pacientes que padecen una serie de trastornos neurológicos le permitió formular la *hipótesis del marcador somático* (Damasio 2006 [1994]: 2-3) que le lleva a postular que «el cuerpo, tal como está representado en el cerebro, puede constituir el marco de referencia indispensable para los procesos neurales que experimentamos» (Damasio 2006 [1994]: 14). Aunque centrada en aspectos de neurociencia cognitiva, la teoría de Damasio surge de la refutación de una de las concepciones filosóficas más arraigadas en el mundo occidental, la división y separación entre el cuerpo y la mente que Descartes defiende en su *Discurso del método* (1637) y de la que deriva la afirmación «cogito ergo sum»[7].

---

7   El filósofo francés Merleau Ponty (1975 [1945]) había ya dado argumentos para la refutación de la teoría de Descartes a tenor de la preeminencia del cuerpo en la explicación de los procesos del pensamiento: «[...] en Descartes este saber singular que tenemos de nuestro cuerpo, por el solo hecho de que somos un cuerpo, queda subordinado al conocimiento a través de las

Según el neurofisiólogo americano, esta aseveración, extensamente difundida y seguida en la filosofía occidental, «ilustra todo lo contrario [...] acerca de la relación entre mente y cuerpo» (Damasio 2006 [1994]: 284). Si se analiza con detalle el postulado cartesiano desde el cognitivismo, se comprende lo expuesto por Damasio (Varela, Thompson y Rosch 1992: 161-173) porque, si el cuerpo es el elemento principal que genera la experiencia y esta es el elemento fundamental para el desarrollo del conocimiento, es impensable estar de acuerdo con la idea del filósofo francés, ya que para desarrollar el pensamiento es necesario, de antemano, la existencia del ser pensante.

Lakoff y Núñez aplican la teoría cognitiva a los cálculos matemáticos y a la concepción de esta disciplina científica en un libro titulado *Where Mathematics Comes From. How the Embodied Mind Brings Mathematics into Being* (2000). Para estos dos investigadores, los recientes descubrimientos sobre la teoría de la mente en el marco de las ciencias cognitivas poseen una importancia capital en la comprensión de las matemáticas, pues creen que el pensamiento matemático está también determinado por la experiencia corpórea del ser humano y que surge esencialmente de la aplicación de estrategias metafóricas (Lakoff y Núñez 2000: 4-5). Además, consideran que la consideración histórica de las matemáticas ha sido errónea, pues no se ha tenido en cuenta que en el cálculo científico numérico están muy presentes la experiencia, el cuerpo y las metáforas.

Desde una perspectiva psicológica, el tema de la relación entre cuerpo, mente, conocimiento y lenguaje ha sido también objeto de estudio. Uno de los psicólogos que ha destacado en este campo es Raymond W. Gibbs, quien, en un trabajo publicado en 1996, defiende la independencia de la *lingüística cognitiva* como tal, enfrentándose así a otros psicólogos que creían que esta debía clasificarse como una rama de la *psicología lingüística*. Asimismo, afirma que es también importante la existencia de esta ciencia cognitiva porque con sus investigaciones se podrán aportar nuevos datos para apoyar la teoría de la *corporeidad de la mente* con argumentos lingüísticos. Algunos años más tarde, en 2006, el mismo investigador publicó una monografía (*Embodiment and cognitive science*) en la que, continuando en la línea iniciada antes, pretendía demostrar que la experiencia humana está básicamente conformada por la experiencia corporal. Para ello, se detiene en el estudio de la importancia que posee la teoría de la corporeidad de la mente en distintas disciplinas científicas a partir de la descripción de conceptos de especial

---

ideas porque, detrás del hombre tal como es de hecho, se encuentra Dios como autor razonable de nuestra situación de hecho. Apoyado en esta garantía trascendente, Descartes puede aceptar tranquilamente nuestra condición irracional: no somos nosotros los encargados de llevar la razón y, una vez la hemos reconocido en el fondo de las cosas, solo nos queda actuar y pensar en el mundo, Pero nuestra unión con el cuerpo es sustancial, ¿cómo podríamos experimentar en nosotros mismos un alma pura y acceder al espíritu absoluto?» (Merleau Ponty 1975 [1945]: 215-216).

relevancia en la adquisición del conocimiento (la percepción, la memoria, la razón, el desarrollo cognitivo, la emoción, la conciencia, etc).

En el ámbito de la musicología, son varios los investigadores que recientemente han analizado el significado de la música y su valor cognitivo (Brower 2000; Marconi 2001; Johnson 2007); entre ellos, interesa destacar los trabajos de Peñalba (2005 y 2008) por la relación que establece entre el *embodiment* y la música. En su artículo de 2005, la autora resume las distintas aplicaciones de la teoría de la metáfora al estudio de la música. Afirma que el modelo teórico de la metáfora ha sido muy bien acogido en el campo musical porque permite comprender las estrategias y recursos de los que dispone el cuerpo del ser humano para generar y entender la música.

Finalmente, es necesario mencionar otras obras de Lakoff y Johnson vinculadas al ámbito de la filosofía y del lenguaje. Uno de los últimos libros publicados conjuntamente por estos dos investigadores en 1999 (*Philosophy in the Flesh. The Embodied Mind and Its Challenger Western Thought*) merece ser destacado porque en él vuelven a incidir en algunos conceptos de la teoría que dio lugar a su primera obra: el contacto físico del cuerpo con el entorno o experiencia genera el conocimiento y, en consecuencia, las emociones, imaginaciones y pensamientos se categorizan y conceptualizan según lo aprehendido. Como la experiencia puede únicamente adquirirse mediante el cuerpo, es este el que contribuye, en gran medida, a la configuración de la realidad, pues tal y como llega a nuestros sentidos corporales la organizamos en la mente. Esta estructuración se hace visible a través del lenguaje ya que es gracias a las estructuras lingüísticas que puede transmitirse nuestra conceptualización del entorno. Lakoff y Johnson inician el libro afirmando que «The mind is inherently embodied». Con esta aseveración continúan su exposición teórica sobre la conceptualización corporal de la realidad, basada principalmente en esquemas de imágenes metafóricos y su manifestación en las estructuras lingüísticas.

Entre algunas de las más recientes monografías de estos investigadores, debe destacarse el libro *The Meaning of the Body: Aesthetics of Human* (2007), en el que Johnson vuelve a demostrar sus propuestas sobre la idea del significado y su conceptualización humana, con nuevos argumentos basados en investigaciones sobre la adquisición del conocimiento en niños y aplicando teorías de distintas disciplinas (filosofía, neurociencia, psicología, musicología y lingüística).

A partir de lo expuesto en los párrafos anteriores, se infiere que la lingüística cognitiva surge como una propuesta teórica interdisciplinar (Miller 1990), pues sus postulados nacen principalmente de la conjugación de teorías filosóficas y lingüísticas y son aplicables a cualquier disciplina científica que plantee en sus investigaciones la relación existente entre la mente, el cuerpo, la realidad y el significado. Asimismo, su origen se debe a la reconsideración de los conceptos de 'significado' y de 'categorización', que prácticamente hasta el momento del nacimiento del cognitivismo más moderno y de la lingüística cognitiva se habían basado en el modelo cartesiano centrado en la idea de que la mente y el cuerpo son dos unidades inconexas en el ser humano; así como también en las teorías filosóficas occidentales *objetivas* en las que se creía que «los conceptos existen por sí mismos, objetivamente» (Johnson 1992 [1987]: 12).

El surgimiento de las ideas *experiencialistas* de Lakoff y Johnson (1986 [1980]), herederas de la *fenomenología* de Merleau Ponty, genera un replanteamiento de la relación entre la mente, el cuerpo y la comprensión del mundo en distintas disciplinas científicas (filosofía, lingüística, psicología, neurociencia, etc.). Así pues, investigadores de áreas diversas comienzan a advertir la importancia que el cuerpo ejerce en la mente, en la concepción de la realidad y en la relación con el entorno y nace el concepto de *embodiment* o *corporeidad de la mente y el lenguaje*. Los resultados de los estudios confirman que gracias a la *experiencia corpórea* es posible la construcción del conocimiento y la creación de una estructura conceptual, cuya transmisión se realiza a través de la lengua y de la comunicación lingüística, vehículos a partir de los que se evidencia la importancia corporal del pensamiento.

# Capítulo 2. Categorización, lengua y cuerpo

## 2.1. Perspectivas de investigación léxico-semántica en torno a los nombres de las partes del cuerpo

Desde el surgimiento del cognitivismo y los postulados experiencialistas, las investigaciones lingüísticas sobre los distintos mecanismos que emplea la mente humana para categorizar la realidad se han basado en la consideración de que el lenguaje es el medio principal a partir del que suele transmitirse la forma de concebir y estructurar el mundo.

El análisis de nuestras producciones comunicativas diarias permite comprobar que cotidianamente se producen diversos fenómenos de especial interés lingüístico-cognitivo en los que el cuerpo humano se ve implicado de un modo u otro. El examen léxico-semántico de las manifestaciones lingüísticas en las que se refleja esta influencia corporal permite delimitar y acotar las líneas de análisis que pueden desarrollarse en torno al estudio de la corporeidad del lenguaje en tres grupos según si el cuerpo es el punto de partida o la meta de la conceptualización:

(a) Estudio de **las partes del cuerpo como fuente u origen de la conceptualización de otras realidades**. Las producciones lingüísticas contienen numerosos ejemplos del modo en el que las distintas partes del cuerpo sirven para comprender otras realidades. No en vano, es muy habitual hallar lexemas referidos a las partes del cuerpo empleados para designar realidades diversas: alimentos (*cabeza de ajos*), animales (*baticabeza* 'tipo de coleóptero'), plantas (*ombligo de Venus* 'planta herbácea'), lugares (*al pie de la montaña*), objetos (*rompecabezas*), emociones (*es todo corazón*), etc.

(b) Estudio de **las partes del cuerpo como meta o destino de la conceptualización**. También existen usos lingüísticos en los que las partes del cuerpo se designan mediante nombres de otras realidades que sirven para comprenderlas. Ejemplos de este tipo son las designaciones de la pupila (*niña del ojo*), la úvula (*campanilla*), los testículos (*huevos*), la boca (*pico*), etc.

(c) Estudio de **las partes del cuerpo como concepto fuente y meta al mismo tiempo**. Además de los dos casos anteriores, los nombres de algunas partes del cuerpo se emplean para concebir y designar otras partes corporales. Muchos casos de este tipo se refieren a partes internas del cuerpo (*boca del estómago, cuello del útero, labio vaginal*, etc.).

A pesar de que la semántica cognitiva haya supuesto un aumento considerable del número de estudios en los que se investiga el significado que adquiere el léxico del cuerpo humano desde alguna de estas tres perspectivas, antes del surgimiento de esta corriente existen diversos trabajos en los que se aprecia un notable interés por este fenómeno lingüístico. Se ha considerado que uno de los primeros pensadores en señalar la importante presencia del cuerpo en la conceptualización de la realidad fue el filósofo italiano Giambattista Vico (Ullmann 1980 [1962]: 242) quien, en su obra *Principi di scienza nuova: d'intorno alla comune natura delle nazioni* (1744), se refirió al carácter universal de las relaciones metafóricas que se establecen entre las partes del cuerpo y la realidad cotidiana:

> Quello è degno d'osservazione, che'n *tutte le Lingue* la maggior parte dell'espressioni d'intorno a *cose* inanimate sono fatte con *trasporti* del *corpo umano*, e delle *sue parti*, e degli *umani sensi*, e dell'*umane passioni*: come *capo*, per cima, o principio; *fronte spalle*, avanti e dietro; *occhi* delle viti, e quelli che si dicono lumi ingredienti delle case; *bocca*, ogni apertura; *labro*, orlo di vaso, o d'altro; *dente* d'aratro, di rastello, di serra, di pettine; *barbe*, le radici; *lingua* di mare; *fauce* o *foce* di fiumi, o monti; *collo* di terra; *braccio* di fiume; *mano* per piccioli numero; *seno* di mare, il golfo; *fianchi*, e *lati* i canti; *costiera* di mare; *cuore* per mezzo, ch'*umbilicus* dicesi da Latini; *gamba*, o *piede* di paesi, e *piede* per fine; *pianta* per base; o sia fondamento; *carne*, *ossa* di frutte; *vena* d'acqua, pietra, miniera; *sangue della vite*, il vino; (Vico 1744, LIBRO II: 156-157).

Posteriormente, son numerosas las observaciones y propuestas de investigación respecto a las perspectivas de estudio que pueden adoptarse en el ámbito léxico-semántico del cuerpo humano. Ullmann (1963), por ejemplo, desde la perspectiva de los universales lingüísticos, repara tanto en la alta frecuencia de uso de los nombres de las partes del cuerpo para designar realidades diversas (ingl. *neck of a bottle, mouth of a river, the eye of the needle*) como en la de ciertos elementos de la vida cotidiana que sirven para conceptualizar y designar las partes del cuerpo (ingl. *apple of the eye* 'pupila').

Más adelante, desde la gramática cognitiva, destaca la observación de Heine (1997) quien, además de referirse a los dos puntos de vista ya mencionados por Vico y Ullmann, añade una tercera vía de análisis lingüístico-conceptual en la que el cuerpo es *fuente* y *meta* al mismo tiempo.

Recientemente, Dworkin (2006) se ha referido al dominio conceptual del cuerpo humano como un campo de estudio ideal para la aplicación de las teorías cognitivas en la investigación semántico-diacrónica:

> Tal dominio [el del cuerpo humano] es idóneo para estas investigaciones: es universal con respecto a sus realidades extralingüísticas y ocupa una posición central como enfoque y punto de orientación para la cognición humana y la percepción de realidades físicas y espaciales. El cuerpo humano es el punto central de enfoque para nuestra visión antropocéntrica del mundo y se ha convertido en el punto de partida para evoluciones metafóricas y metonímicas independientes y paralelas en diversas lenguas (Dworkin 2006: 71-72).

Partiendo de la afirmación de Dworkin, en los apartados que siguen, se pretende demostrar la conveniencia de la aplicación del cognitivismo al estudio del área léxico-semántica del cuerpo humano para una completa caracterización del léxico referido a este dominio semántico desde una perspectiva pancrónica. Con este fin, a continuación se describen algunos de los conceptos, teorías y estudios que han surgido en torno al estudio del léxico del cuerpo humano con objeto de demostrar la elevada presencia de los lexemas de este dominio semántico en nuestra realidad lingüística y cognitiva diaria que pasa mayoritariamente inadvertida[8] a ojos y oídos de los hablantes.

## 2.2. El vocabulario del cuerpo humano: un universal léxico-semántico

Los nombres de las partes del cuerpo humano son, junto a los nombres de colores y los de parentesco, un tema constante en los estudios lingüísticos de carácter tipológico y universal (Leech 1985 [1974]). Ambos enfoques lingüísticos analizan las similitudes y diferencias que existen entre las distintas lenguas del mundo (Moreno Cabrera 1997).

En los siguientes apartados, se pretende demostrar que la importancia que otorga la lingüística cognitiva al cuerpo humano procede, en parte, de la universalidad de este dominio conceptual. Todos los seres humanos poseen un cuerpo que les sirve de eje para situarse en el medio, conocerse entre ellos, categorizar la realidad y generar conocimiento. Los nombres para referirse a este elemento común son el reflejo léxico-semántico de esta universalidad. Antes de iniciar la exposición sobre las distintas perspectivas desde las que se ha enfocado el estudio de la denominación y categorización de las partes del cuerpo desde un enfoque universal (§ 2.2.2. a § 2.2.5.), se presenta una introducción sobre las primeras aproximaciones al estudio universal del vocabulario del cuerpo humano (§ 2.2.1.).

### 2.2.1. *Los estudios sobre universales y el léxico del cuerpo humano*

Si bien es cierto que el ser humano ha manifestado siempre un interés especial por desentrañar las realidades que lo definen y diferencian del resto de especies animales, en el ámbito lingüístico no fue hasta mediados de la segunda mitad del

---

8   Según se puede deducir de lo expuesto en Dalbera (2006: 24), en el momento en el que el hablante no advierte la motivación que existe tras un elemento léxico éste se encuentra en la tercera fase del ciclo de creación léxica, la *arbitrariedad*: «les unités lexicales connaissent donc un parcours cyclique fait de trois phases: (1) *motivation* (création motivée du signe), (2) *convention* (utilisation du signe entérinée par la convention sociale d'usage), (3) *arbitraire* (utilisation du signe totalement dissociée des motifs qui ont servi à le forger), qui peuvent s'enchaîner: (1) *re-motivation* (éventuelle), (2) nouvelle validation par la *convention* d'usage, (3) de nouveau opacification et *arbitraire* et ainsi de suit...».

siglo XX cuando las investigaciones sobre el léxico y la semántica[9] empezaron a centrarse y obtener respuestas a sus preguntas en la búsqueda de patrones conceptuales comunes a todas las lenguas del mundo. En la primera mitad del siglo, los enfoques estructuralistas no habían prestado demasiada atención al estudio del significado y de las relaciones semánticas del léxico porque esta área del lenguaje no podía investigarse con la misma objetividad que la fonética, por ejemplo (Andersen 1978: 337). Esta corriente lingüística defendía la idea de que las relaciones de significado que se establecen entre las palabras son distintas para cada una de las lenguas existentes (Lyons 1989 [1977]: 225).

Nuevos enfoques en el estudio lingüístico empezaron a generar numerosos trabajos sobre la semántica, el léxico y su relación con la categorización de la realidad. En este método de investigación, el vocabulario del cuerpo humano, aunque posee un papel destacado, no es uno de los primeros sectores léxicos examinados.

El punto de partida que debe tomarse como referente para el estudio de los *universales léxico-semánticos* se halla en la obra titulada *Basic Color Terms: Their Universality and Evolution* de Berlin y Kay (1991 [1969]). Con esta investigación, basada en más de un centenar de lenguas, los autores pretendieron demostrar que existen unas categorías cromáticas básicas (11 colores focales en total) y comunes que se conceptualizan y expresan lingüísticamente de modo no arbitrario en todas las lenguas estudiadas. Los resultados obtenidos en este campo de investigación son los que han supuesto la consideración del área conceptual del color como el prototipo de universal léxico-conceptual (Leech 1985 [1974]; Andersen 1978). Por ello, a partir de este trabajo numerosos investigadores iniciaron nuevos estudios sobre la categorización y el léxico del color —entre los que destaca Eleanor Rosch (1973, 1978)— que permitieron confirmar los resultados obtenidos por Berlin y Kay (1991 [1969]). Posteriormente, se llevaron a cabo distintos trabajos sobre la categorización en otros dominios conceptuales.

Una de las primeras áreas en las que se iniciaron las investigaciones fue la de las estrategias de taxonomía popular relacionadas con la biología (*folkbiology*). Fue el mismo Berlin, junto a otros dos investigadores, Breedlove y Raven, quien

---

9    Es necesario mencionar que la inclinación por el estudio sobre las diferencias y semejanzas entre las lenguas del mundo y sobre su caracterización desde una perspectiva universal ha existido desde antiguo. Moreno Cabrera (1997: 27-37) menciona, entre otras muchas, el *De vulgari Eloquentia* de Dante (1265-1321) y el *Idea dell'Universo che contiene la Storia della vita dell'uomo, elementi cosmografici, viaggio estatico al mondo planetario, e Storia della terra, e delle lingue conosciute, e notizia della loro affinità, e diversità* de Lorenzo Hervás y Panduro (1735-1809). A partir del surgimiento de la lingüística como disciplina científica en el siglo XIX, el interés por la universalidad lingüística fue en aumento, especialmente debido al surgimiento del método histórico-comparativo. Durante el siglo XX crecen considerablemente las propuestas teóricas acerca de la universalidad del lenguaje y, entre ellas, las aportaciones más destacables se relacionan con la gramática (Chomsky 1965, *Aspects of the Theory of Syntax*) y el proceso de adquisición del lenguaje.

en 1973 se aventuró en el estudio de la categorización biológica no científica y su nomenclatura con objeto de desentrañar los enigmas de la conceptualización del hombre sobre la organización del mundo natural. Los resultados obtenidos fueron también relevantes por cuanto descubrían que, a pesar de hallar diferencias entre las culturas examinadas en lo que respecta a la categorización y denominación de ciertos animales y plantas, existían también semejanzas básicas de carácter universal: «while individual societies may differ considerably in their conceptualization of plants and animals, there are a number of strikingly regular structural principles of folk biological classification which are quite general» (Berlin, Breedlove y Raven 1973: 214). En todas las lenguas estudiadas, se distinguían estas dos categorías biológicas (animales y plantas) que estaban organizadas en cinco niveles de abstracción y estructuradas jerárquicamente. Actualmente, siguen desarrollándose investigaciones sobre la universalidad y la categorización en *folkbiology*[10].

Posteriormente empezaron a sucederse los estudios en torno al carácter universal del campo léxico-semántico del cuerpo humano en el que también se hicieron descubrimientos extraordinarios (Brown 1976; Andersen 1978; Brown y Witkowski 1981). Debe tenerse en cuenta que el léxico del cuerpo humano se había incluido entre los repertorios y glosarios antiguos en los que desde una perspectiva comparativa se pretendía recoger el vocabulario básico de las lenguas. Moreno Cabrera (1997: 155) se refiere al *Vocabolario Polígloto* (1787) de Lorenzo Hervás y Panduro que incluye 24 nombres de partes del cuerpo entre las 63 voces que considera básicas a partir de un estudio de más de cien lenguas (*boca, brazo, cabello, cabeza, ceja, cuello, cuerpo, muslo, corazón, diente, dedo, cara, frente, pierna, garganta, labio, lengua, mano, nariz, ojo, pecho, pie, espalda* y *vientre*).

Desde la perspectiva de los universales lingüísticos, el léxico del cuerpo humano se ha estudiado a partir de tres puntos de vista: se ha examinado el modo en el que las sociedades estructuran el cuerpo (Weinreich 1963); se ha indagado sobre el uso metafórico-metonímico de los nombres de sus partes (Ullmann 1963); y también se ha analizado el origen designativo de estas (Tagliavini 1949). Los trabajos de Ullman (1963) y Weinreich (1963) se publicaron en un volumen dedicado exclusivamente a los estudios sobre universales lingüísticos. Ambos autores investigaban sobre la teorización de las estructuras léxico-semánticas universales entre las cuales mencionaban al *cuerpo humano* como una de las me-

---

10 Para una visión más reciente de los estudios universales sobre taxonomía biológica popular, véanse, entre otros, Atran (1990), Atran *et al.* (1997) y Atran y Medin (1999). La primera obra mencionada es una monografía en la que se compilan los resultados de distintos trabajos anteriores sobre la consideración de las categorías naturales desde una perspectiva cognitiva y antropológica; Atran *et al.* (1997) es un artículo en el que se compara el potencial universal y las características culturales de las taxonomías populares de dos sociedades distintas (la América industrializada y los tradicionales «Itzaj-Mayan»). La edición de Atran y Medin (1999) constituye una recopilación de contribuciones de distintos investigadores que pretende mostrar cómo se entienden las categorías naturales desde una perspectiva no científica.

nos estudiadas para poder confirmar los postulados sobre los dominios conceptuales universales que hasta aquel momento se habían expuesto. Al respecto, Weinreich (1963) se lamentaba de no poder contar con datos suficientes para exponer una teoría completa sobre la universalidad de la conceptualización de realidades diversas y planteaba una serie de preguntas que, a su modo de ver, podrían indicar a los investigadores cuáles podían ser las líneas de trabajo sobre este tema. Entre su lista de cuestiones, destacan las referidas al léxico del cuerpo humano (Weinreich 1963: 184-189). Algunas de las investigaciones que han ido surgiendo a partir del nacimiento de la lingüística cognitiva han permitido dar respuesta a las preguntas que planteó Weinreich en relación con el carácter polisémico del léxico del cuerpo (Márquez 1999) y de la universalidad en la conceptualización y división de las partes del cuerpo (Brown 1976; Andersen 1978).

Ullmann (1963), por su parte, se centró en el estudio de las implicaciones y procesos semánticos (homonimia, sinonimia, polisemia, etc.) que generan la existencia de los universales léxicos desde una perspectiva pancrónica. Entre los procedimientos a los que se refiere, la metáfora y la metonimia ocupan un lugar preeminente. En los ejemplos que aporta para explicar la relevancia de estos mecanismos se refiere al dominio semántico del cuerpo humano. Menciona datos procedentes de investigaciones anteriores (p. e. Vico 1744 y Tagliavini 1949) en las que se trata la universalidad de los procesos metafóricos y metonímicos en los que se ve involucrado el léxico del cuerpo humano (p. e. *pie de la montaña* 'principio de la montaña'; *lengua* 'idioma'; *apple of the eye* 'pupila'). Los resultados de estas investigaciones le permitieron afirmar que a pesar de que nuestro cuerpo es un centro de expansión y creación metafórica (Ullmann 1963: 242) lo más habitual es que genere un mayor número de metáforas de las que recibe. Además, entre las aportaciones de Ullmann, cabe destacar que asoció la función del cuerpo humano como *concepto meta* y como *concepto fuente* a los mismos factores a los que el cognitivismo la vinculará más adelante, el entorno y la experiencia (Ullmann 1963: 240).

La importancia de los aspectos planteados por Weinreich y Ullmann fue vital en el desarrollo de los estudios sobre la estructura léxico-conceptual del dominio del cuerpo humano ya que en sus trabajos se distinguen los dos ejes sobre los que se estudiará la universalidad del vocabulario de este ámbito semántico: la nomenclatura y división de las partes del cuerpo humano (§ 2.2.2); y la frecuencia de uso de los nombres de las partes del cuerpo como *concepto fuente* y *concepto meta* en la comprensión de otras realidades (§ 2.2.3). Sus propuestas de estudio lingüístico sobre esta área conceptual deben ser consideradas, por tanto, antecedentes de la semántica cognitiva.

Desde otra perspectiva, Tagliavini (1949) es el precedente más directo de los trabajos llevados a cabo sobre los universales lingüísticos referidos a los procesos de creación del léxico del cuerpo humano. Su estudio destaca por encima de cualquier otra investigación porque abre una nueva vía de análisis del léxico del cuerpo humano que no se había tratado hasta el momento: la designación de una parte del cuerpo a partir de realidades ajenas a él. En su artículo, el autor recopila los materiales sobre los nombres de la pupila que existen en más de cien lenguas de familias diversas (semíticas, camíticas, negro-africanas, indoeuropeas, urálicas, altaicas, caucásicas, dravídicas, indochinas, malayo-polinesias y americanas) y los clasifica según su motivación. De la organización de los datos resultan nueve grupos semánticos en los que tienen cabida las designaciones de todas las lenguas analizadas: según la forma esferoidal del ojo; según el color negro de la pupila; según la posición central de la pupila en el ojo; según la luminosidad de la pupila; expresiones derivadas de los verbos del tipo *ver* y *mirar*; según la imagen del interlocutor que se refleja en la pupila en determinadas condiciones de luz y formaciones de carácter infantil. Estos resultados demuestran que el lingüista italiano se avanzó a los postulados cognitivos, a los estudios sobre la categorización y a las investigaciones sobre universales no solo porque clasificó en nueve grupos las denominaciones de más de cien lenguas para una parte del cuerpo sino porque confirmó la sospecha —extraída de una atenta lectura del concepto de *genealogia dell'imagine* de Vittorio Bertoldi (1946)— con la que había iniciado su trabajo: las estrategias de creación de la mayoría de nombres proceden del mismo mecanismo cognitivo, la metáfora (Tagliavini 1949: 378).

Sin duda, los resultados de Tagliavini (1949) sobre la creación de denominaciones[11] para designar la pupila permitirían sustentar que este es uno de los primeros estudio sobre universales léxico-semánticos y que el concepto de procedimiento cognitivo de la metáfora defendido por Lakoff y Johnson (1986 [1980]) tiene en los dos autores italianos (Bertoldi y Tagliavini) claros precedentes, igual que Ullmann (1963) y Weinreich (1963) se podrían identificar como predecesores de las teorías partonómicas y universales del léxico del cuerpo humano.

### 2.2.2. *La categorización partonómica de las partes del cuerpo*

Los primeros trabajos centrados en la universalidad del campo semántico del cuerpo humano se dedicaron al estudio del modo en el que los hablantes de diferentes lenguas y culturas percibían la estructura corporal a través de sus manifestaciones lingüísticas para determinar si podía tratarse de un dominio léxico-semántico universal (Brown 1976 y Andersen 1978).

Algunos años después de la publicación de Tagliavini (1949), vio la luz el artículo de Brown (1976), el primero dedicado, desde una perspectiva universal[12],

---

11  Véase la interesante interpretación de Blank (2003) sobre el trabajo de Tagliavini (1949).

12  Con anterioridad al estudio de universales, se habían publicado ya diferentes trabajos de carácter particular sobre la estructura léxico-semántica del vocabulario del cuerpo humano en lenguas tan diversas como el alemán, el esquimal, el finlandés, el quechua, el rumano, el sajón, el serbocroata, el tzeltal —variedad del maya hablada principalmente en Chiapas—, el

únicamente al estudio de la conceptualización de las partes del cuerpo. Con este artículo, Brown se propuso dar cuenta de la existencia de principios generales en la división de las partes del cuerpo mediante el análisis de 41 lenguas habladas a lo largo de los cinco continentes y pertenecientes a diversas familias lingüísticas. En las primeras páginas del artículo, antes de empezar el desarrollo de su investigación, Brown repara en algunos problemas metodológicos y terminológicos sobre las investigaciones universales publicadas anteriormente para determinar cuáles serán las bases teóricas de su trabajo y que resultarán de vital importancia en estudios posteriores. En la introducción del artículo, trata de diferenciar las investigaciones de Berlin y Kay (1991 [1969]) de las de Berlin, Breedlove y Raven (1973) porque, a pesar de que ambas se centran en universales, Brown cree que no lo hacen desde el mismo punto de vista. A su modo de entender, los primeros se basan en el estudio de la clasificación de la percepción de universales (*classification-perception universals*) en el dominio conceptual de los colores y los segundos en el análisis de la clasificación de las nomenclaturas universales (*classification-nomenclature universals*) de carácter popular en el dominio de la biología. La distinción entre una y otra perspectiva es esencial para comprender la propuesta de análisis de este investigador, pues pretende describir tanto los principios generales de percepción o categorización de las partes del cuerpo como los mecanismos universales de denominación de las mismas. Además, también tiene en cuenta otra distinción que tendrá repercusión en los estudios que posteriormente se centrarán en la conceptualización de las partes del cuerpo como universal cognitivo y lingüístico, la explicación de un nuevo término (*partonomía*[13]) y concepto con el que se distinguirá el modo de categorización de las partes del cuerpo humano del de la *taxonomía* biológica.

Brown (1976) explica que la categorización de las partes del cuerpo no puede ser de tipo taxonómico porque estas no se relacionan entre sí según los principios taxonómicos, esto es, «A es un tipo de B», sino que «A es una parte de B». Así

---

navajo —lengua amerindia hablada en algunos estados de los Estados Unidos de América— (Brown 1976: 424; Andersen 1978: 346; Luque Durán 1998: 138; Luque Durán 2004: 185), el kewa —una de las variedades de Papúa, Nueva Guinea— (Franklin 1963) o el acadio —lengua semítica antigua hablada en Mesopotamia— (Couto 2009). Posteriormente, se han seguido realizando investigaciones también de carácter particular sobre otras lenguas como el chino, el holandés y algunas lenguas africanas como el ewe, entre otras muchas (Luque Durán 2004: 185).

13  Según Brown (1976), el término se acuña en un artículo anterior (Brown *et al.* 1976) y se crea tomando como modelo el término *taxonomía* por la semejanza que guardan ambos métodos científicos. Asimismo, el investigador indica que la terminología que emplea en su trabajo para referirse a los principios de la partonomía la toma prestada de los estudios taxonómicos (Berlin, Breedlove y Raven 1973). Para las diferencias entre taxonomía y partonomía, véase Tversky (1990), quien defiende que la taxonomía y la partonomía son distintos pero complementarios modos de organización del conocimiento.

pues, la *partonomía* se podría definir como la «ciencia que trata de los principios, métodos y fines de estructuración y división de las partes del cuerpo». A partir de esta metodología científica y de los presupuestos de la categorización universal, el autor analiza los nombres de las partes del cuerpo en 41 lenguas y concluye —de forma parecida a la de Berlin y Kay (1991 [1969]) para las once categorías cromáticas básicas en la conceptualización del color y a Berlin, Breedlove y Raven (1973) para la nomenclatura popular biológica— que existen doce principios mediante los que se clasifican y denominan las partes principales de la anatomía humana en las lenguas del mundo. Sus resultados se basan en la categorización y las designaciones de las extremidades (Brown 1976: 404-410). Con los doce principios, el autor elabora una teoría sobre el desarrollo de las denominaciones de las partes del cuerpo en la que sitúa a las 41 lenguas analizadas en cuatro estadios de evolución según la categorización de las partes del cuerpo y propone hipótesis sobre su desarrollo, igual que hicieron Berlin y Kay (1991 [1969]).

Dos años después de la publicación de Brown, Elaine Andersen (1978) publicó un artículo revelador sobre los universales y la terminología de las partes del cuerpo tomando como punto de partida algunos de los resultados obtenidos en los estudios de otros dominios conceptuales y, muy especialmente, los datos de Brown. Según esta investigadora, si bien es cierto que entre las lenguas se dan diferencias léxico-semánticas importantes derivadas de las diversidades culturales, también lo es la existencia de dominios conceptuales comunes relativos a categorías naturales —colores, espacio, dimensión, biología, etc.— e independientes de los entornos socioculturales en los que se desarrollan las lenguas. Partiendo del supuesto de que existe la universalidad en el conjunto léxico-semántico de las partes externas del cuerpo humano igual que en otros dominios, Andersen pretende demostrar que tanto su categorización como su denominación están condicionadas por la forma y la estructura de la propia anatomía.

Para ello, se refiere a los trabajos publicados con anterioridad y se detiene en la explicación del *principio fundamental de la partonomía* (Brown 1976) que establece que la división de las partes del cuerpo raramente excede de cinco o seis niveles. Además, propone otros 9 principios de categorización, muchos de los cuales son reformulaciones de los expuestos en Brown (1976) o consideraciones de la categorización de algunas partes del cuerpo que este autor no tuvo en cuenta (Andersen 1978: 352-353). Una vez dispuestos los criterios de categorización, Andersen analiza los mecanismos lingüísticos mediante los que se denominan las partes distinguidas y advierte que existen dos principios partonómicos universales: (a) un alto grado de polisemia en los nombres de las partes del cuerpo debido a las similitudes estructurales y a la contigüidad espacial, por lo que un término puede designar más de una parte; y (b) la existencia de un número de formas léxicas simples con las que se denominan ciertas partes del cuerpo (*cabeza, brazo, pierna, cara, ojo, boca, oreja* etc.) que, a su vez, generan derivados para hacer referencia a otras partes.

Cabe destacar que en la parte final de la investigación, Andersen se centra en el modo en el que se adquiere o se aprende la distinción de las partes del cuerpo en el desarrollo cognitivo-lingüístico de los niños, un aspecto importante nunca antes estudiado sobre la categorización de los miembros corporales.

Algunos años más tarde, Brown y Witkowski (1985)[14] continuaron las investigaciones acerca del modo en que las diferentes lenguas del planeta categorizan las partes del cuerpo. Mediante un corpus de datos de 109 lenguas, analizaron las denominaciones relacionadas con los miembros de las extremidades superiores (brazo/mano) e inferiores (pierna/pie). En su trabajo, prestaron especial atención a la polisemia de los nombres de estas partes del cuerpo y a las vinculaciones existentes entre este rasgo semántico y las distintas culturas a las que pertenecen las lenguas que analizaron. Uno de los aspectos más característicos de esta investigación es el descubrimiento de que la ropa que llevan los hablantes, que está condicionada por el clima del territorio, determina el modo en el que se categorizan las extremidades superiores. Se refieren, por ejemplo, al hecho de que en las zonas del mundo en las que hace más calor (las más cercanas al Ecuador) suelen distinguir léxicamente la mano del brazo, en cambio, las lenguas de zonas más frías suelen poseer términos más polisémicos para referirse a estas partes del cuerpo, pues, con una misma voz, designan el brazo y la mano.

Las teorías partonómicas también se han aplicado al estudio histórico de la categorización y de su representación lingüística, aunque no desde una perspectiva universal (Krefeld 1999; Blank 2003). Krefeld (1999), por ejemplo, analiza el modo en el que se conceptualizan las extremidades en latín y en francés mediante la comparación de las denominaciones en ambas lenguas y también estudia los elementos léxicos no latinos que existen en las variedades románicas para designar las partes del cuerpo. Con ello, pone de relieve la existencia de diferencias en el modo de concebir la realidad a partir de los datos de los dos sistemas lingüísticos. El autor se refiere específicamente a la recateogrización del modelo de división y denominación del brazo y de la pierna en el paso del latín a las lenguas habladas en la Romania. En latín, el brazo no poseía un nombre como el que actualmente tienen las lenguas románicas para designar toda la extremidad (cat.

---

14 Antes de este artículo, Brown publica una investigación sobre el cambio léxico originado mediante mecanismos metafóricos y metonímicos (Brown 1979). Para la ejemplificación del cambio, emplea denominaciones referidas tanto a la taxonomía popular de los animales y las plantas como a la categorización de las partes del cuerpo. Los casos de partonomía anatómica que menciona pertenecen a distintas lenguas y son muy interesantes. Entre otros ejemplos, sobresale la denominación del tobillo de algunas lenguas mayas y mesoamericanas en las que esta parte del cuerpo se designa mediante una unidad pluriverbal que contiene sustantivos referidos a otras partes del cuerpo (*cuello del pie* o *cuello de la pierna*).

*braç*, esp. *brazo*, fr. *bras*, it. *braccio*, port. *braço*) sino que se dividía en dos partes: ARMUS 'hombro' y LĂCERTUS 'músculo del brazo'. Al mismo tiempo, existía otra forma de denominar estas dos partes del cuerpo con un único nombre, el (H)UMERUS como muy bien se puede apreciar en la figura I:

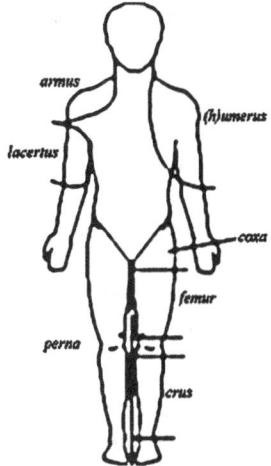

Figura I. Categorización de las partes del cuerpo en latín (Krefeld 1999: 266)

Esta división de las distintas partes del brazo en latín poseía, según Krefeld (1999: 273), una desventaja que seguramente ocasionó cambios en la categorización de las partes del cuerpo que tuvieron numerosas consecuencias léxicas: la pérdida de algunos términos en el paso del latín a las lenguas románicas (LĂCERTUS), la reducción del significado de otros (lat. (H)UMERUS 'hombro' y 'músculo del brazo' > esp. *hombro* 'hombro') y la adopción de préstamos de otras lenguas para designar partes que no poseían un nombre concreto (gr. βραχίων). Krefeld (1999: 273) cree que el origen del cambio en el modo de conceptualizar las partes del cuerpo se puede justificar cognitivamente, pues la división y denominación de las extremidades del cuerpo en latín no reflejaba la prominencia del brazo como unidad corporal y, por ello, cree que se modificaron.

El trabajo de Krefeld es, sin duda, importante por lo que respecta al estudio histórico de la categorización de las partes del cuerpo, un aspecto que hasta el momento ha sido poco investigado. La mayoría de los análisis de carácter histórico sobre este dominio léxico-semántico se centran o bien en el estudio del origen de las voces referidas a partes del cuerpo en una lengua determinada (Skoda 1988 y André 1991) o bien en la comparación de los nombres de lenguas diferentes en distintos estadios lingüísticos (Castillo Contreras 1996 y 1998).

Más recientemente, Brown (2005a y 2005b) ha seguido investigando sobre la categorización de algunas de las extremidades del cuerpo humano. En Brown (2005a) se estudian las designaciones del brazo y de la mano en 617 lenguas. Los resultados obtenidos muestran que, del total de lenguas analizadas, 228 emplean la misma voz para referirse a la mano y al brazo y 389 usan lexemas distintos para designar estas dos partes. Un ejemplo de variedad lingüística que identifica la mano y el brazo con el mismo nombre es la lengua gurma, una lengua africana hablada, entre otros lugares, en Burkina Faso; sus hablantes emplean la voz *nu* con el significado de 'mano' y 'brazo'. Uno de los aspectos más destacados de este estudio y del de Brown (2005b) es la representación de los datos en mapas en los que se distribuyen las áreas geolingüísticas según si las denominaciones de la mano y el brazo son diferentes (Australia; el sur de África; la mayor parte de Europa; Norteamérica y gran parte de Sudamérica) o idénticas (centro de África; la mayoría de Asia; y Centroamérica).

De igual modo, en Brown (2005b), se analiza la categorización, en este caso, de los dedos y la mano a partir de su representación léxica. De las 593 variedades estudiadas, 72 identifican estas dos partes con la misma voz y el resto (521), se refieren a la mano y a los dedos con lexemas distintos. La lengua cahuilla, variedad uto-azteca hablada en California, es un ejemplo del reducido grupo de variedades lingüísticas que se refieren a la mano y a los dedos con el mismo nombre (*-ma-l*). Del escaso número de variedades en las que se produce este fenómeno, Brown comprueba que un 90% de ellas las habla gente que vive de modo tradicional (cazadores, recolectores y agricultores) y que la mayoría se hallan en Australia y Norteamérica.

Las más recientes investigaciones acerca de la categorización de las partes del cuerpo en las distintas lenguas del mundo se hallan en el número 28 de la revista *Language Sciences* publicado en 2006. En este volumen, se compila un conjunto de 10 artículos referidos a la división y denominación de las distintas partes del cuerpo en lenguas diversas (el lao, Enfield 2006 o el punyabí, Majid 2006, entre otras). A estos trabajos les precede una introducción (Enfield, Majid y Staden 2006) en la que se pone de manifiesto que las investigaciones sobre una lengua específica muestran que la categorización de los nombres de las partes del cuerpo está sujeta tanto a principios lingüísticos universales como a principios propios de cada una de las las variedades lingüísticas. Así, los resultados de estos estudios demuestran que algunos de los postulados sobre la partonomía propuestos por Brown (1976) y Andersen (1978) deben matizarse atendiendo a las particularidades de cada una de las lenguas. Por ejemplo, en relación al segundo principio de partonomía de Brown (1976), en el que se establece que el cuerpo humano existe como nivel partonómico principal en todas las variedades lingüísticas, exponen que han encontrado ejemplos de lenguas (el tidore, idioma australiano hablado en una isla de Indonesia y el Kuuk Thaayorre) en las que el nivel inicial de la partonomía se distingue con la palabra *persona* (Enfield, Majid y Staden 2006: 145). También poseen contraejemplos a algunos de los principios expuestos en Andersen (1978). En el caso del tercer principio, por ejemplo, en el que se afirma que en todas las lenguas existe un término para referirse a los ojos, la nariz y la boca, Enfield, Majid y Staden (2006: 145) aportan datos sobre la lengua jahai, hablada en Malasia y Thailandia, en la que no existe un término para designar el concepto 'boca'. Los estudios concretos, en contraposición a los de carácter universal, muestran que existen más diferencias entre la división y denominación de las partes del cuerpo en las distintas lenguas del mundo de las que se cree (Enfield, Majid y Staden 2006: 146). Parece necesario, por ello, seguir examinando y comparando la categorización de las partes del cuerpo para extraer unos principios universales o generales y para determinar las propiedades específicas de ciertas variedades o ramas lingüísticas.

### 2.2.3. *Procedimientos semánticos universales en la creación de nombres de partes del cuerpo*

La importancia de la metáfora y la metonimia como principales procesos de creación léxica de nombres de partes del cuerpo humano ha sido advertida por diversos investigadores; entre ellos, destacan los pioneros Tagliavini (1949) y Ullmann (1963) por plantearse la posibilidad de que estos procesos fueran comunes a todas las lenguas (§ 2.2.1.). Sin embargo, parece que la primera publicación destinada claramente a examinar la metáfora como procedimiento de creación léxica en el dominio de las partes del cuerpo corresponde a Brown y Witkowski (1981).

Estos investigadores comparan las denominaciones de la pupila, de los dedos de los pies y las manos, de los músculos y de los testículos en 118 lenguas para comprobar la existencia de patrones comunes de creación léxica en este dominio semántico. Entre sus propósitos también se encuentra la voluntad de resolver dos cuestiones relacionadas con los nombres de partes del cuerpo que surgen mediante procesos metafóricos: (1) ¿Por qué ciertas partes del cuerpo (p. e. músculos, pupila, testículos) se denominan mediante metáforas y otras no (p. e. oreja, ojo, mano)? y (2) ¿Por qué los nombres figurados (*niña del ojo* 'pupila', *huevo* 'testículo') de contenido semántico relativamente estable ocurren con regularidad en unas partes del cuerpo concretas? Se trata de dos preguntas de vital importancia en la clasificación de las partes cuerpo según su prototipicidad (Julià 2011), pues parece que las partes más prototípicas (ojo, boca, nariz) son menos susceptibles de ser designadas mediante denominaciones metafóricas mientras que las partes menos prototípicas es habitual que se designen mediante nombres de otras realidades (*campanilla* 'úvula').

Para su investigación, los autores recurren a los resultados obtenidos en trabajos anteriores (Tagliavini 1949) con la premisa de que las metáforas que dan lugar a los nombres de las partes del cuerpo son universales porque se reinventan una y otra vez en las lenguas (Brown y Witkowski 1981: 596-597).

Además de observar que existen metáforas universales (p. e. LOS DEDOS SON MIEMBROS DE UNA FAMILIA; LOS MÚSCULOS SON ANIMALES QUE SE DESPLAZAN DANDO SALTOS[15]; LOS TESTÍCULOS SON HUEVOS, PIEDRAS O ROCAS), los investigadores descubren que es general también el hecho de que ciertas partes del cuerpo no presenten denominaciones por metáfora (ojo, oreja, mano, nariz). Existe, por tanto, universalidad en todos los sentidos en el proceso de creación de nombres de partes del cuerpo, pues las lenguas no solo coinciden en las metáforas que crean designaciones sino también en aquellos casos en los que no se generan denominaciones metafóricas. Según Brown y Witkowski, esto puede explicarse mediante la teoría de la marcación de Jakobson con la que se afirma que el lexicón está formado por dos niveles, el de las unidades marcadas y el de las unidades no marcadas, estas últimas se diferencian de las primeras porque aparecen en el lenguaje cotidiano, suelen ser términos fonética y morfológicamente simples y forman parte del vocabulario que se aprende en las primeras etapas de adquisición de una lengua. A partir de estas teorías, Brown y Witkowski (1981) determinan que las partes del cuerpo que se corresponden con elementos del lexicón no marcados son aquellas en las que las denominaciones de origen metafórico no tienen cabida. Asimismo, señalan la importancia que este tipo de estudios tiene en el marco de las investigaciones del cambio semántico.

En esencia, a partir del examen de los resultados obtenidos por estos investigadores se advierte que el valor de su trabajo es triple porque, además de ser los pioneros en los estudios relacionados con los denominaciones en las que el cuerpo humano es *dominio destino*, aportan datos para confirmar la universalidad de las metáforas que dan lugar a nombres de partes del cuerpo y proponen hipótesis sobre por qué unas partes del cuerpo son susceptibles a las denominaciones metafóricas y otras no lo son. Se trata, por tanto, de una aportación valiosa para los estudios sobre el léxico del cuerpo humano y también para la semántica cognitiva.

## 2.2.4. *La lexicogenia y la somatogénesis*

En los estudios lingüísticos es una constante la pregunta sobre el origen del lenguaje y los primeros testimonios de las lenguas habladas. En torno a este tema, surge una línea de investigación, probablemente derivada de la teoría de los *primi-*

---

15 En español, por ejemplo, la voz *músculo* es un cultismo derivado del latín MUR, MURIS 'ratón' (*DECH*, s. v. *mur*). Véase también la explicación del origen de esta denominación en las *Etimologiae* de San Isidoro de Sevilla: «Item lacerti, sive mures, quia sic in singulis membris cordis loco sunt ut cor in media totius corporis parte, appellanturque a nomine similium animalium sub terra delitescentium. Nam inde musculi a murium similitudine: idem etiam et tori, quod illic viscera torta videantur» (Libro XI: 117).

*tivos semánticos universales* de Anna Wierzbicka (1972; 1996; 1999; 2000) en la que el objeto de investigación es el origen de los primeros signos lingüísticos (*signos primigenios*). Se trata de una cuestión que suscita interés entre la mayoría de lingüistas preocupados por la evolución y la formación de las lenguas, tal y como resumen Luque y Manjón (1997: 251-253) e Iñesta y Pamies (2002: 58, 80-83). Los trabajos dedicados al origen del léxico de las lenguas parten de la hipótesis de que es bastante probable que existan patrones recurrentes en los procesos de creación léxica en todas las lenguas del mundo y para todos sus estadios evolutivos. Por ello, este tipo de investigaciones sobre los procedimientos que dieron lugar a los primeros signos lingüísticos se podrían llevar a cabo solo con observar los mecanismos que generan los nuevos elementos en el léxico de cualquier lengua. Con el fin de corroborar las hipótesis formuladas, empezaron a realizarse investigaciones de identificación de los elementos léxicos que habrían formado parte de las primeras producciones y expresiones lingüísticas y así surgieron las teorías de la *lexicogenia* y de los *signos primigenios* (Luque y Manjón 1997: 257-262) y de estas derivaron otras investigaciones y proposiciones teóricas (la *somatogénesis*) relacionadas con la idea de que el origen del léxico de cualquier lengua procede de los nombres de las partes del cuerpo.

Uno de los primeros investigadores que expone la tesis del origen somatogénico del léxico es Pierre Guiraud. Sus investigacioens sobre los códigos corporales[16] en construcciones del tipo *pie de la montaña, brazo del sillón* y *dientes del serrucho* le llevaron a plantearse cuestiones sobre el origen del léxico y la formación de las lenguas a partir de la observación de los mecanismos de creación léxica actuales (Guiraud 1986 [1980]: 49). En sus reflexiones advirtió que estas designaciones de realidades concretas proceden de metáforas motivadas por sus características en asociación con la estructura y composición del cuerpo humano. En este sentido, el autor se plantea la posibilidad de que el origen de las lenguas, y los conceptos que con ellas se expresan, pudieran estar relacionados con imágenes del cuerpo humano y que estas procedieran de las primeras experiencias de los sentidos:

> El campo semántico de esas analogías corporales ocupa un lugar importante en el ámbito de nuestros conocimientos del lenguaje que las expresa y las estructura. En realidad, podemos preguntarnos si, desde el punto de vista etimológico, todas las palabras (y los conceptos correspondientes) no estarían relacionadas con imágenes del cuerpo. Efectivamente, toda palabra (y todo concepto) viene de otra palabra que viene de otra palabra que viene... de tal modo que la etimología dirige consecutivamente cada palabra hacia experiencias cada vez más arcaicas y generales que no

---

16  Según este investigador (Guiraud 1986 [1980]: 8-9), se pueden distinguir tres códigos corporales distintos: (a) los sustitutos del lenguaje articulado en los cuales el gesto y la mímica reemplazan a los sonidos; (b) los auxiliares del lenguaje articulado en los cuales los gestos o demás movimientos corporales acompañan la palabra; y (c) la simbología del cuerpo, esto es, los conceptos que expresan una realidad no corporal mediante imágenes tomadas del cuerpo.

pueden ser otras que las de nuestros sentidos y las relaciones de nuestro cuerpo con los objetos (Guiraud 1986 [1980]: 49).

Los postulados de la teoría de Guiraud parecen concordar con los del experiencialismo de Lakoff y Johnson (1986 [1980]), por ello, en este marco teórico se podría considerar que el cuerpo humano es la motivación primaria o primigenia del signo lingüístico.

## 2.3. El estudio histórico-etimológico del léxico del cuerpo humano

La primera gran investigación conocida en que se analiza desde una perspectiva histórico-semántica y etimológica la mayoría de designaciones referidas a partes del cuerpo humano en las variedades románicas es de principios del siglo XX. Se trata de un extenso artículo publicado por Adolf Zauner en 1903. Después de la difusión de esta publicación, el estudio histórico del dominio semántico del léxico del cuerpo humano se ha enfocado desde diversas perspectivas teóricas y metodológicas. Los aspectos que más interés han suscitado son el examen del origen etimológico y motivacional de las voces referidas a partes del cuerpo y el análisis y determinación de los cambios de significado que se hayan podido producir a lo largo de la historia de las lenguas. Desde el surgimiento de la lingüística cognitiva, el estudio histórico del léxico de esta área semántica ha aumentado considerablemente y ello se debe, con toda probabilidad, a la importancia que posee el cuerpo en los postulados de esta corriente científica (§ 1.1.). En los siguientes apartados se clasifican y describen algunas de las investigaciones de carácter histórico que se han llevado a cabo sobre los nombres de las partes del cuerpo según la perspectiva teórica en la que se integran.

### 2.3.1. *«Die romanischen Namen der Körperteile» (Zauner 1903 [1902])*

En el extenso trabajo de Zauner (1903 [1902])[17], se examinaron las designaciones románicas de 79 conceptos relativos al cuerpo (nociones generales, partes externas, partes internas)[18]. Este estudio es de vital importancia no solo por el valor y

---

17  La investigación se publicó por primera vez en 1902 bajo el título completo de «Die romanischen Namen der Körperteile. Eine Onomasiologische Studie» presentado como investigación inédita en una habilitación para acceder a un puesto docente en la Facultad de Filosofía de la Universidad de Viena. Véase la reproducción digital de este documento en <http://www.archive.org/details/die romanischenn00zaungoog>.

18  Los conceptos que estudia Zauner aparecen numerados y en el siguiente orden: cuerpo (p. 346), hueso (pp. 346-347), médula (pp. 348-350), nervio (pp. 351-352), sangre (p. 352), vena o arteria (pp. 353), carne (pp. 353-354), piel (pp. 354-355), cabeza (pp. 355-357), frente (pp. 358-359), nariz (pp. 359-360), ventana de la nariz (pp. 360-363), ojo (pp. 364-366), pupila (pp. 366-368), ceja (pp. 368-372), párpado (pp. 372-377), pestaña (pp. 377-380), boca (pp. 380-382), labio (pp. 382-387), diente (p. 387), muela (pp. 387-389), encía (pp. 389-392), len-

la cantidad de los datos etimológicos, semánticos, lexicológicos y geográficos que aporta sobre el léxico románico referido a este campo semántico sino también por la metodología de estudio empleada por el lingüista austríaco. Se debe a Zauner tanto la acuñación del término *onomasiología* —basado en el modelo de la voz *semasiología*[19]— como una de las primeras investigaciones onomasiológicas llevadas a cabo de una forma consciente y sistemática en esta disciplina (Vàrvaro 1988 [1960]: 193, nota 3; Muñoz Núñez 1999: 130). Esta metodología se entiende hoy como el estudio semántico que «parte de un concepto para examinar todos los significantes que lo realizan» (Muñoz Núñez 1999: 131) y sus áreas de aplicación

---

gua (p. 392), paladar (pp. 392-394), úvula (pp. 394-398), maxilar (pp. 398-402), mejilla (pp. 402-406), barbilla (pp. 406-409), vello corporal (p. 410), barba (p. 411), cabello (pp. 411-413), oreja (pp. 413-414), sien (pp. 414-418), cerebro (pp. 418-419), cuello (pp. 420-421), nuca (pp. 421-427), garganta (pp. 427-433), miembro (p. 434), brazo (p. 434), hombro (pp. 435-437), axila (pp. 437-441), codo (pp. 441-444), mano (pp. 444-445), palma de la mano (pp. 445-447), puño (p. 447), dedo (pp. 448-449), pulgar (pp. 450-451), meñique (pp. 451-454), uña (p. 454), cadera (pp. 455-457), muslo (pp. 457-458), pierna (pp. 459-460), rodilla (pp. 461-463), rótula (pp. 463-465), pantorrilla (pp. 465-469), pie (pp. 469-470), talón (pp. 470-471), tobillo (pp. 471-474), planta del pie (pp. 474-475), dedo del pie (pp. 475-476), pecho (pp. 476-478), teta (pp. 478-482), pezón (pp. 483-485), espalda (pp. 485-487), costilla (pp. 487-488), corazón (pp. 488-489), pulmón (pp. 490-494), vientre (pp. 494-497), ombligo (pp. 497-501), culo (p. 502), nalga (pp. 502-504), hígado (pp. 504-507), vesícula (pp. 507-509), bazo (pp. 509-512), estómago (pp. 512-516), intestino (pp. 516-517), riñón (pp. 517-519), vejiga (pp. 519-521) y genitales (pp. 521-522).

19  Cabe señalar que la acuñación del término se basa únicamente en la forma, pues la voz *semasiología* se empleó inicialmente para designar la 'semántica'. La voz *semasiología*, procedente del griego σημασία 'significado' (*DECH*, s. v. *semáforo*), nace en 1825 de la mano del alemán K. Reisig (Lewandowski 1982 [1973-1975]: 310; Casas Gómez 1999: 195 y 2008: 46; Muñoz Núñez 1999: 130) en el ámbito de la lingüística histórica y entendido como la ciencia que analiza y estudia los cambios de significado de las voces. Posteriormente, desde Francia, lo que Reisig designó como *semasiología* fue denominado *semántica* por Michel Bréal. El concepto al que se refería el francés era el mismo al que se había referido Reisig pero con ciertas innovaciones, como las leyes que permiten explicar el cambio semántico. Bréal introdujo el concepto de *semántica* para referirse a «la ciencia de las significaciones y de las leyes que presiden la transformación de los sentidos, la elección de expresiones nuevas, el nacimiento y la muerte de las locuciones» (Casas Gómez 1999: 197). Así, la sinonimia que existió durante algún tiempo entre los términos *semasiología* y *semántica* (Swiggers 1983; Casas Gómez 1994-1995 y 1999; Abad Nebot 1998) se debe a la coexistencia de dos modelos teóricos, el germánico y francés, que investigaron la evolución del significado en la historia lingüística y que confluyeron en algunos puntos. La confusión de los términos *semántica* y *semasiología* se inicia con Bréal a finales del siglo XIX y se extiende hasta mediados del siglo XX. A partir de este momento, los lingüistas empiezan a plantearse el problema de la sinonimia y a intentar buscar soluciones. Casas Gómez (1999: 201-202) se refiere Pierre Guiraud, Stephen Ullmann y Kurt Baldinger (1964b, 1964c, 1968, 1970) como algunos de los investigadores destacados que intervienen en el proceso de *desinonimización* de los términos y la consolidación del significado actual.

suelen ser la gramática descriptiva, la teorización sobre ella, la lexicografía y la geografía lingüística (Vàrvaro 1988 [1960]: 194; Swiggers 1983: 432).

El propio Zauner, en las primeras líneas de su artículo, afirmaba que el tema que se proponía analizar apenas había sido considerado con anterioridad por los lingüistas. Menciona excepcionalmente el trabajo de Ernst Tappolet (1895) sobre los nombres románicos de parentesco (*Die romanischen Verwandtschaftsnamen*) como el precedente más inmediato a su estudio. Según Casares (1950: 54), la metodología de análisis de la investigación de Tappolet, que es la misma que empleó Zauner, fue designada *lexicología comparada* y, posteriormente, el investigador austríaco la denominó como hoy se conoce, *onomasiología*.

En la introducción de las más de 200 páginas del artículo sobre las denominaciones románicas de los nombres de partes del cuerpo humano Zauner manifiesta sus intereses, ideas e inquietudes etimológicas y semánticas. Creía que la función de las investigaciones de este tipo era mostrar si existen conceptos que se mantengan invariables denominativamente, si los hay que varíen muy poco y si existen otros que posean cierta tendencia favorable al cambio semántico a lo largo del desarrollo histórico de una lengua. Por esta razón, en su minucioso y escrupuloso análisis léxico prestó especial atención a los mecanismos lingüísticos que generan las nuevas denominaciones de los conceptos (Zauner 1903 [1902]: 340). Ilustró estas preguntas refiriéndose a los nombres de las cifras y a los nombres de los conceptos 'casa', 'pan' o 'vino' como ejemplos de dominios conceptuales que no varían designativamente al contrario de lo que sucede con los nombres de utensilios y prendas de vestir, pues pertenecen a áreas léxico-semánticas que se transforman denominativamente por cuestiones histórico-culturales. Zauner clasifica el ámbito conceptual del cuerpo humano como uno de los más estables desde esta perspectiva, no obstante, advierte también de la existencia de cambios designativos cuyos orígenes cree que pueden deberse a alguno de los siguientes cinco factores (Zauner 1903 [1902]: 342-343):

(a) La confusión designativa entre partes del cuerpo puede surgir por tres motivos: por contigüidad (p. e. uso de la voz *quijada* por *mejilla*); por semejanza formal (p. e. *palma de la mano* y *planta del pie*)[20]; y, en el caso de

---

20   En relación a este aspecto, puede observarse que la segunda respuesta más frecuente en los atlas lingüísticos regionales de la Península que dedican un mapa al concepto 'palma de la mano' es *planta de la mano*, probablemente por metonimia con la *planta del pie*. En el *ALEA* (V, 1269) los puntos de encuesta en los que se halla esta denominación son: Co 101, 103, 200-202, 301, 302, 400-403, 600, 602, 604-609; Se 201, 303, 400, 401, 403-404, 406, 501, 503, 602-603; J 303, 306, 501; Ca 200, 203-205, 301-302, 400, 500, 600-602; Ma 100-101, 200-203, 301-304, 400-402, 407, 500-503. Y en el *ALEANR* (VII, *984), son: Lo 102; Na 105, 400, 403, 404, 600; Z 201, 202, 300, 301, 303, 305, 400, 401, 501, 504, 507, 600, 602; Hu 107, 110, 112, 202, 300, 603; Te 100, 101, 102, 200, 206, 300, 302, 303, 304; Cs 300.

que se trate de partes internas, porque existen dificultades a la hora de ubicar una parte u otra (p. e. uso de la voz *hígado* por *pulmón*).

(b) La existencia de una relación distendida entre los hablantes puede provocar el empleo de formas diminutivas y cariñosas o peyorativas para referirse a una parte del cuerpo.

(c) Las expresiones figuradas suelen crearse en contextos populares y en referencia a partes del cuerpo pequeñas (p. e. *campanilla*) o a las que, por cuestiones de pudor, se denomina mediante un nombre tabú.

(d) Modificaciones o nuevas creaciones originadas en el contexto del lenguaje infantil (p. e. nombres del *pecho*).

(e) La existencia de dos voces para referirse a una misma parte del cuerpo, cuyo uso puede estar sujeto a matices de diverso tipo (p. e. en fr. el uso de *bouche* 'boca' y *gueule* 'pico').

En la introducción a su investigación, Zauner especificó las dificultades que tuvo en la elección de los conceptos que estudió y se refirió también a los motivos que le llevaron a descartar los nombres de ciertas partes del cuerpo. En su trabajo, pretendió examinar designaciones de partes del cuerpo reconocibles por los hablantes y presentes en el lenguaje popular, por ello, no incluyó denominaciones internas, pequeñas y no consideradas por los hablantes ni empleadas en el lenguaje común como, por ejemplo, los nombres de los huesos del oído, del diafragma, del esternón, del lóbulo de la oreja, etc.

Los resultados del estudio de los 79 conceptos que analizó aparecen organizados en subapartados según su origen etimológico. Las designaciones de cada uno de los conceptos se clasifican en función de su procedencia según el siguiente esquema tripartito:

I. «Lateinische Tradition». En este apartado se incluyen las voces patrimoniales comunes a todas las variedades románicas. Zauner afirma que sólo seis partes del cuerpo han conservado el nombre latino en todas las lenguas románicas que investiga ('nervio', 'sangre', 'diente', 'lengua', 'barba', 'culo').

II. «Umgestaltungen». Este bloque recoge las voces patrimoniales en las que ha sucedido algún cambio fonético no regular (metátesis, transformaciones analógicas, unión del artículo con el nombre y transformación en el lenguaje infantil) o algún cambio morfológico (sufijación, cambios en el sufijo, surgimiento de una nueva raíz a partir de un proceso de derivación, derivados que se empleaban para prendas de vestir). En el caso del párpado (Zauner 1903 [1902]: 372-377), este apartado incluye, por ejemplo, formas como el catalán *parpella*, cuyo étimo es el lat. vulg. PALPĔTRA, variante del lat. clás. PALPĔBRA originada por distintas cuestiones históricas (Julià 2011).

III. «Romanische Wortschöpfung». En este último apartado se incluyen las creaciones propiamente románicas que surgen por alguno de los siguientes procesos: metonimia, derivación, metáfora conceptual (p. e. *ligero* 'pulmón'), metáfora de imagen (p. e. *hoz* 'quijada'), influencia del lenguaje infantil (p. e. *pecho de la madre*), fonosimbolismo (p. e. *bofe* 'pulmón') o por un proceso de préstamo léxico (p. e. en italiano, destacan los préstamos germánicos: it. *schiena* 'espalda', it. *anca* 'cadera' e it. *milza* 'bazo').

Las inquietudes que manifiesta Zauner (1903 [1902]) están estrechamente vinculadas al estudio de las causas principales del cambio léxico-semántico (la metáfora y la metonimia) y también a cuestiones culturales. Se refiere, por tanto, a los mismos aspectos a los que más adelante, primero Ullmann y posteriormente la semántica histórica cognitiva, tratarán en el estudio del origen del significado. El artículo de Zauner, junto a los datos que contiene el *FEW*, se ha considerado no solo uno de los primeros estudios onomasiológicos sino también la mayor fuente de información sobre el origen de los nombres románicos de las partes del cuerpo, por tanto, no es de extrañar que sea referente en cualquier estudio onomasiológico e histórico del léxico de este dominio semántico en la mayoría de variedades románicas (*cfr.* André 1991; Castillo Contreras 1996; Blank, Koch y Gévaudan 2000; Gévaudan, Koch y Neu 2003).

### 2.3.2. *Estudios etimológicos sobre algunas variedades lingüísticas*

En este subapartado se mencionan algunas de las investigaciones en las que se ha estudiado exhaustivamente el léxico del cuerpo desde una perspectiva etimológica y que, junto al artículo de Zauner (1903 [1902]), sirven de fuente de información para el trabajo que se desarrolla en la segunda parte de este libro. Se mencionan, concretamente, los estudios de Skoda (1988) sobre el griego, André (1991) sobre el latín y Castillo Contreras (1996 y 1998), quien compara datos del español, el francés y el latín.

El estudio de Françoise Skoda (1988) —*Médicine ancienne et métaphore. Le vocabulaire de l'anatomie et de la pathologie en grec ancien*—, en el que se analizan los orígenes de los nombres de las partes del cuerpo en griego antiguo y los de ciertas patologías vinculadas a ellas, destaca por la importancia que el autor otorga a la metáfora como proceso de creación léxica en esta área semántica. En la introducción a la primera parte del libro (1988: 7-8), Skoda menciona que en los procesos de creación de las voces anatómicas del griego antiguo que no procedían de herencia indoeuropea sino que eran creaciones propias de tipo morfológico (por derivación o composición), sintáctico, léxico o estilístico, la metáfora intervenía «pour une large part». A modo de ejemplo, pueden citarse casos como el de la designación de la columna vertebral o el del codo. El nombre griego de la columna vertebral (ἄκανθα) procede de una metáfora de imagen, pues, en su origen, esta voz se empleaba para designar plantas con espinas; por su parte, el nombre del codo (ὠλέκρανον) derivaba de la comparación del codo con la cabeza (κρανον 'cabeza' + ὠλένη 'antebrazo'). Este mecanismo semántico, el de la designación de una parte de un hueso con el nombre que significa 'cabeza', es, según Skoda (1988: 36), bastante habitual en las lenguas, pues surge de una metáfora de imagen basada en el esquema de la VERTICALIDAD CORPORAL: la extremidad de un hueso cualquiera es susceptible de ser comparada con la cabeza tanto por la similitud formal que existe entre ambas realidades como por su situación respecto del resto del hueso o del cuerpo. A pesar de que en su análisis Skoda no se refiera a la teoría cognitiva, sus aportaciones son importantes tanto por los datos etimológicos y documentales que recopila como por la importancia que se da a la metáfora ya que con ello se aporta, de nuevo, un indicio que permite corroborar la existencia de la universalidad en los procesos de creación del léxico de las partes del cuerpo y el predominio de la metáfora entre ellos.

Por su parte, el libro de André (1991) constituye una compilación de etimologías de diferentes nombres de partes del cuerpo en latín. Se trata de una investigación exhaustiva que parte de los datos de un artículo de Alfred Ernout (1951), titulado «Les noms des parties du corps en latin», de otros trabajos y de diferentes documentos latinos con objeto de mostrar el interés lexicológico que ofrece el estudio de los nombres de las partes del cuerpo en la lengua latina. André (1991: 20) da cuenta de algunos de los rasgos más característicos del léxico de esta área conceptual para su investigación lingüística:

(a) Se trata de un dominio conceptual bien definido, aunque con importantes diferencias en lo que respecta al número, la naturaleza y el espacio que ocupan sus elementos, porque comprende órganos o partes fijas y estables; en principio, todo ser humano consta de las mismas partes que cualquier otro miembro de su misma especie, por ello, se trata de un dominio léxico-semántico susceptible de ser estudiado en cualquier variedad lingüística.

(b) Por ello, según el propio André, es extraño que el núcleo de esta terminología haya podido variar y varíe en el tiempo y en el espacio debido a influencias, conocidas o no, y que estas variaciones hayan podido tener lugar no solo debido a un enriquecimiento del léxico causado por el avance de la sociedad sino también por una renovación producida por causas lingüísticas diversas (moda, metáforas populares, etc.).

(c) Así, asegura el autor, la razón del estudio de los nombres de las partes del cuerpo surge tanto por el interés de conocer el sistema designativo del latín como por la necesidad de conocer por qué se denominaba de un modo concreto cada una de las partes del cuerpo; de saber si ha existido evolución en la terminología y de cuáles son las razones de ello; y también de la necesidad de averiguar si se pueden extraer reglas generales en la evolución del latín. De ahí, la importancia de la datación de los términos y del establecimiento de una cronología.

Con ello, André no solo identifica y describe las principales características evolutivas de los nombres de las partes del cuerpo sino que plantea cuestiones universales para su estudio en cualquier lengua:

(a) interés por la variación que existe en la denominación de una realidad inmutable en el tiempo y en el espacio
(b) voluntad de desentrañar los procesos que dan origen a los nombres de las partes del cuerpo
(c) deseo de comprobar si existe universalidad en los procesos de formación de estos nombres

Estos son los tres ejes a partir de los que el autor traza la historia del origen de los nombres latinos de las partes del cuerpo mediante testimonios extraídos de textos latinos. La información aparece dividida en secciones según el criterio partonómico (la cabeza está constituida por el cráneo, la cara, los ojos, la boca, el cuello; la garganta, etc.; y cada una de estas partes se divide en otras). Finalmente, la monografía de André incluye un comentario de los rasgos principales que se desprenden de los datos etimológicos que recoge (herencia indoeuropea, enriquecimiento del léxico, creaciones descriptivas y funcionales, perífrasis, helenismos, metáforas, transferencias internas y externas, dobletes, sustituciones y tabúes). La información contenida en este último apartado constituye la parte más interesante del trabajo por los resultados obtenidos y por la metodología con la que se desarrolla, pues en ella se hallan datos especialmente relevantes sobre la determinación de los diferentes procesos que dan lugar a las denominaciones de las partes del cuerpo. Destaca, por ejemplo, el apartado sobre transferencias denominativas por su relación con los mecanismos metafóricos y metonímicos en el que se recogen ejemplos sobre los nombres de partes del cuerpo que pasaron a designar otras partes por contigüidad (*ōs* 'boca' > 'cara'; *gena* 'párpado' > 'mejilla'), por ignorancia, por un conocimiento aproximado de la anatomía o por una falsa localización de ciertas enfermedades. Según André (1991: 256), estas son las tres causas principales de transferencia en todas las lenguas y tienen orígenes involuntarios e inconscientes. También se refiere a los casos en los que los nombres de partes del cuerpo de los animales se emplearon para designar partes del cuerpo humano, muy probablemente por las similitudes morfológicas que ciertos animales presentan en relación al ser humano (*abdomen* 'vientre de cerdo' > 'vientre del hombre'). Asimismo, es muy interesante el apartado dedicado a las denominaciones mediante tabúes lingüísticos porque da cuenta de la existencia de un procedimiento de creación léxica diferente a la metáfora y a la metonimia, los dos mecanismos semánticos principales que generan designaciones en este dominio conceptual. Así pues, el estudio de André (1991), como el de Skoda (1988), constituye una obra de consulta imprescindible porque proporciona valiosos datos etimológicos e históricos.

Castillo Contreras (1996 y 1998) se diferencia de los trabajos anteriores porque adopta una perspectiva lingüística comparativa y acotada a ciertas partes del cuerpo. Sus dos estudios reúnen datos del español medieval, el francés medieval y el latín sobre ciertas partes del cuerpo (1996: las extremidades y 1998: diversas partes de la cara y del cuello). En su estudio resulta de especial interés la documentación de las acepciones de las denominaciones y, desde el punto de vista cognitivo, la comparación entre las tres lenguas, pues se da cuenta de la existencia de importantes semejanzas en los procesos de creación léxica.

### 2.3.3. El proyecto *DECOLAR (Dictionnaire étymologique et cognitif des langues romanes)*

El interés por el estudio histórico-etimológico del léxico del cuerpo humano aumentó considerablemente a partir del surgimiento del cognitivismo y de su aplicación al análisis histórico del significado, pues la teoría cognitiva de la metáfora y la metonimia permitieron explicar los cambios de significado existentes en los nombres de algunas partes del cuerpo y dar a conocer patrones comunes en la creación de denominaciones de este sector del léxico (Koch 1997; Krefeld 1999; Blank y Koch 1999; Blank y Koch 2000; Blank, Gévaudan y Koch 2000; Blank 2003).

Una de las investigaciones de mayor alcance relacionadas con el estudio histórico y onomasiológico del léxico del cuerpo humano es el proyecto *DECOLAR (Dictionnaire étymologique et cognitif des langues romanes)*. Se trata de un magno proyecto (Dworkin 2006: 72) que parte de la propuesta onomasiológica de Zauner (1903 [1902])[21] y que se propone estudiar desde una perspectiva etimológica y cognitiva los nombres de las partes del cuerpo humano en catorce variedades románicas (Blank, Gévaudan y Koch 2000: 105; Koch 2008: 108, nota 1): campidano, catalán, engadino, español, francés, francés antiguo, friulano, gallego, italiano, ladino, ligurdo, occitano (se da preferencia a la variedad del languedoc), portugués y rumano. El objetivo principal de la propuesta es la elaboración de un diccionario onomasiológico en el que se pueda «donner une nouvelle structure à la richesse des données étymologiques [...] en appliquant les modèles du change-

---

21  Para la deuda del proyecto con Zauner (1903 [1902]), véase Gévaudan, Koch y Neu (2003).

ment lexical que nous avons développés récemment» (Blank, Gévaudan y Koch 2000: 107).

En el proyecto se combinan a la perfección una serie de aspectos (diacronía, cognitivismo, conceptualización, universalidad, lenguas románicas) que lo convierten en una de las investigaciones más ambiciosas en el ámbito no solo de la variación léxica en una misma familia lingüística sino también en el estudio del cambio semántico. Los resultados de este trabajo permitirán una aproximación al dominio conceptual del cuerpo humano desde diferentes puntos de vista: «du concept aux dénominations et à leur histoire, de l'étymon aux formes modernes, d'un mot moderne à l'étymon; mais l'usager pourra aussi, ex., regrouper toutes les métaphores survenues dans un champ conceptuel donné (Blank, Gévaudan y Koch 2000: 107).

Los objetivos del proyecto *DECOLAR* conciertan el estudio onomasiológico del dominio del cuerpo humano con la etimología, los postulados cognitivos y las teorías universales de los procedimientos de creación léxica. Los datos que en un futuro atesorará el diccionario resultarán de gran interés y podrán consultarse en línea (Blank, Gévaudan y Koch 2000: 107). Actualmente, existen diversas publicaciones (Koch 1997; Blank y Koch 1999; Blank y Koch 2000; Blank, Gévaudan y Koch 2000; Blank 2003; Gévaudan, Koch y Neu 2003; Koch 2008) en las que los investigadores implicados en el proyecto han recogido algunos de los resultados sobre determinadas partes del cuerpo (la cabeza, la pupila, la oreja, el ojo, la nariz, la pierna, el brazo y sus respectivas partes) en las que se describe la metodología de análisis, la estructura del diccionario y los resultados. En estos trabajos, se analizan etimológica y semánticamente las denominaciones de cada una de las partes mencionadas en las variedades románicas a las que se ha hecho referencia anteriormente; de este examen se extrae, como hizo Tagalivini (1949), un conjunto de estrategias de creación y variación léxica recurrentes en la Romania. De este modo, con este tipo de estudio será posible «tracer pour chacun des concepts envisagés les limites que la cognition impose à l'innovation lexicale - et ainsi à la créativité humaine» (Blank y Koch 1999: 68). El planteamiento y la metodología del proyecto *DECOLAR* se han tomado como modelo para el estudio de los nombres de las partes del cuerpo en las lenguas románicas en distintas investigaciones. Véase, por ejemplo, Bechet (2010: 420, nota 2), artículo en el que se examinan las estrategias que motivan el origen de los nombres de la pupila en rumano. Asimismo, el estudio que se lleva a cabo en la segunda parte de este libro pretende contribuir, en la línea de los objetivos del proyecto *DECOLAR*, a la caracterización onomasiológica y etimológica del léxico del cuerpo humano románico aunque partiendo de materiales lingüísticos distintos, los que ofrecen los atlas lingüísticos.

# Capítulo 3. La metáfora y el léxico del cuerpo humano

Las investigaciones lexicológicas dedicadas a los nombres de las partes del cuerpo coinciden en destacar la vitalidad que la metáfora posee tanto en el proceso de creación de nombres de partes del cuerpo (*dominio meta* y *dominio fuente* y *meta* al mismo tiempo) como en el de otras realidades denominadas con voces relativas a estas (*dominio fuente*). Por ello, parece imprescindible y necesario dedicar este capítulo a presentar una breve descripción tanto de las características de este procedimiento semántico esencial (§ 3.1., § 3.2.) como de las relaciones metafóricas que se establecen entre el dominio conceptual del cuerpo humano y otros ámbitos (§ 3.3.).

## 3.1. Aproximación al concepto cognitivo de 'metáfora'

El origen del concepto de 'metáfora' debe asociarse a la retórica clásica y a las obras e ideas del filósofo y poeta griego Aristóteles en las que ya se señalaba la estrecha relación que existe entre la mente y la realidad y se advertía la importancia que posee el lenguaje como medio a través del que estos vínculos se expresan. De este modo lo explica claramente Gambra (1990: 51-52) en un trabajo en el que analiza los conceptos 'metáfora' y 'metaforizar' en la obra de Aristóteles. Así pues, la esencia aristotélica del concepto («la metáfora es la translación del nombre de una cosa a otra») se ha mantenido a lo largo de los siglos en el ámbito literario (Martínez-Dueñas 1993: 31-48), donde la metáfora constituye uno de los recursos estilísticos comparativo-analógicos «más apreciados por poetas y retóricos, pues, al buscar las palabras más adecuadas para los oyentes, la metáfora proporciona, por un lado, provechosa enseñanza y, por otro, dignidad en la elocución» (Gambra 1990: 70).

De igual modo, la teoría metafórica de Aristóteles también fue uno de los principales legados de la retórica clásica a la semántica tradicional[22] para el estudio del cambio de significado (Llamas 2005: 17-42). El concepto aristotélico de 'metáfora', aunque fue modificándose a medida que surgían nuevas corrientes semánticas interesadas en el estudio del cambio de significado, debe considerarse, por todo ello, el origen de la noción de 'metáfora' de cualquier teoría semántica.

Ullmann (1980 [1962]: 238-246), uno de los máximos representantes de la semántica preestructural (Muñoz Núñez 1999: 26-27, nota 5), categoriza la metá-

---

22 Ullmann (1980 [1962]: 239, nota 2) cita un número nada desdeñable de referencias bibliográficas publicadas con anterioridad a su monografía (la mayoría pertenecen a la primera mitad del siglo XX) en las que el tema principal de estudio es la metáfora. Asimismo, para una revisión de los estudios que se han ocupado de la metáfora a lo largo de la historia de la semántica, véase Llamas (2005: 19-139).

fora como un proceso de transformación basado en la semejanza de sentidos y propone una clasificación de los distintos cambios de significado originados por una metáfora:

(a) **Metáforas antropomórficas.** Se trata de uno de los tipos de metáforas más frecuentes en todas las lenguas y civilizaciones del mundo y suelen dividirse en dos grupos que se corresponden cognitivamente con procesos de transferencia de significados en los que el cuerpo se comporta o bien como *dominio fuente* (p. e. *boca de un río, corazón del asunto*), que es lo más frecuente; o bien como *dominio meta* (p. e. *nuez de la garganta*). Ullmann destaca la importancia histórica de este tipo de metáforas aludiendo a la *Scienza Nuova* de Vico anteriormente citada (§ 1.2.).

(b) **Metáforas animales.** El mundo animal constituye «otra fuente perenne de imágenes» que se puede dividir en dos grupos según si los animales son *dominio fuente* para dar lugar a nombres de plantas y objetos (*barba de cabra, pata de gallo, cola de caballo,* etc.) o para denominar a personas de forma irónica, peyorativa, humorística o grotesca (*perro, burro, rata, ganso, león, lechuzo, papagayear,* etc.).

(c) **De lo concreto a lo abstracto.** Se trata de una metáfora muy habitual en cualquier lengua y cuyo origen suele ser transparente y deducible (*highlight* 'luces altas' en el sentido de 'un momento o detalle de vivo interés').

(d) **Metáforas sinestéticas.** Este conjunto de metáforas está «basado en la transposición de un sentido a otro» (*voz cálida o fría, sonidos penetrantes, colores chillones,* etc.) y es uno de los más repetidos en la literatura.

La tipología de Ullmann muestra, en primer lugar, el valor que se otorgó a la metáfora como motor de las modificaciones de significado en los inicios de las investigaciones sobre el cambio semántico. Asimismo, en segundo lugar, el modo en el que se presenta la categorización de los tipos de metáfora permite vislumbrar una relación entre las teorías metafóricas de Ullmann y la noción cognitiva de metáfora (§ 3.2.), pues se establece claramente un vínculo entre dominios conceptuales según si son *dominio fuente* o *dominio meta* en la conceptualización de la realidad.

Así pues, a pesar de que la monografía de Lakoff y Johnson (1986 [1980]) —*Metáforas de la vida cotidiana*— se ha considerado la primera obra en la que se hace referencia a la nueva idea conceptual y lingüística de *metáfora*, debe mencionarse que, antes de su publicación, existía ya la concepción, entre lingüistas y otros estudiosos de diversas disciplinas (psicología, sociología, ciencia, educación, etc., *cfr.* Ortony (ed.) 1979 y Johnson 1992 [1987]: 132-140), de que la *metáfora* era algo más que un mero recurso estilístico o una causa del cambio semántico. Con posterioridad a Ullmann (1980 [1962]) y antes de Lakoff y Johnson (1986 [1980]), se publicaron algunas obras en las que se empezó a relacionar la metáfora con la cognición. Esto puede apreciarse en las cuestiones que tratan dos libros de la década de 1970. El primero, titulado *The Poetics of Growth: Figurative Language in Psychology, Psychotherapy, and Education*, fue publicado en 1977 por H. Pollio, M. Barlow, H. Fine y M. Pollio y pretendió demostrar que la metáfora, lejos de ser un recurso limitado a escasos contextos y ocasiones, es un proceso mental recurrente a la par que propio del comportamiento humano: «calcularon que la mayor parte de los hablantes de una lengua produce, en el curso de una vida media, cerca de tres mil nuevas metáforas y siete mil expresiones idiomáticas a la semana» (Danesi 2004 [2003]: 12). En la segunda obra, titulada *Metaphor and Thought*, publicada en 1979 y editada por Andrew Ortony, un conjunto de expertos en distintas disciplinas (pragmática, educación, ciencia, lengua, etc.) plantearon los resultados de sus investigaciones acerca de un concepto de metáfora no tradicional. En sus artículos, relacionaron las producciones lingüísticas metafóricas con el pensamiento y con la interpretación de los hablantes y pretendieron obtener datos que les permitieran responder a dos preguntas básicas: ¿qué es la metáfora? y ¿qué tipos de metáforas existen?

Un año después, Lakoff y Johnson (1986 [1980]) unieron sus inquietudes sobre la categorización de la mente y la representación lingüística en la publicación del extraordinario manual en el que actualmente se hallan las claves de la nueva idea de *metáfora* basada en postulados experiencialistas. En el prólogo de su obra, los autores explican que ambos coincidieron en observar que a la metáfora —a pesar de ser un proceso recurrente en la configuración de la mente humana y, por consiguiente, en el lenguaje— no se le había concedido, desde la filosofía o la lingüística, la importancia que realmente poseía en el desarrollo de la comprensión del mundo. Nuestro sistema conceptual está organizado y sistematizado en términos metafóricos, razón por la que pensamos y experimentamos las actividades también metafóricamente.

Así, la metáfora, en palabras de Lakoff y Johnson (1986 [1980]: 41), es un proceso cognitivo que permite «entender y experimentar un tipo de cosa en términos de otra»; en otras palabras, es «un procedimiento que permite conceptualizar unos dominios de la experiencia, generalmente abstractos e intangibles, en términos de otros, que suelen ser más concretos y familiares» (Llamas 2005: 125). Así, por ejemplo, la metáfora conceptual UNA DISCUSIÓN ES UNA GUERRA, que se halla en expresiones de la cultura occidental del tipo *tus afirmaciones son indefendibles, atacó todos los puntos débiles,* muestra que el modo de estructurar una acción, en este caso una discusión, es entendida en términos bélicos.

En esencia, se ha considerado que los autores plantearon una cuestión en relación a la metáfora que hasta el momento era poco conocida. El gran descubrimiento que originó el nuevo concepto de 'metáfora' se basa en la idea de que se trata de un fenómeno conceptual que condiciona la actividad humana, cuya mejor representación puede hallarse en la lengua. La palabra —y, por extensión, la lengua— no son, por tanto, el único medio en el que la metáfora está presente sino que constituyen, más bien, el canal a partir del que mejor se manifiesta esta y, en consecuencia, el estudio de la evidencia lingüística es uno de los principales modos de investigar la forma en que comprendemos, categorizamos y estructuramos la realidad.

La teoría cognitiva de la metáfora se incluye en el marco de los estudios desarrollados por Lakoff y Johnson sobre el modo en el que se estructura el entorno en la mente humana. Lakoff (1987a) determinó que la organización mental del mundo se realiza a través de cuatro procedimientos: la organización proposicional, las proyecciones metafóricas, las proyecciones metonímicas y la esquematización de imágenes. Este modo de categorizar la realidad se manifiesta en una serie de entidades conceptuales a las que el mismo investigador designó *modelos cognitivos idealizados* (ICM): los marcos cognitivos, las metáforas, las metonimias y los esquemas de imágenes (Fornés y Ruiz de Mendoza 1998: 26-27).

En esta nueva visión de la teoría de la conceptualización del mundo se halla la noción cognitiva de 'metáfora' que supuso un cambio general en el modo de concebir la lengua y su relación con la mente y trajo consigo una nueva manera de investigar y estudiar este procedimiento cognitivo. No cabe duda, pues, de que el estudio de la metáfora desde una perspectiva cognitiva ha supuesto una revolución en lingüística y ha abierto un horizonte de investigaciones en multiplicidad de disciplinas científicas (educación, psicología, antropología, economía, musicología, arte, ciencia, etc.) que anteriormente no habían mostrado tanto interés por la *metáfora* y que, a partir de la publicación de Lakoff y Johnson (1986 [1980]), se han multiplicado. En los estudios lingüísticos, el cambio de perspectiva ha supuesto una revolución en tanto en cuanto ya no se toma el concepto de metáfora como un mero arreglo retórico sino que se entiende como una estrategia mental cuya mayor representación está en el lenguaje, lo que ofrece un sinfín de posibilidades de análisis lingüístico en muchas de las áreas del conocimiento humano.

Las diferencias entre esta nueva concepción cognitiva de la metáfora y la antigua idea aristotélica de la que partieron los semantistas tradicionales aparecen resumidas en Kövecses (2002: vii-viii). Junto al nuevo concepto de 'metáfora', Lakoff y Johnson, en sus diferentes obras redactas en conjunto e individualmente (1986 [1980]; 1987a; 1987b; 1992 [1987]), propusieron también una tipología y estructura de las metáforas totalmente distinta a la que hasta el momento existía (Ullmann (1980 [1962]). La base de la nueva clasificación y caracterización partía de conceptos cognitivos conjugados con el factor de la experiencia, según se puede comprobar en el siguiente apartado.

## 3.2. Tipología de la metáfora cognitiva

En el concepto cognitivo de metáfora es preciso distinguir, según advierten Cuenca y Hilferty (1999: 100), las *metáforas conceptuales*, las *metáforas de imagen* y las *expresiones metafóricas*.

Las *metáforas conceptuales*[23] —las únicas a las que se refieren Lakoff y Johnson (1986 [1980])— constituyen esquemas abstractos en los que se agrupan determinadas expresiones metafóricas, mientras que *las metáforas de imagen* —posteriormente estudiadas en Lakoff (1987b; 1990) y Lakoff y Turner (1989: 89-96)— se corresponden con una única expresión metafórica basada en una imagen visual. Las *expresiones metafóricas*, en cambio, son casos individuales de metáforas conceptuales o de imagen. Compruébense las diferencias en los siguientes ejemplos extraídos de Cuenca y Hilferty (1999: 100-101 y 104-105):

(a) Sánchez *atacó* mi trabajo sobre la imparcialidad de los jueces.
(b) Eugenio *defenderá* hasta la muerte su teoría de la semántica autónoma.
(c) Algunos filósofos han intentado *derribar* la noción de revolución científica.
(d) Una de las partes del ordenador es un *ratón*.
(e) Italia es una *bota*.

Todos los casos anteriores son expresiones metafóricas concretas. Los tres primeros (a, b y c) se corresponden con una única metáfora conceptual: LA ARGUMENTACIÓN ES UNA GUERRA, ya que todas «sugieren la misma idea metafórica, en la que empleamos conceptos procedentes del mismo dominio de la guerra para conceptualizar y razonar el dominio de la argumentación» (Cuenca y Hilferty 1999: 101). Los dos últimos (d y e) son expresiones metafóricas que se corresponden con dos metáforas de imagen distintas. En el caso de (d), la metáfora de imagen se basa en la proyección de los rasgos de un animal en una herramienta informática por las similitudes formales que comparten. En (e), la metáfora de imagen parte de la proyección de las características de un tipo de calzado a un territorio geográfico determinado (Italia), pues la forma de la Península Itálica es semejante a la de una bota. Con estos ejemplos, es posible comprobar que las expresiones metafóricas son los modos lingüísticos concretos en los que se advierten las metáforas conceptuales y las metáforas de imagen. Estos dos tipos de metáforas se distinguen entre sí, de acuerdo con Cuenca y Hilferty (1999: 104), porque «las metáforas conceptuales funcionan como plantillas cognitivas que proporcionan campos semánticos enteros de expresiones metafóricas», mientras que las

---

23 Espinosa (2006) explica que algunos autores (Lakoff y Johnson 1999: 61-73; Kövecses 2000: 90) han diferenciado, entre las metáforas conceptuales, las *metáforas primarias* de las *metáforas complejas*. Las primeras son las distintas proyecciones metafóricas que contienen las metáforas complejas y las complejas son aquellas en las que un mismo término puede proyectarse en muchas metáforas conceptuales distintas.

metáforas de imagen «son metáforas concretas que proyectan la estructura esquemática de una imagen sobre la de otra».

Según Lakoff (1987b), las metáforas de imagen se diferencian de las conceptuales en seis aspectos:

> (1) One-shot mappings, as their name implies, are not used over and over again; that is, they are not conventionalized.
> (2) They are not used in everyday reasoning.
> (3) There is no system of words and idiomatic expressions in the language whose meaning is based on them.
> (4) They map image structure instead of propositional structure.
> (5) They are not used to understand the abstract in terms of the concrete.
> (6) They do not have a basis in experience and commonplace knowledge that determines what gets mapped onto what (Lakoff 1987b: 221).

Además de estas diferencias, Lakoff (1987b: 222) explica que no siempre que existe una imagen y una metáfora se trata de una metáfora de imagen ya que estas solo ocurren cuando existe un *dominio meta* en el que se proyecta el esquema de un *dominio origen*.

Desde el punto de vista estructural, una metáfora conceptual se constituye en dos dominios que establecen relaciones de correspondencia entre sí de modo que uno se entiende en términos de otro (Lakoff 1993; Hilferty 1995: 36-37; Santos y Espinosa 1996: 45-46; Cuenca y Hilferty 1999: 101; Kövecses 2002: 4; Llamas 2005: 130-131). El *dominio origen* o *concepto fuente* (*source domain*) es aquel que presta sus conceptos al otro, que es más abstracto, para que sea comprendido con mayor facilidad y de manera más concreta y próxima. El *dominio destino* o *concepto meta* (*target domain*) es en el que se superponen los conceptos del *dominio origen*. Así pues, por ejemplo, si se toman las expresiones metafóricas relativas a la metáfora EL AMOR ES UN VIAJE que propone Lakoff (1993: 206), se observa que el *dominio origen* es el VIAJE y el *dominio destino* el AMOR: (a) The relationship *isn't going anywhere.* [esp. Nuestra relación no *va a ninguna parte*]; (b) We *may have to go our separate ways.* [esp. Tendríamos que *ir por caminos distintos*]; (c) Look *how far we've come.* [esp. Mira lo *lejos* que *hemos llegado*]. En estas expresiones, los miembros de la pareja se conceptualizan como viajeros cuya relación es el vehículo que les permite ir juntos hacia la meta a la que tienen que llegar. Y durante el trayecto encontrarán problemas que deberán superar.

Los vínculos que se establecen entre el *dominio origen* y el *dominio destino* se denominan *proyecciones* (*mapping*). La estructura de un concepto más abstracto (el amor) se proyecta en la de otro menos vago (viajar), por las correspondencias conceptuales que se pueden establecer entre ellos. Existen dos tipos de proyecciones entre dominios en función de las relaciones establecidas (Lakoff y Kövecses 1987; Hilferty 1995: 36-37; Cuenca y Hilferty 1999: 102; Llamas 2005: 130):

(a) Las *correspondencias ontológicas* son aquellas «relaciones que existen entre las estructuras de los dominios» (Llamas Saíz 2005: 130). Si se toma como ejemplo anterior, (EL AMOR ES UN VIAJE) se advierte que existe una serie de proyecciones entre los conceptos AMOR y VIAJE según las distintas correspondencias ontológicas que se suceden entre los dominios: los amantes son los viajeros; la relación amorosa es el vehículo; la meta común de los enamorados es el destino en el viaje; y las dificultades de su relación se parangonan con los impedimentos que pueden hallarse durante el viaje.

(b) Las *correspondencias epistémicas* son las que existen «entre el conocimiento que poseemos acerca de esos mismos dominios» (Llamas Saíz 2005: 130). Según la misma investigadora, este tipo de correspondencias hace referencia a las *propiedades interaccionales*, esto es, a aquellas que surgen de nuestra interacción con el mundo (Lakoff y Johnson 1986 [1980]: 160-161). La metáfora EL AMOR ES UN VIAJE se corresponde epistemológicamente con la idea de que, en el domino origen, el viaje es un trayecto hacia un lugar determinado y, en el *dominio destino*, el amor es un trayecto hacia la felicidad.

Conviene tener en cuenta que las proyecciones que se producen entre los dominios no son simétricas ni totales (Santos y Espinosa 1996: 45-46), pues «si fuese posible proyectar íntegramente todo el *dominio origen* sobre el *dominio destino*, el resultado no podría ser otra cosa que una tautología» (Cuenca y Hilferty 1999: 105). Igualmente, debe considerarse que es gracias a la interacción del cuerpo con el exterior que se establecen las influencias entre dominios. Así, es posible afirmar que las relaciones entre conceptos están sometidas a una serie de constricciones que vienen determinadas por el papel de la experiencia corporal (perceptiva, sensorial y motora) durante el desarrollo cognitivo humano.

Las metáforas conceptuales pueden dividirse en distintos grupos en función de sus características y de las proyecciones que se establezcan entre los dominios que intervienen en ellas. Lakoff y Johnson (1986 [1980]) diferencian tres grupos:

(a) **Metáforas estructurales**. Son aquellas en las que un concepto está estructurado cognitivamente en términos de otro. Algunos ejemplos de este tipo propuestos por Lakoff y Johnson (1986 [1980]) son: (a.1.) UNA DISCUSIÓN ES UNA GUERRA (Tus afirmaciones son *indefendibles* Lakoff y Johnson 1986 [1980]: 40) y (a.2.) EL TIEMPO ES DINERO (Me estás haciendo *perder* el tiempo, *cfr.* Lakoff y Johnson 1986 [1980]: 44). En (a.1.), se transmite que una discusión se estructura en términos de una guerra. *Vencer* en una guerra es igual a ganar a alguien durante una discusión mediante una buena argumentación y una buena contraargumentación, por tanto, es posible *destruir* argumentos y *atacar los puntos débiles* de un argumento. En (a.2.), se estructura el concepto 'tiempo' de la misma forma que el 'dinero', pues se considera que el valor del tiempo es equivalente al monetario y, por tanto, se habla de *perder el tiempo, ahorrar horas, gastar tiempo, calcular tiempo, disponer de tiempo*, etc. En ambos casos, se trata de expresiones metafóricas estructurales que están vinculadas a factores propios de las sociedades occidentales (Lakoff y Johnson (1986 [1980]: 24).

(b) **Metáforas orientacionales.** Constituyen el grupo de metáforas mediante el que se organiza un sistema global de conceptos en relación a otro. La mayoría de estas tienen que ver con la orientación espacial (arriba-abajo, dentro-fuera, delante-detrás, profundo-superficial, central-periférico). Igual que las metáforas estructurales, estas tienen base en nuestra experiencia cultural y, además, también poseen un fundamento físico esencial. La posición del cuerpo, su relación con el mundo y los movimientos de este en función de las actividades que desarrollamos son los motivos principales que dan lugar a estas metáforas: (b.1.) FELIZ ES ARRIBA; TRISTE ES ABAJO (Me siento *alto* y Eso me *levantó* el ánimo, *cfr.* Lakoff y Johnson 1986 [1980]: 51) y (b.2.) LO CONSCIENTE ES ARRIBA; LO INCONSCIENTE ES ABAJO (*Levanta* y *Cayó* dormido, *cfr.* Lakoff y Johnson 1986 [1980]: 51). La vinculación que existe entre el cuerpo y este tipo de metáforas se aprecia en el ejemplo (b.1.) por el hecho de que todo concepto relacionado con la felicidad y la alegría está asociado con una postura erguida del cuerpo y, en cambio, la tristeza y la depresión suelen ir acompañadas de un movimiento corporal inclinado. En (b.2.) se observa la correlación entre lo consciente y la posición vertical y entre lo inconsciente y la posición horizontal que suele adoptar el cuerpo humano cuando yace dormido. Este tipo de metáforas se caracteriza por su coherencia y sistematicidad interna, pues si la felicidad está relacionada con la verticalidad, no es posible hallar expresiones metafóricas con las que se pretenda expresar la tristeza originadas en patrones de verticalidad.

(c) **Metáforas ontológicas.** Son aquellas a partir de las que se consideran las experiencias como entidades discretas, esto es, como si fueran objetos físicos o sustancias. Este grupo de metáforas, que pasa habitualmente desapercibido porque «impregnan nuestro pensamiento», está también estrechamente relacionado con el cuerpo que nos caracteriza como seres humanos pues son «nuestras experiencias con objetos físicos (especialmente con nuestros propios cuerpos) [las que] proporcionan la base para una variedad extraordinariamente amplia de metáforas ontológicas» (Lakoff y Johnson 1986 [1980]: 64). Uno de los ejemplos en los que se advierte mejor la consideración de las entidades no discretas como sustancias es el caso de LA MENTE ES UNA ENTI-

DAD (Lakoff y Johnson 1986 [1980]: 66) que se manifiesta en diferentes tipos de metáforas. Véase el caso de LA MENTE ES UNA MÁQUINA (Voy a *perder el control* y Mi cerebro *no funciona* hoy). Existe un importante número de metáforas ontológicas. Lakoff y Johnson se refieren a las dos más comunes:

> (c.1.) **Metáforas de recipiente**. Este tipo de metáforas ontológicas posee una vinculación con las características físicas del cuerpo humano pues «somos seres físicos, limitados y separados del resto del mundo de la superficie de nuestra piel, y experimentamos el resto del mundo como algo fuera de nosotros», por esta razón, «cada uno de nosotros es un recipiente con una superficie limitada y una orientación dentro-fuera. Proyectamos nuestra propia orientación dentro-fuera sobre otros objetos físicos que están limitados por superficies» (Lakoff y Johnson 1986 [1980]: 67). Existen diferentes tipos de metáforas ontológicas de recipiente según el dominio que se considera recipiente; véase, por ejemplo, el caso de LOS CAMPOS VISUALES SON RECIPIENTES (Ahora está *fuera* de mi vista y No puedo verlo, hay un árbol *en medio*, *cfr*. Lakoff y Johnson 1986 [1980]: 68-69).
>
> (c.2.) **Personificación**. Este tipo de metáforas se caracteriza porque un objeto físico, animado o no animado, se concibe en términos de una persona. De este modo, se comprenden actividades y experiencias no humanas en términos humanos y, por lo tanto, más cercanos y próximos a la experiencia del propio cuerpo. Sirvan de ejemplo las expresiones metafóricas relativas a la metáfora LA INFLACIÓN ES UN ADVERSARIO: La inflación *ha atacado* las bases de nuestra economía y Nuestro mayor *enemigo* ahora es la inflación (Lakoff y Johnson 1986 [1980]: 71-72).

### 3.3. La creación metafórica y los nombres de las partes del cuerpo

El cuerpo constituye un importante referente en la creación y recepción de analogías conceptuales y simbólicas. El carácter pancrónico y transversal que poseen las metáforas corporales ha generado que se hayan investigado desde múltiples perspectivas y a partir de métodos de análisis diversos. Por ello, los ejemplos que se citan en el presente apartado pertenecen a estudios tanto de corte diacrónico o histórico como sincrónico así como también se mencionan trabajos sobre la lengua común y sobre lenguajes de especialidad.

En el presente apartado, se pretende caracterizar, desde una perspectiva léxico-semántica, el valor que posee el cuerpo como *concepto fuente* (§ 3.3.1.), como *concepto meta* (§ 3.3.2.) y como *concepto fuente* y *meta* al mismo tiempo (§

3.3.3.) en la lengua a partir del contraste de datos de distintas procedencias que se han extraído de investigaciones de carácter léxico y semántico.

### 3.3.1. *El cuerpo como concepto fuente*

El cuerpo humano es una de las fuentes de conceptualización más recurrente en la categorización de la realidad (Martins-Baltar y Calbris 1997: 1). Desde la renovación cognitiva del concepto de 'metáfora' los estudios centrados en las metáforas que se originan en la experiencia corporal y en la estructura del propio cuerpo han aumentado considerablemente y demuestran que la lengua contiene infinidad de metáforas conceptuales o de imagen (§ 3.2.) en las que el cuerpo es el *concepto fuente* que sirve para comprender otro dominio.

Lingüísticamente es posible distinguir entre *metáforas* en las que el *dominio origen* del cuerpo humano se representa léxicamente y metáforas en las que no existe ningún elemento léxico referido a él. Las primeras son transparentes y las segundas, opacas.

El grupo de las metáforas transparentes está constituido por todas aquellas expresiones lingüísticas en las que aparece un elemento léxico referido a una parte o a un órgano del cuerpo humano con un significado ajeno a la realidad anatómica. Así, es posible hallar, por ejemplo, tanto casos de metáforas conceptuales como de metáforas de imagen de este tipo. En expresiones lingüísticas como *el Amazonas es el* pulmón *de América* o *Estados Unidos es el* ombligo/corazón *del mundo* existe la metáfora conceptual, de tipo estructural, LOS LUGARES GEOGRÁFICOS SON PERSONAS. En estas expresiones, las voces *pulmón, ombligo* y *corazón* se emplean metafóricamente para estructurar un dominio conceptual en términos de la distribución corporal: ciertos lugares se corresponden con partes internas del cuerpo humano esenciales en el desarrollo de la vida, por tanto, mediante la metáfora se otorga un valor vital a estos territorios. Estas expresiones metafóricas se corresponden también con distintos tipos de esquemas de imágenes, pues las que se basan en el corazón o en el ombligo resultan del esquema de imagen CENTRO-PERIFERIA en el que se proyecta la vitalidad de las partes más importantes del cuerpo en las partes más importantes de un lugar geográfico (Santos y Espinosa 1996: 29). También es posible encontrar casos de este tipo en distintas expresiones metafóricas que se corresponden con metáforas de imagen, como es el caso de las lexías complejas del tipo *ojo de la escalera* y *ojos de cangrejo*. En ambos casos se proyecta la imagen mental del ojo humano[24] a la imagen de objetos más abstractos y menos comunes a la experiencia como el hueco de una escalera y ciertas piedras que se crían en el interior de los cangrejos.

---

24  Para más información sobre las metáforas en las que el ojo es *concepto fuente*, véase Deonna (1965), Nissen (2006) y Julià y Romero (2010), entre otros.

En el grupo de las metáforas opacas, únicamente se hallan ejemplos de metáforas conceptuales. La mayoría de estas, como se ha comentado en apartados anteriores, están vinculadas, de un modo u otro, al cuerpo humano. Así, por ejemplo, se pueden encontrar casos de *metáforas orientacionales* relacionadas con las posiciones que adopta el cuerpo en las que no existe ninguna evidencia lingüística de la motivación corporal. Son de este tipo, las expresiones *me siento bajo de moral* y *lo que me han dicho me ha subido el ánimo*, cuyas metáforas correspondientes son FELIZ ES ARRIBA y TRISTE ES ABAJO, en las que se establece una proyección entre la postura corporal humana y cada uno de los estados de ánimo. En palabras de Lakoff y Johnson (1986 [1980]: 51), la base física de estas metáforas es la siguiente: «una postura inclinada acompaña característicamente a la tristeza y la depresión, una postura erguida acompaña a un estado emocional positivo». Desde el punto de vista léxico, la relación de la metáfora con el cuerpo no es transparente, por ello, se han designado metáforas opacas.

Diversos investigadores (Johnson 1992 [1987]; Chamizo 1998: 111-118; Kövecses 2002; Goschler 2005) han notado la elevada frecuencia de metáforas en las que el cuerpo es *dominio origen*. Kövecses (2002: 15-24), por ejemplo, menciona el cuerpo humano en primer lugar como *concepto fuente* ideal en la lista de los que considera los trece dominios cognitivos más frecuentes en las proyecciones metafóricas del inglés[25]: *cuerpo humano* (p. e. "The *heart* of the problem"), *salud y enfermedad* (p. e. "A *healthy* society"), *animales* (p. e. "It will be a *bitch* to pull this boat out of the water"), *plantas* (p. e. "the *fruit* of her labor"), *edificios y construcciones* (p. e. "He's in *ruins* financially"), *máquinas y herramientas* (p. e. "The *machine* of democracy"), *juegos y deportes* (p. e. "To *toy* with the idea"), *dinero y transacciones económicas* (p. e. "*Spend* your time wisely"), *cocina y comida* (p. e. "What's your *recipe* for success?"), *calor y frío* (p. e. "A *warm* welcome"), *luz y oscuridad* (p. e. "A *dark* mood"), *fuerzas* (p. e. "Don't *push* me"), *movimientos y direcciones* (p. e. "Inflation is *soaring*").

Por su parte, Goschler (2005: 37-39) profundiza en el estudio del dominio del cuerpo humano como *concepto fuente* y repara no solo en la importancia que posee el cuerpo humano sino que investiga también los dominios cognitivos en los que se emplea como fuente de comprensión. Partiendo de algunas investigaciones realizadas por diversos lingüistas y advirtiendo que su trabajo no posee un carácter exhaustivo, Goschler señala que algunos de los campos conceptuales más abstractos en los que el cuerpo humano sirve frecuentemente de *concepto fuente* son los siguientes: *las máquinas y los ordenadores* (p. e. "the PC does not *wake up*");

---

25 Para la clasificación de los *dominios fuente* más frecuentes del inglés, la autora ha recopilado información procedente, en su mayoría, del repertorio lexicográfico *Cobuild Metaphor Dictionary*. Los datos que ha extraído de la obra los ha completado con los resultados de algunas de sus investigaciones sobre la metáfora. Los ejemplos que aparecen entre paréntesis se han extraído de Kövecses (2002: 16-20).

*las comunidades, naciones, ciudades* (p. e. "in the *heart* of Europe") y *la comunicación* (p. e. "poke one's *nose* into something"). En estos ejemplos, se concibe la acción de encender un ordenador como el acto de levantarse de las personas; las ciudades y naciones económicamente más importantes se conceptualizan en términos de anatomía interna y, finalmente, se entiende el acto de preguntar o averiguar alguna cosa como *meter la nariz* en algún asunto.

Además de los dominios mencionados por Goschler (2005), existen muchas otras áreas conceptuales en las que se proyectan las propiedades cognitivas del cuerpo humano para hacer más comprensibles realidades más abstractas. Debe tenerse en cuenta que estas proyecciones se dan tanto en el lenguaje común como en el lenguaje de especialidad (Cabré 1993: 128-129), tal y como han señalado distintos investigadores en relación a la metáfora en el lenguaje científico (Martín-Municio 1992; Chamizo 1998: 104-109; Gutiérrez Rodilla 1998: 148; Galán Rodríguez 2001; Eurrutia 2003; Boquera 2005; Mancho 2005b; Guardiet 2008).

En los próximos apartados se compilan, según el área semántica a la que pertenecen, algunos de los resultados obtenidos en investigaciones lingüísticas dedicadas a las proyecciones metafóricas del cuerpo humano. Los trabajos recopilados tratan datos tanto diacrónicos como sincrónicos, se basan en informaciones de lenguas diversas y en el estudio tanto del lenguaje común (formas de referirse al espacio, nombres populares de animales y de plantas y vegetales) como del lenguaje de especialidad (unidades medida, vocabulario de la arquitectura, nombres cultos de plantas, máquinas y artilugios científicos). La diversidad de enfoques de los trabajos que analizan las metáforas corporales es una muestra de la universalidad de la *corporeización del lenguaje*, pues se advierte de su existencia en diferentes lenguas y en distintas etapas y usos de las mismas.

### 3.3.1.1. Animales

El área semántica de los animales se ha investigado desde perspectivas diversas en numerosas ocasiones. En las tres últimas décadas del siglo XX, especialmente a partir del surgimiento de la preocupación por la clasificación taxonómica popular de las especies animales y vegetales —que dio lugar al nacimiento de la *biología popular* o *folkbiology* (Berlin, Breedlove y Raven 1973; Atran 1990; Atran *et al.* 1997)—, el estudio de los zoónimos ha suscitado mayor interés entre los lingüistas. Una de las subdisciplinas que ha generado un mayor número de aportaciones al estudio del léxico de los animales es la geografía lingüística y esto está relacionado, probablemente, con la gran diversidad léxica que recogen los mapas de los atlas referidos a plantas y animales (Gili Gaya 1947: 1). Este elevado grado de variación denominativa se debe, en palabras de García Mouton (2004: 320), a que se trata de «un léxico libre, poco encorsetado, que deja espacio a la motivación y a la remotivación». Por ello, no es de extrañar que a partir de los datos que ofrece la geolingüística se hayan llevado a cabo diversos trabajos de investigación sobre los posibles orígenes de la formación de los nombres populares de animales. Cabe mencionar, por ejemplo, las aportaciones de Mario Alinei (1984a, 1984b, 1986, 1997a, 2005) para el ámbito europeo y de Pilar García Mouton (1987, 1999, 2001, 2004, 2006) para el ámbito hispánico por la gran cantidad de datos que aportan. Entre estas publicaciones merecen especial atención los trabajos que acompañan a los mapas del *ALiR*. Este atlas lingüístico, siguiendo la tradición iniciada por el *ALE*, se caracteriza porque cada uno de los mapas que lo constituyen va acompañado de un pormenorizado estudio, en un volumen independiente, sobre el origen, la estructura, la distribución y la motivación de las variantes léxicas de cada uno de los conceptos que se representan en ellos. En el primer fascículo del segundo volumen del *ALiR* (vol. IIa), dedicado a los nombres de insectos y de la pequeña fauna salvaje, se presenta un conjunto de interesantes investigaciones sobre la formación de los zoónimos que se recogen en los mapas del mismo atlas.

Los estudios de los nombres populares de los animales que se han llevado a cabo a partir de los materiales geolingüísticos se han enfocado tanto desde una perspectiva onomasiológica (García Mouton 1987) como semasiológica (Alinei 2005), pues se han investigado tanto las distintas designaciones para referirse a un animal como los conceptos que se denominan mediante nombres de animales. Los trabajos onomasiológicos son mucho más frecuentes que los semasiológicos debido a que la naturaleza organizativa de los mapas y los atlas favorece el análisis sobre la variación denominativa de un concepto determinado (Julià en prensa b).

Para el área semántica de los animales, Mario Alinei advierte que los nombres de parentesco constituyen una importante fuente motivacional en la creación de designaciones de animales. Asimismo, como se ha podido comprobar en Julià (2009b), el cuerpo humano es también fuente de creación de nombres de animales aunque con menor frecuencia que las relaciones de parentesco. En este trabajo, se analizaron los datos del primer fascículo del segundo volumen del *ALiR* (IIa) sobre los insectos que se designan con nombres de partes del cuerpo (alacrán cebollero, ciempiés, libélula, mantis religiosa, oruga y tijereta). El análisis semántico de las denominaciones somáticas de estos conceptos reveló que existen distintas motivaciones que originan que los insectos se designen con nombres de partes del cuerpo. Por un lado, el grupo más numeroso de variantes denominativas lo constituyen compuestos del tipo <V+N> en los que el primer elemento es un verbo que, en la mayoría de ocasiones, significa 'agresión' y el segundo, el nombre de una parte del cuerpo. Estas formas surgen de la metáfora conceptual LOS INSECTOS SON OBJETOS QUE CAUSAN DOLOR (p. e. *sacaojos* 'libélula', *cortapichas* 'tijereta') por sus características físicas y por las creencias que se generan en torno a los daños que pueden causar a ciertas partes del cuerpo. Además de las comparaciones en las que los insectos se interpretan como elementos que pueden causar daño, estas formaciones se caracterizan también por proceder de un proceso de metonimia mediante el que se designa al animal por la acción que se cree que puede llevar a cabo (INSECTO POR ACCIÓN) en relación al cuerpo humano. Por otro lado, existen casos en los que las partes del cuerpo son origen de designaciones motivadas por el aspecto físico y el movimiento del insecto (p. e. *cuatrodientes, plegamanos*). En *cuatrodientes* 'alacrán cebollero', por ejemplo, las pinzas del insecto, junto a sus prominentes patas delanteras, se conceptualizan como si fueran dientes por la forma que tienen y el lugar del cuerpo del insecto en el que se encuentran; asimismo, en *plegamanos* 'mantis religiosa', las patas delanteras del animal recuerdan la postura de las manos de las personas cuando se encuentran en una posición concreta, el rezo o la plegaria. El cuerpo del ser humano se proyecta en la forma del cuerpo del animal de modo que sus miembros anatómicos se comprenden según los de los seres humanos.

En otras investigaciones en las que se ha estudiado el origen de las designaciones en las que el cuerpo es *concepto fuente*, se advierte que, aunque no es la motivación más frecuente, la anatomía humana es origen de ciertas denominaciones de animales. Véanse, por ejemplo, algunos de los compuestos sintagmáticos a los que se refiere Buenafuentes (2010: 190, 195): *pie de burro* 'bálano', *barba amarilla* 'serpiente', *oreja marina / oreja de mar* 'molusco', *pulmón marino* 'medusa'. Igualmente, en estos casos el origen de las designaciones procede de una metáfora (conceptual o de imagen) a partir de la que se proyectan las características del cuerpo humano en el del animal.

### 3.3.1.2. Plantas y vegetales

La motivación y el origen de los nombres de plantas y vegetales, junto al de los animales, ha suscitado especial interés entre los lingüistas (Gili Gaya 1919 y 1947; Guiraud 1986 [1967]; Bustos Gisbert 1986; Clavería 2003; Buenafuentes 2007 y en prensa) debido a la variedad de mecanismos de creación léxica que se pueden distinguir en la formación de voces de este dominio (Clavería 2003: 70).

Las investigaciones morfológicas de las lenguas románicas y, en particular del español, coinciden en señalar el importante número de formaciones compuestas que existe en el área conceptual de las plantas (Lloyd 1968; Bustos Gisbert 1986; Buenafuentes 2007 y en prensa; Sánchez Méndez 2009).

Además, según han podido constatar estudios destinados al origen de los nombres de las plantas (Guiraud 1986 [1967]: 204; García Mouton 1982: 91-92; Clavería 2003: 69; Buenafuentes 2007: 207-208 y en prensa), uno de los patrones de lexicalización más común en este campo semántico es el que genera compuestos sintagmáticos en los que interviene el nombre de una parte del cuerpo de un animal. Se trata de un proceso de creación recurrente tanto en el lenguaje científico (Martín-Municio 1992) como en el lenguaje común (Montes Giraldo 1983) en el que las partes del cuerpo de los animales sirven como *dominio origen* para crear nuevos elementos léxicos de designación de plantas, árboles y otros vegetales.

En taxonomía popular, destaca el detallado examen que llevó a cabo Guiraud (1986 [1967]: 204-223) sobre el francés y sus dialectos y que le permitió comprobar la existencia de más de un millar de denominaciones de plantas formadas según el modelo siguiente: una parte de la planta (la flor, la raíz, la hoja, el tallo) se compara con la parte del cuerpo de algún animal (p. e. *pied-d'alouette, langue de vache, oreille d'ours*). En su análisis, determinó que el nombre de la parte del cuerpo «joue le rôle de morphème, significateur de classe; [et] le nom de l'animal constitue la variable spécifique en opposition distincte avec celui des autres animaux de la classe» (Guiraud 1986 [1967]: 205). De la clasificación de las denominaciones más frecuentes, el investigador obtuvo seis grupos designativos de hierbas medicinales formadas con las voces *pie* o *pata, lengua, ojo, cola, boca* o *pico* y *oreja*. Asimismo, el lingüista francés también pudo observar que existe cierta regularidad en las comparaciones, pues plantas estructuralmente semejantes se comparan siempre con las mismas partes del cuerpo. En palabras de Clavería (2003: 69), «la recursividad de estos procesos onomasiológicos permitió a Guiraud (1986 [1967]: 170-171) establecer el sistema que subyace a este tipo de compuestos que suelen designar hierbas medicinales: por ejemplo, las hojas simples y alargadas suelen ser orejas y lenguas, las compuestas y delgadas suelen ser patas de pájaros, etc.». En la clasificación, destaca que los nombres de las plantas que tienen flores casi siempre suelen estar representados designativamente por los ojos (p. e. *oeil de boeuf* 'manzanilla'), la boca y el rabo y que, en otros casos, existen plantas en las que son las hojas las que se comparan con alguna parte del cuerpo de un animal que suele corresponderse con la oreja, la lengua o las patas.

Una de las mejores muestras de que la metáfora que vincula las partes del cuerpo humano o animal a la creación de nombres de especies vegetales es frecuente tanto en el lenguaje científico como en el lenguaje popular se encuentra en el estudio de Gili Gaya (1947). El autor clasifica 82 de los 136 nombres *bárbaros* 'nombre técnico empleado en las boticas' (Gili Gaya 1947: 6) que aparecen en las anotaciones al *Dioscórides* del Dr. Andrés Laguna (1555) según su procedencia etimológica. Entre los ejemplos de denominaciones bárbaras que Gili Gaya estudia, sobresale un número nada desdeñable de designaciones de plantas que contienen el nombre de una parte del cuerpo, casi siempre referida a un animal. Los casos citados por Gili Gaya poseen procedencias etimológicas distintas: (a) el nombre bárbaro es la traducción del nombre vulgar[26] al griego o al latín (*cola de caba-*

---

26 La denominación *nombre vulgar* se corresponde con la designación de la planta en cualquier variedad románica. Recuérdese que las anotaciones de Andrés Laguna al Dioscórides «van precedidas de los nombres de la planta en griego, latín, árabe, castellano, catalán, portugués, italiano, francés y tudesco» (Gili Gaya 1947: 6).

*llo*[27] > cauda equina; *pie de gallina* > pes gallinaceus; *uña de caballo* > ungula caballina); (b) el nombre vulgar se ha formado sobre el bárbaro (lingua canis > *lengua de perro*, pata leonis > *pata de león*); y (c) el nombre bárbaro es nuevo y se ha creado por algún carácter o aplicación de la planta (rostrum ciconiae > *pico de la cigüeña*). Como se puede apreciar, los ejemplos muestran que tanto la lengua específica (las denominaciones bárbaras) como la lengua vulgar (español estándar de la época) poseen designaciones de plantas en las que el cuerpo es el *dominio fuente*. En la edición de Mancho (2005a: 196) sobre la *Historia de las yervas y plantas* de Juan de Jarava (s. XVI) se hace referencia al importante número de denominaciones de plantas que proceden de proyecciones metafóricas originadas en el cuerpo de los animales (*barba de cabrón, cuerno de ciervo, diente de león, pie de liebre, lengua de ciervo*, etc.). Asimismo, en el estudio que Buenafuentes (en prensa) ha dedicado al origen de las formaciones compuestas en la obra de Andrés Laguna, se mencionan otros ejemplos en los que las partes del cuerpo animal motivan nombres de plantas (*compañón de perro, gallocresta, lengua de buey, oreja de ratón*, etc.). En su mayoría, las designaciones a las que se ha hecho referencia proceden de *metáforas de imagen* en las que la forma de la planta o de alguna de sus partes (hojas, tronco, flor, fruto, etc.) recuerda a ciertas partes del cuerpo animal o humano (Martín-Municio 1992: 241)

Los estudios sobre los materiales geolingüísticos también han aportado datos en los que se confirma que la anatomía, principalmente animal, es una fuente léxico-conceptual muy importante en la formación de nombres de plantas. Montes Giraldo (1983: 31), por ejemplo, se refiere —a partir de los materiales que recoge el *Atlas Lingüístico-Etnográfico de Colombia* (*ALEC*)— al uso de las voces *ombligo* y *teta* con el significado de 'flor del plátano'; al sustantivo *oreja* como 'parte del capullo del algodón' y a las voces *pelo, cabello* y *barba* con el significado de 'cabello del maíz'.

En los ejemplos anteriores destaca el hecho de que el cuerpo de los animales, frente al cuerpo de los humanos, sea el *concepto fuente* con el que más frecuentemente se generan nombres de plantas. Esto podría explicarse porque, en la categorización de las especies que conforman el mundo natural (Berlin, Breedlove y Raven 1973), existe una jerarquía en la que el ser humano considera que está más próximo a los animales que a las plantas y que las plantas están más cercanas a los animales. Por un lado, es evidente que las similitudes entre hombre y animal en cuanto a estructura corporal, tanto interna como externa, y en cuanto a algunas de las actividades vitales del quehacer cotidiano de ambas especies de seres vivos (comer, defecar, oler, ver, oír, sentir, correr, etc.) implican que conceptualmente exista una mayor proximidad cognitiva entre el hombre y el animal que entre el hombre y las plantas. Por otro lado, el mundo animal es más cercano al vegetal y,

---

27    Se señala en cursiva el nombre vulgar y en redonda, el nombre bárbaro.

por ello, es más frecuente hallar denominaciones de plantas formadas con nombres de partes del cuerpo de los animales.

Así, las proyecciones entre dominios y, por ende, la creación léxica por vía metafórica, se verían reguladas por la categorización del mundo natural:

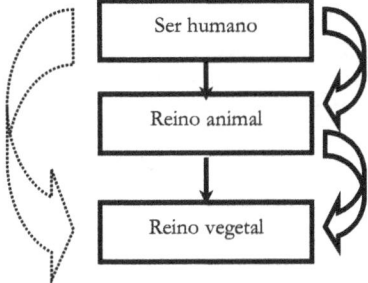

Figura II. Proyecciones entre dominios en las que el cuerpo humano y animal son *concepto fuente*

La flecha punteada de la figura II que se dirige del dominio del ser humano al de las plantas indica que es menos frecuente la proyección en las metáforas que ocurren entre ambos dominios siempre que las partes del cuerpo humano sean *concepto fuente*. Las proyecciones que van del dominio vegetal o animal al del ser humano, esto es, aquellas en las que el cuerpo es *dominio destino* se analizan en el apartado dedicado al estudio de la metáfora y el cuerpo humano como *concepto meta* (§ 3.3.2.).

### 3.3.1.3. Espacio

El estudio de la denominación de las referencias espaciales permite determinar el modo en el que concebimos física y cognitivamente el espacio. Las investigaciones desarrolladas en el marco de la lingüística cognitiva, los postulados experiencialistas y la teoría del *embodiment* han dado cuenta de la implicación del cuerpo y sus distintas partes en la conceptualización humana del espacio (Cifuentes Honrubia 1989: 170-192; Svorou 1993: 70-79; Landa 1996: 129-132; Santos y Espinosa 1996: 49-80; Fornés y Mendoza 1998: 32; Rohrer 2007a).

El modo en el que se relacionan el espacio, el cuerpo y la mente se evidencia lingüísticamente en el uso de locuciones y expresiones espaciales en las que interviene un término referido a alguna parte del cuerpo humano. El empleo de voces relativas a partes del cuerpo para indicar lugares y señalar espacios se debe al modo en el que el ser humano interactúa con su entorno en relación a su estructura física, como muy bien explica Cifuentes Honrubia (1989):

si decimos de alguna figura que está "a espaldas" de la base respectiva, es la experiencia de nuestro propio cuerpo como determinación deíctica egocéntrica la que permite trasponer la contigüidad de "detrás" a "espaldas" mediante la localización espacial. [...] esto es lo que ocurre cuando localizamos A a espaldas de B, donde tenemos un dominio cognitivo, la ambitalización que supone el sujeto con la base (no humana en este caso), la cual es conceptualizada como poseyendo ciertas dimensiones comunes con el modelo *cuerpo humano*; tratándose en este caso de la esquematización de las dimensiones espaciales características del cuerpo humano, determinada culturalmente por la posición del hombre en el mundo: arriba/abajo; delante/detrás, etc. (Cifuentes Honrubia 1989: 172-173).

Así es, además de los adverbios —formas lingüísticas prototípicas a partir de las que se indica la información espacial lingüísticamente (*aquí, allí, ahí, detrás, delante, arriba, abajo*)— existen infinidad de expresiones, locuciones y frases que poseen un sentido espacial y en las que interviene una metáfora que tiene como *concepto fuente* el cuerpo humano[28]. Para Cifuentes Honrubia (1989: 177-178), estas expresiones metafóricas, aunque frecuentes, constituyen un «subtipo locativo espacial» que posee «un menor grado de validez o que es menos representativo que el prototípico, al conceptualizar la localización espacial de forma indirecta».

Las formaciones lingüísticas espaciales que contienen el nombre de una parte del cuerpo son objeto de investigación en lenguas diversas debido a su elevada frecuencia de uso. Claudia Brugman (1985 *apud* Rohrer 2007a) examinó los locativos formados con nombres de partes del cuerpo en el chalcatongo, una lengua mejicana; Cifuentes Honrubia (1989) menciona ciertas expresiones lingüísticas del español en los apartados que dedica a la metáfora espacial y a la relación entre el cuerpo y el espacio. Cabe destacar el trabajo de Soteria Svorou (1993), *The Grammar of Space*, en el que se afirma que las voces que designan partes del cuerpo son la fuente nominal más importante en la creación de expresiones espaciales en numerosas lenguas del mundo. Además, se exponen dos teorías o modelos (*modelo antropomórfico* vs. *modelo zoomórfico*) a partir de los que se puede explicar la relación lingüística que se establece entre el cuerpo y el espacio en las lenguas estudiadas según si el referente corporal es el del ser humano o el de los animales cuadrúpedos.

Según el *modelo antropomórfico*, la estructura y la situación de cada una de las partes del cuerpo en relación al conjunto corporal es básica para explicar cómo el ser humano concibe el espacio (Svorou 1993: 70-73; Landa 1996). Así, para hacer referencia a la región anterior de cualquier objeto o realidad o al espacio

---

28 Santos y Espinosa (1996: 51-54) muestran, desde una perspectiva diacrónica, la universalidad temporal de las expresiones lingüísticas espaciales del español que contienen el nombre de una parte del cuerpo. Aportan un número nada desdeñable de ejemplos de expresiones espaciales que contienen las voces *cabeza, pie, faz / cara / rostro, ojos, nariz, boca, mano, ombligo*, etc., extraídos de distintas obras de la Edad Media (*Libro de Alexandre, Libro de Apolonio, Milagros de Nuestra Señora*, etc.).

situado delante del propio cuerpo es habitual emplear términos referidos a partes del cuerpo como la *cara*, la *frente*, la *cabeza*, la *boca*, etc. La zona posterior, de igual modo, suele indicarse con los nombres de la zona posterior del cuerpo (la *espalda*, el *culo*, las *nalgas*, etc.); la parte superior suele designarse con el sustantivo que se refiere a la *cabeza*; la parte situada en la zona inferior de cualquier objeto se señala con expresiones lingüísticas que contienen voces relativas al *pie* o al *culo*; las zonas laterales, se identifican designativamente con voces de partes del cuerpo que se ubican en los laterales (el *oído*, el *costado* o las *costillas*). La zona intermedia de cualquier lugar, objeto o realidad, se denomina con nombres de partes del cuerpo que se encuentran situados en la mitad del cuerpo (el *pecho* y la *cintura*). Asimismo, el término que habitualmente se emplea para designar un espacio interior está vinculado a la *boca*.

El segundo modelo, el *zoomórfico* (Svorou 1993: 74), es mucho menos frecuente en las lenguas indoeuropeas y se basa en la idea de que la conceptualización y expresión de la espacialidad parte de la estructura corporal de los animales que andan a cuatro patas. En este modelo, la voz para referirse a la cabeza designa las zonas anteriores y frontales; los términos relativos al trasero se corresponden con las regiones posteriores; la espalda o lomo, con la zona superior; y la zona inferior, con los nombres mediante los que se denomina la panza. Svorou señala que a pesar de que este modelo es mucho menos frecuente que el *antropomórfico*, es una muestra de que el cuerpo humano no es la única fuente anatómica de comprensión del espacio (Svorou 1993: 74) y una constatación de que los animales constituyen también una motivación recurrente (§ 3.3.1.2.).

En español actual, basta con observar las acepciones que el *DRAE* (2001) contiene para algunas construcciones, principalmente locuciones prepositivas, formadas con voces referidas a partes del cuerpo para comprobar el modo en el que el cuerpo ejerce de *dominio fuente* en la concepción espacial: *de cara* 'en parte opuesta o delante'; *al ojo* 'cercanamente o a la vista'; *a mano* 'cerca, a muy poca distancia' *a la cabeza* 'en primer lugar', *al pie* 'junto a algo o al lado de ello'; *a dos dedos* 'muy cerca de, a punto de'; *a frente* 'de cara o en derechura'; *de espaldas* 'con la espalda dirigida hacia el sentido de la marcha', etc. Además, de los ejemplos citados se extrae una observación acerca de las partes del cuerpo que son *dominio origen* para el espacio: los sustantivos que forman parte de las expresiones lingüísticas espaciales de origen corporal son siempre partes prototípicas y fundamentales en el desarrollo cotidiano del ser humano y son escasos los nombres de partes internas (p. e. *corazón* 'centro de un lugar'), de partes pequeñas (*uña*) o de partes no esenciales en el quehacer diario (*uña, ingle, ceja*, etc.).

### 3.3.1.4. Otras realidades

El cambio del concepto de 'metáfora' ha supuesto una renovación también en el estudio del significado de otras disciplinas distintas a la literatura y a la lengua. Se han desarrollado investigaciones sobre el significado, la metáfora y la metonima en música, psicología, matemáticas o educación, entre otras (§ 1.2.). La consideración de las metáforas científicas es una de las muestras de la aceptación del valor cognitivo de este mecanismo y de su recurrencia en cualquier dominio conceptual (Martín-Municio 1992; Galán Rodríguez 2001; Palma 2005; Boquera 2005).

En los estudios sobre el léxico científico-técnico, la metáfora y el cuerpo humano como fuente de conceptualización de la realidad son, como en el lenguaje común, dos temas recurrentes. La importancia del cuerpo como *dominio fuente* para la comprensión de realidades más abstractas se ha tratado en diversos estudios sobre terminología. Los resultados de las distintas investigaciones del léxico de especialidad en etapas antiguas de la historia de la lengua (Cantillo 2005; Mancho 2005b; Sánchez Martín 2008; Julià 2008; Freixas 2009) y de las que tratan la terminología en el léxico actual (Eurrutia 2003) coinciden en señalar la trascendencia de este recurso semántico-cognitivo en la creación de términos específicos. A continuación, se recogen ejemplos de algunas de las áreas de especialidad como la arquitectura o la ingeniería en las que se ha estudiado el léxico procedente de la metáfora antropomórfica.

### 3.3.1.4.1. Arquitectura

La arquitectura es una de las artes técnicas en las que mejor se aprecia el modo en el que el hombre proyecta su visión antropocéntrica del mundo. Las edificaciones a menudo se convierten en el reflejo de la estructura corporal humana y así se refleja en la lengua (Ramírez Domínguez 2002 y 2003; Freixas 2009).

En Ramírez Domínguez (2003), se hace referencia a la historia de la estructura de los edificios construidos a imagen y semejanza de la disposición de la anatomía humana y a las teorías de Viturvio (s. I a.C.). Este arquitecto romano, autor del tratado *De architectura*, sustentaba sus propuestas teóricas en la idea de que la buena disposición de un templo debía de estar basada en la estructura del cuerpo humano, pues de este derivaban los correctos patrones de medición. De ahí que Viturvio se haya tomado como ejemplo entre aquellos arquitectos que pretendían construir edificios a partir de las proporciones del cuerpo, pues en sus trabajos relacionó la visión de los cálculos de la arquitectura con la disposición física del cuerpo.

Las antiguas proyecciones metafóricas que van del cuerpo a los edificios descritas por Ramírez Dormínguez (2003) se reflejan en el lenguaje especializado de los arquitectos, tal y como han podido comprobar Callebat (1995) y Freixas

(2009) en sus investigaciones históricas sobre el léxico arquitectónico del latín y del español, respectivamente.

Por un lado, Callebat (1995) señala el nada desdeñable número de términos metafóricos, mayoritariamente de origen griego, que se pueden hallar en textos arquitectónicos del latín clásico (p. e. *calx, corpus, femur, supercilium*, Callebat 1995: 635). La motivación de estas voces está vinculada, habitualmente, con la analogía que los arquitectos clásicos establecían entre las distintas partes de las construcciones y las partes del cuerpo humano.

Por otro lado, Freixas (2009) analiza el léxico metafórico de tres tratados arquitectónicos del Renacimiento español en los que se muestra el modo en el que los distintos elementos de las construcciones arquitectónicas se designan con nombres de las partes del cuerpo con los que guardan cierta semejanza estructural. El elevado número de metáforas corporales arquitectónicas se debe a que las construcciones se conceptualizan como un *cuerpo* que se divide en diversos *miembros*. Uno de los ejemplos en los que la metáfora antropomórfica resulta más prolífica es el de la descripción de las columnas ya que cada uno de los constituyentes de estas (capitel, fuste y base) se identifica con alguna parte del cuerpo: el capitel se designaba con la voz *cabeza* y sus distintos miembros se denominaban con nombres de partes de la cabeza (*ceja* 'la moldura de la cabeza', *cuello* 'parte más baja del capitel'); el fuste se equiparaba con el *cuerpo* y sus distintas partes se comparaban con órganos internos (*garganta* 'lo más delgado y retraído de la columna' *meollo,* el *tuétano, vientre*); finalmente, la base se designaba con la voz *pie* por su ubicación en relación al resto de las partes de la columna. Además de estos casos, en el pormenorizado análisis léxico-semántico que se lleva a cabo en la investigación también se destacan otras designaciones de partes de edificios y de diversos elementos arquitectónicos que se corresponden con nombres de miembros corporales: *cabeza* 'parte superior de un elemento arquitectónico', *frente* 'parte anterior de un elemento arquitectónico', *rostro* 'perfil de una moldura', *boca* 'respiradero de una chimenea', *nariz* 'conducto para evacuar agua o aire', *ojo* 'espacio circular vacío en el interior de una escalera de caracol', *sobrecejo* 'dintel', *ombligo* 'centro de una traza en espiral', etc. De acuerdo con Freixas (2009: 43), «los términos no identifican un objeto, sino su localización dentro de un edificio», pues tanto el todo (los edificios) como sus partes (elementos arquitectónicos) se conciben estructuralmente según la composición del cuerpo humano.

El estudio de la construcción contemporánea (Struijs 1999) revela que a pesar de que la arquitectura moderna no se mide en el cuerpo humano del mismo modo que lo hizo la romana o la renacentista, la construcción urbana sigue reflejando una concepción corporal de los edificios e infraestructuras.

### 3.3.1.4.2. Máquinas y ordenadores

En la terminología de los objetos empleados en las distintas ciencias y técnicas es posible hallar un número nada desdeñable de proyecciones metafóricas corporales. Las máquinas se conciben como un todo y cada una de sus partes, según la función que cumple y el lugar que ocupa, se identifica cognitivamente con un miembro corporal humano. Los documentos científico-técnicos antiguos, como muy bien han demostrado las investigaciones de Mancho (2005b) y Cantillo (2005), son una magnífica fuente de datos para estudiar el origen metafórico corporal de las designaciones de máquinas y artilugios.

En Mancho (2005b), se analiza este tipo de transferencias semánticas en la creación de léxico científico-técnico a partir de testimonios escritos de los siglos XVI y XVII. Los ejemplos de usos metafóricos de voces de partes del cuerpo se extienden a textos de la construcción civil, la fortificación, la arquitectura naval, la milicia, la artillería, la astronomía, la destilación, la metalurgia, aunque las matemáticas, la geometría y la geografía son las áreas en las que se manifiesta una mayor rentabilidad de este proceso (Mancho 2005b: 795). Entre los casos que se mencionan, cabe destacar el elevado número de metáforas relacionadas con la voz *nariz* en el léxico de la destilación y la metalurgia cuyo empleo nace probablemente de la conjugación de una metáfora de imagen (es de forma alargada) y una metáfora conceptual ontológica de personificación (LAS MÁQUINAS SON PERSONAS > LAS PARTES DE LAS MÁQUINAS SON PARTES DEL CUERPO). Igualmente, se señala la productividad de las metáforas vinculadas a las extremidades (Mancho 2005b: 798), pues la base o bases en las que se apoyan las máquinas suelen designarse con frecuencia mediante los sustantivos *pie* y *pierna*. El uso de estos nombres procede también de una metáfora ontológica de personificación, pues las máquinas se estructuran en términos corporales humanos: los pies y las piernas se proyectan sobre las partes de las máquinas que están en contacto con el suelo y que sirven de apoyo igual que las extremidades mencionadas.

Cantillo (2005), en un trabajo dedicado al estudio de la metáfora en el léxico especializado de la destilación del siglo XVI, menciona el nada desdeñable número de términos técnicos procedentes de la metáfora corporal (*cabeza, cuerpo, nariz*) que presentan los textos de esta subdisciplina científica. Estas denominaciones conciernen a los aparatos empleados para la destilación y surgen de la comparación de la forma, función y ubicación de sus partes con distintos miembros corporales. Así, por ejemplo, la *nariz* del alambique recibe este nombre porque destila productos «del mismo modo que nuestra nariz destila mucosidad» (Cantillo 2005: 110-111).

La corporeización de la realidad científico-técnica, y su consiguiente reflejo en la terminología específica, también se observa en el léxico referido a las tecnologías más modernas. Eurrutia (2003), por ejemplo, ha analizado la incidencia de la metáfora corporal de los términos de la informática en francés actual al considerar que es uno de los campos en los que mejor se refleja la metáfora antropomórfica. Algunos de los ejemplos que estudia son *cerveau de l'ordinateur* y *tête de l'ordinateur* en los que la analogía de la máquina con el cuerpo se establece entre el *disco duro*, que se considera el cerebro de los ordenadores, y el *hardware*, que se compara con la cabeza. Parece que tras estas expresiones existe tanto una metáfora ontológica de RECIPIENTE, mediante la que se concibe que la cabeza y el *hardware* son recipientes que contienen el cerebro y el *disco duro*, respectivamente; como una metáfora ontológica de PERSONIFICACIÓN, mediante la que se identifican ciertas partes de un ordenador con miembros del cuerpo humano debido a las semejanzas que existen entre las funciones que desarrollan los objetos y las partes del cuerpo humano implicadas.

### 3.3.2. El cuerpo como concepto meta

En el apartado anterior, se ha prestado atención a la relevancia que ejerce el cuerpo en la categorización y comprensión de la realidad. Los ejemplos lingüísticos analizados han demostrado que el cuerpo es una importante fuente de metáforas en el desarrollo de la vida cotidiana del ser humano, lo que confirma la teoría del *embodiment* (§ 1.2.). Este no es, sin embargo, el único modo en el que el cuerpo humano se ve implicado en un proceso metafórico, existe también la posibilidad de que el dominio semántico de las partes del cuerpo ejerza el papel de *concepto meta* en los casos en los que se conceptualiza la anatomía humana mediante una realidad mucho más cercana y cotidiana. Esta afirmación puede parecer contradictoria ya que en los capítulos anteriores el cuerpo se ha presentado como la realidad más cercana y próxima a la cognición[29]. Sin embargo, como se ha demostrado en diversas investigaciones (Oroz 1949; Kany 1962; Ullman 1963; Montes Giraldo 1983; Municio-Martín 1992; Heine 1997), es muy habitual hallar ejemplos de nombres de realidades ajenas al cuerpo (animales, plantas, objetos, alimentos) que prestan sus conceptos para hacer comprensible la realidad humana. Como muestra de la recurrencia de este procedimiento en distintas lenguas pueden tomarse los ejemplos del siguiente fragmento de Eugenio Coseriu:

> nosotros todos tenemos en las piernas, que son «jamones» (lat. *perna* «jamón»), unos huesos que son «flautas» (*tibias*); en los hombros tenemos «clavijas» (*clavículas*); en la garganta, un «grano de uva» (*úvula*), y por fuera una *manzana (de Adán)*; nuestros *músculos* son «ratoncitos» (lat. *musculus*, de *mus*, «ratón»; la misma imagen, en gr. μυς, ruso *myšča*, arm. *mukn*, lit. *peles* y, limitadamente al músculo del pulgar, alem. *Maus*), y en los ojos tenemos las pupilas que, por las imágenes tan

---

29 Kövecses (2002: 20-25) no incluye el dominio del cuerpo humano entre los trece ámbitos semánticos que más frecuentemente son *concepto meta* en los procesos metafóricos que estudia en inglés (emoción, deseo, moralidad, pensamiento, sociedad/nación, política, economía, relaciones humanas, comunicación, tiempo, vida y muerte, religión, eventos y acciones).

pequeñas que vemos reflejadas en ellas, son «muñequitas», o *niñas de los ojos*, y para ciertos italianos son «ángeles» o «madonas» (sard. *ándzelu*, istr. *madunena*, calabr. *madonedda* «pupila») (Coseriu 1977: 99).

La clave para comprender este fenómeno ilustrado por Coseriu reside, quizá, tanto en las características que poseen las partes del cuerpo que actúan como *fuente* frente a las que actúan como *meta* en los procesos metafóricos como también en los tipos de metáforas que se crean en un caso y en otro.

Aunque no son tan frecuentes como los estudios dedicados al análisis de los casos en los que el cuerpo es *concepto fuente*, existen diversos trabajos de disciplinas distintas en los que se ha tratado el tema del cuerpo como dominio que se conceptualiza y designa a partir de proyecciones metafóricas originadas en otras realidades.

### 3.3.2.1. Animales

Las transferencias designativas de nombres de partes del cuerpo animal a partes del cuerpo humano son un fenómeno habitual en las lenguas que puede observarse a partir del estudio de la evolución lingüística. Buena muestra de ello se recoge en las investigaciones sobre el léxico del cuerpo humano en latín (Adams 1982 y André 1991) en las que se citan casos como *abdomen* 'vientre', *ficatum* 'hígado' y *pellis* 'piel'. Cada una de estas voces se empleaba inicialmente en latín para designar una parte del cuerpo de un animal, posteriormente pasó a designar la misma parte del cuerpo humano, o una semejante, y con este significado han llegado al español y a otras lenguas románicas. La mayor parte de las voces referidas a animales que generan nombres de partes del cuerpo del ser humano suelen proceder, según Adams (1982: 92-93) y André (1991), de animales domésticos —generalmente cuadrúpedos (p. e. caballos)—, de animales estrechamente vinculados con las costumbres culinarias humanas, de términos de la lengua de los veterinarios, o de palabras propias de granjeros. Véase el caso de *ficatum* que pasó de ser el hígado del cerdo, «le premier animal de boucherie à Rome» (André 1991: 259), a ser el hígado de las personas.

Uno de los ejemplos más ilustrativo y discutido es el de la evolución semántica del actual sustantivo español *pierna* ya que el étimo latino correspondiente (PĔRNA) no designaba la pierna del hombre sino la de un animal y, más concretamente, se aplicaba al muslo del cerdo, de ahí dervía la voz *pernil* 'jamón' (Colón 1989: 135-157). El *DECH* describe el cambio de significado del vocablo del siguiente modo:

> En latín designa toda la extremidad inferior, y sólo se aplica propiamente a los animales; hay tendencia a especializarlo en el cerdo, y en autores, vulgares significa ya 'jamón' (Petronio LVI, 8); también, en textos de tono popular, aparece aplicado al

hombre, pero sólo como expresión pintoresca; para la historia semántica en latín, vid. Wölffin, *ALLG* VIII, 598-9; aunque parece que en el poeta arcaico Ennio (*Ann.* 286*v*) *perna* está empleado en el sentido de 'pierna' y no en el de 'pernil, carne del muslo o jamón', en el que aparece por lo común, cf. Tovar, *Accad. Lincei*, 1974 (cdo. 200, p. 98), quien ve ahí un testimonio del conservadurismo del léxico hispanorromance que habría mantenido ahí un uso que ya se anticuó en lat. en el S. II d. C. En castellano, desde los orígenes, tiene ya el significado moderno, aplicándose casi siempre al hombre (así Berceo, *Mil.*, 386*c*, 438*b*; *S. Or.*, 42*d*; J. Ruiz, 195*b*; APal. 99*d*, 154*d*, 371*d*, 483*d*; y por lo general en todas partes), y sólo a la mitad baja de la extremidad inferior (*DECH*, s. v. *pierna*).

El uso de nombres de animales para designar partes del cuerpo humano sucede tanto en el lenguaje común y cotidiano como en el lenguaje científico y especializado. En terminología científica anatómica, según Martín-Municio (1992), es muy habitual hallar ejemplos de nombres de partes del cuerpo surgidas del reino animal, pues para los primeros «atomistas, el cuerpo humano era un zoo auténtico con referencias a los términos animales más dispares» (Martín-Municio 1992: 239). Por ello, resulta especialmente interesante, para el estudio de estas transferencias en el vocabulario científico, prestar atención a los primeros tratados anatómicos —o traducciones de tratados anatómicos— que existen en español (García Jáuregui 2006, 2009a, 2009b). De igual modo que en la terminología científica, se ha comprobado que en el lenguaje común existen también numerosas metáforas animalizadoras referidas al cuerpo humano (Oroz 1949; Baldinger 1964a; Montero Cartelle 1981; Montes Giraldo 1983; Echevarría Isusquiza 2003). Estas proyecciones son mayoritariamente metáforas de imagen del tipo: ALGUNAS PARTES DEL CUERPO HUMANO SON PARTES DEL CUERPO DE LOS ANIMALES (*patas de gallo*, *ojo de pollo*, *ojos de besugo*) y ALGUNAS PARTES DEL CUERPO HUMANO SON ANIMALES (*pajarito* 'pene', *almeja* 'vulva', *lagarto* 'músculo del brazo').

Para el lenguaje científico, Martín-Municio (1992) se refiere, por ejemplo, al *apéndice veriforme*, a la *cóclea*, a la *cresta de gallo*, al *pie de ganso* y a la *cola equina* como nombres de partes internas del cuerpo heredados del latín y cuyo origen es la metáfora animal. García Jáuregui (2006, 2009a, 2009b), por su parte, analiza el léxico anatómico de Juan Valverde de Amusco, autor del «primer tratado anatómico moderno de la España renacentista» (García Jáuregui 2006: 269), y examina el origen de los nombres de distintas partes del cuerpo procedentes de una metáfora animal (*pico de papagayo* 'punta del cóccix'; *rabadilla* 'cóccix'; *morcillo* y *músculo* < *mur* 'ratón'). Para las designaciones del músculo del brazo, el investigador da cuenta de que desde los primeros tratados de anatomía es posible hallar tanto el término popular (*morcillo* y sus variantes, *muerzillo, murecillo, morezillo, morzillo* o *morcillo*) como el cultismo (*músculo*), que hoy es la única forma habitual, y que tanto el español como otras lenguas románicas adoptaron directamente del latín. Ambos términos, *morcillo* y *músculo*, poseen la misma procedencia:

*Morcillo* [*Diccionario de Autoridades*; *-zillo*, Nebrija, Dicc. Latino-Esp., s. v. *culcitra*], *morezillo* (Nebr. *Esp.-Lat.*, s. v.) o *murecillo* (*Aut.*; *-zillo*, APal. 293*b*) 'músculo', etimológicamente 'ratoncito' (así *morezillo* J. Ruiz 1429*b*, *murizillo* íd. 1431*a*), por comparación del movimiento del músculo al correr bajo la piel con el de un ratón que escapa; igual metáfora se halla en el lat. tardío *mures* (S. Isidoro, *Etym.* XI, i, 117), lat. cl. *musculus*, y en griego y germánico. El lat. MŪSCŬLUS íd. dió por vía popular *muslo* [S. XIII, ms. bíblico I-j-8; glos. del Escorial; APal. 96*d*, 157*b*, *d*, 178*d*; Nebr.], con especialización en los músculos del muslo, miembro carnoso por excelencia (*DECH*, s. v. *mur*).

El movimiento y la forma del músculo del brazo generan una metáfora de imagen mediante la que se compara esta parte del cuerpo, por su movimiento bajo la piel, con un ratón (*cfr. DECH*, s. v. *mur, muris* y las *Etimologiae* de San Isidoro de Sevilla, Libro XI: 117). Esta misma proyección metafórica, según los resultados obtenidos por Brown y Witkowski (1981: 601-603), es la que subyace a las designaciones de los músculos en distintas lenguas del mundo (latín, español, irlandés, inglés, armenio, zulú, maorí, quechua, huasteco, *cfr.* § 2.2.3.).

Los nombres de la cabeza, como bien estudió Baldinger (1964a) y más recientemente Pascual Aransáez (1998-1999) y López Rodríguez (2009), están sujetos también a un importante y variado tipo de metáforas, por ello, probablemente, algunos de los atlas lingüísticos regionales de la Península incluyeron una pregunta en su cuestionario sobre «las designaciones festivas o humorísticas de la cabeza» (*cfr. ALEANR*, vol. VII, mapa 938). En Baldinger (1964a), se estudian las denominaciones de la cabeza en Hispanoamérica y se destina un apartado a recoger todas las voces de animales que se emplean para designarla. El origen de estas formas parece proceder de comparaciones entre la astucia y la torpeza de los animales y el valor que se otorga a la cabeza como centro de inteligencia y estupidez humana: por un lado, algunos nombres de pájaros se emplean para designar LA CABEZA COMO SÍMBOLO DE ELOCUENCIA (*cotorra, chorlito, chicarito, chicharra*); y, por otro lado, los nombres de otros animales se emplean para hacer referencia a LA CABEZA COMO CENTRO DE IGNORANCIA Y ESTUPIDEZ (*cabeza de res, cabeza de buey, cabeza de burro, mula*).

Los genitales constituyen una valiosa fuente de información para el estudio del léxico de la metáfora zoomórfica humana ya que, por un lado, se caracterizan por ser las partes que más variación léxica eufemística presentan debido a que están relacionadas con el acto sexual y la evacuación corporal; y, por el otro, porque los animales son el dominio cognitivo principal a partir del que se conceptualizan y designan eufemísticamente los genitales. Montero Cartelle (1981: 181), en su pormenorizado estudio sobre el eufemismo en gallego, denomina *animistas* a aquellas metáforas que surgen de la comparación del órgano genital con un animal. Montes Giraldo (1983), en su trabajo sobre la motivación del léxico hispanoamericano, reúne un importante número de variantes referidas a animales que se emplean para designar los genitales masculinos y femeninos. Sobre el pene, menciona voces se corresponden principalmente con pájaros (*pájaro, toche, tórtolo, víchiro, quincha, pollo* y *paloma*)[30]; y sobre la vulva, otras de más variado origen, pues conciernen a distintos tipos de animales (*paloma, chucha, conejo, sapo, tórtola, zorro, ñeque, surruco, bicha*).

La gran variedad denominativa de los genitales originada en la metáfora animal se advierte también en los datos geolingüísticos. El *ALeCMan*, que es el único atlas del español europeo en el que el cuestionario sobre el cuerpo humano incluye los conceptos referidos a los genitales, proporciona numerosos ejemplos de este tipo. Para el concepto 'pene' (mapa 310), por ejemplo, aparecen con frecuencia las voces *cola* y *rabo* cuyo origen es una metáfora de imagen del tipo LOS GENITALES SON PARTES DEL CUERPO DE LOS ANIMALES. En relación a los genitales femeninos (mapa 312), el atlas recoge denominaciones de animales diversos (*conejo, chirla, almeja, mejillón, mochuelo, gazapo, ratón, liebre*) y también, como en el caso de los genitales masculinos, de partes del cuerpo animal (*papo* 'parte abultada del animal entre la barba y el cuello'). Estas designaciones proceden, en la mayoría de ocasiones, de metáforas de muy diverso origen en las que se compara la forma, el olor o el aspecto de los animales con el de los genitales.

Los ejemplos muestran que, tanto en el lenguaje científico como en el común y tanto en las partes internas como externas, los distintos miembros corporales son susceptibles de ser designados mediante nombres de animales o de partes del cuerpo de los mismos a partir de proyecciones metafóricas de distinto tipo.

## 3.3.2.2. Plantas y vegetales

En el apartado en el que se ha examinado el valor del cuerpo humano como *concepto fuente* (§ 3.3.1.), se ha destacado el hecho de que las transferencias léxicas entre el área semántica del ser humano y el área de los vegetales y plantas son mucho menos habituales que las que se suceden entre los dominios animal y humano (§ 3.3.1.2., *vid.* figura II). Sin embargo, cuando el cuerpo humano ocupa la posición de *dominio meta* en la estructura de las proyecciones metafóricas parece que es bastante frecuente hallar ejemplos de nombres de partes del cuerpo en los que el dominio vegetal es *concepto fuente*. Esto sucede especialmente en el sector de los frutos de los árboles y de las plantas, pues su forma y color los hacen semejantes a ciertas partes del cuerpo.

Existen diversas investigaciones, algunas ya mencionadas en páginas anteriores, en las que se ha estudiado el uso de los nombres de frutas para designar distintas partes del cuerpo (p. e. la pupila, la cabeza, los genitales, el corazón, los pómulos o las mejillas). Tagliavini (1949), por ejemplo, en su artículo sobre los

---

30    En latín muchas de las metáforas animalizadoras referidas a los genitales masculinos se referían a nombres de pájaros (André 1991: 171-175).

nombres de la pupila de más de un centenar de lenguas, descubre que es común que esta parte del ojo reciba nombres de frutas: la manzana (ingl. *apple of the eye*; irl. *uball na súile*; hol. *oogappel*; alem. *augapfel*) o la endrina (fr. *prunelle*) son dos de los casos estudiados por el investigador italiano. A ellos cabría añadir otro uso léxico procedente de una metáfora frutal. Se trata la voz (esp.) *uva* 'pupila', que se documenta en *ALEA* y se estudia en Julià (2009a: 120-122).

Oroz (1949), en su investigación sobre la metáfora corporal en chileno, incluye distintos tipos de designaciones frutales para distintas partes del cuerpo y afirma que la cabeza es una de las partes que suele originar más comparaciones con frutas en la mayoría de lenguas (alem. *birne*; fr. *ciboulot, citron, poire*; ingl. *onion*; esp. *coco, melón, pepino, mate* 'calabaza', *tutuma* 'calabaza', etc.).

Baldinger (1964a: 47-52), por su parte, se refiere a la elevada frecuencia de uso de los nombres *calabaza* y *coco*, procedentes de una metáfora de imagen para designar la cabeza en el español de América. Destaca también voces de otras frutas que se documentan con menos asiduidad que las anteriores (*melón, chirimoya, níspero, mazorca, zapallo* 'cierta calabaza', *tatuca* 'especie de calabaza', *ayote* 'calabaza', *jupa* 'calabaza redonda', *guaje* 'calabaza vinatera', *sidra* 'cayote, variedad de sandía y fruto de esta planta; fruto del cidro, semejante al limón', *chilacayote* 'variedad de sandía y fruto', etc.).

Como se ha advertido anteriormente (§ 3.3.2.1.), los genitales y los pechos son partes del cuerpo que están sujetas a un importante grado de variación denominativa, de ahí que sea posible hallar multiplicidad de nombres de animales y de vegetales como denominaciones eufemísticas de las mismas. Montes Giraldo (1983: 31) extrae del *ALEC* y de algunos repertorios léxicos dialectales ejemplos que proceden de este origen (*papas* 'testículos'; *nísperos* 'testículos'). También en el *ALeCMan* se puede rastrear la motivación frutal en los nombres de los genitales. El concepto más productivo en este sentido es la vulva (mapa 312), para la que se recogen designaciones del tipo *perejil, castaña, seta, tomate* y *figa*, entre otros. En el caso de los pechos (mapa 313), algunas designaciones del atlas proceden de comparaciones con frutas (*naranjas, mandarinas*) y flores (*margaritas*).

Las partes internas son también susceptibles de la comparación con diversas frutas y verduras por su color, por su forma o por las funciones que desarrollan. Montes Giraldo (1983) se refiere, en este grupo de metáforas, al uso de las voces *mango, madroño* y *tomate* para referirse al corazón.

Martín-Municio (1992: 239) también aporta ejemplos de metáforas vegetales en el lenguaje científico (*úvula, piriforme, pisiforme*). El uso de la voz *úvula* —derivado de *uva*— para designar la campanilla parte de la comparación de esta parte interna de la boca con la fruta mencionada; y los términos *piriforme* 'que tiene forma de pera' y *pisiforme* 'que tiene forma de guisante' se emplean para indicar que ciertas partes corporales poseen una forma parecida a la de los frutos.

Entre el innumerable grupo de investigaciones sobre el léxico románico llevadas a cabo por Germán Colón (2002: 603-605), también se hallan ejemplos de metáforas vegetales en el léxico corporal. El caso del nombre de los pómulos es significativo porque surge de una proyección metafórica en la que se comparan los pómulos o las mejillas con una manzana y se da en distintas lenguas románicas: fr. *pommette,* cat. (balear)[31] *mel de sa cara* y port. *maçã do rosto.* A diferencia de lo que sucede en estas variedades romances, el investigador afirma que «el castellano parece ignorar completamente esta metáfora» (Colón 2002: 604) y que el sustantivo *pómulo* es un calco reciente del francés *pommette* y no un latinismo tomado de *pōmŭlum* 'fruto pequeño', como se propone en el *DECH* (s. v. *pomo*). Asimismo, para el catalán, comenta que el uso de *mel* no es una «particularidad baleárica» porque entre los siglos XIV y XVII se documenta, desde el Ampurdán a Valencia, «la imagen MALUS 'manzana' para los pómulos» (Colón 2002: 605).

En su mayoría, según se ha podido comprobar en los distintos ejemplos citados, las metáforas en las que se proyectan propiedades del mundo vegetal sobre partes del cuerpo humano son metáforas de imagen en las que una parte del cuerpo se compara formalmente con un fruto (ingl. *apple of the eye* 'pupila'; fr. *prunelle* 'pupila', *pommette* 'pómulo'; esp.-amer. *nísperos* 'testículos'; esp. *melón* 'cabeza', *seta* 'vulva', *tomate* 'corazón'; port. *maçã do rosto* 'pómulo'; cat. *mel de sa cara* 'pómulo') por sus semejanzas morfológicas, cromáticas o estructurales.

### 3.3.2.3. Otras realidades

Las comparaciones entre ciertas partes del cuerpo y los objetos que forman parte de la vida cotidiana de las personas son las más habituales (Oroz 1949: 87). En este proceso de analogía se equiparan cosas de formas y tamaños heterogéneos tanto con partes internas (vesícula, corazón, huesos del oído) como con partes externas (genitales, cabeza, pupila, párpado). Estas transferencias lingüístico-conceptuales se producen en el léxico común y en el léxico de especialidad y pueden investigarse a partir del estudio de textos, de repertorios lexicográficos y de atlas lingüísticos.

Desde el punto de vista terminológico, los tratados, traducciones y textos de anatomía y medicina antigua constituyen una inestimable fuente de información sobre el origen metafórico de las designaciones anatómicas. García Jáuregui (2009a) se refiere, por ejemplo, a la historia de la motivación de los nombres que reciben los huesecillos del oído (*martillo, estribo, yunque*) por comparación con objetos diversos en la traducción del primer tratado anatómico moderno (*Historia*

---

31    La voz *mel* 'manzana' deriva del latín vulgar MĒLUM 'manzana' que se tomó del griego μῆλον 'manzana' (*DECat,* s. v. *mel*). De la forma latina procede la designación de esta fruta en el catalán de las Islas Baleares. En los dialectos catalanes peninsulares, en cambio, el nombre de la manzana deriva de otro étimo: lat. PŌMA > cat. *poma.*

*de la composición del cuerpo humano* de Juan Valverde de Amusco, 1556). Estas denominaciones proceden de distintas metáforas de imagen, aunque estas no siempre son evidentes:

> La denominación del martillo no nace de su comparación con un martillo, sino con los mazos o palillos (*malleoli*) de un tambor (*tympanum*), pues es este el significado en el que pensó Niccolò Massa, uno de los médicos del Quinientos [...]. Pocos años después, Vesalio dio nombre al hueso que recibiría el golpe del martillo, el yunque (*incus*) [...]. Y en cuanto al tercero de estos huesos, es Valverde el primero en referirse a él por escrito con el término *estribo*, adjudicándose además su primera descripción [...] (García Jáuregui 2009a: 302-303).

También desde una perspectiva histórica y en el léxico de especialidad, Sánchez González de Herrero (2007: 159) alude a las denominaciones procedentes de metáforas de imagen que se hallan en la traducción española del *De Propietatibus Rerum* de Bartolomé Ánglico (s. XIII). Es el caso, por ejemplo, de los distintos nombres de la vesícula biliar (*bolsa, arca de la hiel, cestilla de la hiel*) en los que las metáforas muestran que se trata de una parte del cuerpo que se conceptualiza como un recipiente. Otra parte para la que la traducción española atestigua una denominación metafórica es el escroto, que se designa mediante la lexía compleja *bolsa de los miembros de la generación* (Sánchez González de Herrero 2007: 159-160). La forma y la función de esta parte de los genitales masculinos, recubrir los testículos —que son la parte de los genitales en la que se encuentra la célula reproductora masculina—, originan su comparación con un objeto cotidiano, una bolsa. Se trata de una metáfora extendida y de uso común, pues en las diferentes ediciones del *DRAE* el término anatómico *escroto* se define mediante la comparación con una bolsa o túnica: 'túnica que a modo de bolsa cubre y contiene los testículos' (1791-1869), 'bolsa formada por la piel y otras túnicas con diversa textura, y dividida en dos cavidades en las cuales se alojan los testículos' (1884) y 'bolsa formada por la piel que cubre los testículos y las membranas que envuelven a estos' (1899-2001). Para otra parte del cuerpo, el *pericardio* 'envoltura del corazón', se recoge la denominación *caja del corazón*, originada en una metáfora semejante, pues surge de la comparación de esta membrana con un objeto común y cotidiano que cumple la función de recipiente. Actualmente, es posible hallar ejemplos de denominaciones de nombres de partes del cuerpo en el *DRAE* (2001) marcadas como coloquiales y dialectales, con la misma estructura y la misma procedencia metafórica (*caja de dientes* 'dentadura postiza'; *caja de muelas* 'encías' y 'toda la boca'; *caja del cuerpo* 'tórax'). Todos los ejemplos mencionados parecen corresponderse con el esquema de imagen RECIPIENTE-CONTENIDO ya que en todos los casos las partes del cuerpo se comparan con recipientes (*bolsas, arcas, cestos, cajas*) que contienen otras partes del cuerpo (*corazón*) o sustancias corporales (*espermatozoides, hiel*).

Desde una perspectiva distinta, las investigaciones de carácter comparativo, dialectal y geolingüístico sobre el léxico común (Oroz 1949; Tagliavini 1949; Baldinger 1964a; Navarro Carrasaco 1988; Julià 2009a, 2011 y en prensa a) muestran que es posible hallar una gran variedad de objetos que actúan como *dominio fuente* en la conceptualización del cuerpo: cat. *olla de s'ull* 'párpado'; esp. *tiesto* y *cacerola* 'cabeza'; esp. *barril* y *tonel* 'vientre'; esp. *mochila, jaula* y *zurrón* 'joroba'; esp. *radio* y *calculadora* 'cabeza'; esp. *faroles* 'ojos'; esp. *bola* 'pupila' y 'cabeza'; esp. *cristal* 'pupila'; esp. *tela del ojo, cobertera del ojo, tapa del ojo*, gall. *capelo do ollo* 'párpados'; esp. *cristal del ojo* 'esclerótica'; esp. *telilla de la niña del ojo* 'esclerótica', etc.

Las metáforas que subyacen a este proceso de cosificación son tanto metáforas de imagen (*bola* 'cabeza') como metáforas conceptuales (*calculadora* 'cabeza'). En las primeras, se compara la forma de la parte del cuerpo con un objeto similar y, en las segundas, las conceptuales, se asocia la parte del cuerpo, según alguna de sus funcionalidades, con un objeto que permite desarrollarlas. Por ejemplo, la cabeza se relaciona con una calculadora por su capacidad de realizar cálculos matemáticos y el párpado, con una tapa porque tiene la función de cubrir el ojo.

En los atlas lingüísticos, los mapas sobre conceptos corporales recogen habitualmente designaciones procedentes de comparaciones con objetos varios. A modo de ejemplo, se añaden algunos casos hallados en el *ALEA* y el *ALeCMan*: *botón* y *botón de la barriga* para 'ombligo' (*ALEA* V, mapa 1253); *tapa del pecho* y *arca del pecho* para 'esternón' (*ALEA* V, mapa 1248); *botija de la orina* 'vejiga' (*ALeCMan*, mapa 307).

### 3.3.3. El cuerpo como concepto fuente y meta al mismo tiempo

En los apartados anteriores, se ha pretendido mostrar brevemente lo prolíficas que son las metáforas corporales en el lenguaje, tanto en los casos en los que el cuerpo es el medio a través del que se comprenden realidades más abstractas como en los que ciertas partes del cuerpo se categorizan mediante conceptos o imágenes de otras realidades. A estos dos grupos de metáforas es preciso añadir la existencia de nombres de partes del cuerpo cuya denominación surge de una metáfora originada en el propio cuerpo. Se trata de proyecciones metafóricas dentro del mismo dominio conceptual.

Estas transferencias parecen estar condicionadas por la prototipicidad de las partes del cuerpo, pues las partes más prototípicas suelen funcionar como *concepto fuente* mientras que las que lo son menos lo hacen como *concepto meta*. Heine toma en consideración los postulados de la teoría partonómica (§ 2.2.2.), y distingue 4 características de las partes más básicas o prototípicas (Heine 1997: 134): (a) se expresan lingüísticamente mediante términos cortos, morfológicamente simples y no analizables; (b) sus nombres aparecen como prototípicos, pues son la primera respuesta que dan los hablantes cuando se les pregunta por una parte del cuerpo; (c) sirven como «templos estructurales» para designar otras partes del cuerpo y también para referir otras realidades no conectadas con el cuerpo (forma, localización y función); y (d) suelen ser partes externas.

Estas propiedades son las que generan que unas partes del cuerpo sean más propicias a ser *concepto fuente* para el propio cuerpo. De este conjunto de rasgos conviene destacar el tercero (c) puesto que comprende el motivo por el que existen nombres de partes del cuerpo que se forman a partir de designaciones de otras partes. Heine parte de los datos de Andersen (1978) y se refiere a las dos estrategias que más comúnmente suelen originar este tipo de transferencias entre partes del mismo dominio: los esquemas ARRIBA/ABAJO y DELANTE/DETRÁS, que se comentará a continuación, y el esquema metonímico LA PARTE POR EL TODO, al que se le dedicará un espacio en el § 4.2.

Según el esquema de imagen ARRIBA/ABAJO, la parte superior del cuerpo se percibe de modo distinto a la parte inferior, se trata de una asimetría conceptual que, para Heine (1997: 134), produce que la parte inferior del cuerpo sea concebida y conceptualizada en términos de la parte superior ya que destaca por encima de la otra desde el punto de vista perceptivo y comunicativo. Por ello, en muchas lenguas, es posible hallar nombres de partes del cuerpo que se sitúan en la zona inferior (de cintura hacia abajo) cuyo nombre procede de la comparación con la parte homóloga que se encuentra en la parte superior[32]. Esta estrategia posee un carácter claramente unidireccional, pues las partes inferiores podrán designarse mediante nombres de las superiores (es posible hallar *fingers of the foot* en algunas lenguas para referirse a los dedos de los pies) pero nunca a la inversa (no es posible hallar *toes of the hand* para referirse a los dedos de las manos)[33]. Pocas son las excepciones a esta estrategia y suelen tener una clara explicación. Existe, por ejemplo, la denominación *knee of arm* «rodilla del brazo» para designar el codo (André 1991: 93) en una lengua africana (el hausa). En esta designación predomina la proyección esquemática DELANTE/DETRÁS frente a la más frecuente (ARRIBA/ABAJO). El esquema DELANTE/DETRÁS consiste en el hecho de que las partes anteriores, más prototípicas y básicas, suelen crear nombres de partes pos-

---

32 André (1991: 257) aporta ejemplos de este tipo de denominaciones para el latín. Por ejemplo, menciona la voz *digitus* en referencia a los dedos de la mano, cuya etimología procede del significado de 'indicar, mostrar'. Con el mismo significado, la voz pasa a designar, posteriormente, los dedos de los pies, que nunca podrían estar asociados con la función de indicar, por lo que adquieren el nombre por analogía con los dedos de la mano.

33 Mientras el inglés y el francés distinguen los nombres de los dedos de los pies y las manos con denominaciones distintas (ingl. *fingers* y *toes* y fr. *dits* y *orteils*), el español y el catalán, por ejemplo, emplean el mismo sustantivo para referirse a unos y a otros. Lo único que permite diferenciarlos en el discurso oral es el sintagma preposicional que los acompaña, porque los sitúa en la mano o en el pie.

teriores, motivo por el cual *knee of arm* no debe considerarse una completa excepción a la estrategia ARRIBA/ABAJO.

Brown y Witkowski (1981: 601) aportan ejemplos que parecen corresponderse con esta estrategia de conceptualización en relación a los nombres de los dedos de las manos: *head of foot* «cabeza del pie» 'dedo del pie' y *head of hand* «cabeza de la mano» 'dedo de la mano'. Estos últimos casos deben entenderse como una proyección estructural, pues la mano se conceptualiza en términos corporales, de ahí que los dedos se conciban como la parte más alta de la mano, igual que la cabeza lo es del cuerpo. Esto permitiría suponer no solo que la realidad se comprende en términos corporales sino que los diferentes miembros del propio cuerpo pueden llegar a ser comprendidos según el esquema estructural del cuerpo humano.

A la estrategia referida por Heine (1997), podrían añadirse otras basadas en los esquemas DENTRO/FUERA y CENTRO/PERIFERIA, pues muchas partes externas del cuerpo dan nombre a otras que se encuentran en el interior mediante un proceso metafórico. Es posible hallar casos de este tipo en varias investigaciones sobre el léxico de las partes internas del cuerpo: *boca del estómago* (Martín-Municio 1992: 240); *ojos de la espalda* 'espina de la escápula'; *cabezas de las espaldas* 'acromion' (Sánchez González de Herrero 2007: 159-160); García Jáuregui (2009a: 303) se refiere también a las voces latinas *cervix* o *collum uteri* como *cuello del útero* o *cuello de la madre*.

De igual modo, existen metáforas corporales para designar nombres de partes del cuerpo en investigaciones sobre variación lingüística: Taglivini (1949: 351), por ejemplo, se refiere a la denominación *corazón del ojo* 'pupila', cuya procedencia es claramente una metáfora conceptual basada en la situación que ocupa el corazón en el organismo del ser humano en relación a la posición de la pupila en el ojo (CENTRO/PERIFERIA).

# Capítulo 4. La metonimia y el léxico del cuerpo humano

En el presente capítulo, se describen las características principales de la metonimia como un mecanismo conceptual básico en la creación léxica y el cambio de significado (§ 4.1.); se especifican los diferentes tipos de metonimia según distintas teorías semánticas y, en especial, se hace referencia a la tipología de metonimias cognitivas (§ 4.2.); y se muestran algunos ejemplos lingüísticos de proyecciones metonímicas en las que se ve implicado el dominio léxico-conceptual del cuerpo humano (§ 4.3.).

## 4.1. Aproximación al concepto cognitivo de 'metonimia'

La metonimia es, junto a la metáfora, un procedimiento de especial relevancia tanto en la retórica[34] (Le Guern 1976 [1973]: 13) como en la semántica (Ullmann (1980 [1962]: 247). Sin embargo, la metonimia ha suscitado un número menor de investigaciones y se ha visto relegada a un segundo plano (Taylor 1989: 122; Díez Velasco 2005: 7). Ullmann cree que el desinterés por la metonimia respecto de la metáfora es intrínseco, pues se debe a que la metonimia «no descubre relaciones nuevas, sino que surge entre palabras ya relacionadas entre sí» (Ullmann 1980 [1962]: 246).

La investigación sobre este fenómeno empieza a recibir mayor atención —aunque no tanta como la metáfora (Koch 1999: 139; Barcelona 2000: 4; Pascual Aransáez 1998-1999: 115; Benczes, Barcelona y Ruiz de Mendoza 2011)— a partir del surgimiento de la lingüística cognitiva. Además del creciente desarrollo de los estudios sobre este tema, igual que sucedió con la metáfora, los postulados cognitivos cambiaron el concepto de metonimia (Koch 2001) ya que dejó de ser entendido solo como un mecanismo lingüístico de carácter poético o retórico para convertirse también en un importante proceso cognitivo que podía analizarse a partir de la evidencia lingüística. Una de las primeras aproximaciones cognitivas de la metonimia pertenece a Lakoff y Johnson (1986 [1980]), quienes dedican un breve capítulo a la caracterización y ejemplificación en el que se da cuenta de que es tan sistemática y tan básica en nuestro pensamiento cotidiano como la propia metáfora (Steen 2005: 3). Posteriormente, Lakoff (1987a: 77-90) profundiza en la descripción de este mecanismo y lo considera una de las cuatro estructuras conceptuales básicas en las que la mente organiza el mundo (*teoría de los modelos cognitivos idealizados, ICM*) junto a los marcos, la metáfora y los esquemas de imágenes. La diferencia principal entre le metáfora y la metonimia es que las proyecciones metafóricas se dan entre dominios conceptuales de diversa índole mien-

---

34 La metonimia ha alcanzado especial relevancia en los estudios retóricos a pesar de que inicialmente no se reconoció como un procedimiento autónomo, sino que se la consideró un subtipo de metáfora (Panther y Radden 1999: 1; Truszczyńska 2002-2003: 221).

tras que las metonímicas únicamente pueden darse entre partes de un mismo dominio experiencial.

Antonio Barcelona define la metonimia como una proyección conceptual a partir de la cual «one experiential domain (the target) is partially understood in terms of another experiential domain (the source) included *in the same common experiential domain*» (Barcelona 2000: 4) y supone que la menor atención que se ha dedicado a su estudio está probablemente vinculada al hecho de que es un procedimiento más básico que la lengua y la cognición. En semántica cognitiva, el establecimiento de las diferencias y semejanzas entre metáfora y metonimia es uno de los aspectos que más ha interesado a los investigadores. Lakoff y Johnson (1986 [1980]: 75-78) distinguen las siguientes propiedades comunes a ambos procedimientos: (a) forman parte de la vida cotidiana; (b) son sistemáticos; (c) permiten conceptualizar una cosa en términos de otra; y (d) se fundan en nuestra experiencia. Por su parte, Santos y Espinosa (1996), a partir de lo expuesto en Lakoff y Turner (1989: 103), distinguen tres diferencias: (a) la metonimia supone proyecciones dentro de un único dominio conceptual; (b) la función primaria de la metonimia es la referencial; y (c) en la metonimia «una entidad de un esquema está por otra entidad del mismo esquema o bien por el esquema en su conjunto» (Santos y Espinosa 1996: 47).

El estudio semántico-cognitivo del lenguaje ha dado cuenta de que, en muchos casos, la realidad no se conceptualiza únicamente mediante la metáfora o la metonimia sino que para una misma idea es posible que intervengan ambos procedimientos al mismo tiempo. Por ello, dos de los aspectos que más han atraído la atención de los investigadores es la relación o interacción que mantienen ambos procesos cognitivos y los límites que existen entre ellos (Ungerer y Schmid 1996: 133-136; Lakoff y Turner 1989: 104-106; Goossens 1990; Cuenca y Hilferty 1999: 115; Barcelona 2000: 10-15; Díez Velasco 2001-2002: 49-51; Dirven 2002; Moreno Lara 2004: 78-88; Penadés 2008; Espinosa 2009: 173).

Louis Goossens ha estudiado la interacción entre los dos fenómenos y ha creado un término que permite designar la relación que existe entre ellos cuando ambos procedimientos generan conocimiento: «I would like to assign *metaphtonymy* the status of a mere cover term which should help to increase our awareness of the fact that metaphor and metonymy can be intertwined» (Goossens 1990: 323). En sus trabajos, el autor se propone mostrar que a pesar de que se trata de procesos distintos uno no excluye al otro porque «no son operaciones cognitivas mutuamente incompatibles» (Cuenca y Hilferty 1999: 114-115) sino que, en muchas ocasiones, sus caminos se cruzan y conectan de formas diversas. Algunos lingüistas han llegado a comparar la relación entre la metáfora y la metonimia con la que mantienen la homonimia y la polisemia (Croft y Cruse 2004: 217). En su investigación, Goossens analiza expresiones lingüísticas referidas a distintos *dominios fuente* (acciones violentas, sonidos y nombres de partes del cuerpo) con el fin de determinar el modo en el que establecen relación en ellos los dos procesos. Descubre que en su corpus se pueden clasificar los datos según cuatro parámetros: (a) metáforas que proceden de metonimias (son las más frecuentes); (b) metonimias dentro de metáforas (menos frecuentes); (c) metáforas dentro de metonimias (son muy extrañas en general); y (d) desmetonimizaciones en un contexto metafórico (es un caso excepcional).

Para ilustrar el modo en el que interactúan ambos procesos, se puede mencionar la denominación (esp.) *niña del ojo* 'pupila'. Según se indicó en Julià (2009a), y como también advirtieron Caprini y Ronzitti (2007), esta forma procede de la combinación de dos procesos metafóricos con una metonimia:

| **1.ª Metáfora ➜ pupila = espejo** |
|---|
| - *Expresión metafórica*: la pupila es un espejo porque en ella se reflejan las imágenes<br>- *Metáfora conceptual*: TODO LO QUE TIENE LA PROPIEDAD DE REFLEJAR IMÁGENES ES UN ESPEJO |
| **2.ª Metáfora ➜ imagen reflejada en la pupila = niña** |
| - *Metáfora de imagen*: la forma y el tamaño de la imagen reflejada en la pupila se asemejan a la de una niña |
| **3.ª Metonimia ➜ niña = pupila** |
| - *Expresión metonímica*: la imagen de la niña forma parte de la pupila cuando se refleja en ella<br>- *Metonimia conceptual*: PARTE POR EL TODO |

Tabla I. Interacción de la metáfora y la metonimia en la denominación *niña del ojo* 'pupila'

Otros casos interesantes se hallan en las locuciones verbales *estar mal de la olla* o *se le va la olla* que menciona López Rodríguez (2009), pues como muy bien describe la autora, la metáfora se da en la comparación de la cabeza con una olla (LA CABEZA ES UN RECIPIENTE) y la metonimia se produce por la relación que se establece entre la falta de cordura o de sentido común y la cabeza, pues el comportamiento racional suele localizarse en la cabeza (LA CABEZA POR EL COMPORTAMIENTO RACIONAL).

En estos ejemplos, se aprecia que la designación *niña del ojo* y las locuciones *estar mal de la olla* e *írsele la olla (a alguien)* provienen de una relación indisociable de mecanismos cognitivos metafóricos y metonímicos, por ello, su origen motivacional no podría entenderse sin tener en cuenta alguno de los dos. La comprensión de la realidad, por tanto, no se basa en una única proyección o en un conjunto de proyecciones de un único tipo sino que surge de la conjugación de ambos procesos en multiplicidad de ocasiones.

## 4.2. Tipología de la metonimia cognitiva

Antes del surgimiento del concepto cognitivo de metonimia, existen numerosas propuestas de clasificación de los tipos de metonimia (Sánchez Manzanares 2006: 106-158) aunque quizá son incompletas, pues no permiten incluir todos los tipos de metonimia en ellas (Blank 1999: 169). Como ejemplo de la clasificación metonímica anterior al cognitivismo, se ha tomado la que presenta Ullmann (1980 [1962]: 246-249), quien en su manual de semántica incluye la metonimia en el grupo de elementos que caracterizan la naturaleza del cambio semántico y la divide en cuatro tipos según el tipo transferencias de significado:

(a) **Metonimias espaciales.** Una voz que designa un elemento pasa a hacer referencia a otro con el que está en contacto físico o conceptual. Por ejemplo, en latín COXA significaba 'cadera' y la voz francesa que deriva de este étimo, *cuisse*, significa 'muslo'; por tanto, en el paso del latín al francés se ha producido un cambio de significado entre «dos partes contiguas de nuestro cuerpo, sin fronteras definidas[35] entre sí» (Ullmann 1980 [1962]: 247).

(b) **Metonimias temporales.** El nombre de una acción o un acontecimiento se transfiere a algo que le sigue inmediatamente o que le precede en el tiempo. Por ejemplo, el sustantivo *misa*, en su origen, formaba parte de la fórmula rutinaria que se pronunciaba al final cualquier oficio religioso católico (*Ite, missa est (contio)*) y, finalmente, ha terminado designando todo el culto.

(c) **Parte por el todo.** Es una de las asociaciones metonímicas más importantes y consiste en denominar un elemento, objeto, animal o persona mediante una designación que se refiere a un rasgo o parte del mismo y no a todo su conjunto. Por ejemplo, la designación *petirrojo*, un tipo de pájaro que tiene el pecho de color rojo, surge al señalarse uno de sus rasgos más característicos.

(d) **Las invenciones y descubrimientos por los inventores y descubridores.** Es muy común que los inventos o descubrimientos reciban el nombre de su inventor o descubridor (*amperio, voltio, ohmio*, etc.)[36].

---

35  Ullmann (1980 [1962]: 141) considera que una de las posibles causas de la vaguedad del lenguaje procede la falta de fronteras bien delimitadas en el mundo lingüístico y elige el cuerpo humano como una de las áreas conceptuales prototípicas para explicar este fenómeno.

36  Este tipo de denominaciones de origen metonímico se designan *epónimos* 'nombre de una persona o de un lugar que designa un pueblo, una época, una enfermedad, una unidad, etc.' (*DRAE* 2001). Se trata de un procedimiento muy frecuente en la creación de tecnicismos, como muy bien ha estudiado Gutiérrez Rodilla (1998: 114-117). En palabras de esta investigadora, el procedimiento de creación de un epónimo es el siguiente: «en los epónimos el significado se asocia al nombre propio de un investigador, de un personaje literario, de un dios mitológico, de un lugar... Visto desde otra óptica, consiste en habilitar semánticamente un nombre propio que pasa a funcionar como un sustantivo común, un adjetivo, etc. Entre todos ellos, los más importantes, por su frecuencia, son los que se relacionan con los nombres de

(e) **Alimentos y bebidas por el lugar de origen**. Véanse algunos ejemplos del francés, como es el caso del nombre del queso *gruyère* y del *champagne*.

(f) **Contenido por continente**. Se refiere a los casos en los que los hablantes pronuncian oraciones como *me he bebido un vaso/una botella de vino* en las que se toma el líquido por el continente.

Esta clasificación de las metonimias propuesta por Ullmann (1980 [1962]) está estrechamente relacionada con la tipología cognitiva. Lakoff y Johnson (1986 [1980]: 76-77) proponen una lista con los tipos de metonimia más frecuentes, que tienen relación con distintos tipos de esquemas de imagen y que ejemplifican con algunas expresiones metonímicas: LA PARTE POR EL TODO (Tengo un nuevo *cuatro puertas*); EL PRODUCTOR POR EL PRODUCTO (Compró un *Ford*); EL OBJETO USADO POR EL USUARIO (El *saxo* tiene la gripe hoy); UNA INSTITUCIÓN POR LA GENTE RESPONSABLE (El *Senado* piensa que el aborto es inmoral); EL LUGAR POR LA INSTITUCIÓN (La *Casa Blanca* no dice nada); EL LUGAR POR EL ACONTECIMIENTO (*Watergate* cambió a nuestros políticos). Igual que sucede con la metáfora, es preciso distinguir la existencia de *metonimias conceptuales* y *expresiones metonímicas*: las primeras «funcionan como plantillas para la formulación de *expresiones metonímicas*» (Cuenca y Hilferty 1999: 114). Así, ¿*Me podrías pasar la sal*? es una expresión metonímica de la metonimia conceptual EL CONTENIDO POR EL CONTINENTE.

En Inchaurralde y Vázquez (1998: 40-41), se recogen algunos ejemplos más de los tipos de metonimia conceptual más frecuentes: LA PERSONA POR SU NOMBRE (No *estoy* en la guía telefónica); POSEEDOR POR POSEÍDO (Mi *rueda* está pinchada); AUTOR POR EL LIBRO (Este año leeremos a *Shakespeare*); LUGAR POR PERSONA/S (*Mi pueblo* vota socialista); PRODUCTOR POR PRODUCTO (Mi nueva *Nikon* es soberbia); CONTINENTE POR CONTENIDO (Es un *plato* excelente).

Además de la tradicional lista de tipos de metonimias conceptuales, es posible distinguir otras clasificaciones cognitivas. Ruiz de Mendoza (1999: 82-94) se refiere a una tipología de metonimias en la que existen dos grupos, las *metonimias ontológicas* y las *metonimias de contenido*. Las *ontológicas*, a su vez, se dividen en *sígnicas, referenciales* y *conceptuales*: «los dos primeros tipos implican interacciones entre dominios ontológicos distintos, pero el tercer tipo permanece dentro del mismo dominio» (Ruiz de Mendoza 1999: 82). Por su parte, las metonimias de contenido constituyen un subtipo de metonimias conceptuales que se corresponden con las anteriormente expuestas (a-f).

---

los científicos a los que se atribuye un descubrimiento» (Gutiérrez Rodilla 1998: 114). Algunos de los ejemplos que menciona son: *belinograma* (E. Belin), *yersinia* (A. Yersin), *nobelio* (A. Nobel), *hahnio* (O. Hahn), *laurencio* (E. O. Lawrence), *camelia* (G. J. Camel), *dalia* (A. Dahl), etc.

## 4.3. La creación metonímica y los nombres de las partes del cuerpo

El estudio léxico-semántico del dominio conceptual del cuerpo humano ha puesto de manifiesto que la metonimia es, igual que la metáfora, un mecanismo cognitivo de vital importancia tanto en la creación de nombres referidos a partes del cuerpo como a otras realidades. Por ello, la investigación semántica de los nombres de las partes del cuerpo constituye una significativa fuente de información para el análisis cognitivo de la metonimia. Buena muestra de ello es la tesis doctoral de Díez Velasco (2005) en la que se realiza un análisis cognitivo de las metonimias relativas a nombres de partes del cuerpo humano en inglés a partir de más de 4.700 ocurrencias procedentes de distintas fuentes documentales (corpus, diccionarios, artículos de investigación y la *Master Metonymy List*[37]). El propósito principal de la tesis es explorar los mecanismos cognitivos que subyacen a la metonimia y proporcionar información sobre el sistema conceptual en el que se relacionan el lenguaje y el significado (Díez Velasco 2005: 5). Más específicamente, la investigación pretende, por un lado, desarrollar una propuesta teórica para el estudio cognitivo de la metonimia y, por el otro, examinar el rol que poseen las metonimias relativas a las partes del cuerpo en nuestro conocimiento y experiencia y analizar si estas generan diferentes representaciones del propio sujeto (yo). El trabajo desarrollado por Díez Velasco constituye una propuesta innovadora en el ámbito de los estudios sobre metonimia, ofrece una nueva metodología de investigación y aporta datos reveladores sobre el valor que poseen las metonimias referidas a las partes del cuerpo en la conceptualización de las personas.

En el presente apartado, se pretenden caracterizar a grandes rasgos las proyecciones metonímicas en las que el cuerpo humano se ve implicado como concepto fuente (§ 4.3.1.), concepto meta (§ 4.3.2.) y concepto fuente y meta al mismo tiempo (§ 4.3.3.). Con este fin, se recogen ejemplos de investigaciones lexicológicas de carácter diverso, igual que se ha hecho en el capítulo dedicado a la metáfora (§ 3), con los que se pretende ilustrar cada uno de los fenómenos.

### 4.3.1. *El cuerpo como concepto fuente*

Las proyecciones metonímicas que suceden en los casos en los que las voces referidas a partes del cuerpo designan realidades no relativas al propio cuerpo pueden estar relacionadas con cualquier dominio físico o conceptual próximo a él. Para ejemplificar el modo en el que se producen las transferencias por contigüidad me-

---

37  Según Ruiz de Mendoza (1997: 176, nota 2), se trata de un trabajo no publicado llevado a cabo por Naomi Leite en la University of Berkeley que recoge 104 clases de metonimias agrupadas en tres grupos (tradicionales, gramaticalizadas y cognitivas). Cada uno de ellos se divide y organiza según la naturaleza ontológica de las proyecciones y los ejemplos se extraen de distintos trabajos sobre lingüística cognitiva.

tonímica, se han elegido tres áreas semánticas en las que el cuerpo es fuente de conceptualización y que han sido estudiadas lexicológicamente por distintos investigadores y desde perspectivas diversas: las unidades de medida (§ 4.3.1.1.), la indumentaria (§ 4.3.1.2.) y la comunicación lingüística (§ 4.3.1.3.).

## 4.3.1.1. Unidades de medida

Una de las características que suelen destacar las investigaciones sobre metrología es la influencia que el cuerpo humano ha tenido en el origen de las denominaciones de las unidades de medida (Kula 1980: 29-35; Alsina y Marquet 1981: 6; André 1991: 19; Enrique y López 1998: 12; Sánchez Martín 2006: 142 y 2008). Los estudios históricos en los que se examina el origen de la medición han confirmado que, en los inicios de las civilizaciones, el cuerpo humano fue una fuente cognitiva y léxica para numerosas unidades de medida (longitud: *dedo*; superficie: *pie;* volumen: *puñado*). Sin embargo, las *medidas antropométricas*, como así las designó Kula (1980), aunque eran universales presentaban ciertas carencias —como, por ejemplo, la falta de múltiplos y submúltiplos— para realizar cálculos exactos.

Estas carencias y las imprecisiones en su uso fueron los motivos que generaron una constante preocupación por establecer un sistema de medición con el que todos los pueblos pudieran comunicarse y entenderse con la mayor exactitud posible. De esta inquietud común surgió el *sistema métrico decimal*, cuyas nuevas unidades desterraron a algunas de las antiguas y tradicionales, aunque no a todas en todos los usos. ¿Quién no emplea hoy el *palmo* o el *pie* en un momento determinado como unidad de medida longitudinal? ¿Quién no se refiere a un *dedo* de agua o de vino, o de cualquier otro líquido? A pesar de que el empleo de los nombres de las partes del cuerpo disminuyó con la fijación del sistema de unidades internacionales, es cierto que aún hoy algunas medidas que tienen origen en las partes del cuerpo siguen siendo, en la vida cotidiana, un sistema muy útil, rápido, eficaz y universal para comunicar o calcular cantidades o distancias.

Así pues, las unidades de medida se convierten en ejemplos excelentes para estudiar el modo en el que se conceptualiza la realidad abstracta —inventada por el hombre para realizar transacciones comerciales, calcular distancias, cantidades, pesos, etc. — en términos de una realidad muy concreta y próxima, la anatomía humana. El examen de los textos antiguos ha sido uno de los métodos de investigación que ha permitido comprobar a los lingüistas la importancia que poseía el cuerpo humano en la medición antes de la fijación del sistema métrico decimal. En Julià (2008) y en Sánchez Martín (2008), se han analizado algunas unidades de medida tradicionales del español que tienen como *dominio origen* las partes del cuerpo humano a partir de los datos que contienen diversas obras lexicográficas y algunos documentos científicos antiguos. En Julià (2008) se analizan las unidades de capacidad populares documentadas en los diccionarios de la Real Academia Española de los siglos XVIII y XIX. Entre las más de 120 designaciones examinadas, se hallan ejemplos como *brazada* o *brazado*, *dedada*, *pulgarada*, *puño*, etc. En estos casos, se tomaba o bien el nombre de la parte del cuerpo para designar la unidad o se creaba por un proceso derivativo en el que el lexema de base era el nombre de una parte del cuerpo que servía para medir una cantidad determinada. El nombre de la unidad, por tanto, surgía por un proceso de metonimia por contigüidad física (LA PARTE DEL CUERPO POR LA UNIDAD DE MEDIDA): el miembro corporal que se empleaba para medir y calcular servía para designar la medida.

Sánchez Martín (2008), por su parte, analiza las unidades de medida en distintas obras españolas científico-técnicas del siglo XVI y presta especial atención a las equivalencias de unidades relativas a nombres de partes del cuerpo. A partir de fragmentos de diversos textos, el autor muestra como el *codo*, el *dedo*, el *palmo*, la *mano* o el *pie* constituyen una importante fuente motivacional en la creación de unidades de medida. El caso del uso de la voz *codo* es ilustrativo porque, según recoge el autor, casi todas las equivalencias que definían a esta unidad de medida se expresaban en términos de otras partes del cuerpo (Sánchez Martín 2008: 792): el *codo* se concebía como la longitud que equivalía a 6 palmos, 24 dedos, pie y medio o media vara castellana. Estos usos muestran el grado de lexicalización alcanzado por estas voces cuando se empleaban como unidades de medida.

### 4.3.1.2. Indumentaria

La metonimia constituye uno de los principales procedimientos de creación del léxico referido a los nombres de las prendas de vestir (Štrbáková 2007: 409). La metonimia LA PARTE POR EL TODO es uno de los recursos más frecuentes, pues son habituales los casos en los que una parte de la prenda genera el nombre de la prenda entera. Véase alguno de los ejemplos de Štrbáková (2007) referido a designaciones españolas del siglo XIX (*capuchón* 'abrigo femenino con capucha').

Existen también designaciones en las que el cuerpo humano es el *concepto fuente* de las proyecciones metonímicas en las que el nombre de una parte del cuerpo se emplea para denominar partes de las prendas de vestir. La contigüidad física del cuerpo con la prenda es el motor de la transferencia designativa (LA PARTE DEL CUERPO POR LA PARTE DE LA PRENDA DE ROPA). Las prendas de vestir, debido al contacto directo que mantienen con el cuerpo, constituyen ejemplos prototípicos de la traslación conceptual y léxica que se da entre el cuerpo y la realidad (Villar Díaz 2006: 20). Así, por ejemplo, el *cuello de la camisa* recibe esta designación porque es la parte que está en contacto con el cuello.

En distintas investigaciones sobre la historia del léxico español de la indumentaria se alude a la frecuencia de ejemplos de este tipo que proporcionan los textos especializados antiguos. Sánchez y Sánchez (2009) examinan el origen del léxico de la vestimenta en una de las obras de referencia en el aprendizaje del oficio de sastre en el siglo XVI (Juan de Alcega, *Libro de Geometría práctica y traça, el qual trata de lo tocante al oficio de sastre,* 1580) y dan cuenta de la asiduidad con la que suelen producirse este tipo de transferencias. En el análisis del texto se hallan formas léxicas de distinto origen en las que el cuerpo es el *concepto fuente*: nombres de partes del cuerpo para designar partes de prendas (*cadera, cuello, cuerpo, costado, espalda, hombro, pecho*) y derivados cuyo sustantivo base es el nombre de una parte del cuerpo (*cabezón, espaldilla, trasera*).

Este último grupo designativo, formado por voces creadas por sufijación, es bastante productivo, pues ciertos sufijos están especializados en la creación de nombres de prendas de ropa, algunos de los cuales toman como base un sustantivo que designa una parte del cuerpo. Véase, por ejemplo, *-ero/-era,* un sufijo de procedencia latina (< -ĀRIUS, *DESE* s. v. *-ero*) que ha alcanzado una importante amplitud semántica en romance (Morreale 1963-1964: 236) y se adjunta principalmente a bases sustantivas para originar nombres de distintos dominios semánticos entre los que se encuentran las prendas de vestir (oficios, recipientes o muebles, utensilios o herramientas, árboles o plantas, conjuntos, prendas de vestir y carácter, Fernández Ramírez 1986: 45-48). La mayoría de estos derivados se crean a partir de la forma femenina *-era,* que se adjunta a un sustantivo referido a una parte del cuerpo y que designa, por contigüidad física (LA PARTE DEL CUERPO POR LA PRENDA DE VESTIR), el nombre de una parte de una prenda de vestir o de un elemento de una indumentaria determinada (p. e. equipamientos deportivos o partes de una armadura) que está en contacto con esa parte del cuerpo (*codera, hombrera, pechera, tobillera , rodillera, cañillera, espinillera, culero, orejera, pernera, muñequera,* etc.). La transferencia metonímica de estos derivados se extiende también a la creación de voces referidas a lo que podría considerarse indumentaria animal, es decir, a aquellas piezas y elementos que suelen colocarse en los animales para desarrollar ciertas funciones (*carrillera* 'cada una de las dos correas, por lo común cubiertas de escamas de metal, que forman el barboquejo del casco o chacó', *barriguera* 'correa que se pone en la barriga a las caballerías de tiro', *orejera* 'en las guarniciones de las caballerías de tiro, cada una de las piezas de vaqueta que se ponen al animal para impedir que vea por los lados').

Desde el punto de vista morfológico, existen también compuestos que designan prendas de vestir, partes de ellas o un tipo determinado de prenda que se han formado por un proceso metonímico y en los que el cuerpo es el *concepto fuente.* Se trata tanto de compuestos léxicos del tipo <V+N> en los que el sustantivo designa una parte del cuerpo (*ligapierna, atapierna, alzacuellos*), como de compuestos sintagmáticos (*cuello alto, cuello vuelto, cuello cisne, cuello acanalado*).

### 4.3.1.3. Comunicación lingüística

Las expresiones lingüísticas que se emplean para designar los actos relacionados con la comunicación y que contienen un lexema referido a una parte del cuerpo que actúa como *concepto fuente* tienen su origen en un proceso metonímico. Se trata de formas complejas, mayoritariamente unidades fraseológicas (UFS) metalingüísticas (Olza Moreno 2011a) del tipo *írsele a alguien la* boca 'hablar mucho y sin consideración, o con imprudencia', *aguzar las* orejas 'prestar mucha atención; poner gran cuidado', *atar la* lengua 'impedir que se diga algo', *cerrar los labios* 'callar'. El análisis semántico-cognitivo de estas unidades permite advertir cómo se conceptualiza el lenguaje y la actividad lingüística a partir de la propia experiencia corporal. Este aspecto ha sido investigado en inglés por Goossens (1990 y 1995) y Pauwels y Simon-Vandenbergen (1995), entre otros, y muy pormenorizadamente en español, por Inés Olza Moreno (2006a, 2006b, 2007, 2009a, 2009b, 2011a, 2011b).

### 4.3.2. *El cuerpo como concepto meta*

El estudio lexicológico de las lenguas ha permitido trazar la historia motivacional de muchas voces e hipotetizar sobre el origen de otras. La aplicación de las teorías cognitivas a la investigación diacrónica y diatópica ha supuesto un importante avance en la explicación del cambio semántico y ha permitido dar cuenta de evoluciones diversas (Koch 1997). En lo que respecta al léxico del cuerpo humano y su estudio como *concepto meta* en el proceso de las transferencias metonímicas es posible advertir que son numerosas las denominaciones de partes del cuerpo cuya motivación semántica deriva de la relación de contigüidad que el cuerpo mantiene con la realidad. Las investigaciones diacrónicas y los estudios sobre variación léxica aportan un número nada desdeñable de ejemplos de este tipo que, a diferencia de lo que se ha hecho para el capítulo de la metáfora (§ 3.3.2.), no se presentan organizados por campos semánticos porque la diversidad de objetos y realidades con los que mantiene relación directa cada una de las partes del cuerpo no permite clasificarlos del mismo modo. No obstante, se pueden distinguir los ejemplos consolidados en la lengua, es decir, aquellos casos en los que se observa que se ha producido la transferencia designativa a partir del estudio histórico y etimológico de la voz (lat. CATHĚDRA 'silla' > 'trasero') de aquellos que constituyen designaciones de usos restringidos a contextos y registros lingüísticos determinados (*casco* 'cabeza').

Desde el punto de vista diacrónico, puede mencionarse a modo de ejemplo, el español *cadera* cuya procedencia etimológica (*DECH*, s. v.) está vinculada a diversos procesos de cambio semántico de tipo metonímico. La voz deriva del lat. vulg. CATHÉGRA < lat. CATHĚDRA 'silla', que en la lengua popular latina había tomado el sentido de 'nalga' por la contigüidad que se establece entre la nalga y el lugar el objeto en el que se reposa. En el *DECH*, se advierte que este «tránsito semántico» se puede ilustrar con numerosos ejemplos de otras variedades, pues también se documenta en griego (ἕδρα 'asiento' y χαθέδρα 'trasero', forma de la que se tomó el lat. CATHĔDRA), alemán (*gesäss* 'trasero'), judeoespañol (*asiento* 'trasero') y catalán (*seient* 'trasero'), entre otros. En español actual, se emplea en otro sentido surgido también de una metonimia —aunque de las que se describen en el siguiente apartado (§ 4.3.3.) — pues designa 'cada una de las dos partes salientes formadas a los lados del cuerpo por los huesos superiores de la pelvis'.

En los estudios dedicados a la variación designativa de las partes del cuerpo en la lengua común también se recogen algunos ejemplos de formas de referirse a las distintas partes del cuerpo que tienen origen en un proceso metonímico. El trabajo de Baldinger (1964a) sobre los nombres de la cabeza en el español de Hispanoamérica recoge ejemplos del tipo *crisma* 'cabeza' y *casco* 'cabeza', cuyo origen, en el primer caso, se debe probablemente a la contigüidad física entre el 'aceite sagrado que se unta en la cabeza' y el lugar en el que se unta, la cabeza; y, en el segundo, al contacto que mantiene un casco con la cabeza. Para algunos ejemplos más de este tipo, véanse los últimos cinco capítulos del libro (*vid.* muy especialmente § 7 para los nombres del dedo índice).

### 4.3.3. *El cuerpo como concepto fuente y meta al mismo tiempo*

En el capítulo anterior (§ 3.3.3.), se ha hecho referencia a las transferencias designativas entre partes del cuerpo que se basan en proyecciones metafóricas que tienen origen en similitudes conceptuales y físicas de partes del cuerpo. En este apartado, se presentan ejemplos de trasposiciones designativas que suceden en el mismo dominio y cuya motivación principal es la contigüidad física.

Para ello, se parte de datos de carácter evolutivo, pues el estudio histórico y etimológico del léxico resulta un excelente punto de partida para dar cuenta del cambio semántico originado por metonimia en los nombres de las partes del cuerpo. En la evolución del latín a las distintas lenguas románicas, existen numerosos casos que ejemplifican el proceso por el que una determinada parte del cuerpo pasa a designar otra próxima a ella después de un período de polisemia.

Un ejemplo prototípico podría ser el de la evolución de algunos de los significados de los nombres latinos de las partes externas del ojo (ceja, párpado, pestañas) en las distintas variedades románicas. Si se toma, por ejemplo, el caso del étimo CĪLĬUM, cabe señalar que ha llegado a las diferentes lenguas de la Romania con dos significados distintos, el de 'pestaña' (fr. *cils,* it. *ciglia,* port. *cílio*) y el de 'ceja' (esp. *ceja,* cat. y gall. *cella*) a pesar de que ninguno de estos dos fue el de uso más frecuente en latín (Julià 2007), ya que en esta lengua se empleó primordialmente para hacer referencia al 'párpado' y a sus distintas partes ('borde del párpado superior', 'borde de los párpados superior e inferior' y 'párpado superior e inferior'). Aún hoy existen reminiscencias de este significado en algunas lenguas románicas como el francés (*cillier* 'abrir y cerrar rápidamente los párpados' *cfr*. André 1991: 47). El término latino desarrolló una polisemia de origen metonímico muy interesante, pues empezó a emplearse para designar también otras dos partes del ojo contiguas al párpado, la ceja y las pestañas. Además de la coexistencia de los distintos sentidos, la voz también compartió sus significados con otras formas: SUPERCILIUM 'ceja'; GENA 'párpado'; PALPĔBRA 'párpado', 'pestaña' (Julià 2007: 153-157; Koch 2008). Todo ello contribuyó, junto a otras razones de uso específicas para cada variedad, a la consolidación de un cambio semántico por metonimia a partir del que el significado principal de la voz latina desapareció prácticamente por completo mientras que los sentidos referidos a las partes contiguas ganaron terreno en la evolución histórica de las variedades románicas.

Koch (2008), en su escrupulosa investigación sobre el cambio semántico de las voces referidas a las partes del ojo (ceja, párpado, pestaña, globo ocular) en lenguas de distintas familias, aduce ejemplos de otras variedades románicas en las que se ha producido la misma transferencia designativo-conceptual entre el significado del étimo latino y el de la voz correspondiente en la variedad romance: occ. *parpèlha* 'pestaña' (< lat. PALPĔBRA 'párpado') y rum. *geană* 'pestaña' (< lat. GENA 'párpado'). Estos dos ejemplos, según el investigador, muestran que se trata de un cambio semántico de tipo poligenético (Koch 2008: 109) motivado por la contigüidad de ambas partes en el que el concepto fuente ('pestañas') recibe la designación de una parte contigua ('párpado').

Este tipo de proyecciones léxico-conceptuales entre nombres de partes del cuerpo sucede en todas las lenguas de forma involuntaria e inconsciente (André 1991: 257). No obstante, es probable que existan factores, tanto inherentes al propio cuerpo humano como externos a él, que favorezcan el proceso de traslación léxica en esta área semántica.

El cuerpo humano es una realidad relativamente inmutable que ha permanecido a lo largo de los siglos de la existencia humana sin cambios morfológicos significativos, por esta razón, el léxico referido a este dominio conceptual podría parecer, a priori, un vocabulario en el que se produjeran pocas transferencias designativas. La invariabilidad de la realidad anatómica del hombre podría hacer creer que el léxico de las partes del cuerpo no está sometido —o que lo está menos que otros dominios léxico-conceptuales— al cambio lingüístico, tal y como creyó Zauner (1903 [1902]) al iniciar su investigación sobre los nombres románicos de las partes del cuerpo, pues supuso que se encontraría con una importante base patrimonial, una hipótesis que no pudo confirmar ya que únicamente encontró seis términos corporales que habían mantenido el nombre latino (§ 2.3.).

Los datos lingüísticos permiten advertir la existencia de diversos factores que parece que podrían hacer que aumentara el número de proyecciones entre nombres de partes del cuerpo por contigüidad física. Se han dividido en dos grupos:

(a) Factores inherentes al cuerpo humano (no lingüísticos)

- **Partes internas frente a partes externas.** La realidad corporal se presenta, a ojos de los hablantes, dividida en dos grandes bloques, las partes externas y las internas. Esta distinción genera, en algunas ocasiones, que las partes que no están a la vista de los hablantes sean susceptibles de un mayor número de transferencias metonímicas que aquellas que son perceptibles, pues su reconocimiento requiere de previo estudio o conocimiento. Así, por ejemplo, sería más habitual la transferencia de *cerebelo* por *cerebro* (metonimia parte por el todo) o de *tráquea* por *esófago* que la de *mano* por *brazo*.
- **Partes pequeñas frente a partes grandes.** Las partes contiguas que poseen un tamaño reducido suelen ser también más propensas a la metonimia que las de mayores dimensiones. De este modo, serían más habituales las proyecciones entre los distintos tipos de dientes (*caninos* por *premolares* y *molares* por *premolares*), que entre el *pie* y la *pierna*.
- **Partes semejantes frente a partes distintas.** Existen partes que conforman un conjunto en el propio concepto estructural del cuerpo, como es el caso de los dientes o los dedos, ya que están formados por distintos elementos semejantes entre sí, aunque no idénticos, que se conciben individualmente y, a su vez, conforman también un todo. En el caso de los dedos de la mano, como se podrá comprobar en el pormenorizado examen que se lleva a cabo en la segunda parte de este libro, es muy habitual la transferencia de las designaciones, especialmente entre los dedos contiguos y menos prominentes cognitivamente. Véase, por ejemplo, el nada desdeñable número de designaciones del *dedo índice* que proceden de una transferencia metonímica con el nombre del *dedo pulgar* (§ 7).
- **Partes claramente diferenciadas frente a partes no diferenciadas.** Las fronteras que dividen las diferentes partes del cuerpo no siempre son evidentes ni obvias para los hablantes; en algunas ocasiones, no existe una clara distinción entre el inicio de una y el final de otra. En este sentido, se puede mencionar, por ejemplo, el uso de la voz *cogote* para designar la *nuca* o a la inversa (metonimia del tipo LA PARTE POR EL TODO o del TODO POR LA PARTE), pues la *nuca* es la 'parte posterior del cuello' y el *cogote* la 'parte superior de la parte posterior del cuello'. Esta transferencia no sucede del mismo modo entre el *pie* y la *pierna*, pues son partes cuya frontera conceptual está mucho más delimitada y definida.

(b) Factores externos al cuerpo humano (lingüístico-sociales)

- **Evolución lingüística**. Es probable que las traslaciones entre nombres de partes del cuerpo sean significativamente frecuentes en los estadios evolutivos iniciales de las lenguas, como en el paso del latín a las variedades románicas, ya que el devenir lingüístico selecciona, por motivos diversos (homonimia, influencia de lenguas prerromanas, proximidad o lejanía del área de irradiación de la norma lingüística, etimología popular, etc.), un término u otro en el proceso variación.
- **Nivel sociocultural de los hablantes**. El factor diastrático influye también en el aumento de transferencias léxicas; el desconocimiento de las designaciones de las distintas partes, internas o externas, se puede encontrar con mayor asiduidad, quizá, en hablantes analfabetos o que hayan estado escolarizados por un período breve de tiempo. Este último aspecto parece ser la base de las tres razones que menciona André (1991) para explicar las proyecciones metonímicas latinas de este tipo: (a) ignorancia de los hablantes; (b) conocimiento aproximado de la anatomía, lo que provoca las confusiones, especialmente, de nombres de partes internas y pequeñas; (c) errores en las localizaciones de las enfermedades o dolores. André (1991: 257) se refiere, por ejemplo, a las equivocaciones en la ubicación del dolor de la parte inferior y central de la espalda, que suele identificarse erróneamente con el dolor de riñones: «les maux situés dans les *reins* au lieu de l'être dans les lombes».

Desde una perspectiva diacrónica, los cambios léxicos que surgen por contigüidad son considerablemente ricos en lo que respecta a los nombres de las partes del cuerpo. Con frecuencia, suele ejemplificarse este tipo de procesos con voces latinas referidas al cuerpo humano que han evolucionado al español y a otras lenguas románicas con un significado distinto, relativo a una parte del cuerpo contigua a la que designaban inicialmente. A continuación, se ilustran los casos en los que se producen este tipo de cambios semánticos mediante algunos ejemplos extraídos de diversas investigaciones (Ullmann 1980 [1962]: 141-142; André 1991: 257-258; Castillo Contreras 1996; Dworkin 2006, Julià 2007; Koch 2008) y de repertorios etimológicos (*DECH*):

| Latín | ➡ | Español actual |
|---|---|---|
| BUCCA 'mejilla' | ➡ | *boca* |
| MAXIELLA 'mandíbula' | ➡ | *mejilla* |
| CUBITUS 'codo', 'antebrazo', 'hueso del antebrazo' | ➡ | *codo* y *cúbito* |
| HUMERUS 'parte superior del brazo y 'hombro' | ➡ | *hombro* y *húmero* |
| SPATULA 'omóplato' y 'hombro' | ➡ | *espalda* |
| CILIUM 'párpado', 'pestaña' y 'ceja' | ➡ | *ceja* |
| CATHĔDRA 'nalga' | ➡ | *cadera* |
| ROTULA 'rótula' | ➡ | *rótula* y *rodilla* |
| FEMUR 'muslo', 'hueso del muslo' y 'genitales masculinos o femeninos' | ➡ | *fémur* |

Tabla II. Transferencias metonímicas del latín al español entre nombres de partes del cuerpo

Como se puede observar en los datos de la tabla II, algunos de los étimos en los que se produjeron cambios metonímicos por la proximidad de las partes implicadas han generado dobletes en los que la forma culta mantiene uno de los significados y la evolución patrimonial, otro. Este es el caso, por ejemplo, del cambio semántico que se produce en la evolución de la forma (lat.) ROTULA en su paso del latín al español. En latín clásico, el nombre para referirse al concepto 'rótula' fue PATELLA, -AE (André 1991: 109), forma originada por la comparación de este hueso con un plato, pues el significado literal de (lat.) *patella, -ae* era 'plato pequeño'. Posteriormente, en latín tardío y altomedieval, la designación fue sustituida por otra forma de origen metafórico: ROTULA y su variante ROTELA cuyo sentido principal pudo ser 'ruedecilla' o, según Cortés Gabaudan (2011, s. v. *rótula*), más probablemente 'escudo redondo y delgado'. La creación del nuevo significado para el étimo ROTULA —que pasó de 'rótula' a 'rodilla' en la forma que evolucionó de modo regular (ROTELA > *rodiella* > *rodilla*)— tiene origen en un proceso metonímico que viene determinado, según el *DECH* (s. v. *rueda*), «por la necesidad de evitar la homonimia de *hinojo* GENUCULUM con FENUCULUM (M-L., *WS* XII, 1)» que causó la aspiración de la f- inicial; por ello, «fuera del territorio donde se perdió la F- se conserva la ac. 'rótula': port. ant. *rodela*, Niza *roudèla*, sobreselv., engad. *rodella*, piam., lomb., emil., venec. *rodela*, campid. *rodedda*, logud. *rodighedda* (*RF* XIV, 463), val. *rodella*». Así, en español, la forma culta designa la 'rótula', significado original con el que se empezó a usar, y la patrimonial, la 'rodilla', cuyo uso se basa en la contigüidad de la parte interna y la externa motivada por un cambio fonológico.

# Capítulo 5. Los somatismos

La fraseología es una de las áreas de la lingüística en la que mejor se puede advertir la relevancia que posee el cuerpo humano en la categorización del entorno y en la configuración del significado. No en vano, son cuantiosas las aportaciones científicas referidas a la denominada *fraseología somática*, cuyo objeto de estudio principal son las unidades fraseológicas (UFS) que contienen uno o más lexemas referidos a una parte del cuerpo humano o animal. La aplicación del cognitivismo al análisis fraseológico ha supuesto un cambio importante en la investigación semántica de este tipo de formaciones lingüísticas (Ruiz Gurillo 2001); por ello, el creciente interés que ha experimentado el examen de las UFS somáticas en la última década se debe, en parte, a que los postulados sobre la corporeidad de la mente y las teorías sobre la metáfora y la metonimia contribuyen a la mejor interpretación, caracterización y clasificación de estas unidades. Sin embargo, debe mencionarse que antes de que se adoptara la perspectiva cognitiva en la investigación de la fraseología y de que se designara *somatismos* a este tipo de unidades lingüísticas, ya habían sido objeto de estudio en diversas ocasiones por su carácter universal y por su origen semántico (Beinhauer 1941 *apud* Polo 2004; Calabresi 1969; Smith 1977; Cantera Ortiz 1983; Guiraud 1986 [1980]: 32; Contossopoulos 1981; Obst 1981). En el presente capítulo, se exponen las principales características del concepto 'somatismo' (§ 5.1.) seguidas de una exposición de las principales líneas de investigación que se han desarrollado en este ámbito disciplinar (§ 5.2.) y de una propuesta de ampliación de su significado y su uso a otros sectores lingüísticos (§ 5.3.)

## 5.1. Concepto y características

En las últimas décadas, los estudios sobre unidades fraseológicas han prestado especial atención a aquellos fraseologismos «que contienen lexemas referidos a partes u órganos de la anatomía humana o animal» (Mellado Blanco 2004: 11) y que se han designado *somatismos*[38] o *fraseologismos somáticos* (*unidades fraseológicas somáticas*).

Los rasgos que definen este tipo de formaciones han sido descritos pormenorizadamente por Mellado Blanco (2004: 22-23) en una detallada investigación sobre la fraseología somática del alemán. A continuación se indican las cuatro carac-

---

38 Sobre el origen del uso y la extensión del término *somatismo* en español, véase Olza Moreno (2011: 37, nota 8), quien explica detalladamente que es la designación más difundida en español para referirse a estas expresiones idiomáticas y que procede de la tradición fraseológica soviético-germánica (*Somatismus*). Además, la investigadora expone los motivos por los que el concepto 'somatismo', según el criterio del Profesor Fernando González Ollé, debería de designarse *somatónimo* por ser una designación onomasiológica del tipo *zoónimo, antropónimo, topónimo*, etc.

terísticas básicas (a-d) que distingue esta investigadora y se añade una quinta (e) que está vinculada a los postulados experiencialistas de la lingüística cognitiva[39]:

(a) Los somatismos constituyen un fenómeno universal. Se han hallado ejemplos de estas formaciones en todas las lenguas en las que se ha estudiado este tipo de formaciones fraseológicas (Mellado Blanco 1999: 21; Čermák 2000: 55; Mellado Blanco 2004: 29; Penadés 2008: 14; Olza Moreno 2011a: 39). Esto podría deberse, en parte, al propio «carácter antropocéntrico de la fraseología» (García-Page 2008a: 363).

(b) Los somatismos no son expresiones lingüísticas esporádicas sino que representan un grupo importante en el universo fraseológico de las lenguas en comparación con otras áreas léxico-semánticas (Smith 1977; Holzinger 1998: 85; Iñesta y Pamies 2002; Mellado Blanco 2004: 23, 2009: 54; Sciutto 2005a y 2005b; Olza Moreno 2006a, 2006b, 2007, 2011a: 38, nota 11; Navarro 2007). García-Page (2008c: 70), por ejemplo, se refiere a la escasa representatividad de las unidades fraseológicas zoomórficas.

(c) Presentan una alta frecuencia de uso en la lengua tanto en el código oral como en el código escrito.

(d) Aparecen desde los primeros estadios de la lengua. Así lo demuestra, por ejemplo, el estudio de Smith (1977) sobre el español del *Cid* y los trabajos sobre el alto alemán antiguo que menciona Mellado Blanco (2004: 23).

(e) Los somatismos constituyen, en esencia, el reflejo lingüístico de la importancia que posee el cuerpo en la conceptualización de la realidad.

Existen, además, unos rasgos distintivos comunes a este grupo fraseológico que convierten las UFS somáticas en un conjunto de unidades pluriverbales muy atractivo para ser investigadas tanto desde el punto de vista de léxico-semántico, como formal y funcional (Mellado Blanco 2004: 23-27).

---

39 Entre las particularidades de este tipo de unidades no se ha mencionado que su interpretación no es literal y que está vinculada a los mecanismos cognitivos de la metáfora y la metonimia porque se ha considerado que en el concepto de 'unidad fraseológica' es inherente el valor de la idiomaticidad. Por tanto, metáfora y metonimia van asociadas a la creación, interpretación y uso de las mismas expresiones.

## 5.2. Somatismos fraseológicos

En las investigaciones sobre UFS somáticas destacan tres tendencias relacionadas con el objeto de estudio, el corpus de datos examinados y la perspectiva de análisis adoptada.

Por un lado, se ha advertido que los trabajos sobre somatismos humanos o antropomórficos son más frecuentes que los que se basan en somatismos animales o zoomórficos (Echevarría 2003; Mellado Blanco 2004: 38-40), probablemente porque estos últimos constituyen un grupo menor en la fraseología de las lenguas (Čermák 2000: 57-58; Olza Moreno 2011a: 38) y también porque por influencia de las teorías experiencilistas se haya prestado mayor atención al rol que poseen las partes del cuerpo humano en la conceptualización de la realidad que a otras esferas léxicas de la fraseología. Además, dentro del grupo de trabajos sobre somatismos humanos cabe señalar que existe una predilección por el estudio de expresiones somáticas que contienen nombres de partes externas del cuerpo referidas esencialmente a la cabeza (Tristá, Carneado y Pérez 1986; Nissen 2006; Olza Moreno 2006a, 2007, 2009a; Julià y Romero 2010; González Ruiz y Olza Moreno 2011; Julià y Paz en prensa) y a las extremidades (Obst 1981; Julià y Romero 2011) y que son menos habituales aquellos en los que se asume un análisis centrado en las UFS de partes internas (Cantera Ortiz 1983). Entre los lexemas más productivos estudiados por distintos investigadores (Mellado Blanco 2004: 23; Olza Moreno 2007: 237, nota 7 y 2011a: 104; Freixas y Julià en prensa), destacan *mano, pie, ojo, cabeza, boca* y *cara*. Asimismo, aunque mucho menos habituales, son los estudios sobre somatismos que poseen una estructura sintáctico-semántica recurrente en la lengua. Sanz Martín y Pérez Paredes (2008) estudian los fraseologismos somáticos que formados con el verbo *tener* (*no tener corazón, no tener ni pies ni cabeza, tener ojo para [algo], no tener pelos en la lengua*, etc.) y Julià y Paz (en prensa) los que contienen la voz *mano* y un verbo de desplazamiento (*caer en buenas manos, ir a la mano, irse la mano, meter mano, traer entre manos, venir a las manos*, etc.).

Por otro lado, los datos de los que parten la mayoría de investigadores para llevar a cabo sus estudios suelen proceder de repertorios lexicográficos varios; son realmente escasas las contribuciones en las que se examinan otro tipo de materiales (textos literarios, textos periodísticos)[40]. Habitualmente se comparan los datos que recogen los diccionarios monolingües y fraseológicos y, en ocasiones pueden

---

40  A modo de ejemplo, pueden citarse algunas investigaciones en las que las fuentes que proporcionan la información somática son textos literarios, antiguos y modernos, o textos periodísticos. Smith (1977) examina unidades pluriverbales somáticas en el *Poema de Mio Cid*; Van Lawick (2006) en la obra de Bertolt Brecht; Holzinger (1998) se basa en un corpus formado por datos procedentes de textos de prensa alemana y Diamante (2003) analiza datos procedentes tanto de diccionarios y monografías como de prensa periódica.

completarse con informaciones procedentes de corpus textuales, por ello, las investigaciones sobre UFS somáticas suelen enmarcarse dentro del grupo de los denominados estudios fraseográficos (Olímpio de Oliveira Silva 2007: 27).

En última instancia, se observa que muchos de los estudios sobre UFS somáticas son de carácter contrastivo (Olza Moreno 2011a: 40), una línea de investigación que seguramente parte de la relativa universalidad que se atribuye a estas expresiones lingüísticas. Algunas de las lenguas con las que se han comparado los somatismos del español son el inglés (Clay y Martinell 1988; Márquez Linares 1998[41]; Díez Velasco 2000; Forment 2000; Nissen 2006), el alemán (Larreta Zulategui 2001), el ruso (Guillén Monje 2004), el italiano (Sciutto 2005b; Navarro 2007; Sardelli 2007), el francés (Cantera Ortiz 1983; Forment 2000; Olza Moreno 2006b, 2006c), el búlgaro (Nénkova 2006), el polaco (Stępień 2007), el catalán (Forment 2000; Penadés 2008, 2010), el portugués (Marqués 2007; Penadés 2008, 2010) o el mancagne, una lengua senegalo-guineana (Voltaire 2010).

Menos frecuentes son los estudios dedicados únicamente a los fraseologismos somáticos del español desde una perspectiva no contrastiva (Beinhauer 1941 *apud* Polo 2004; Smith 1977; Tristá, Carneado y Pérez 1986; Diamante 2003; Olza Moreno 2006, 2007, 2009a, 2009b, 2010, 2011a; Sanz Martín y Pérez Paredes 2008; González y Olza 2011; Julià y Romero 2010, 2011; Julià y Paz en prensa; Freixas y Julià en prensa). Y mucho menor es, si cabe, el espacio dedicado a los somatismos del español desde una perspectiva histórica, un punto de vista que de ser extensamente desarrollado permitiría completar los amplios resultados obtenidos desde una perspectiva sincrónica y arrojar luz tanto a la fraseología histórica como a la evolución de la representación lingüística de la categorización de la realidad a partir del análisis de aspectos ontológicos y culturales.

De entre las escasas investigaciones de carácter histórico, sobresale el incipiente estudio de Colin Smith (1977) en el que se analiza detalladamente la fraseología somática —*fraseología física* en palabras del mismo investigador— del texto del *Poema de Mio Cid* y cuyas aportaciones muestran la necesidad de iniciar este estudio evolutivo mucho más amplio de las formaciones somáticas del español, pues de acuerdo con Smith (1977: 280), «el uso de las partes del cuerpo como referencias simbólicas y figuradas es universal en el tiempo y en el espacio». Ahora bien, para llevar a cabo un análisis basado en textos históricos sería necesario seleccionar rigurosamente los tipos de documentos que pudieran servir para el estudio de estas unidades y que aportaran suficiente información contextual que

---

41  Se trata de una tesis doctoral que tiene como objetivo principal el estudio de la polisemia en el campo léxico del cuerpo humano y que recoge y examina el origen de numerosos lexemas y unidades pluriverbales somáticas en inglés y en español. El objeto de análisis, la metodología y los resultados obtenidos en la investigación se pueden equiparar a los de cualquier examen de unidades lingüísticas somáticas, por ello, se incluye como referencia bibliográfica en este apartado.

permitiera no solo documentar su uso sino también su significado en el momento histórico investigado. Smith advierte, al respecto, que el carácter y el fin de los discursos épicos favorece considerablemente que en este tipo de composiciones literarias aparezcan múltiples referencias al cuerpo humano y a la gestualidad ya que al estar concebidas para ser leídas y representadas por el juglar, las frases con menciones a partes de la anatomía ayudaban a hacer más visibles algunas de las emociones más abstractas del relato. Así pues, en esta labor será fundamental tener en cuenta los rasgos de las diferentes tradiciones discursivas para obtener un amplio y correcto corpus de datos de unidades somáticas comparable al universo de somatismos que ofrecen los repertorios lexicográficos y corpus textuales hoy en día.

Paralelamente al estudio de los textos, también resulta altamente interesante desde el ámbito de la historia de la lengua, la historiografía y la fraseografía histórica el estudio del tratamiento y la definición de las UFS somáticas en las historia de la lexicografía del español. El desarrollo exhaustivo de esta línea de análisis permitiría establecer una pauta metodológica para investigar la evolución del significado y tratamiento de este tipo de formaciones tanto desde el punto de vista lingüístico como lexicográfico. Recientemente, se han llevado a cabo algunos trabajos (Julià y Romero 2010; Julià y Paz en prensa; Freixas y Julià en prensa) en los que se analizan aspectos concretos de los somatismos (definición, estructura, caracterización, etc.) a partir de los datos que ofrecen dos de los primeros y más relevantes diccionarios de la historia de la lexicografía española (el *Tesoro de la lengua castellana o española* de Sebastián de Covarrubias, 1611, y el *Diccionario de Autoridades* de la Real Academia Española, 1726-1739).

## 5.3. Somatismos no fraseológicos

El concepto de 'somatismo', según lo expuesto en los dos apartados anteriores, se ha aplicado mayoritariamente al campo de estudio de la fraseología. No obstante, debe tenerse en cuenta que algunos autores han empleado el término *somatismo* para hacer referencia también a otros elementos lingüísticos no fraseológicos como son los propios lexemas que designan partes del cuerpo y se emplean metafórica o metonímicamente para referirse a realidades ajenas a él (*cfr*. Olza Moreno 2011a: 37, nota 8; Holzinger 1998: 83; García-Page 2008a; Julià 2009b; Mellado Blanco 2009) y las formaciones compuestas bien sean de tipo léxico o sintagmático[42] (Buenafuentes 2003, 2007, 2010).

---

42 La delimitación entre compuesto y locución nominal ha generado múltiples discusiones teóricas. Aunque en este capítulo se ha tomado el concepto de *unidad fraseológica* propuesto por Corpas (1996), cabe señalar que no se sigue a esta autora en su propuesta de distinción de los compuestos y las locuciones. A diferencia de lo que ella plantea, se ha considerado que los compuestos sintagmáticos no constituyen locuciones nominales, a pesar de que no presen-

Este uso no fraseológico del término *somatismo*, con el que estamos de acuerdo, está altamente justificado por razones de tipo semántico. En general, creemos que el concepto 'somatismo' debería poder aplicarse para designar todo aquel uso metafórico o metonímico de nombres referidos a partes del cuerpo independientemente del contexto morfosintáctico en el que se hallen. Es decir, la multiplicidad de ejemplos aducidos en los capítulos 3 y 4 en los que el cuerpo constituye el dominio fuente del que se sirven distintas esferas de la realidad para su conceptualización y denominación deben considerarse claros ejemplos de *somatismos*. Así, esta voz serviría para designar tanto a unidades fraseológicas del tipo *con los pies* 'mal, desacertadamente' como compuestos sintagmáticos del tipo *brazo de gitano* 'pastel', compuestos léxicos semejantes a *rompecabezas* y acepciones secundarias de nombres de partes del cuerpo como es el caso de *ojo* 'agujero que tiene la aguja para que entre el hilo'.

Por tanto, se trata de una concepción ancha del concepto de 'somatismo' basada esencialmente en el uso y el cambio de significado que experimentan los lexemas que designan partes del cuerpo ya que cualquier somatismo, independientemente de la forma en la que se exprese (refrán, locución, compuesto, lexema), constituye el reflejo lingüístico de la conceptualización corpórea del mundo y surge principalmente o bien por un proceso de metonimia o bien por un proceso de metáfora. A los ejemplos citados en los correspondientes capítulos al estudio lingüístico del cuerpo humano como concepto fuente (§ 3.3.1. y § 4.3.1.) tanto desde una perspectiva metafórica como metonímica, pueden añadirse algunos otros recogidos por Charles Kany (1962: 48-49): *cabello de ángel* 'alimentos preparados con diversos elementos (generalmente, calabaza o pulpa fibrosa como la de la *cidra cayote*, *chilacayote* y *papaya*) que semejan cabellos rubios, como los fideos'; *calavera* 'faro piloto' (de los automóviles) o 'clase de orquídea que semeja una calavera'; *ceja de monte* 'barandilla de madera rodeando una explanada, bordeando un camino, etc.'; *esqueleto* 'impreso sin rellenar'; *ojo de agua* 'manantial'; *ojo de buey* 'claraboya de iglesia'; *ojo de gallo/ojo de pollo* 'callo'; *ojo de pescado* 'callo'; *oreja* 'asa de tazas, recipientes, cestas, bandejas, etc.'; *tripa* 'neumático (de automóvil)', etc.

---

tan unión gráfica —que es el argumento principal de la distinción—. Se siguen, por tanto, las apreciaciones de Bustos Gisbert (1986), Val Álvaro (1999) y Buenafuentes (2007, 2010) sobre la composición sintagmática.

PARTE II
ESTUDIO DEL LÉXICO DEL CUERPO HUMANO EN LA
GEOGRAFÍA LINGÜÍSTICA HISPANORROMÁNICA:
LOS DEDOS DE LA MANO

# Presentación

Los cinco capítulos que constituyen la segunda parte de esta investigación presentan un pormenorizado estudio lexicológico de las distintas formas de referirse a los cinco dedos de la mano en las variedades hispanorrománicas. El análisis lingüístico que se lleva a cabo en las siguientes páginas conjuga algunas de las teorías, perspectivas y métodos de investigación descritos en los cinco primeros capítulos que conforman la primera parte de esta monografía. Antes de iniciar este segundo bloque se describen las características del corpus y el modo en el que se han obtenido, organizado y examinado los datos en cada uno de los siguientes capítulos.

## (A) El corpus y el territorio lingüístico investigado

El corpus de datos lo conforman un total de 597 formas léxicas simples y complejas extraídas de los 8 atlas lingüísticos regionales (*ALCyL, ALDC, ALEA, ALEANR, ALECant, ALeCMan, ALEICan* y *ALGa*)[43] que se han publicado hasta la actualidad de las variedades románicas habladas en España y que comprenden el territorio que ocupa el mapa siguiente:

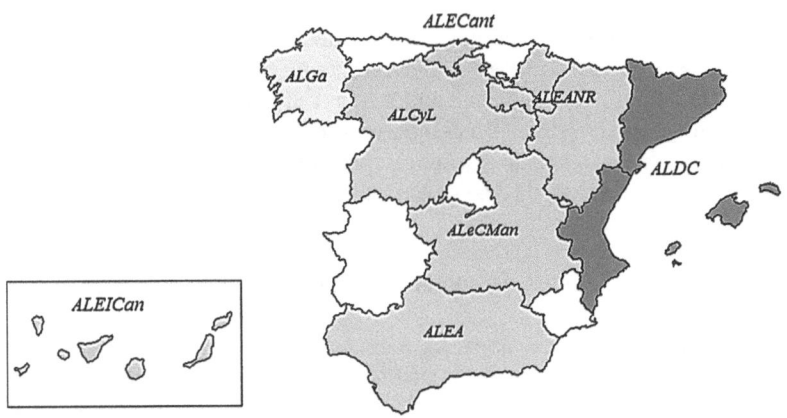

Mapa I. Territorio que abarcan los atlas lingüísticos analizados

---

[43] En total, se han analizado 32 mapas lingüísticos: dedo pulgar (8 mapas), dedo índice (5 mapas), dedo corazón (6 mapas), dedo anular (5 mapas) y dedo meñique (8 mapas). Para más información sobre los mapas examinados, véase el apartado correspondiente a la información geográfico-lingüística de cada uno de los capítulos.

Los atlas que aparecen representados en el mapa I ofrecen una visión bastante completa del conjunto de las variedades románicas hispánicas, pues para el catalán y el gallego, el *ALDC* y el *ALGa* abarcan la totalidad del territorio en el que se hablan estas dos lenguas románicas; y, para el español, aunque no existen investigaciones de todo el terreno, se dispone de datos muy representativos ya que los atlas regionales abarcan un 85% de la superficie cartografiable del español (Andalucía, Aragón, Cantabria, Castilla-La Mancha, Castilla y León, Islas Canarias, La Rioja, Navarra)[44]. Para las zonas que constituyen el 15% de territorio restante (Asturias, Extremadura, Madrid y Murcia) no se puede contar, por razones distintas, con informaciones que permitan completar los datos. Aunque en ninguno de estos cuatro casos se dispone de un atlas[45], para alguna de estas regiones se poseen materiales que podrían completar los de los atlas regionales publicados. Sobre Extremadura existe el trabajo de González Salgado (2000) cuya estructura, objetivos y método de investigación son muy similares a los de los atlas regionales dirigidos por Manuel Alvar, sin embargo, el cuestionario de esta zona no aporta datos léxicos para los conceptos que se estudian en el presente trabajo, por ello, a pesar de su existencia no se puede tener en cuenta en el análisis de los nombres de los dedos de la mano. Asimismo, cabe señalar que para la Comunidad de Madrid también se han recogido, aunque no publicado, informaciones geolingüísticas —entre las que se incluye el dominio semántico del cuerpo humano (García Mouton y Molina 2009: 179)—, que permitirían completar el territorio lingüístico analizado. En el momento en el que vean la luz estos datos se podrá completar esta parte del territorio que en el mapa I aparece en blanco.

La superficie lingüística que abarcan los atlas publicados sobre los que se basa el presente trabajo de investigación demuestra que los resultados que se presentan en las siguientes páginas son lo bastante representativos como para realizar una aproximada caracterización de las variedades hispanorrománcias en el dominio léxico-semántico del cuerpo humano.

## (B) Metodología de análisis y explotación de los datos

El examen de las formas léxicas se ha realizado desde una perspectiva onomasiológica[46], pues se han analizado los distintos significantes que se asocian a los significados 'dedo pulgar', 'dedo índice', 'dedo corazón', 'dedo anular' y 'dedo

---

44  Este valor numérico se ha calculado sobre el total de quilómetros cuadrados que ocupa todo el territorio en el que el español no convive con otras variedades románicas.

45  Cabe señalar que para la zona de Murcia existió un proyecto de atlas en la segunda mitad del siglo XX, que pretendía cartografiar Murcia y Albacete, sin embargo, nunca llegó a finalizarse (Alvar 1968a: 164-165).

46  Sobre la estrecha relación que existe entre los atlas lingüísticos y la onomasiología, véase, entre otros, Julià (en prensa b).

meñique', es decir, se ha estudiado la motivación denominativa en los nombres de los dedos de la mano y las realidades que sirven para conceptualizarla, por tanto, se han investigado estos conceptos como *dominio meta*.

El procedimiento de análisis de los atlas, igual que el de su elaboración, debe de ser riguroso y preciso, pues es necesario seguir un mismo método de estudio para todos los conceptos examinados para que los resultados obtenidos sean comparables. Las fases que se han seguido para el estudio de los mapas son las siguientes:

(a) El vaciado de los mapas en una base de datos en la que se ha incluido información descriptiva, es decir, aquella que se encuentra en los propios mapas (nombre del atlas, número del volumen, nombre del concepto, variante léxica, número de punto de encuesta, número de respuesta), e información interpretativa, aquella que se induce de la interpretación lingüística de los datos (información semántica, tipo de proceso semántico, información morfológica, información fonética), ha permitido un mejor manejo y aprovechamiento de la información.

(b) El examen de las formas léxicas se ha organizado, siguiendo las bases onomasiológicas de los cuestionarios léxicos de los atlas lingüísticos, por unidades conceptuales. Para cada una de ellas, se ha seguido un esquema en cinco apartados en los que se presenta (1) la clasificación de las variantes léxicas[47]; (2) la información geográfico-lingüística relativa a cada concepto y a cada forma léxica; (3) las áreas léxico-semánticas en las que se distribuyen las denominaciones[48]; (4) las designaciones latinas y (5) el estudio semántico de cada concepto se ha realizado esencialmente desde un punto de vista cognitivo.

A continuación, se presenta un examen multidisciplinar con el que se pretende caracterizar del modo más completo posible un pequeño sector del dominio semántico del cuerpo humano desde una perspectiva onomasiológica.

---

47  Las variantes léxicas que se consignan en este apartado aparecen organizadas, siguiendo algunas de las investigaciones más recientes (*ALiR, ALE,* Romero y Santos 2002, Álvarez Pérez 2008), según su motivación semántica, su frecuencia de uso y sus relaciones y características morfológicas.

48  En este apartado se presenta un *mapa motivacional* en el que se traza la distribución de las distintas formas léxicas de cada concepto según su motivación semántica. Sobre las características y el origen de la *cartografía motivacional*, véanse, entre otros, Alinei (2002: 17) y González González (2005: 98).

# Capítulo 6. El dedo pulgar

## 6.1. Clasificación de variantes léxicas

**1. Denominaciones relacionadas con el tamaño**
    1.1. *Gordo* (esp.) / *Gros* (cat.)
        1.1.1. *Gordal* (esp.)
        1.1.2. *Dedo gordo* (esp.) / *Dit gordo* y *Dit gros* (cat.)
        1.1.3. *El máis gordo de todos* (gall.)
    1.2. *Grande* (esp. y gall.)
        1.2.1. *Dedo grande* (esp.)
    1.3. *Dedo mayor* (esp.)
    1.4. *Mayúsculo* (esp.)
**2. Denominaciones relacionadas con las aptitudes y cualidades del dedo**
    2.1. Denominaciones relacionadas con la fortaleza del dedo
        2.1.1. *Pulgar* (esp.) / *Polze* (cat.)
            2.1.1.1. *Pólice* (esp.)
            2.1.1.2. *Pulguero* (esp.)
            2.1.1.3. *Pulgarejo* (esp.)
            2.1.1.4. *Dedo pulgar* (esp.) / *Dit polze* (cat.)
    2.2. Denominaciones relacionadas con la acción de matar o aplastar insectos
        2.2.1. Referidas a los piojos
            2.2.1.1. *Piollas* (gall.)
            2.2.1.2. *Matapiojos* (esp.) / *Matapiollos* (gall.)
            2.2.1.3. *Escrocapiollos* (gall.)
            2.2.1.4. *Escotrapiollos* (gall )
            2.2.1.5. *Cachapiollos* (gall.)
            2.2.1.6. *Escachapiollos* (gall.)
            2.2.1.7. *Escochapiollos* (gall.)
            2.2.1.8. *Trincapiollos* (gall.)
            2.2.1.9. *Estrincapiollos* (gall.)
            2.2.1.10. *Chiscapiollos* (gall.)
            2.2.1.11. *Catapiollos* (gall.)
            2.2.1.12. *Trasqueapiollos* (gall.)
            2.2.1.13. *O que mata piollos* (gall.)
        2.2.2. Referidas a las pulgas
            2.2.2.1. *Matapulgas* (esp. y gall.)
            2.2.2.2. *Mata pulgas e piollos* (gall.)
            2.2.2.3. *Escunchapulgas* (gall.)
            2.2.2.4. *Escocha pulgas e piollos* (gall.)

## 6.2. Información geográfico-lingüística

### 6.2.1. Atlas en los que se halla el concepto

Español: *ALCyL* (II, 12), *ALEA* (V, 1270), *ALEANR* (VII, 987), *ALECant* (*846), *ALeCMan* (336) y *ALEICan* (II, 502)

Catalán: *ALDC* (I, 105)

Gallego: *ALGa* (V, 58)

## 6.2.2. Distribución geográfica de las variantes

### 1. Denominaciones relacionadas con el tamaño

1.1. *Gordo* (esp.) / *Gros* (cat.)

*Gordo* (esp.)

| | |
|---|---|
| *ALCyL*[49] | Bu 402, 405, 504; So 100, 600, 602; Sg 203; P 602; Le 603; Za 102-103, 202, 302, 400, 402, 405, 500, 600, 602-603; Sa 100-103, 200, 202-205, 301, 400-402, 500-503, 600-602; Av 100-101, 300-302, 400, 402-403, 500-503, 600-604 |
| *ALEANR*[50] | Hu 102, 104-106, 110-111, 200, 202-204, 206-207, 300-303, 305, 403, 405, 500, 600, 603; Z 300, 303-305, 401-402, 500-507, 602-603, 605, 607; Te 201, 203, 303, 305, 307, 308, 402-403, 406; So 600; Cs 302; Bu 400; Vi 300; Lo 100-103, 300-302, 305, 400, 502, 600-602; Na 101, 104, 106, 300, 304, 307, 308, 400, 402, 405 |
| *ALECant*[51] | S 105, *202, 204, *210, 211, 300-302, 504 |
| *ALeCMan*[52] | GU 108, 110, 113, 203, 311, 407, 506-507; CU 106-107, 109, 312-313, 314, 407, 506-507, 508, 607-608; AB 210-211, 213, 307, 310, 405, 407, 505; CR 101, 103-104, 203, 306-307, 310, 406, 408, 504, 506, 508, 510, 605-606, 611; TO 100, 104, 107-110, 113-114, 201, 203, 301, 308, 311, 408, 410, 412-414, 503, 505, 507, 607, 609-610 |

*Gros* (cat.)

| | |
|---|---|
| *ALDC* | 152 |
| *ALEANR* | Hu 602 |

1.1.1. *Gordal* (esp.)

| | |
|---|---|
| *ALECant* | S 601 |

---

49  De los puntos de encuesta de este atlas, los siguientes recogen *gordo* como segunda respuesta (1.ª resp. *pulgar*): Za 302, 405, 602; Sa 103, 202-203, 301, 601-602; Av 101, 400-402.
50  De los puntos de encuesta de este atlas, los siguientes recogen *gordo* como segunda respuesta (1.ª resp. *pulgar*): Z 303, 607.
51  De los puntos de encuesta de este atlas, los siguientes recogen *gordo* como segunda respuesta (1.ª resp. *pulgar*): S 202, 210, 300-302. Debe anotarse que, en el mapa del *ALECant*, existe una errata porque se indica que la respuesta *gordo* aparece del punto 300 al 3021. No existe este último punto de encuesta, por ello, se ha supuesto que se trata del punto 302.
52  De los puntos de encuesta de este atlas, los siguientes recogen *gordo* como segunda respuesta (1.ª resp. *pulgar*): GU 311; CU 313; AB 405; CR 406, 611; TO 109, 503, 610.

1.1.2. *Dedo gordo* (esp.) / *Dit gordo* y *Dit gros* (cat.)

*Dedo gordo* (esp.)

| | |
|---|---|
| *ALEA* | Forma mayoritaria[53] |
| *ALEANR*[54] | Hu 101, 108, 112, 201, 304, 407; Z 302; Te 200; V 100; Cu 200; Cs 300; Lo 605; Na 100, 105, 200, 203, 305 |
| *ALeCMan* | GU 316; CU 107[55], 507; AB 103, 503-504 |
| *ALEICan* | Gs 1; Lz 1-4, 10, 30; Fv 1-3, 30-31; GC 1-3, 12, 20, 40; Tf 2, 6, 20; Go 2-4; Hi 2[56] |

*Dit gordo* (cat.)

| | |
|---|---|
| *ALDC* | 87[57], 93[58]-94, 100 |
| *ALEANR* | Hu 401, 406 |

*Dit gros* (cat.)

| | |
|---|---|
| *ALDC* | Forma mayoritaria |
| *ALEANR* | Hu 205, 402, 404; Z 606; Te 205, 207 |

1.1.3. *El máis gordo de todos* (gall.)

| | |
|---|---|
| *ALGa* | A 6[59] |

1.2. *Grande* (esp. y gall.)

---

53  Es necesario mencionar que en el mapa que el *ALEA* dedica al concepto 'pulgar' no se distingue el uso de las voces *pulgar* y *gordo* del de las unidades pluriverbales *dedo pulgar* y *dedo gordo*, a diferencia de lo que se ha hecho en esta monografía. Debido a la imposibilidad de distinguir las dos formas lingüísticas para poder clasificarlas en los apartados propuestos, se ha optado por incluir las denominaciones del dominio lingüístico andaluz relativas a estos dos tipos de designación bajo el grupo de las unidades pluriverbales *dedo pulgar* y *dedo gordo*.

54  De los puntos de encuesta de este atlas, los siguientes recogen *gordo* como segunda respuesta (1.ª resp. *pulgar*): Cu 200; Na 203

55  2.ª resp. (1.ª resp. *pulgar*).

56  3.ª resp. (1.ª resp. *dedo grande* y 2.ª resp. *pulgar*).

57  2.ª resp. (1.ª resp. *pulgar*).

58  2.ª resp. (1.ª resp. *dit gros*).

59  2.ª resp. (1.ª resp. *matapiollos*).

| *ALEANR* | Na 301 |
|---|---|
| *ALGa* | L1; C 38, 46, 49; P 20, 25; LE 3[60]; A 3[61] |

### 1.2.1. *Dedo grande* (esp.)

| *ALCyL* | Le 203 |
|---|---|
| *ALEANR* | Na 103 |

### 1.3. *Dedo mayor* (esp.)

| *ALEA* | Al 205 |
|---|---|
| *ALEICan* | Tf 31 |

### 1.4. *Mayúsculo* (esp.)

| *ALEICan* | Lz 20 |
|---|---|

## 2. Denominaciones relacionadas con las aptitudes del dedo

2.1. Denominaciones relacionadas con la fortaleza del dedo

2.1.1. *Pulgar* (esp.)[62] / *Polze* (cat.)

*Pulgar* (esp.)

| *ALCyL* | Forma mayoritaria |
|---|---|
| *ALDC*[63] | 94, 159, 163, 166 |
| *ALEANR*[64] | Hu 100-105, 107-111, 203, 300-301, 400, 405, 408, 601; Z 100-101, 200-201, 300-301, 303, 305, 400-402, 600-601, 603-604, 607; Te 100-104, 200-203, 206, 300-307, 400-405, 500-504, 600-601; Gu 200, 400; Cu 200, 400; V 101; Cs 302; Vi 300, 600; Lo 103, 302-305, 401, 500-502, 600, 603-605; |

---

60   2.ª resp. (1.ª resp. *escrocapiollos*).
61   2.ª resp. (1.ª resp. *pulgar*).
62   La leyenda que acompaña al mapa de los nombres del pulgar del *ALGa* incluye la forma *pulgar* pero en el mapa no aparece ninguna figura vinculada a esta información, por esta razón, no se ha incluido ningún dato sobre el uso de *pulgar* en el dominio lingüístico gallego.
63   De los puntos de encuesta de este atlas, los siguientes recogen *pulgar* como segunda respuesta (1.ª resp. *dit gros*): 159, 163 y 166.
64   De los puntos de encuesta de este atlas, los siguientes recogen *pulgar* como segunda respuesta (1.ª resp. *gordo* o *dedo gordo*): Hu 101-102, 104-105, 107-108, 110-111, 203, 300-301, 405; Z 300, 305, 603; Te 200-201, 203, 303, 305, 307, 402-403; Lo 103, 302, 305, 502, 600, 605; Na 100-101, 105, 205, 305, 307-308, 400, 402.

|          | Na 100-103, 105, 201-206, 301-302, 306, 600-602 |
|----------|--------------------------------------------------|
| *ALECant* | Forma mayoritaria |
| *ALeCMan*[65] | GU 105-107, 109, 111-112, 204-205, 311, 313-314, 318, 401, 408, 410, 505-506, 508-510; CU 104-105, 203-206, 310, 312-313, 315, 406, 408-409, 507, 604-606, 609; AB 206-208, 210, 36, 308-309, 311, 404-406, 409, 600; CR 102-104, 202-203, 305, 308, 310, 405-407, 503, 505, 507, 608, 610-611; TO 103, 105-109, 112, 202, 309, 312, 409, 411, 415, 605-606, 608, 610 |
| *ALEICan* | GC 2[66], 12[67]; Tf 4-5, 21, 30, 41; Hi 2[68]-3; LP 1-3 |

*Polze* (cat.)

| *ALDC* | 4[69], 48[70], 130-132, 136, 138, 189[71] |
|--------|-------------------------------------------|

### 2.1.1.1. *Pólice* (esp.)

| *ALECant* | S *404[72] |
|-----------|------------|

### 2.1.1.2. *Pulguero* (esp.)

| *ALCyL* | Va 404 |
|---------|--------|

### 2.1.1.3. *Pulgarejo* (esp.)

| *ALECant* | S *107[73] |
|-----------|------------|

### 2.1.1.4. *Dedo pulgar* (esp.) / *Dedu pulgar* (ast.) / *Dit polze* (cat.)

*Dedo pulgar* (esp.)

| *ALDC* | 166[74] |
|--------|---------|

---

65 De los puntos de encuesta de este atlas, los siguientes recogen *pulgar* como segunda respuesta (1.ª resp. *gordo*): GU 506; GU 312; AB 210; CR 103-104, 203, 406, 611; TO 109, 312.
66 2.ª resp. (1.ª resp. *dedo gordo*).
67 2.ª resp. (1.ª resp. *dedo gordo*).
68 2.ª resp. (1.ª resp. *dedo grande*).
69 En este punto de encuesta, la forma atestiguada es una variante formal de *polze*: [pˈuse].
70 En este punto de encuesta, la forma atestiguada es una variante formal de *polze*: [pˈuls].
71 2.ª resp. (1.ª resp. *dit polze*).
72 2.ª resp. (1.ª resp. *pulgar*).
73 2.ª resp. (1.ª resp. *pulgar*).
74 La forma atestiguada en este punto de encuesta es un híbrido de formas del español y del catalán. Se trata de la unidad pluriverbal *dit pulgar* en la que *dit* es catalán y *pulgar* es espa-

| *ALEA* | H 101, 400, 601-602; Se 100, 201, 300, 307, 503, 600; Ca 100, 300, 302, 600; Co 603, 609; Ma 202, 404, 406-407; Gr 200, 300, 501, 603-604; Al 203, 302, 504, 506, 600, 602; J 100, 201 |

*Dit polze* (cat.)

| *ALDC*[75] | 23, 83-84, 104, 125[76], 134-135, 137, 176-178, 180-181, 183, 185-190 |
| *ALEANR* | Te 202[77], 204[78] |

2.2. Denominaciones relacionadas con la acción de matar o aplastar insectos

2.2.1. Referidas a los piojos

2.2.1.1. *Piollas* (gall.)

| *ALGa* | O 16 |

2.2.1.2. *Matapiojos* (esp.) / *Matapiollos* (gall.)

*Matapiojos* (esp.)

| *ALEICan* | GC 12[79]; Go 40; Hi 3[80]-4; LP 10 |

*Matapiollos* (gall.)

| *ALCyL* | Le 500 |
| *ALGa*[81] | C 1-4, 6-8, 10-11, 13-14, 19-20, 25-27, 30, 32-33, 37-39, 42-43, 46, 48-49; P 4-5, 8-10, 12-14, 17-18, 20, 27, 29; O 3, 7, 9, 11, 13, 15, 19-21, 23, 25-26, 28, |

---

ñol. Debido a que la forma que tiene el valor designativo es *pulgar*, se ha decidido incluirla en el grupo de denominaciones del español. Además, se trata de una segunda respuesta (1.ª resp. *dit gros*).

75 En los puntos de encuesta 23, 83-84 y 178, se ha atestiguado la variante formal *dit pols*.

76 2.ª resp. (1.ª resp. *dit gros*).

77 En este punto de encuesta, la forma atestiguada es una variante formal de *polze*: *dit poldra, polrra*.

78 Esta respuesta iba precedida de artículo masculino: *lo dit polze*.

79 3.ª resp. (1.ª resp. *dedo gordo* y 2.ª resp. *pulgar*).

80 2.ª resp. (1.ª resp. *pulgar*).

81 De los puntos de encuesta de este atlas, los siguientes recogen *matapiollos* como segunda respuesta (1.ª resp. *grande*): C 38, 48-49; P 20. Esta forma también es segunda respuesta (1.ª resp. *pulgar* ) en los puntos O 7, 9, 14, 21; L 18. Además, la forma *matapiollos* es la tercera respuesta (1.ª resp. *pulgar* y 2.ª resp. *escachapiollos*) del punto de encuesta L 33.

31; L 2-4, 6, 8-19, 21-23, 25-26, 29-34, 36, 38-39; A 2, 4-6; LE 1-2

2.2.1.3. *Escrocapiollos* (gall.)

    *ALGa*      LE 3

2.2.1.4. *Escotrapiollos* (gall.)

    *ALGa*      L 37

2.2.1.5. *Cachapiollos* (gall.)

    *ALGa*      C 17-18, 22, 24

2.2.1.6. *Escachapiollos* (gall.)

    *ALGa*      C 12[82], 21, 29, 45; P 3, 25[83], 29[84]; O 2, 6, 10, 22, 24, 29, 30; Z 2; L 33[85], 38[86]

2.2.1.7. *Escochapiollos* (gall.)

    *ALCyL*     Za 103[87]
    *ALGa*[88]   P 15-16, 19, 21-22, 24, 26, 28, 30, 32; O 12, 18; Z 3; C 16; Z 1

2.2.1.8. *Chiscapiollos* (gall.)

    *ALGa*      P 8[89]

2.2.1.9. *Trasqueapiollos* (gall.)

    *ALGa*      C 23

---

82  En este punto de encuesta, la forma atestiguada es una variante formal de *escachapiollos*: *escanchapiollos*.
83  2.ª resp. (1.ª resp. *grande*).
84  2.ª resp. (1.ª resp. *matapiollos*).
85  2.ª resp. (1.ª resp. *pulgar* y 3.ª resp. *matapiollos*).
86  3.ª resp. (1.ª resp. *matapiollos* y 2.ª resp. *pulgar*).
87  2.ª resp. (1.ª resp. *gordo*).
88  Se han agrupado bajo la forma *escochapiollos* algunas respuestas que se han considerado variantes formales de esta: *escunchapiollos* (P 16, 21), *escouchapiollos* (P 19) y *escuchapiollos* (Z 3).
89  2.ª resp. (1.ª resp. *matapiollos*).

118

2.2.1.10. *Trincapiollos* (gall.)

    *ALGa*        L 5, 20; C 25, 28; P 1-2

2.2.1.11. *Estrincapiollos* (gall.)

    *ALGa*        L 28

2.2.1.12. *Catapiollos* (gall.)

    *ALGa*        L 35[90]

2.2.1.13. *O que mata piollos* (gall.)

    *ALGa*        L 24

2.2.2. Referidas a las pulgas

2.2.2.1. *Matapulgas* (esp. y gall.)

    *ALCyL*     Za 403
    *ALEANR*   Te 504[91]
    *ALEICan*   GC 4
    *ALGa*       C 7[92], 28[93]; P 7; A 3[94]

2.2.2.2. *Mata pulgas e piollos* (gall.)

    *ALGa*        P11; O 1

2.2.2.3. *Escunchapulgas* (gall.)

    *ALGa*        C 16[95]

---

90  2.ª resp. (1.ª resp. *pulgar*).
91  2.ª resp. (1.ª resp. *pulgar*). Es el único caso para el que se ha escrito la forma en dos palabras: *mata pulgas*.
92  2.ª resp. (1.ª resp. *matapiollos*).
93  2.ª resp. (1.ª resp. *trincapiollos*).
94  3.ª resp. (1.ª resp. *pulgar* y 2.ª resp. *grande*).
95  2.ª resp. (1.ª resp. *escunchapiollos*).

2.2.2.4. *Escocha pulgas e piollos* (gall.)

    *ALGa*        Z 3

2.2.3. Referidas a otras realidades

2.2.3.1 *Matacoco* (esp.)

    *ALeCMan*    CR 101[96]

2.3. Denominaciones relacionadas con otras acciones

2.3.1. *O da señal* (gall.)

    *ALGa*        P 30

## 3. Denominaciones genéricas

3.1. *Dedo* (esp. y gall.)

    *Dedo* (esp. y gall.)

    *ALEICan*    Fv 20
    *ALGa*       L 38

3.1.1. *Deón, -a* (esp.)

    *ALECant*   S \*106[97], 300

## 4. Denominaciones que proceden de la confusión con los nombres de otros dedos

4.1. *Índice* (esp.)

    *ALEA*      Co 104[98]
    *ALeCMan*  GU 312; CU 311, 405; AB 209

---

96  2.ª resp. (1.ª resp. *gordo*).
97  2.ª resp. (1.ª resp. *pulgar*).
98  2.ª resp. (1.ª resp. *dedo gordo*).

120

**5. Nombres de parentesco y de relaciones personales o sociales**

5.1. *Pare* (cat.)

    *ALDC*        Hu 406[99]

5.1.1. *O pai de todos* (gall.)

    *ALGa*        L 21, 27

**6. Denominaciones procedentes de canciones, refranes o dichos populares**

6.1. *Picarón gordo* (gall.)

    *ALGa*        C 20[100]

6.2. *Pápalo todo* (gall.)

    *ALGa*        A 1

**7. Denominaciones relacionadas con la posición respecto a otros dedos**

7.1. *O da beira* (gall.)

    *ALGa*        C 35

**8. Otras denominaciones**

8.1. *Charro* (esp.)

    *ALCyL*      Bu 501
    *ALEANR*   Na 404[101]

8.2. *Polo* (esp.)

    *ALCyL*      Le 301[102]

---

99  2.ª resp. (1.ª resp. *dit gordo*).
100 2.ª resp. (1.ª resp. *pulgar*).
101 En este punto de encuesta, la forma atestiguada es una variante formal de *charro*: *chorro*.
102 2.ª resp. (1.ª resp. *pulgar*).

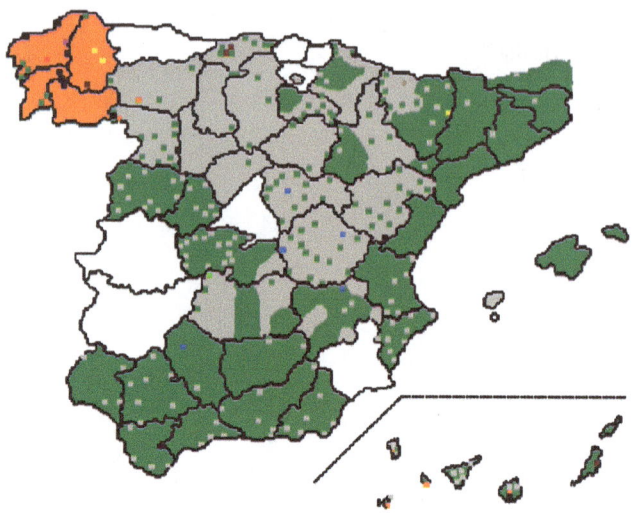

Mapa II. Áreas de los motivos semánticos que originan las denominaciones del *dedo pulgar*

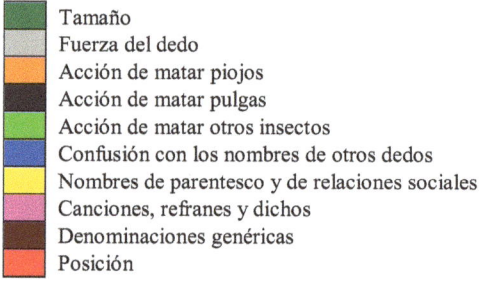

Tamaño
Fuerza del dedo
Acción de matar piojos
Acción de matar pulgas
Acción de matar otros insectos
Confusión con los nombres de otros dedos
Nombres de parentesco y de relaciones sociales
Canciones, refranes y dichos
Denominaciones genéricas
Posición

Según refleja el mapa II[103], se deduce que los nombres para referirse al pulgar proceden de tres motivaciones distintas: el tamaño, la fuerza (motivación latina) y la acción de aplastar insectos. Asimismo, el predominio del color verde en el mapa muestra que el tamaño es el motivo principal a partir del que se crean la mayor parte de designaciones del dedo pulgar. Como puede apreciarse, el dominio lin-

---

103 Las zonas geográficas que aparecen en blanco se corresponden con los territorios para los que no se ha podido contar con datos de ninguna procedencia (*vid.* la presentación de la segunda parte del libro) y con una región en la que el español convive con una lengua no románica (País Vasco).

güístico catalán es el que presenta una mayor homogeneidad, pues, con excepción de Valencia y Alicante, en la mayoría del territorio se hace referencia al dedo según su dimensión (cat. *gros, dit gros, dit gordo*).

En el dominio castellano, se observa la existencia de una isoglosa léxica que separa la zona meridional de la norteña. El empleo de designaciones motivadas por el tamaño del pulgar va en aumento de norte a sur y de este a oeste. Mientras en el noroccidente de la Península —con excepción de Salamanca y Ávila— los ejemplos de denominaciones del tipo (esp.) *dedo gordo* o *dedo grande* son testimoniales (11 en Zamora, 10 en Cantabria, 3 en León, 3 en Burgos, 3 en Soria, 1 en Palencia, 1 en Segovia, 0 en Valladolid), en la zona nororiental aumenta considerablemente el número de designaciones relativas a la dimensión del dedo quizá por el influjo de las zonas oriental y meridional. Aragón es la zona donde mejor se aprecia esta influencia, especialmente en la provincia de Huesca debido, probablemente, al contacto lingüístico del español con el catalán, mientras que en Navarra y La Rioja existe un equilibrio entre las denominaciones concernientes al tamaño y las que están relacionadas con la forma (esp.) *pulgar*, que pertenece al segundo grupo denominativo más frecuente y que aparece representado de color gris en el mapa. En la zona meridional, cabe destacar que Castilla-La Mancha, Guadalajara y Cuenca son las únicas provincias en las que las dimensiones no son el motivo principal de los nombres del dedo pulgar. En Andalucía predomina con mayor intensidad el uso de formas denominativas del tipo (esp.) *dedo gordo*. Las Islas Canarias, categorizadas en el grupo de las variedades meridionales (García Mouton 2002 [1994]), también se caracterizan porque en ellas son más habituales las designaciones relacionadas con el tamaño (esp. *dedo grande, dedo mayor, dedo gordo, el mayúsculo*)[104].

En el dominio gallego, las designaciones relacionadas con el tamaño son prácticamente inexistentes. Se han hallado únicamente nueve ejemplos en Galicia y en la frontera asturiano-gallega, ocho pertenecen a la voz *grande* y uno se corresponde con la unidad pluriverbal (gall.) *o máis grande de todos*.

El sustantivo (esp.) *pulgar* y sus variantes se han vinculado semánticamente con la fuerza del dedo, motivación original latina de esta voz. El español es la variedad románica que presenta un mayor número de ejemplos de uso de este grupo denominativo y la mitad norte de la Península es, con diferencia, el territorio en el que con más frecuencia se hace referencia al primer dedo de la mano con nombres procedentes del latín POLLEX, -ICIS O POLLICĀRIS (*pulgar, dedo pulgar,*

---

104 La diversidad de variantes motivadas por el tamaño que se halla en el archipiélago canario se puede comprar con algunas de las que se han recogido en territorios americanos. En la República Dominicana, por ejemplo, se recogen variantes del tipo *gordo* o *dedo gordo, mayor* (Alvar 2000a: 151) y en el español del Sur de Estados Unidos (Alvar 2000b: 193) también coexisten distintas denominaciones motivadas por el tamaño como, por ejemplo, *dedo gordo* o *gordo, dedo grande* y *dedo grueso*.

*pólice, pulguero* y *pulgarejo*), como muestra el predominio del color gris en esta zona del mapa. El uso de estas denominaciones se extiende por Cantabria la mayor parte de Castilla y León —con excepción de Salamanca y Ávila, zonas en las que es más frecuente la designación *gordo* que *pulgar*—. En Navarra, La Rioja y Aragón se va desdibujando la supremacía de la designación motivada por la fuerza del dedo y se empieza a apreciar un equilibrio con las denominaciones motivadas por el tamaño. El mapa II refleja que de las zonas centrales de la Península Ibérica hacia el sur es menos habitual el uso de la voz *pulgar* en pro de formas como *dedo grande* o *dedo gordo*. Mientras que en Andalucía los ejemplos de *pulgar* son testimoniales (7 ejemplos se ubican en Sevilla; 6, en Granada; 6, en Almería; 4, en Huelva; 4, en Cádiz; 4, en Málaga; 2, en Jaén; y 1, en Córdoba), en Canarias, las designaciones relacionadas con el sustantivo *pulgar* se hallan primordialmente en las islas más occidentales (Las Palmas y Tenerife).

La extensión del uso de la forma catalana *polze* (y sus variantes formales) es muy reducida en comparación con *dit gros*, la más frecuente. Los escasos 26 ejemplos (de los 190 puntos de encuesta) recogidos en el dominio lingüístico catalán se pueden clasificar geográficamente en cuatro grupos. En el primero, se incluyen las cuatro formas ubicadas en Cataluña; en el segundo, el conjunto de 9 denominaciones situadas en la zona nororiental de la provincia de Teruel que colinda con Tarragona; en el tercero, las 12 designaciones que se hallan en los puntos de encuesta del sur de la provincia de Alicante; y, finalmente, en el cuarto se deben incluir los dos ejemplos de Ibiza. Estos datos concuerdan con las informaciones geográficas y de uso que Joan Coromines menciona en su *DECat* (s. v. *polze*) y que proceden del *ALC* de Antoni Griera. Esto muestra que, en catalán la designación popular, basada en el tamaño (*dit gros*), está mucho más extendida que el estándar *polze*, mientras que en español existen diferencias de uso según la zona. En el norte, es más frecuente el estándar *pulgar* y, en el sur, la forma popular *dedo gordo*.

Finalmente, la acción de aplastar insectos (piojos, pulgas y otros) con el dedo pulgar es el motivo que da lugar a la denominación mayoritaria en gallego (*matapiollos*) y a un grupo de seis designaciones de las Islas Canarias. Los nombres vinculados a la acción dc matar piojos (*matapiollos, escrocapiollos, escochapiollos, cahcapiollos, escotrapoillos, chiscapiollos, trasqueapiollos, estrincapiollos, trincapiollos, o que mata piollos*) son los más frecuentes, como refleja el color naranja del mapa II. Además, estas designaciones se recogen también en algunos puntos de encuesta situados en la frontera de Galicia con los territorios colindantes que son objeto de encuesta tanto en el *ALGa* como en el *ALCyL*: en Asturias, se recoge un ejemplo (*matapiollos*), otro en León (*escrocapiollos*) y dos en Zamora (*escochapiollos* y *escocha pulgas e piollos*).

Los usos españoles de la voz *matapiojos* hallados en Canarias se deben a cuestiones histórico-lingüísticas. Desde época medieval, portugueses y españoles se disputaron la posesión de las islas hasta que, en 1479, con el tratado de Alcáçovas, el territorio quedó definitivamente en manos de la Corona de Castilla (Corbella 1994-1995: 237-239). La disputa por la tierra dejó huellas importantes en las características lingüísticas del español de Canarias debido al importante número de portugueses que permanecieron en las islas después de la conquista española y que aún hoy llegan al archipiélago. El léxico es una de las parcelas en la que mejor se puede apreciar la herencia e influencia lusa. No en vano, son numerosos los estudios dedicados al análisis de los portuguesismos en el español hablado en Canarias[105]. Así pues, el uso de *matapiojos* para referirse al dedo pulgar en el archipiélago canario forma parte de este acervo léxico portugués que persiste en la isla, y se trata, por tanto, de un portuguesismo evidente que entronca con el uso de *matapiollos* en el dominio lingüístico gallego debido a que tanto en gallego como en portugués la denominación popular más frecuente para este dedo está motivada por la acción de matar piojos.

Además de las formas referidas a los piojos, existe un reducido grupo de compuestos léxicos que procede de un motivo semejante aunque relacionado con otro insecto, la pulga, y que aparece representado de color negro en el mapa II. Este conjunto de designaciones, a diferencia de las relacionadas con los piojos, son mucho menos frecuentes y se encuentran repartidas por distintas zonas del dominio lingüístico del español y del gallego. Galicia y su frontera con Asturias y Zamora constituyen la zona en la que se halla el mayor número de designaciones (9) y con formas muy variadas: *matapulgas, mata pulgas e piollos, escunchapulgas* y *escocha pulgas e piollos*. Aisladamente, se ha registrado un ejemplo en Teruel y otro en Gran Canaria.

El resto de motivaciones, aunque están conformadas por un número muy reducido de casos, son importantes para el estudio conjunto de los dedos desde el punto de vista de la distribución geográfica. Las designaciones que proceden de la confusión con otros dedos se refieren únicamente al dedo índice (esp. *índice*) y se sitúan en puntos de Castilla-La Mancha y Andalucía, dos de las comunidades en las que con más asiduidad se encuentran ejemplos de este tipo, tal y como se podrá comprobar en los siguientes capítulos. De igual modo, las formas de referirse al pulgar que proceden de nombres de parentesco y de relaciones personales o sociales se sitúan en Galicia (gall. *o pai de todos*) y en la frontera de Aragón con Cataluña (cat. *pare*), las dos zonas en las que, para casi todos los dedos, se documenta el mayor número de ejemplos de esta motivación. Asimismo, las denominaciones procedentes de canciones y los nombres vinculados a la posición que ocupa el dedo en la mano se hallan en el norte, mayoritariamente en Galicia (gall. *picarón gordo, o da beira*) y Asturias (gall. *pápalo todo*), dos de las zonas para las que estos grupos motivacionales tienen mayor frecuencia de aparición.

---

105 Para una introducción, véanse, entre otros, Pérez Vidal (1944), Corbella (1994-1995) y Alvar (1996: 325-338).

## 6.4. Designaciones latinas

El pulgar es el dedo de la mano con mayor estabilidad designativa en latín porque son muy pocas las formas léxicas documentadas para denominarlo. Como indican André (1991: 101) y Castillo (1996: 142), los textos de los autores latinos proporcionan información que permite suponer que existieron únicamente tres motivaciones para referirse a este dedo:

| | André (1991) | Castillo Contreras (1996) |
|---|---|---|
| **Cualidad de ser fuerte** | *pollex, icis* *digitus pollex* *digitus pollicāris* | *pollex* - - |
| **Tamaño** | *digitus maior* | *maior* |
| **Posición** | *primus digitus* | *primus* |

Tabla III. Designaciones latinas del *pulgar* (André 1991: 101 y Castillo Contreras 1996: 142)

Las designaciones latinas más frecuentes derivaban del verbo *pollēre* 'ser fuerte': *pollex*, *digitus pollex* y *digitus pollicāris*. La voz *pollex*, igual que *index* (§ 7), podía hacer referencia al dedo pulgar bien como sustantivo (*pollex*) bien como adjetivo (*digitus pollex*) y de ella se derivó el también adjetivo *pollicāris* 'largo como el pulgar' o 'semejante al pulgar' (*DECH*, s. v. *pulgar*). Según las documentaciones que proporciona André (1991: 104) y que se representan en la tabla IV, la motivación vinculada a la fuerza del dedo es la primera en documentarse, posteriormente se crean las que están relacionadas con la posición y el tamaño:

| s. I -II a. C. | s. I - III d. C. | s. IV d. C. | s. IV-V d. C. | s. V d. C. | s. VI d. C. |
|---|---|---|---|---|---|
| *pollex* *digitus pollex* | - | *digitus primus* | - | *digitus maior* | *digitus pollicaris* |

Tabla IV. Primeras documentaciones de las designaciones latinas del *pulgar* (André 1991: 104)

La designación *digitus primus* estaba asociada con el hecho de que el dedo pulgar era para los romanos el primer dedo de la mano, de modo que el cómputo de los dedos se iniciaba, a diferencia de lo que puede suceder en algunas variedades románicas como el gallego (Romero y Santos 2002: 314), por el dedo pulgar. La forma *digitus maior* seguramente procedía del griego ὁ μέγας δάκτυλος (André 1991: 101) y estaba motivada por el volumen del dedo, como *medii digiti maior* 'dedo corazón' (§ 8). En ambos casos, el uso del adjetivo *maior* está relacionado con las dimensiones, pero, para el dedo del corazón, la referencia es la longitud y para el dedo pulgar, es el volumen. De los dos motivos mencionados (posición y

126

dimensión), el relativo al tamaño es el que ha permanecido en las variedades románicas estudiadas y el que ha generado el mayor número de denominaciones, por ello, se puede considerar la motivación más frecuente del dominio lingüístico catalán y del español meridional.

En la evolución del latín a las lenguas románicas las formas que derivaban del verbo *pollēre* se mantuvieron sin padecer prácticamente alteraciones. Según Zauner (1903 [1902]: 450) y el *DOLR* (vol. I: 100), en la mayor parte de las variedades neolatinas existe una designación, aunque no suele ser la más frecuente en la lengua común, procedente de alguno de los derivados de ese verbo para referirse al pulgar: fr. *pouce*, occ. *poce*, gasc. *(dit) pos*, cat. *polze*, esp. *pulgar*, gal., port. *polegar*, it. *pollice*, sard. *poddighe*, rum. *polsch, polesch* (*DOLR* vol. I: 100). En español, catalán y gallego, como se verá en los siguientes apartados, el mantenimiento de las formas procedentes de *pollex* o *pollicāris* es distinto para cada una de las variedades y zonas geográficas representadas en el mapa II.

## 6.5. Estudio semántico

### 1. Denominaciones relacionadas con el tamaño

Muchas de las estrategias denominativas para la creación de los nombres de los dedos se basan en la comparación de sus rasgos físicos diferenciales. El tamaño y la posición son dos de los recursos que más se repiten en la creación de los nombres de esta parte del cuerpo. En el caso del tamaño, dos son las características que permiten distinguir designativamente los dedos: el volumen y la longitud. El pulgar se diferencia del resto de sus compañeros digitales porque es el más grueso de todos y este motivo es el que genera que, en todo el dominio lingüístico catalán y en la mitad meridional del territorio de habla castellana, las designaciones del primer dedo se correspondan con adjetivos o unidades pluriverbales que se refieren a su grosor. Esta estrategia designativa, basada en la descripción por contraste, según Zauner (1903 [1902]: 451), es una de las más frecuentes en la creación de nombres del pulgar en las lenguas románicas.

**1.1.** En español, el adjetivo *gordo*, solo o acompañado del sustantivo *dedo*, es la forma más frecuente de referirse al pulgar en la lengua común con el sentido 'muy abultado y corpulento' (*DRAE* 2001, s. v. 2.ª acepción). Cabe destacar la denominación *gordal* 'que excede en gordura a las cosas de su especie' (*DRAE* 2001, s. v.). Esta definición incluye el origen comparativo del uso de esta voz para referirse al pulgar, pues el dedo es *gordal* en relación al resto de dedos de la mano. Rainer (1999: 4633), en un trabajo sobre la derivación adjetival, incluye este adjetivo en el grupo de formaciones deadjetivales de la terminología campesina que habitualmente se crean a partir de la adjunción del sufijo *-al*. Entre otros adjetivos del mismo tipo, se refiere también a *rojal* 'adj. dicho de una tierra, de una planta o de una semilla: que tira a rojo'[106] o 'n. terreno cuyo color tira a rojo' y *negral* 'adj. que tira a negro' y 'n. moradura y esquimosis'. Es probable que el único ejemplo de este adjetivo hallado en Cantabria (S 601) esté emparentado con el uso del adjetivo *mayoral*, también documentado en una sola ocasión en un punto de encuesta del *ALECant* (S *207) para designar el dedo índice (§ 7). Según un estudio del lenguaje popular de la comarca de Merindad de Campoo (Calderón Escalada 1999) que, entre otros, abarca el punto de encuesta[107] en el que se recogió *gordal*, el sufijo *-al*[108] está presente en muchos de los términos de esta zona: *rodal*, 'par de ruedas con su eje'; *hombral* ' hombro', *pastral* 'morcilla la más gruesa', *pernal* 'rama gruesa del árbol', *pical* 'despeñadero', *esquinal* 'esquina', *goterial* 'gotera'. Podría tratarse, por tanto, de un uso del sufijo *-al* vinculado, además de a la terminología campesina, a una zona concreta del dominio lingüístico español, Cantabria, territorio para el que ya se ha notado que este afijo tiene un comportamiento especial, al menos por lo que respecta a su adjunción en bases nominales (Fernández Juncal 1996). Además, también es posible que *-al* se una a la base adjetiva añadiendo un valor apreciativo de carácter aumentativo (Lázaro Mora 1999). Si fuera de este modo, el sufijo se emplearía para destacar aún más el valor significativo relacionado con el tamaño que ya posee el lexema *gordo*. Independientemente del valor del sufijo, parece evidente que su uso está asociado a la zona geográfica en la que se ha recogido.

En catalán, se pueden distinguir dos grupos designativos relacionados con los adjetivos que se refieren al tamaño y, en concreto, al volumen del dedo pulgar: (cat.) *dit gros* y *dit gordo*. La forma mayoritaria en todo el dominio catalán es la unidad pluriverbal *dit gros*, cuyo significado se corresponde con el español *gordo* o *grueso*[109], pues como muestra la definición del *DIEC* (s. v. *gros*: 'que té un vo-

---

106 Las definiciones de los adjetivos se han extraído del *DRAE* (2001).

107 Según Ruiz Núñez (1998: 283), la comarca de Merindad de Campoo abarca los siguientes puntos de encuesta del *ALECant*: «S 313, 409, 500, 501, 502, 503, 504, 600 y 601, respectivamente: Abiada, La Población del Yuso, Fresno del Río, Villanueva, Olea, Aldea de Ebro, San Andrés de Valdelomar, Polientes y Villaescusa de Ebro»..

108 Para más información sobre el uso este sufijo, véase González Ollé (1964) sobre el habla de Bureba (Burgos). En él se hace referencia a la productividad de *-al* en el castellano de esta zona para crear nombres de plantas (*almendrucal, coplal, jerbal, mimbral*, etc.). Asimismo, cabe destacar, según la *NGLE* (2009: 543), que los adjetivos derivados en *-al* han aumentado en los últimos años bien por influencia de lenguas extranjeras (inglés y francés) bien porque es un sufijo que suele emplearse para hacer referencia a nociones de la técnica, la ciencia o la economía, por ejemplo.

109 Este adjetivo no se ha recogido en ninguno de los atlas del español para hacer referencia al dedo pulgar, sin embargo, se encuentra en algunos documentos antiguos, como se aprecia en los dos ejemplos que recoge el *DETEMA*: «forma suposytorjo en la manera el *dedo grueso* o mandadle que le meta en su sieso» (Anónimo, s. XV, *Suma de la flor de cirugía*, fol. 164r13. *DETEMA*) y «fas esto quatro vezes o cinco despues destienpralo con fiel de toro e forma en-

lum considerable, que ultrapassa el volum ordinari'), su relación con el tamaño se refiere al volumen y no a otras magnitudes del dedo.

Finalmente, cabe destacar el único ejemplo del gallego del adjetivo *gordo* en la construcción (gall.) *el máis gordo de todos* que se diferencia del resto de denominaciones porque forma parte de una estructura comparativa en la que se ven implicados el resto de dedos de la mano.

**1.2.** La diferencia entre el uso de los adjetivos (esp.) *gordo* y (esp.) *grande* para designar al pulgar reside en el hecho de que el segundo puede hacer referencia a cualquiera de las magnitudes de un cuerpo (longitud o volumen), mientras que el primero únicamente se puede emplear para el volumen. Quizá, por este matiz significativo, los ejemplos españoles de la voz *grande* y la unidad pluriverbal *dedo grande* se reducen a cuatro testimonios repartidos por la zona norte de la Península Ibérica, como se observa en el mapa II. En gallego, sin embargo, los usos del adjetivo (gall.) *grande* son más numerosos que los del adjetivo (gall.) *gordo*. El empleo de esta voz para referirse al pulgar destaca porque coincide exactamente con la denominación más frecuente del dedo corazón (§ 8), de modo que su uso para designar dos dedos distintos provoca una situación de homonimia.

**1.3.** La designación (esp.) *dedo mayor* surge de la comparación que se establece entre los distintos tamaños de los dedos. El escaso número de ocurrencias registradas se debe, probablemente, a que este adjetivo se emplea con bastante frecuencia en cualquiera de las variedades románicas estudiadas para referirse al dedo del corazón (§ 8). Así, el dedo del medio, que supera en longitud a los demás, se designa mediante el adjetivo (esp.) *mayor* y el dedo pulgar, el más voluminoso de todos, se denomina mayoritariamente mediante un adjetivo que únicamente se puede aplicar para hacer referencia al volumen.

**1.4.** El único ejemplo del adjetivo (esp.) *mayúsculo* («tomado del lat. *majuscŭlus*, diminutivo de *major*», DECH s. v. *mayor*) está vinculado también a la diferencia de volumen que existe entre el pulgar y los otros dedos.

## 2. Denominaciones relacionadas con las aptitudes y cualidades del dedo

En este apartado se han agrupado todas aquellas designaciones originadas en las cualidades que se le atribuyen al dedo (la fuerza) y relacionadas con las acciones que se llevan a cabo con él y que se generan por un proceso de metonimia del tipo EL DEDO POR LA FUERZA y EL DEDO POR LA ACCIÓN.

**2.1.** En el grupo de los nombres referidos a la fuerza del dedo, deben distinguirse aquellas designaciones que proceden de POLLEX, -ICIS (cat. *polze* y esp. *pólice*) de las que descienden de POLLICĀRIS (esp. *pulgar*). La forma POLLEX, -ICIS era la voz que se empleaba más frecuentemente en latín para referirse al pulgar y

---

de en manera del *dedo grueso* e ponlo en el culo e yaga fasta que cese el fluxo» (Tedrico, 1440-1460, *Cirugía. Escorial h III 17*, fol. 167r.1. *DETEMA*).

de ella se derivó la forma POLLICĀRIS por un proceso de sufijación con el sufijo latino *-āris*, que solía crear adjetivos a partir de bases nominales (*DESE*, s. v. *-ar*). Según el *DECH* (s. v. *pulgar*), POLLICĀRIS «era adj. con el sentido de 'largo como un pulgar' o 'semejante al pulgar' pero, como muchos adjetivos, acabó en ibero-rromance por reemplazar al sustantivo (comp. *cotobelo, lugar, mañana, invierno, verano*, etc.)». Probablemente el uso de POLLICĀRIS con el significado de 'medida' ('largo como un pulgar') convivió con el significado de 'pulgar', hasta que este último acabó siendo el único posible.

Desde el punto de vista motivacional, se ha decidido clasificar las formas que proceden tanto de POLLEX, -ICIS (*polze* y *pólice*) como de POLLICĀRIS (*pulgar*) según su motivación latina, ya que es común a las dos formas: POLLEO 'ser fuerte'. Así, se considera que el motivo de (esp.) *pulgar*, (cat.) *polze* y (esp.) *pólice* es el mismo que el de sus étimos latinos correspondientes: la metonimia EL DEDO POR LA FUERZA. Actualmente, la motivación original de las designaciones romances derivadas de los étimos mencionados con anterioridad resulta totalmente opaca e inanalizable semánticamente para los hablantes románicos porque la evolución diacrónica de la lengua ha convencionalizado su uso y convierte a las formas en signos arbitrarios heredados, desmotivados y empleados por convención lingüística (Dalbera 2006: 23). A continuación, se analizan las designaciones de las variedades de la Península según la voz latina de la que proceden.

**Denominaciones procedentes de POLLEX, -ICIS.** El catalán *polze* procede del adjetivo latino POLLEX, -ICIS (derivado de POLLEO 'ser fuerte'), como también sucede en otras lenguas románicas más próximas a la zona de expansión del latín, como el francés (*pouce*), el italiano (*pollice*) o las hablas réticas y galorrománicas (Zauner 1903 [1902]: 450; *DECH*, s. v. *pulgar*). El uso de este sustantivo en catalán se documenta, según el *DECat* (s. v. *polze*), desde el siglo XIV y se mantiene hasta la actualidad mayoritariamente en textos literarios ya que, como muestra el *ALDC*, el empleo de esta voz en el lenguaje común se reduce a 26 casos.

En el grupo de las designaciones del dominio catalán, cabe una mención especial a una variante formal de *polze*: *dit pols*. En el *DECat*, se explica que esta denominación surge por el influjo del verbo *polsar*, y su posverbal *pols*, en *polze*, «car realment és amb el *polze* que sovint es fa l'acció de *polsar*, i amb el *polze* prenem els polsos de sal, de tabac, etc.». En términos de la clasificación tripartita de los tipos de etimología popular que propone Joan Veny (1991) —homonimización formal, homonimización semántica y homosemización—[110],

---

110 En palabras de Veny (1991: 74, 83 y 87-88), la *homonimización formal* se da «quan la semblança formal entre dos significants provoca l'acostament de l'un a l'altre o la seva total confusió, sense que intervingui cap factor d'afinitat semàntica»; la *homonimización semántica*, en cambio, sucede cuando «el contingut semàntic d'un dels parònims provoca una interferència formal»; y, la *homosemización* «implica, com els seus components grecs indiquen, un

el origen de la variante *dit pols* es un proceso de homonimización semántica puesto que el contenido semántico de *pols*, vinculado en ocasiones a *polze*, como se indica en el *DECat*, parece haber provocado la interferencia formal.

Del mismo étimo de *polze*, debió llegar al español el cultismo (esp.) *pólice*, que es raro según el *DECH* (s. v. *pulgar*), y que en los atlas lingüísticos se ha registrado en una ocasión en la zona de Cantabria. El *CORDE* atestigua muy pocos ejemplos de este latinismo con el significado de 'pulgar': únicamente 9 casos (7 de *pólice* y 2 de *police*)[111]. La primera documentación, según el mismo corpus diacrónico del español, es de mediados del siglo XVI:

> La ventosa puesta en las nalgas vale a las postemas de los muslos. La vena que está entre el *pólice* e índex de la mano vale a la passión de la cabeça y de los ojos. (Anónimo, 1554, *Repertorio de los tiempos, el cual dura desde el año MDLIV hasta el año de MDCII*, fol. XLIIIr. *CORDE*).

Debido al escaso éxito que tuvo el cultismo en español, probablemente originado en las traducciones de textos médicos latinos, el uso de la voz *pólice* en el *ALECant* como segunda respuesta (1.ª resp. *pulgar*) merece ser destacado ya que la forma más frecuente para referirse al dedo pulgar en español es de origen patrimonial.

**Denominaciones procedentes de POLLICĀRIS.** El español *pulgar* desciende de POLLICĀRIS[112] (derivado latino de POLLEX 'pulgar'), voz que según los datos del *DECH* debió crearse para designar objetos que tenían la medida de un pulgar. Si

---

acostament del contingut d'un significant al d'un altre amb el qual es troba en situació de paronímia (o d'homonímia)».

111 Los textos en los que se documentan las ocurrencias pertenecen a siglos distintos: XVI (Anónimo, 1554, *Repertorio de los tiempos, el cual dura desde el año MDLIV hasta el año de MDCII*, fol. XLIIIr; Jerónimo de Huerta, 1599, *Traducción de los libros de Historia natural de los animales de Plinio*, fol. 43v y 245v); XVII (José de Villaviciosa, 1615, *La Mosquea. Poética inventiva en octava rima*, p. 300; Matías de los Reyes, 1624, *El curial del Parnaso*, p. 252); y XIX (Antonio Alberá Delgrás, 1847, *Nuevo arte de aprender y enseñar a escribir la letra española*, párrafo 7; Vicente de la Fuente, 1855-1875, *Historia eclesiástica de España*, I, p. 234; Eulogio Horcajo Monte de Oria, 1883, *El cristiano instruido en su ley*, p. 285).

112 De este étimo derivan muchas otras formas neolatinas que se recogen en Zauner (1903) y en el *REW*: «span. *pulgar*, port. *pollegar*, gal. *polgar*, bearn. *pougaa*; —*puseri* (wie zu erklären?) Sic. Corr., Caltagirone Corr., *puzzér* Piazza Armerina; —*pudicaro* Tarent, *puddecaro* Lecce, *pulecaro puleciere* Neapel; —*polear* Friaul.; —*policar* rum.; *pulicar pălicar* mazed. Pap.; auch altfranz. *polcier*; vgl. auch alban. *pulk'er* „Ballen des Daumens"» (Zauner 1903: 450) y «mazed. *pulicar*, friaul. *polear*, afrz. *pochier*, prov. *polgar*, sp. *pulgar*, pg. *pollegar*; engad. *pülger*, Doubs: *pôǯi* „Däumling", südfrz. *pougau*, mallork. *pollegarell* „Art Meeraal" Barbier, RLR. 62, 226. — Zssg.: sp. *repulgar*, pg. *repolegar* „säumen", pg. *empolgar*, „erwischen", „unterschlagen"» (*REW* s. v. 6638 *pŏllicāris*).

fuera así, cabría suponer un origen metonímico del tipo EL DEDO POR LA MEDIDA para el nombre que posteriormente se empleó para referirse únicamente al dedo. La forma española procedente de POLLICĀRIS presenta alternancias en el timbre de la vocal átona a lo largo de la historia de su uso: *polgar/pulgar*. Ambas variantes se documentan desde época antigua (las dos se hallan por primera vez en textos del siglo XIII)[113] según los datos que se han contrastado del *DECH* y del *CORDE*. La primera documentación de *polgar* se encuentra en Berceo:

> Padre de los lazrados, déñame visitar,
> pon sobre mí tu mano, sígname del *polgar*,
> sólo que yo pudiesse la tu mano besar
> de toda esta coita cuidaría sanar.
> (Gonzalo de Berceo, *c.* 1236, *Vida de Santo Domingo de Silos. CORDE*).

Y la primera documentación de *pulgar*, se halla en el *Fuero de Guadalajara*, fechado en 1219 en el *DECH* y que se corresponde con la primera documentación que recoge el *CORDE*, aunque, en este corpus, la obra se denomina *Fuero de Zorita de los Canes*:

> En espessadunbre aya quanto el arteio del *pulgar* ouiere en luengo; et sean de guisa cochas que ni yelo, ni lluuia non las desfaga (Anónimo, *c.* 1218-1250, *Fuero de Zorita de los Canes,* fol. CXLVIIvº. *CORDE*).

A partir del análisis de los documentos del *CORDE*, cabe destacar que los textos jurídicos, ordenamientos y códigos legales, en especial, los fueros, constituyen el género textual en el que aparecen en más ocasiones las voces *polgar* y *pulgar* en los siglos XIII y XIV. Además, debe señalarse que en este tipo de escritos, el sustantivo suele aparecer en contextos en los que, normalmente, es el complemento directo de verbos como *cortar* o *tallar*:

(a) Et el alfayate o alfayata que lo fiziere, quel *corten* el *pulgar* de la mano diestra; et si fuxiere, que peche .xxx. moravedis et, quandol pudieren aver, quel *corten* el *pulgar* (Anónimo, 1252, *Carta de ordenanzas* [Documentos de Alfonso X dirigidos a Castilla la Vieja], párrafo 17. *CORDE*).

(b) De C arriba, si fuer preso en engano, o radier algo de los iudizios en el libro o pusiere, *taienle* el *pulgar* diestro e el danno que fizier pechelo duplado (Anónimo, *c.* 1290-1293, *Fuero de Béjar*, fol. 93r. *CORDE*).

(c) Mas si pechar non quisiere o non pudiere, el *pulgar* diestro a él sin remedio le *sea taiado* (Anónimo, 1300, *Fuero de Teruel*, párrafo 54. *CORDE*).

---

113 Para más detalles sobre las primeras documentaciones de las variantes, véase el *DECH* (s. v. *pulgar*).

(d) Del que *pulgar taiare*. Otrosí, qual quiere que ad alguno pulgar taiare e prouado'l fuere, peche D sueldos; e por qual quiere otro dedo que aquél [ad] alguno taiare e prouado'l fuere, peche C sueldos (Anónimo, 1300, *Fuero de Teruel*, párrafo 54. *CORDE*).

Según se deduce de la lectura de los fragmentos de los Fueros, la mutilación del dedo pulgar parece que era frecuente en época medieval como castigo por haber cometido algún delito (textos a, b y c) o, por el contrario, como el castigo que se infligía a aquellos que cortaran el dedo pulgar a otra persona (texto d). Zambrana Moral (2005), en un artículo en el que se analizan las penas corporales de épocas antiguas, menciona una ley del *Fuero de Plasencia* en la que la amputación del dedo pulgar era la sanción para aquellos escribanos que habían cometido falsedad y que no podían pagarla económicamente porque eran insolventes. Esta coincide con la ley que pertenece al *Fuero de Béjar* (texto a).

Los testimonios de la variante *polgar* dejan de documentarse en el *CORDE* a partir de finales del siglo XV. Las dos últimas documentaciones pertenecen a una traducción anónima de un texto médico (*Tesoro de la medicina* [*Tesoro de los remedios*] de 1431) y al *Universal vocabulario en latín y en romance* de Alfonso de Palencia (1490), en el que *pulgar* aparece como equivalente romance al latín *pollex, -icis* y se dice que «viene de pollicendo». A partir de 1500, únicamente se emplea la voz *pulgar* y su uso empieza a proliferar en las traducciones y textos médicos.

Existen notables diferencias de uso y significado entre las documentaciones de las formas *pulgar* y *polgar* que están estrechamente relacionadas con la tradición discursiva a la que pertenece el texto en el que se hallan. Se pueden distinguir distintos usos del término según el tipo de documento: tanto en los textos jurídicos (*Fuero de Béjar* y *Fuero de Teruel*) como en los literarios (Berceo), la mención a esta parte del cuerpo está relacionada con las penas y castigos que se imponían por haber quebrantado la ley; en los documentos médicos (*Tesoro de la medicina* [*Tesoro de los remedios*]), el empleo procede de traducciones de otros textos; y en los diccionarios o vocabularios latino-romances el uso de la voz varía en función del diccionario y de los objetivos con los que se elaboró. En el caso del *Vocabulario* de Alonso de Palencia (1490), la obra no es un simple glosario latino-español sino que posee un importante carácter enciclopédico que recoge, además de las equivalencias, comentarios sobre el romance de la época (Ruiz Fernández 2008). La distinción de los textos en su tradición discursiva es de vital importancia para determinar los sentidos de las designaciones de este dedo, pues muy probablemente los ejemplos de la lengua de la medicina no pueden compararse con los casos documentados en textos jurídicos o literarios, quizá más cercanos a la lengua oral, y los datos históricos tampoco pueden parangonarse totalmente a los de las informaciones de los atlas lingüísticos que se analizan.

La sustitución de la forma *polgar* —descendiente directa POLLICĀRIS— por *pulgar* es un cambio vocálico esporádico que se produce paralelamente a los cambios de *e > i*. Como muy bien ha estudiado Clavería (1995 y 2000), es imprescindible mencionar que en época medieval eran muy frecuentes las alternancias de estas dos vocales en posición átona (p. e. *logar/lugar, abondar/abundar*[114], *jogar/jugar, joglar/juglar*). Las voces con *o* mantenían la vocal latina (*logar* < LOCALIS; *polgar* < POLLICĀRIS), mientras que las formas con *u* eran las que provocaban la alternancia y el cambio. Aunque la razón principal de la permuta vocálica (*o > u*) es el proceso de alternancia que afectó a algunas voces que habían mantenido la vocal etimológica *o* en posición átona, es necesario tener en cuenta otras explicaciones que, probablemente, favorecieron el cambio. Según el *DECH* (s. v. *pulgar*), la sustitución de vocales «fué explicada ingeniosamente por Baist (*GGr.*, § 33) y Zauner (*RF* XIV, 451) por una etimología popular que consideraría el vocablo como derivado de *pulga*, por el empleo de este dedo para aplastar insectos».

Así, la alternancia vocálica y el cambio posterior de *-o-* a *-u-* se vieron beneficiados por un proceso de etimología popular de dos voces que se encontraban en situación de paronimia: *pulga* (< PŪLEX, -ĬCIS) y *polgar* (< POLLICĀRIS > POLLEX, -ĬCIS). Además, mantenían una relación semántica, pues el dedo pulgar, por ser el más fuerte, era el que solía emplearse para aplastar distintos tipos de parásitos. La vinculación del dedo con la acción de matar insectos, pulgas y piojos entre los más frecuentes, se aprecia no sólo en las designaciones románicas analizadas en los atlas (*matapiollos, escrocapiollos, mata pulgas e piollos, escunchapulgas, escocha pulgas e piollos*, etc.), sino también en otros casos: en el catalán de Mallorca se documenta *matapuces* (*DECH*, s. v. *pulgar* y *DCVB*, s. v. *matapuces*)[115], en hablas del sur de Francia, *croco-pesouls* (*DECH*) y en algún dialecto del sur de Italia, *mazza-piöć* (*DECH*).

Además de la forma *pulgar*, los atlas atestiguan también ejemplos de derivados de esta voz para referirse al primer dedo de la mano: (esp.) *pulguero* y (esp.) *pulgarejo*. *Pulguero* es probable que surja de la relación que el dedo pulgar mantiene con la acción de matar pulgas. El sufijo *-ero* aporta a la base sustantiva a la que se adjunta un matiz vinculado a uno de sus significados más productivos en la creación de sustantivos: 'designaciones de personas por los nombres de oficios y actividades' (*DESE*, s. v. *-ero*). Así, la relación del sufijo con la base provoca que

---

114 Para más información sobre el cambio vocálico de *abundar* y sus derivados (*abundado, abundamiento, abundante, abundancia*), véase la detallada investigación de Clavería (1995). Asimismo, para otros casos, véase Pensado (1983).

115 Téngase en cuenta que, aunque el mapa del *ALDC* dedicado al dedo pulgar no recoge ningún testimonio relacionado con el acto de matar insectos, se registra una denominación relacionada con esta acción para el dedo índice (§7). Se trata del compuesto *agarrapuces* que, probablemente por cuestión de contigüidad y por el hecho de que el índice es el que a modo de pinza ayuda al pulgar a coger los insectos, se ha recogido para hacer referencia al índice.

*pulguero*, igual que sucede en el caso de *moquero* 'dedo índice' (§ 7), se identifique con la idea de que es el dedo que se ocupa de las pulgas.

*Pulgarejo*, el otro derivado de *pulgar*, que procede de un proceso de derivación apreciativa con el sufijo *-ejo* (Lázaro Mora 1999: 4.648), no se ha empleado históricamente para hacer referencia al dedo pulgar. Su significado más común es 'cierta excrecencia del hígado de las cabras' (*DECH*, s. v. *pulgar*), sentido que se documenta desde el siglo XI, según el *DECH*, y que en el *CORDE* aparece únicamente en 6 documentos (2 del siglo XV; 3 del XVII y 1 del XIX) y en el *DETEMA* no se recoge. En la mayoría de estas documentaciones, el significado se corresponde con 'cierta excrecencia...':

> (a) Con que non pese ygado nin cabeça de carnero, exçebto que puesa pesar el *pulgarejo*, e con las otras condiçiones del año pasado e so las penas dellas. (Anónimo, 1489-1522, *Libro del Concejo de Castro Urdiales*, p. 25. *CORDE*).
>
> (b) Sobre las asaduras, que las vendan enteras. Acordaron los dichos señores que porque los cortadores quitan de las asaduras las mollejas e *pulgarejo* que es del asadura e lo venden por su parte con el carrnero (Anónimo, 1493-1497, *Libro de Acuerdos del Concejo Madrileño*, fol. 222v. *CORDE*).
>
> (c) Por diez, que si le dijera que no bailaba por estar enferma del bazo, se me chapuzara en las tripas a tomar el pulso del *pulgarejo*. Yo le perdono y quiero paz, porque me perdone la que le di (Francisco López de Úbeda, 1605, *La Pícara Justina. CORDE*).

Estos fragmentos muestran que el significado de 'pulgar' que los atlas han atestiguado para la voz *pulgarejo* no se recoge en el *CORDE*.

**2.2.** Los nombres del pulgar relacionados con la acción que se suele llevar a cabo con este dedo para aplastar o matar insectos de pequeño tamaño se asocian a dos tipos de insectos de características muy semejantes: el piojo y la pulga. Los dos miden entre dos y tres milímetros, no tienen alas y son parásitos que viven a costa de la sangre del cuerpo en el que se hospedan. Una de las diferencias más notables es que los piojos residen exclusivamente en los humanos y las pulgas pueden hacerlo en el cuerpo de cualquier mamífero o ave, por ello, es probable que el mayor número de designaciones de este grupo motivacional esté relacionado con los piojos y no con las pulgas.

**2.2.1.** Las variantes léxicas relacionadas con las voces que significan 'piojo' pueden clasificarse en dos grupos según el proceso semántico a partir del que se crean. En primer lugar, la forma (gall.) *piollas*, feminización del más común (gall.) *piollo* en gallego, se explica por un proceso de metonimia del tipo EL INSECTO APLASTADO POR EL DEDO: para referirse al dedo, se toma el nombre del insecto que se emplea para matar los piojos. En segundo lugar, existe un nada desdeñable número de compuestos léxicos del tipo $<V_{[de\ agresión]} + N_{[insecto]}>$[116] en español y sobre todo en gallego en los que también por vía metonímica se toma LA ACCIÓN POR EL DEDO.

Para el gallego, las voces asociadas a la motivación de los insectos son prácticamente el único modo que existe de referirse a este dedo. La mayoría de denominaciones están formadas por un verbo vinculado con la acción que lleva a cabo el dedo en relación con el piojo. El verbo más empleado en los compuestos es *matar*, aunque el *ALGa* proporciona una corte importante de variantes en las que cambia el primer elemento del compuesto. En algunos casos, el cambio de verbo puede ir en consonancia con ciertos matices que van ligados al tipo de acción que se lleva a cabo con el dedo respecto del insecto[117]:

(a) En *escrocapiollos* el verbo *crocar* 'producir cun golpe ou con golpes continuados un vulto ou un oco na superficie de [unha cousa]' parece que se emplea para especificar el modo en el que se establece la relación del pulgar con el piojo. Se ha considerado que *escotrapiollos* es variante formal de *escrocapiollos* debido a las semejanzas entre una y otra forma y a la falta de existencia de un verbo que se corresponda con el primer elemento de la forma *escotrapiollos*.

(b) La designación *cachapiollos* no está ligada a la forma de agresión hacia el piojo sino más bien al paso previo a la agresión, la intención de cogerlo, según se deduce del significado del verbo *cachar* 'alcanzar e agarrar [algo ou a alguén que escapa ou pode escapar]'. Esta forma de referirse al pulgar se puede, por tanto, conectar con el catalán *agarrapuces*, mencionado en este mismo apartado (nota 115).

(c) En la forma *escachapiollos* parece que con el verbo *escachar* 'romper en cachos' se pretende poner de manifiesto el estado en el que queda el insecto una vez se ha aplastado. De esta designación se ha recogido, también en el atlas del dominio lingüístico gallego, una variante formal (*escochapiollos*) cuyo origen es una disimilación regresiva de la primera vocal *a*.

(d) En *trincapiollos* y *estrincapiollos* —esta última es variante formal de la primera, seguramente surgida por influencia de todas las formas para referirse a este dedo que empiezan por el prefijo *es-* (*escrocapiollos*, *escotrapiollos*, *escachapiollos*, *escochapiollos*)—, el significado que aporta el verbo al compuesto se asocia con la forma de agredir al piojo. *Trincar* es 'cortar cos dentes, ou de xeito que o corte sexa semellante ó producido cos

---

116 Los compuestos del tipo $<V + N>$ constituyen una de las estrategias más habituales en la creación de formas complejas en las lenguas románicas (Lloyd 1968; Bustos Gisbert 1986; Rainer y Varela 1992: 127-130; Val Álvaro 1999: 4788-4789; Buenafuentes 2007; Sánchez Méndez 2009).

117 Las definiciones de los verbos se han extraído del *DRAG*.

dentes', modo en el que muchos primates matan a las pulgas e insectos que hallan durante uno de sus rituales de socialización, la limpieza de insectos.

(e) *Chiscapiollos* es el único compuesto en el que el verbo no está vinculado a ninguna acción agresiva ya que, según se indica en el *DRAG, chiscar* significa 'tocar ou rozar levemente'.

(f) La forma *catapiollos*, igual que los compuestos *trincapiollos* y *estrincapiollos*, podría ligarse con el ritual de los primates, pues *catar* es 'examinar con atención na procura de [algo, en particular pulgas ou outros parasitos]'.

(g) La voz *trasqueapiollos* se diferencia de los otros ejemplos porque la forma verbal no se documenta en el *DRAG*. El portugués, sin embargo, posee un verbo muy semejante al supuesto gallego *trasquear*. Se trata de (port.) *traquear*[118] o (port.) *traquejar* que significa 'correr atrás de; perseguir, acossar, traquear' (Houaiss *et al.* 2003). El significado de esta voz se corresponde con el de los verbos de algunos compuestos a los que se ha hecho referencia con anterioridad, este es el caso de *cachar* o *catar* en las denominaciones *cachapiollos* y *catapiollos*. Estas formas verbales se refieren a la acción de agarrar los piojos y no a la de matarlos.

Además de todos los compuestos que se han mencionado, el *ALGa* recoge una ocurrencia de una unidad pluriverbal en la que se hace referencia también a la acción de matar piojos. Se trata de *o que mata piollos*, un tipo de construcción muy frecuente en las denominaciones de tipo descriptivo relacionadas con el tamaño o la posición del dedo (§ 9).

**2.2.2.** Menos usuales que las denominaciones vinculadas a los piojos son las asociadas con las pulgas (*cfr.* mapa II). En español, los pocos ejemplos que se han hallado relacionados con este insecto se corresponden con la voz *matapulgas* en Teruel y Canarias. En el archipiélago, el uso se justifica por la influencia del portugués en el español de las islas.

El gallego es la variedad para la que se atestigua el mayor número de designaciones que contienen la voz *pulga* y, aunque no son tan diversas como las que incluyen la voz *piojo*, se pueden establecer dos grupos de variantes léxico-semánticas. Por un lado, la acción de matar las pulgas genera el compuesto léxico (<V + N>) *matapulgas* y una unidad pluriverbal en la que se hace referencia también a los piojos (*mata pulgas e piollos*). Por otro lado, se han recogido dos formas creadas a partir del verbo *escachar* 'romper en cachos' (*escunchapulgas* y *escocha pulgas e piollos*). Así, tanto el compuesto léxico <V + N> como la unidad pluriverbal que se han formado con este verbo se distinguen de las variantes

---

118 La entrada *traquear* remite a *traquejar* en Houaiss *et al.* (2003).

léxicas del grupo anterior únicamente por el matiz que aporta la forma verbal al conjunto designativo.

**2.2.3.** Además de los nombres que incluyen voces que significan 'pulga' y 'piojo', se ha atestiguado un ejemplo de la voz *matacoco*. A diferencia de lo que se ha comentado para las variantes gallegas de la designación *matapulgas*, el elemento variable de la forma *matacoco* es la segunda parte del compuesto. Se trata de *coco*, un sustantivo muy polisémico (*cfr. DECH, DRAE*) cuyo uso podría proceder de varias de sus acepciones. De la multiplicidad de significados y etimologías que ofrece el *DECH* para esta voz, podría suponerse que está relacionada con las acepciones de la entrada *coco II* 'gusanillo' y *coco III* 'microbio'. El primer sustantivo es «de creación expresiva procedente del lenguaje infantil» (*DECH*, s. v. *coco II*), mientras que el segundo es descendiente del griego κόκκος 'grano', 'semilla', 'grana colorante'. Ambos significados entroncan claramente con las denominaciones anteriores, pues parece que *coco* sustituye a *piojo* y a *pulga* y se emplea como sustantivo genérico para hacer referencia a cualquier tipo de insecto o microbio pequeño.

**2.3.** La designación gallega *o da señal* parece surgir mediante un proceso de metonimia del tipo EL GESTO POR EL DEDO. Puede ser que se tomen como referencia dos gestos distintos: el de la señal de la cruz o el del levantamiento o descenso del dedo mientras el resto de dedos están encogidos. Si el origen fuera la señal de la cruz, se explicaría por el gesto que suele llevarse a cabo con este dedo cuando la gente se persigna o santigua y, por tanto, esta denominación estaría relacionada con la designación *el de la cruz* 'dedo índice' (§ 7). En cambio, si el gesto estuviera relacionado con la acción de levantar el dedo pulgar para indicar que todo está correcto, el origen sería un gesto universal en el que levantar el dedo significa que todo es correcto y poner el dedo hacia abajo que todo va mal y que no ha habido éxito en la tarea realizada (Morris 1994: 213-215). Se cree que estos movimientos con los dedos tenían un papel muy importante en las batallas de gladiadores porque con el simple movimiento hacia arriba o hacia abajo del dedo se podía decidir si un gladiador continuaba viviendo o si, por el contrario, debía morir y de este uso es del que se cree que deriva el sentido que se le da en todo el mundo a esta señal (Morris *et al.* 1979: 187). Sobre esta cuestión se ha reflexionado mucho, incluso algunos investigadores dudan de la existencia de un único gesto y se plantean la posibilidad de que la señal fuera cambiando según la época de la historia a la que se haga referencia (Mannix 2004: 34). También se ha sugerido que la interpretación del gesto de la antigua Roma no fuera del todo acertada sino más bien reinterpretada por algunos estudiosos[119].

---

119 Para más información sobre los distintos significados del gesto de levantar el pulgar (1. correcto; 2. uno; 3. insulto sexual; 4. hacer autostop; 5. dirección; 6. otros), véase Morrison *et al.* (1979: 185-196).

# 3. Denominaciones genéricas

Las variedades románicas de la Península Ibérica permiten designar los dedos mediante su nombre correspondiente o mediante el sustantivo genérico *dedo*, voz que sirve tanto para los dedos de las manos como de los pies (vid. la diferencia con el inglés *finger* 'dedo de la mano' y *toe* 'dedo del pie'). Para el pulgar deben distinguirse las formas genéricas simples (esp. y gall. *dedo*) de las derivadas (esp. *deón, -a*).

**3.1.** Muchos de los ejemplos de uso del lexema *dedo* seguramente están vinculados a la metodología de recogida de datos de la geografía lingüística. La situación comunicativa que se crea en el proceso de encuesta y el hecho de que el hablante, en el momento de responder el cuestionario, pueda utilizar la comunicación no verbal permite que el sustantivo *dedo*, en ese momento concreto, no pueda interpretarse de otro modo que para hacer referencia al pulgar. En este sentido, son distintas las designaciones *deón, -a* de *dedo*. Se trata de dos formas creadas por sufijación apreciativa a partir del sufijo *-ón*, cuya «función propiamente románica es la aumentativa» (Lázaro Mora 1999: 4673). El uso de este proceso morfológico dota a la designación de un significado relacionado con el aumento del tamaño que posee un valor distintivo frente al resto de usos de la voz *dedo*. Así, la adjunción de un sufijo de estas características está justificada porque el pulgar es el dedo más grueso de la mano, de modo que con la designación *deón* es fácilmente identificable.

El empleo del femenino *deona* podría estar asociado también al tamaño (Echadie 1969; Malkiel 1983; Alcina y Blecua 1975; *NGLE* 2009: 91-92), pues existe un grupo de sustantivos cuya oposición de género significa oposición de tamaño en los que el femenino suele aludir al tamaño mayor: «el nombre masculino representa una diferencia de tamaño del objeto aludido por el femenino. El femenino suele ser el objeto mayor, aunque no siempre es así: *farol/farola, banco/banca, huerto/huerta, saco/saca, caldero/caldera*» (Alcina y Blecua 1975: 524). Según Echaide (1969: 107), «el carácter colectivo o aumentativo del femenino frente al masculino deriva, pues, de una diferenciación etimológica, *lignum > leño, ligna > leña* [...] que sirvió de modelo para otras parejas».

Debe destacarse el hecho de que la forma femenina se haya recogido en Cantabria puesto que la mayoría de usos femeninos del sustantivo *dedo* hallados en mapas referidos a otros dedos se han atestiguado en Galicia: *deda grande* 'dedo corazón' (§ 8) y *segunda parte da deda grande* 'dedo anular' (§ 9). Asimismo, es imprescindible contrastar estos datos con los que se recogen sobre el dedo meñique (§ 10), pues para este dedo, parece que el femenino se toma como marca de tamaño pequeño (*cfr. deda, dedica, dediña, dedina, dedita, dedella, dedetica* 'meñique').

## 4. Denominaciones que proceden de la confusión con los nombres de otros dedos

La proximidad y la semejanza formal que existe entre los cinco dedos de la mano es uno de los factores que provoca transferencias denominativas de un dedo a otro. Como se ha advertido en el capítulo 4, las transmisiones de nombres entre partes del cuerpo que son contiguas constituyen uno de los tipos de cambio semántico más frecuente en la historia del léxico del cuerpo humano. Muchas de las actuales denominaciones de algunas partes del cuerpo fueron en latín nombres de partes contiguas. Por ejemplo, el lat. BUCCA se empleó primero para designar la 'mejilla' y más tarde pasó a referirse a la 'boca' (*cfr.* Ullmann 1980 [1962]: 141-142; *DECH* s. v. *boca*), tal y como reflejan las distintas formas románcias que proceden de este étimo: esp. *boca*, cat. *boca*, gall. *boca*, port. *boca*, it. *bocca*, fr. *bouche*. En el caso de los dedos de la mano, las transferencias son numerosas y la mayoría se dan entre dedos contiguos.

**4.1.** Las únicas denominaciones relativas a la confusión con nombres de otros dedos para el pulgar se corresponden con el sustantivo *índice*, seguramente porque es el dedo inmediato al pulgar, por ello, el traspaso denominativo se corresponde con una metonimia espacial por contigüidad física.

## 5. Nombres de parentesco y de relaciones personales o sociales

En el capítulo 2, se hizo referencia al estudio de Brown y Witkowski (1981) en el que se analizaban las denominaciones metafóricas de algunas partes del cuerpo desde una perspectiva universal. Una de las metáforas recurrentes entre las 118 lenguas que analizaron fue el uso de los nombres de parentesco[120] para hacer referencia a los dedos de la mano. El origen de estas denominaciones no es otro, según estos autores, que la consideración de la mano como un conjunto de miembros que forman una familia. Los mismos investigadores señalan los aspectos más interesantes de este recurso designativo:

> The ubiquitous people/digits metaphor is interesting in its semantic content. There is, of course, some similarity between digits and kinsmen. Digits, like kinsmen, are grouped: digits on hands and feet, and kinsmen in families and larger groupings. In

---

120 Brown y Witkowski (1981: 601-602) recogen ejemplos de esta metáfora en 42 de las 118 lenguas que estudian, por tanto, documentan esta motivación léxica en un 35% de las variedades lingüísticas estudiadas en su corpus. Las lenguas son, según sus palabras: «puget salish; biloxi; dakota; choctaw; central Sierra Miwok; lake Miwok; wapoo; diegueño; yana; shoshoni; mexicano; mixe; zoque; huastec; tzeltal; huave; totnace; cayapa; ocaina; aguaruna; quechua; maori; nukuoro; mokilese; woleaian; bontok igorot; manobo; maranao; tiruray; tifal; pintupi; chrau; katu; thai; mandarin chinese; japanese; kotia oriya; amharic; kikuyu; ibo; yoruba y mende».

addition, among grouped digits the thumb and big toe are especially distinct. Similarly, kinship statuses are distinct: parents versus children, elder siblings versus younger siblings, and so forth. Finally, digits, like people, are individually animated (Brown y Witkowski 1981: 601).

Estos paralelismos son el motor de la creación léxica en denominaciones del pulgar del tipo (cat.) *pare* o (gall.) *pai de todos*, únicos ejemplos hallados en los atlas lingüísticos para el pulgar. En los siguientes apartados se podrá comprobar que se trata de un recurso habitual en la zona de habla gallego-asturiana y en la frontera aragonesa del catalán y que es especialmente productivo en los nombres del dedo anular (§ 9). Todos los casos son manifestaciones lingüísticas de dos metáforas ontológicas de personificación: LA MANO ES UNA FAMILIA y LOS DEDOS SON PERSONAS. Según la teoría de Lakoff y Johnson (1986 [1980]), se trata de una metáfora ontológica de PERSONIFICACIÓN mediante la que se concibe cada uno de los dedos como una persona que forma parte de una familia o grupo social y que posee independencia en él. De esta misma metáfora procede, muy probablemente, el dicho popular español *los dedos de la mano no son iguales* como expresión empleada para indicar 'la diferencia que existe entre las personas y las clases sociales' (González Díaz 1998: 118).

Este grupo léxico está muy vinculado al folclore infantil y a los juegos iniciáticos de los niños en la lengua (Romero y Santos 2002: 315). A pesar de esta estrecha relación que existe entre los juegos infantiles y los nombres de parentesco de los dedos, estos se han diferenciado de los nombres procedentes de canciones, refranes y dichos populares como grupo motivacional debido a la importancia que en las diferentes lenguas del mundo adquiere la conceptualización de la mano y de los dedos como una familia (Brown y Witkowski 1981; Julià en prensa b).

**5.1.** Muchos de los nombres de parentesco que se han recogido en las encuestas de los atlas para designar los dedos de la mano proceden de canciones y retahílas infantiles. El uso del sustantivo catalán *pare* para referirse al pulgar procede de la siguiente retahíla infantil (Veny y Pons 1998: 213) que se canta a los niños señalando cada uno de los dedos de su mano: «Aquest és el *pare*; aquest és la mare; aquest fa les sopes; aquest se les menja totes; i aquest fa piu-piu que no n'hi ha pel xirimiu». La primera oración, que se correspondería con el primer verso de la retahíla, es la que se relaciona con la designación atribuida al pulgar. Para el resto de los dedos, todas las respuestas recogidas en el mismo punto de encuesta se vinculan con distintos versos del mismo texto. Así, el índice se identificaría con la *mare*, el corazón, con *el que fa sopes,* el anular, con *el que se les menja totes* y el meñique, con *xirimiu.*

La comparación del dedo pulgar con el padre de la familia se asocia con la posición que ocupa este dedo en la mano y con el tamaño que tiene. Desde una perspectiva ancestral del concepto de familia, la figura paterna suele estar vinculada a la dirección, poder, guía y autoridad por ser el cabeza de familia. La primera posición que ocupa el pulgar en la mano es una de las características que puede haber generado la metáfora por la que se considera que quien ocupa el primer lugar es la cabeza del grupo. Asimismo, las dimensiones del pulgar en comparación con las del resto de dedos podrían ser también otro de los motivos por los que se ha asociado el pulgar con la figura paterna. El hombre (padre) suele poseer una constitución más corpulenta que la mujer (madre), de ahí que si el pulgar se asocia con el padre, el índice se asocie con la madre (§ 7). De igual modo que con la posición, el tamaño estaría relacionado, en un concepto tradicional de familia, con el poder que posee cada uno de los miembros en ella. Tanto desde la perspectiva de la metáfora de la posición como la del tamaño, la unión del pulgar con el padre de familia denota que la designación (cat.) *pare* refleja la conceptualización de la sociedad como un patriarcado. Esto no es exclusivo de estas variedades, pues en la mayoría de lenguas analizadas por Brown y Witkowski (1981) el pulgar se identifica con el padre o con la madre de la familia.

La forma gallega *o pai de todos*, también originada en alguna retahíla infantil gallega, suele emplearse con mucha frecuencia para referirse al dedo corazón (§ 8), como se deduce del hecho de que esta unidad pluriverbal ocupe el tercer verso de las siguientes retahílas infantiles (Delso *et al.* 1990: 24-27): «Este é o dedo meimiño; este é o seu irmanciño; este é o *pai de todos*; este é o furabolos; e este o matapiollos» y «O pequeniño, o medianiño, o pai de todos, o furabolos, e o matapiollos». En este caso, se ha identificado el pulgar y no el dedo corazón con las designación *o pai de todos* probablemente porque se ha dado preferencia la posición en lugar de al tamaño.

## 6. Denominaciones procedentes de canciones, refranes o dichos populares

En muchas lenguas del mundo, es habitual que los padres y abuelos canten canciones a sus hijos y nietos sobre los dedos de la mano, bien para distraerlos y jugar con ellos bien para enseñarles los nombres de los dedos. Buena muestra de ello son algunas canciones y retahílas populares españolas (Calvo, Díez y Estébanez 1999): «Éste fue a por leña, éste le ayudó, éste encontró un huevo, éste lo frió, y este gordito, se lo comió»[121] y «Cinco lobitos tiene la loba, cinco lobitos, detrás de la escoba. Cinco lobitos, cinco parió, cinco crió, y a los cinco, a los cinco tetita les dio». Por medio de canciones como estas, muchos niños aprenden los nombres de los dedos, por ello, no es extraño que los atlas ofrezcan alguna designación procedente de ellas. Los nombres del pulgar que se han agrupado bajo este epígrafe pertenecen al gallego: *picarón gordo* y *pápalo todo*.

---

121 La retahíla va acompañada de la siguiente indicación: «con los dedos índice y pulgar de una mano, se van tomando y apretando cada dedo de la otra mano, comenzando por el meñique y terminando por el pulgar, a la vez que se va recitando cada verso de la retahíla» (Calvo, Díez y Estébanez 1999: 8).

**6.1.** Aunque la designación (gall.) *picarón gordo* no se ha atestiguado en ninguna canción o retahíla gallega consultada, es necesario advertir que diversas variantes de esta forma se han hallado en un número nada desdeñable de rimas infantiles del español. La única diferencia con la forma gallega es que el sustantivo aparece en forma simple (*pícaro*), como derivado diminutivo con carácter afectivo (*picarillo, picarito*) o acompañado del adjetivo en forma diminutiva (*picarón gordito*). El sustantivo *pícaro* se encuentra siempre en retahílas vinculadas a la comida y a la astucia del pulgar y suele ir acompañado del adjetivo *gordo* —muy habitual en las denominaciones del dedo pulgar—. En estas retahílas, el meñique aparece mayoritariamente en el primer verso y todas se refieren a cómo cada uno de los dedos realiza una de las tareas que se necesita para elaborar una comida (comprar, asar, pelar, echarle sal, catar, freír, etc.). Al final de la retahíla, se destaca la picardía del dedo pulgar porque es el que se come la comida que el resto de miembros de la mano han preparado y cocinado. Esta concepción de los dedos está vinculada a la atribución de características [+ humanas] a las partes del cuerpo: se concibe a los dedos como cocineros y se les atribuyen cualidades como la picardía. Esta denominación, por tanto, procede de una metáfora ontológica de personificación del tipo LOS DEDOS SON PERSONAS.

Un ejemplo del uso de la unidad pluriverbal *pícaro gordo* se ha hallado en Delso *et al.* (1990: 36): «Este dedo fue a por leña, este otro la carretó, este encontró un huevito, este lo frió, y este *pícaro gordo*, todo, todo, se lo comió». Muchos más casos (32) de uso de esta designación en el folclore oral infantil se pueden encontrar en la compilación de canciones que acompaña al mapa 336 del *ALeCMan*[122]. Los puntos de encuesta en los que se han recogido son los siguientes: AB 503; CR 102, 202, 305, 308-310, 406, 504-505, 510, 610; CU 107, 507; GU 309, 311, 315, 509; TO 103, 105, 107, 113, 201, 203, 411-413, 415, 503-504, 609-610. Además, el documento del *ALeCMan* registra también ejemplos en los que el sustantivo *pícaro* aparece en forma de derivado diminutivo (p. e. *picarito gordo* CR 203; *picarillo gordo* CR 405). El único testimonio de la voz *picarón* en una retahíla infantil del *ALeCMan* aparece acompañado del adjetivo (esp.) *gordito* (TO 202). Probablemente, la sufijación apreciativa de carácter aumentativo en *picarón* se deba al tamaño del pulgar y la sufijación diminutiva (esp. *picarillo* y esp. *picarito*) se emplee con un valor afectivo motivado por el contexto infantil.

**6.2.** La designación (gall.) *pápalo todo*, atestiguada en los textos de juegos iniciáticos infantiles, se asocia también la atribución de cualidades [+ humanas] a los dedos. Su origen, por tanto, es una metáfora ontológica de personificación del tipo

---

122 El *ALeCMan* es el único atlas que ha destinado una pregunta de su cuestionario a recoger las canciones populares de los nombres de los dedos. Se trata de la pregunta 336 en la que, además de recopilarse la información sobre los nombres del pulgar en el mapa que lleva este número, se incluye un documento de texto con las canciones recogidas en cada uno de los puntos de encuesta.

LOS DEDOS SON PERSONAS. Asimismo, esta denominación constituye una muestra de la relación que se establece entre los dedos y la alimentación en las canciones infantiles. Este estrecho vínculo entre la comida y los dedos se debe, con toda probabilidad, a que los dedos son las partes del cuerpo con las que se puede cocinar y comer, por lo que resultan esenciales en la alimentación. Por ello, en el origen de la designación *pápalo todo*, y en todas las denominaciones asociadas con la comida, se podría suponer, quizá, la existencia de una metonimia del tipo LA PARTE CON LA QUE SE REALIZA LA ACCIÓN POR EL TODO QUE LA REALIZA (LOS DEDOS POR LA PERSONA). Además, es posible que el pulgar se considere el dedo que se lo come todo porque es el de mayor volumen.

Igual que sucedía para la denominación anterior (*picarón gordo*), no se han hallado ejemplos de textos infantiles gallegos en los que apareciera la forma *pápalo todo* pero sí se han encontrado casos de designaciones idénticas en retahílas españolas en el mapa 336 del *ALeCMan*: «Éste se encontró un huevo, éste lo echó sal, éste lo cató, éste le echó una poquita sal, y este picarito gordo, *todito se lo comió*» (CR 203).

## 7. Denominaciones relacionadas con la posición respecto a los otros dedos

La posición que ocupan los dedos en la mano constituye una de las características distintivas más importante desde el punto de vista designativo. El hecho de que los dedos estén situados al principio, al final o en medio supone un valor añadido a la caracterización individualizada del dedo. Dos de las estrategias lingüísticas más destacadas para denominar los dedos según el lugar que ocupan en la mano son el empleo de determinantes o pronombres numerales (p. e. *dedo segundo* 'dedo índice') y de unidades pluriverbales de carácter locativo (p. e. *dedo del medio* 'dedo del corazón').

**7.1.** Para el dedo pulgar, la única designación relacionada con la posición pertenece al gallego y se corresponde con una unidad pluriverbal de carácter locativo. Se trata de la denominación (gall.) *o da beira* y está condicionada, por un lado, por la metodología de recogida de datos de la geografía lingüística y, por otro, por el hecho de que, en la cultura popular gallega, los dedos de la mano se empiezan a contar por el meñique y no por el pulgar. Es probable que el informante iniciara la denominación de los dedos por el más pequeño y que el pulgar fuera el último. Por ello, antes de referirse al pulgar es posible que el hablante hubiera hecho referencia al índice y que esto le hubiera permitido designar el pulgar como *el que está al lado*. Así, el contexto en el que se emitió la respuesta favoreció que el hablante pudiera referirse al pulgar de forma deíctica a causa del método de recogida de datos de la geografía lingüística. Si la respuesta se descontextualiza y no se interpreta teniendo en cuenta la metodología de obtención de datos es imposible asociarla al pulgar, por lo que es necesario tener en cuenta cómo se han recogido las informaciones en los atlas a la hora de analizarlos.

## 8. Otras denominaciones

En este apartado, se han agrupado todas las denominaciones que no se pueden incluir en ninguno de los motivos anteriores o que resultan dudosas y que se registran en pocas ocasiones.

**8.1.** *Charro* significa 'basto, tosco', 'aldeano', 'de mal gusto' y está «probablemente emparentada con el vasco *txar* 'malo, defectuoso', 'débil', 'pequeño', y tomado de esta voz vasca o heredado de la ibérica correspondiente» (*DECH* s. v. *charro*). La posible etimología vasca entronca con el hecho de que tanto *charro* como *chorro* (variante formal originada por disimilación regresiva entre las vocales) se han registrado en zonas castellanas cercanas al dominio lingüístico del eusquera, por ello, es más que probable que *chorro* sea variante de *charro* y que ambas hayan partido del significado español para hacer referencia al pulgar. Quizá, el uso de *charro* para referirse al pulgar esté relacionado con las acciones de matar pulgas, piojos u otros insectos. Estos actos implican cierta violencia desagradable que podría llevar a relacionar la acción de matar insectos con la grosería y la tosquedad, dos valores implícitos en el significado de la voz *charro*. Así pues, mediante un proceso metafórico de personificación (LOS DEDOS SON PERSONAS), se considera que el pulgar posee características [+ humanas] que se derivan del hecho de que es el dedo más fuerte y con el que se llevan a cabo las acciones más toscas, como matar insectos.

**8.2.** El origen de la designación *polo* para hacer referencia al pulgar no parece claro y, en ningún caso, se puede asociar con los significados más habituales de esta voz, razón por la que resulta demasiado aventurado postular una teoría sobre el motivo original de esta designación.

# Capítulo 7. El dedo índice

## 7.1. Clasificación de variantes léxicas

**1. Denominaciones relacionadas con las aptitudes del dedo**
    1.1. Denominaciones relacionadas con la acción de indicar o señalar
        1.1.1. *Índice* (esp. y gall.) / *Índex* (cat.)
        1.1.2. *Dedo de señalar* (esp.)
            1.1.2.1. *Dit per senyalar* (cat.)
            1.1.2.2. *De senyalar* (cat.)
        1.1.3. *Apuntador* (cat.)
    1.2. Denominaciones relacionadas con la acción de sacarse los mocos
        1.2.1. *Mocoso* (esp.)
            1.2.1.1. *Dedo mocoso* (esp.)
        1.2.2. *Moquero* (esp.)
        1.2.3. *Sacamocos* (esp.)
        1.2.4. *Lo dels mocs* (cat.)
        1.2.5. *Dedo quitarte los mocos* (esp.)
        1.2.6. *Dedo de la nariz* (esp.)
    1.3. Denominaciones relacionadas con la comida
        1.3.1. Referidas al pan
            1.3.1.1. *Hurabollos* (esp.) / *Furabolos* (gall.) / *Furabollus* (ast.-leon.)
            1.3.1.2. *Garabolos* (gall.)
            1.3.1.3. *Zarabolos* (gall.)
            1.3.1.4. *Escachabolos* (gall.)
            1.3.1.5. *Dedo del pan* (esp.)
        1.3.2. Referidas a otros alimentos
            1.3.2.1. *Hurgahuevos* (esp.)
    1.4. Denominaciones relacionadas con otras acciones o actividades
        1.4.1. *El de la cruz* (esp.)
        1.4.2. *Hurgaculos* (esp.)
            1.4.2.1. *Escarbaculos* (esp.)
            1.4.2.2. *Dit del cul* (cat.)
        1.4.3. *Huella* (esp.)
        1.4.4. *Mayoral* (esp.)
**2. Denominaciones relacionadas con la posición respecto a los otros dedos**
    2.1. *Segundo* (esp.) / *Segon* (cat.)
        2.1.1. *Segon dit* (cat.)
        2.1.2. *Dit segon* (cat.)
    2.2. *Dedo primero* (esp.)
    2.3. Tomando como punto de referencia el dedo pulgar
        2.3.1. *El que le sigue al dedo gordo* (esp.)
        2.3.2. *El que le sigue al gordo* (esp.)
        2.3.3. *Dedo junto al dedo gordo* (esp.)
        2.3.4. *Al lado del gordo* (esp.) / *El del costat del dit gros* (cat.)
        2.3.5. *Segon del gros* (cat.)

2.3.6. *O do pé do grande* (gall.)

2.4. Sin especificación de referencia

    2.4.1. *El que le sigue* (esp.)

    2.4.2. *De la vora* (cat.)

2.5. *Inicial* (esp.)

2.6. *Do medio* (gall.)

**3. Denominaciones que proceden de la confusión con los nombres de otros dedos**

3.1. *Pulgar* (esp.)

    3.1.1. *El dedo pulgar* (esp.)

    3.1.2. *Matapulgas* (esp.)

    3.1.3. *Agarrapuces* (cat.)

    3.1.4. *Catapollos* (gall.)

3.2. *Meñique* (esp.)

    3.2.1. *Michi* (esp.)

3.3. *El corazón* (esp.)

3.4. *Anular* (esp.)

**4. Denominaciones genéricas**

4.1. *Dit* (cat.)

    4.1.1. *Dedo de la mano* (esp.) / *Dit de sa mà* (cat.)

**5. Denominaciones procedentes de canciones, refranes o dichos populares**

5.1. *Rabo do cuco* (gall.)

5.2. *Lambón* (gall.)

5.3. *Cómeo todo* (gall.)

**6. Denominaciones relacionadas con el tamaño**

6.1. *Gran* (cat.)

6.2. *Menudo* (esp.)

6.3. *O máis pequeniño* (gall.)

**7. Nombres de parentesco y de relaciones personales o sociales**

7.1. *Mare* (cat.)

7.2. *Compañeira dela* (gall.)

**8. Otras denominaciones**

8.1. *Dedo derecho* (esp.)

8.2. *Pico* (esp.)

## 7.2. Información geográfico-lingüística

### 7.2.1. Atlas en los que se halla el concepto

Español:   *ALEA* (V, 1271), *ALEANR* (VII, 988), *ALECant* (\*846), *ALeCMan* (\*336), *ALEI-Can* (II, \*501)[123]

Catalán:   *ALDC* (I, lista P7)[124]

Gallego:   *ALGa* (V, 57)

### 7.2.2. Distribución geográfica de las variantes

### 1. Denominaciones relacionadas con las aptitudes del dedo

1.1. Denominaciones relacionadas con la acción de indicar o señalar

1.1.1. *Índice* (esp. y gall.) / *Índex* (cat.)

*Índice* (esp. y gall.)

| | |
|---|---|
| *ALDC* | 85, 106, 118[125], 172, 181, 185 |
| *ALEA* | H 202, 400, 601-603; Se 102, 201, 300, 302, 304, 307, 406, 503, 600; Ca 100, 201, 204, 300-301, 400[126]; Co 301, 603[127]; Ma 102, 202, 402, 407, 500-501; Gr 300, 403-405, 509-510, 513, 514, 604; J 102-103, 201, 302; Al 100, 302-303, 504, 506, 508, 600-601 |
| *ALEANR* | Forma mayoritaria |
| *ALECant*[128] | Forma mayoritaria |
| *ALeCMan* | Forma mayoritaria |
| *ALEICan* | Fv 20 |
| *ALGa* | C 9; L 18[129], 30[130], 33[131]; O 4, 8 |

---

123  Aunque en el *ALEICan* no se dedica ningún mapa a las denominaciones del dedo índice, se ha considerado oportuno incluir en este apartado las que se recogen en el mapa del meñique para hacer referencia a este dedo.

124  En muchos puntos de encuesta de este atlas no se ha recogido respuesta, por ello, seguramente, el *ALDC* no ha dedicado un mapa a representarlas sino que las ha incluido en forma de lista, en los apéndices finales (*ALDC*, vol. I: pp. 307-308, LLISTES DE RESPOSTES PARCIALS).

125  2.ª resp. (1.ª resp. *índice*).

126  2.ª resp. (1.ª resp. *mocoso*).

127  2.ª resp. (1.ª resp. *mocoso*).

128  Además de la forma *índice*, el *ALECant* recoge las variantes *lince* (S 201) e *indicio* (S \*406) —2.ª resp. (1.ª resp. *índice*)—.

129  2.ª resp. (1.ª resp. *furabolos*).

130  2.ª resp. (1.ª resp. *furabolos*).

131  En este punto de encuesta, la forma atestiguada fue *éndiz*.

*Índex* (cat.)

ALDC         29, 32, 44[132]

1.1.2. *Dedo de señalar* (esp.)

ALEA         Ma 400[133], 401

1.1.2.1. *Dit per senyalar* (cat.)

ALDC         60

1.1.2.2. *De senyalar* (cat.)

ALDC         44

1.1.3. *Apuntador* (cat.)

ALDC         118

1.2. Denominaciones relacionadas con la acción de sacarse los mocos

1.2.1. *Mocoso* (esp.)

ALEA         H 100-102, 200-201, 203, 300-302, 500; Se 101, 200, 301, 305, 309-310, 400, 402-404, 601; Ca 201[134], 205, 400; Co 102-104, 200-202, 300, 400-401, 403, 602-604, 607; Ma 100-101, 200-201, 203, 301-302, 304, 502; J 100, 200, 202, 204, 205, 301, 305, 308-309, 400-401, 403, 501-502, 504; Gr 200-203, 301-303, 305-306, 400-403[135], 408-410, 500, 502-504, 508, 513[136]; Al 200-202, 300-301, 402, 404

ALEANR   Lo 100

ALeCMan  CR 408; CU 105, 107, 505; TO 202, 413, 609, 610

1.2.1.1. *Dedo mocoso* (esp.)

ALeCMan  CR 202[137], 510

1.2.2. *Moquero* (esp.)

ALEA         Se 308, 603;Co 605, 609; J 402; Gr 406, 513

---

132  2.ª resp. (1.ª resp. *de senyalar*).
133  2.ª resp. (1.ª resp. *índice*).
134  2.ª resp. (1.ª resp. *índice*).
135  2.ª resp. (1.ª resp. *índice*).
136  2.ª resp. (1.ª resp. *moquero*).
137  2.ª resp. (1.ª resp. *índice*).

1.2.3. *Sacamocos* (esp.)

    *ALeCMan*      CR 101

1.2.4. *Lo dels mocs* (cat.)

    *ALEANR*      Te 204

1.2.5. *Dedo quitarte los mocos* (esp.)

    *ALEANR*      Hu 600

1.2.6. *Dedo de la nariz* (esp.)

    *ALEA*      J 500

1.3. Denominaciones relacionadas con la comida

1.3.1. Referidas al pan

1.3.1.1. *Hurabollos* (esp.) / *Furabolos* (gall.) / *Furabollos* (ast.-leon.)

    *Hurabollos* (esp.)

      *ALEICan*      LP 10

    *Furabolos* (gall.)

      *ALGa*      Forma mayoritaria[138]

    *Furabollos* (ast.-leon.)

      *ALGa*      A 1, 2, 4

1.3.1.2. *Garabolos* (gall.)

    *ALGa*      C 18

1.3.1.3. *Zarabolos* (gall.)

    *ALGa*      P 31

1.3.1.4. *Escachabolos* (gall.)

    *ALGa*      O 3

---

138  Los puntos de encuesta L 31 y P 8 atestiguan la variante *furabolas*.

1.3.1.5. *Dedo del pan* (esp.)

    *ALEA*        Co 606[139]

1.3.2. Referidas a otros alimentos

1.3.2.1. *Hurgahuevos* (esp.)

    *ALEICan*      Tf 20

1.4. Denominaciones relacionadas con otras actividades

1.4.1. *El de la cruz* (esp.)

    *ALEA*        Ma 406[140]

1.4.2. *Hurgaculos* (esp.)

    *ALEICan*      Tf 50

1.4.2.1. *Escarbaculos* (esp.)

    *ALEICan*      Tf 31

1.4.2.2. *Dit del cul* (cat.)

    *ALDC*        15

1.4.3. *Huella* (esp.)

    *ALECant*      S 601

1.4.4. *Mayoral* (esp.)

    *ALECant*      S *207[141]

---

139  2.ª resp. (1.ª resp. *pulgar*).
140  2.ª resp. (1.ª resp. *índice*).
141  2.ª resp. (1.ª resp. *índice*).

**2. Denominaciones relacionadas con la posición respecto de los otros dedos**

2.1. *Segundo* (esp.) / *Segon* (cat.)

    *Segundo* (esp.)

| | |
|---|---|
| *ALEA* | Gr 308 |
| *ALEANR* | Hu 407, 601 |

    *Segon* (cat.)

| | |
|---|---|
| *ALDC* | 16, 21, 55, 74, 58, 82, 90, 128, 170, 174, 189 |
| *ALEANR* | Hu 402 |

2.1.1. *Segon dit* (cat.)

| | |
|---|---|
| *ALDC* | 43, 50, 67, 158, 161, 178 |

2.1.2. *Dit segon* (cat.)

| | |
|---|---|
| *ALDC* | 124, 143 |

2.2. *Dedo primero* (esp.)

| | |
|---|---|
| *ALEA* | Ma 403; J 404 |

2.3. Tomando como punto de referencia el dedo pulgar

2.3.1. *El que le sigue al dedo gordo* (esp.)

| | |
|---|---|
| *ALEA* | Al 505 |

2.3.2. *El que le sigue al gordo* (esp.)

| | |
|---|---|
| *ALEA* | Se 501; Co 402; Al 502 |

2.3.3. *Dedo junto al dedo gordo* (esp.)

| | |
|---|---|
| *ALEA* | Al 203 |

2.3.4. *Al lado del dedo gordo* (esp.) / *El del costat del dit gros* (cat.)

| | |
|---|---|
| *ALDC* | 63 |
| *ALEANR* | Hu 207 |

2.3.5. *Segon del gros* (cat.)

| | |
|---|---|
| *ALDC* | 147 |

2.3.6. *O do pé do grande* (gall.)

ALGa          C 49[142]

2.4. Sin especificación de referencia

2.4.1. *El que le sigue* (esp.)

ALEA          Ma 406[143]; Ca 101

2.4.2. *De la vora* (cat.)

ALDC          151

2.5. *Inicial* (esp.)

ALEA          H 401
ALEANR      Hu 204

2.6. *Do medio* (gall.)

ALGa          L 13

**3. Denominaciones que proceden de la confusión con los nombres de otros dedos**

3.1. *Pulgar* (esp.)

ALEA          H 501, 600; Co 100[144], 104[145], 600, 606; Ma 600; J 203, 303-304, 307,
                  503; Gr 304, 501; Al 401, 501
ALEANR      Na 303
ALeCMan     CR 605-606; GU 507; TO 410, 607

3.1.1. *El dedo pulgar* (esp.)

ALEA          J 600

3.1.2. *Matapulgas* (csp.)

ALGa          O 16[146]

---

142  2.ª resp. (1.ª resp. *furabolos*).
143  3.ª resp. (1.ª resp. *índice* y 2.ª resp. *el de la cruz*).
144  Según indica la información que aparece a pie de mapa (*ALEA* V, 1271), en este punto de
     encuesta, la primera respuesta fue en blanco y la segunda: *será el pulgar*.
145  2.ª resp. (1.ª resp. *mocoso*).
146  2.ª resp. (1.ª resp. *furabolos*).

3.1.3. *Agarrapuces*[147] (cat.)

    *ALDC*        132

3.1.4. *Catapollos* (gall.)

    *ALGa*        C 2[148]

3.2. *Meñique* (esp.)

    *ALDC*        149
    *ALEA*        H 303

3.2.1. *Michi* (esp.)

    *ALEA*        Ca 200

3.3. *El corazón* (esp.)

    *ALEA*        Gr 511
    *ALEICan*     Gc 20, 40

3.4. *Anular* (esp.)

    *ALeCMan*    CU 405

## 4. Denominaciones genéricas

4.1. *Dit* (cat.)

    *ALEANR*     Hu 602; Z 606; Te 202, 205

4.1.1. *Dedo de la mano* (esp.) / *Dit de sa mà* (cat.)

    *Dedo de la mano* (esp.)

    *ALEA*        Al 205

    *Dit de sa mà* (cat.)

    *ALDC*        83

---

147 En este punto de encuesta, la forma atestiguada es *agarrapulces*.
148 2.ª resp. (1.ª resp. *furabolos*).

**5. Denominaciones procedentes de canciones, refranes o dichos populares**

5.1. *Rabo do cuco* (gall.)

    *ALGa*        C 35

5.2. *Lambón* (gall.)

    *ALGa*        C 3; L 3

5.3. *Cómeo todo* (gall.)

    *ALGa*        O 7

**6. Denominaciones relacionadas con el tamaño**

6.1. *Gran* (cat.)

    *ALDC*        33

6.2. *Menudo* (esp.)

    *ALEA*        Ma 300

6.3. *O máis pequeniño* (gall.)

    *ALGa*        O 15

**7. Nombres de parentesco y de relaciones personales o sociales**

7.1. *Mare* (cat.)

    *ALEANR*        Hu 406

7.2. *Compañeira dela* (gall.)

    *ALGa*        L 34[149]

**8. Otras denominaciones**

8.1. *Dedo derecho* (esp.)

    *ALEA*        Gr 506

---

149  2.ª resp. (1.ª resp. *furabolos*).

8.2. *Pico* (esp.)

ALEANR     Na 404

## 7.3. Áreas léxico-semánticas

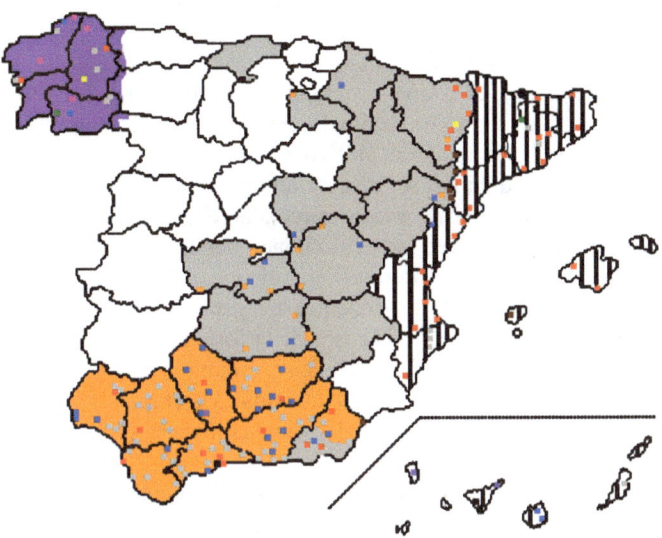

Mapa III. Áreas de los motivos semánticos que originan las denominaciones del *dedo índice*[150]

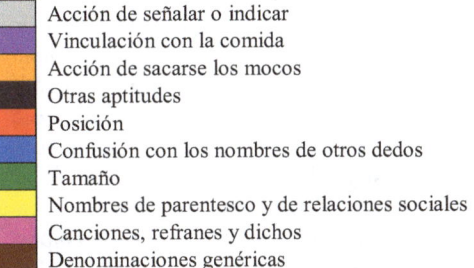

Acción de señalar o indicar
Vinculación con la comida
Acción de sacarse los mocos
Otras aptitudes
Posición
Confusión con los nombres de otros dedos
Tamaño
Nombres de parentesco y de relaciones sociales
Canciones, refranes y dichos
Denominaciones genéricas

---

150  Sobre las zonas que aparecen de color blanco en el mapa, véase la presentación de la segunda parte del libro y la nota correspondiente al mapa II. Asimismo, cabe señalar que las regiones que se muestran marcadas con líneas verticales negras indican el reducido número de respuestas obtenidas para este dedo en cada uno de los territorios en que se hallan.

Los atlas lingüísticos proporcionan un importante número de denominaciones para referirse al dedo índice que pueden agruparse, desde el punto de vista de la motivación, en siete grupos distintos: aptitudes, posición, confusión, denominaciones genéricas, canciones infantiles, tamaño y nombres de parentesco. Si se observa el mapa III, se comprueba que las designaciones más frecuentes en todas las variedades estudiadas son aquellas que surgen de las acciones o actividades que las personas llevan a cabo con este dedo: señalar o indicar, meterse el dedo en la nariz o agujerear la miga del pan, entre otras.

De estas tres, la motivación más frecuente en español, como muestra la extensión del color gris del mapa, es la que se basa en las propiedades deícticas del dedo índice ya que es el que se emplea habitualmente para señalar a alguien o algo y para hacer cualquier indicación. Este motivo se encuentra representado léxicamente por la voz *índice* en distintas regiones: Cantabria, Aragón, Navarra, La Rioja y Castilla-La Mancha. Además, como se aprecia en el mapa III, Andalucía también es una zona en la que existen las denominaciones relativas a la deíxis (esp. *índice,* esp. *dedo de señalar*). En el dominio lingüístico catalán y en la zona gallega, en cambio, las designaciones procedentes de esta motivación son escasas. Mientras en gallego solo se recogen seis casos de la forma *índice,* los ejemplos del catalán son algo más heterogéneos. Entre ellos, se hallan 6 usos de la voz española *índice,* por tanto, deben considerarse castellanismos; 3 ejemplos de la denominación catalana genuina (cat.) *índex;* y otras 3 variantes léxicas: (cat.) *dit per senyalar,* (cat.) *de senyalar* y (cat.) *apuntador.*

El segundo motivo más habitual en español, especialmente en territorio andaluz, es el que está vinculado a la acción de meterse el dedo en la nariz como demuestra el predominio del color naranja en esta zona del mapa. Prácticamente en toda Andalucía se hace referencia al dedo índice como el (esp.) *mocoso,* también (esp.) *moquero* o (esp.) *dedo de la nariz.* El resto de zonas de la Península de habla española apenas emplean designaciones de este tipo. En Castilla-La Mancha, por ejemplo, se atestiguan los siguientes usos: (esp.) *mocoso, dedo mocoso* o *sacamocos.* En Aragón, se han registrado denominaciones semejantes en un punto de Huesca (esp. *dedo quitarte los mocos*). En La Rioja, solo se ha hallado una ocurrencia de la designación *mocoso.* El catalán y el gallego se distancian del español porque no poseen designaciones relacionadas con la acción de meterse el dedo en el orificio nasal. Excepcionalmente, se ha recogido en un punto de Teruel situado en la frontera con Cataluña la forma (cat.) *lo dels mocs.*

El tercer y último grupo de motivaciones vinculado a las actividades que se efectúan con el dedo índice se refiere a la acción de agujerear la miga del pan. Este motivo se extiende, como se aprecia en el color violeta del mapa III, únicamente por la zona de habla gallega y su frontera con Asturias y León. En Galicia, la palabra (gall.) *furabolos* es la forma denominativa que representa este grupo en la mayor parte del territorio. De esta voz parecen proceder otras variantes léxicas que se hallan, casi siempre, en un solo punto de encuesta: (gall.) *garabolos,* (gall.) *zarabolos* y (gall.) *escachabolos*. Las únicas excepciones que existen a esta distribución tan homogénea de la motivación relacionada con el pan se hallan en Andalucía y las Islas Canarias. En el *ALEA*, se ha recogido una designación en un punto de encuesta de Córdoba (Co 606) en el que el hablante explica, después de haberse referido al dedo índice con el sustantivo (esp.) *pulgar*, que «en la siega se le llama *dedo del pan*». En el *ALEICan*, en cambio, parece que el uso de la voz (esp.) *hurgabollo* es uno de los vestigios léxicos portugueses de los inmigrantes que llegaron a las islas en época medieval y de los portugueses que habitan las islas (Pérez Vidal 1944 y 1967; Corbella 1994-1995: 237-239).

Además de estos tres conjuntos designativos, dentro del grupo de las aptitudes del dedo, se han atestiguado otras formas, representadas por el color negro en el mapa, que únicamente se han recogido en un punto de encuesta: (esp.) *el de la cruz,* (cat.) *dit del cul,* (esp.) *huella* y (esp.) *mayoral*.

La posición es el segundo motivo más recurrente. En el mapa III, este grupo designativo aparece representado de color rojo. Si se observa la distribución de los puntos que aparecen marcados, se aprecia que su uso se sitúa casi exclusivamente en el dominio lingüístico del catalán (hay ejemplos en Cataluña, Valencia y las Islas Baleares) y se corresponde léxicamente con numerales (cat. *segon, segon dit, dit segon, segon del gros*). El resto de usos ligados al lugar que ocupa el dedo, por un lado, se encuentran repartidos por Andalucía y poseen formas muy diversas (esp. *segundo, dedo primero, el que le sigue al dedo gordo, el que le sigue al gordo, dedo junto al dedo gordo, el que le sigue*) y, por otro lado, en territorio fronterizo entre Aragón y Cataluña (cat. *segon,* esp. *segundo,* cat. *el del costat del dit gros, inicial*). En la zona de habla gallega, únicamente se han registrado dos ejemplos correspondientes a la posición: (gall.) *do medio* y (gall.) *o do pé do grande*.

El grupo motivacional que surge de la confusión con los nombres de los otros dedos es bastante representativo. A juzgar por los datos de color azul del mapa III, parece que el mayor número de designaciones se recoge en Andalucía y en Castilla-La Mancha, aunque existen ejemplos en muchos otros puntos de encuesta del español (Navarra, Teruel, Castellón, Guadalajara, Toledo, Cuenca y Ciudad Real). La confusión más frecuente se establece con los nombres del dedo pulgar, pues las transferencias designativas con el resto de dedos son escasas: el meñique, en Huelva, Cádiz y Castellón; el corazón, en Granada; y el anular, en Cuenca.

El resto de orígenes semánticos (el tamaño, nombres de parentesco, canciones y refranes y denominaciones genéricas) son poco productivos. Las tres variantes léxicas referidas al tamaño se encuentran en zonas del norte: una en Galicia (gall. *máis pequeñino*), otra en Andalucía (esp. *menudo*) y otra en Cataluña (cat. *gran*). Las denominaciones procedentes de nombres de parentesco se hallan, como para casi todos los dedos de la mano (*cfr.* mapa II, IV, V), en Galicia (gall. *compañeira dela*) y en la zona de transición entre Aragón y Cataluña (cat. *mare*). Las designaciones procedentes de canciones infantiles se ubican solo en el espacio de habla gallega. Las denominaciones genéricas se recogen, principalmente, en zonas del dominio lingüístico catalán (cat. *dit, dit de sa mà*); mientras que el único caso español (esp. *dedo*) pertenece a la provincia de Almería.

En esencia, de la observación del mapa III se deduce la existencia de cuatro grandes áreas léxico-semánticas para referirse al dedo índice. Tres de ellas se corresponden con una única motivación (las acciones que permite llevar a cabo el dedo) y están perfectamente distribuidas por la zona española y gallega. La cuarta motivación se sitúa en el dominio lingüístico catalán, territorio para el que se obtuvieron muy pocos datos debido al importante número de respuestas en blanco de la encuesta. A pesar de la escasez de denominaciones recogidas (38 de las 190 posibles), el mapa muestra que la mayoría de variantes léxicas atestiguadas para referirse al dedo índice en catalán tienen origen en la posición del dedo con respecto del resto de dedos de la mano. Este resultado entronca con los que se han obtenido para el dedo corazón (§ 8) en el dominio lingüístico catalán.

## 7.4. Designaciones latinas

En latín, los nombres de este dedo se caracterizan, en primer lugar, por no designarse normalmente con un término propio sino mediante distintas perífrasis (André 1991: 101) y, en segundo lugar, porque la mayoría de ellas se vinculaban a las funciones que se desarrollaban con él. De los datos que proporcionan André (1991: 101-102) y Castillo (1996: 135), se extraen seis designaciones (*digitus index, digitus dēmonstrātīus, digitus salūtāris, numerans, lichanos, pollici proximus digitus*) que pueden clasificarse a partir de los criterios semánticos de § 7.1.:

| | | André (1991) | Castillo Contreras (1996) |
|---|---|---|---|
| **Según la función del dedo** | demostrar | *digitus index* <br> *digitus dēmonstrātīus* <br> *digitus dēmonstrātōrius* <br> - | *īndex, -ĭcis* <br> - <br> *demonstratorius* <br> *indicialis* (lat. med.) |
| | saludar | *digitus salūtāris* | *salutaris* |
| | contar | - | *numerans* (lat. med.) |
| | adular | *lichanos* | - |
| **Según la posición (en relación al pulgar)** | | *pollici proximus digitus* <br> *digitus a pollice proximus* <br> *digitus pollici uicinus* <br> *primus a pollice (digitus)* | *pollici proximus* <br> - <br> - <br> - |

Tabla V. Designaciones latinas del *dedo índice* (André 1991: 101-102 y Castillo Contreras 1996: 135)

Como se aprecia en los datos de la tabla V, los nombres del dedo índice en latín se originaban según dos motivos: las funciones que permitía desarrollar el dedo y la posición que este ocupaba en la mano respecto al dedo pulgar. Estas son las dos motivaciones que, según los datos del mapa III, se han mantenido como básicas en la creación de los nombres del índice en las lenguas románicas estudiadas en este libro.

Entre las funciones que se llevaban a cabo con el dedo índice destaca, por su productividad, la acción de señalar (*digitus index, index, -icis, digitus demonstratius, digitus demonstratorius, indicialis*). El resto de maneras de referirse a este dedo están vinculadas a otras actividades: saludar (*digitus salutaris*), adular (*lichanos*) o contar (*numerans*). Según los datos de André (1991: 102), de estas tres, las dos primeras podrían ser calcos o adaptaciones de designaciones griegas: *digitus salutaris* 'dedo saludador' de δάκτυλος ἀσπαστικός y *lichanos* 'adulador, cobista' de λιχανός (δάκτυλος). La tercera denominación, *numerans*, es algo más complicada de analizar desde el punto de vista semántico puesto que Castillo Contreras (1996: 145) únicamente indica que se documenta en latín medieval y, en una nota a pie de página, cita el fragmento siguiente: «Inclusos *digito* morbos *Numerante* tenebat, Nec poterat ducto pollice fila dare (apud Fortunat. in vita S. Med. 2 Jun. p. 78 col. 2)». Esta denominación podría proceder de una metonimia por contigüidad vinculada a la acción de contar ya que el índice es el dedo con el que se suelen señalar los elementos que se están contando[151].

De todas estas denominaciones latinas originadas por las aptitudes del dedo, las variedades románicas estudiadas únicamente han mantenido las referidas al acto de señalar o demostrar (esp. *índice, dedo de señalar*; cat. *índex, dit per senyalar, de senyalar, apuntador*). Del resto de variantes designativas, los textos romances solo guardan algunos vestigios de las formas *digitus demonstratius* o *digitus demonstratorius*, según se observa en los datos del *CORDE* y el *DETEMA* para el español. Estas se recogen en formas diversas (esp. *demostrador, mostrador, demostratjuo*) y, según se deduce de los datos de los atlas analizados, no han permanecido en la lengua oral:

(a) *dedo demostratjuo* (Tedrico, 1440-1460, *Cirugía. Escorial h III 17*, fol. 195v23. *DETEMA*).

(b) e consumjmjento del musculo entrel pulgar e el otro *dedo demostrador* e en tiria e alopicia non tiene adelgazamjento e descoleramjento e poco de horina (Tedrico, 1440-1460, *Cirugía. Escorial h III 17*, fol. 195v23. *DETEMA*).

---

151 Para más información sobre la relación léxico-semántica que existe entre los nombres de los dedos y de los numerales en muchas lenguas del mundo, véanse, entre otras, las referencias siguientes: Saxe (1981), Majewicz (1981 y 1983), Pohl (1981), Swetz (1994), Williams y Williams (1995).

(c) Assienta estas letras con el entendimiento en los dedos de la mano izquierda, poniendo los 3 del 34 en el dedo pollex, que es el que dizen pulgar; y los 4 del 34 en el dedo siguiente, que es en el que dizen index o *mostrador* (Juan Pérez de Moya, 1589, *Manual de contadores*, fol. 219v. *CORDE*).

(d) Y porque vale catorze maravedís y medio, assiéntalos d'este modo: en que el uno de los 14 le pongas en el dedo pulgar; y los 4 del 14 ponle en el *dedo demostrador*, que se sigue tras el pulgar (Juan Pérez de Moya, 1589, *Manual de contadores*, fol. 220r. *CORDE*).

(e) y ponen una cinta a la parte que cae la mano, en el espacio que hay entre el lado y el portillo, un geme baxa del borde alto, y tan larga que meten por ella el *dedo demostrador*, y ciérranle con alguna dificultad porque se ayudan a traer la darga (a su parecer con buena gracia) (Juan Arias Dávila Puertocarrero, 1590, *Discurso para estar a la gineta con gracia y hermosura*, p. 54. *CORDE*).

Además de los ejemplos señalados, es imprescindible también hacer referencia a las formas romances que Alonso de Palencia y Nebrija recogen para la denominación (lat.) *digitus salūtāris*. En la parte monolingüe latina del vocabulario de Palencia (2005 [1490]: fol. CXVr), el autor recoge tres formas distintas de referirse al dedo índice (lat. *secundus salutaris*, *index* y *demostratius*) y, en la parte bilingüe latín-romance, se dan únicamente dos para el dedo índice en la entrada (lat.) *digiti* junto a las que se explica por qué se llamaba de este modo: «el segundo *saludador* o *mostrador*: porque con él aseguramos saludando o mostramos algo». Además, en la entrada *index, -ĭcis* se dice lo siguiente: «viene de mostrar señalando, también *index* se llama el dedo junto al pulgar de la mano que le alzan para mostrar algo de lejos» (Palencia 2005 [1490]: fol. CCVIIIIr). Por su parte, Nebrija (1951 [1495]: fol. XXXVIIr) recoge únicamente la forma romance *dedo para demostrar* como equivalente del latín *index, -ĭcis*.

Finalmente, también debe destacarse que Alonso de Palencia (2005 [1490]: CCXXXXVr) recoge la voz *licanos* como traducción del latín *lichanos* y añade la siguiente información sobre el significado del término: «es el dedo de la mano junto al pulgar que llaman index porque señala mostrando». Probablemente, se trata de una castellanización de la palabra latina y que, según datos del *CORDE*, parece que no se vuelve a documentar en otros textos, como sucede para otras voces latinas que el *Universal Vocabulario* traduce al castellano pero que no tienen documentación lingüística posterior (Ruiz Fernández 2008: 160).

## 7.5. Estudio semántico

### 1. Denominaciones relacionadas con las aptitudes del dedo

Como se ha podido comprobar en el análisis de los nombres del pulgar (§ 6) y, como se comprobará en los siguientes capítulos, las acciones más cotidianas en las que se ven implicadas los dedos (p. e. matar piojos, hurgarse la nariz o la oreja) constituyen una de las principales fuentes designativas para referirse a ellos.

## 1.1. Denominaciones relacionadas con la acción de indicar o señalar

El acto de señalar, indicar o mostrar algo a alguien suele ir acompañado, habitualmente, de un gesto con el dedo índice. Este movimiento es el origen de todas las designaciones que se han agrupado bajo este epígrafe (*índice, index, dedo de señalar, dit per senyalar, de senyalar, apuntador*) y tras todas ellas existe el mismo proceso metonímico conceptual: EL DEDO POR LA ACCIÓN QUE CON ESTE SE EJECUTA HABITUALMENTE.

**1.1.1.** De la denominación latina *digitus index* se tomaron las voces *índice*, en español y gallego, e *index*, en catalán, y también en otras variedades románicas[152]. En las variedades hispánicas, este sustantivo es de transmisión culta aunque, según el *DECH* (s. v. *índice*), hoy «es palabra ya vulgarizada en varias acs.». Mientras el catalán conserva la misma forma que el latín, pues la designación actual deriva del nominativo INDEX, en español y en gallego, la historia del uso de la palabra es distinta.

Sobre el gallego, podría afirmarse que, aunque la voz *índice* se documenta en el *DRAG* con el significado de 'segundo dedo da man, entre o polgar e o maior', parece que su uso en los seis puntos del *ALGa* no es genuino y que podría estar influido por el castellano. Por un lado, la respuesta se recoge en puntos de encuesta de Lugo y Ourense ubicados cerca de la frontera asturleonesa y, por otro lado, según Romero y Santos (2002: 321), en cuatro de los seis puntos de encuesta en los que se recoge la forma *índice* se registran también, por ejemplo, castellanismos para referirse al dedo anular (*anular* y *anillar, cfr.* § 8).

En español, los datos del *CORDE* ofrecen informaciones diversas que permiten explicar la evolución del uso de esta denominación culta. La primera forma española que se corresponde con el significado de la designación latina y que se atestigua en el *CORDE* es *index* y pertenece al siglo XIII:

(a) E fue Socrates de bermeja color [...] quando andava catava a la tierra, de mucho pensar, quando fablava movíe el dedo que es dicho *index* (Anónimo, 1250, *Bocados de oro*, p. 48. *CORDE*).

La voz *índice*, en cambio, aparece registrada en dicho corpus mucho más tarde, a finales del siglo XV (b) y su uso quizá no debía de estar extendido porque en la

---

152 Según los datos del *DOLR* (vol. I: 100-101), el préstamo del latín se halla en francés (*index*), catalán (*índex*), portugués (*index*), español (*índice*), gallego (*índice*), italiano (*indice*) y sardo (*índice, indize*).

misma traducción se alterna el uso de *índice* con el de *index*, como puede apreciarse en (c):

(b) E despues dela vena que es entre el dedo pulgar & el *indice*. E despues dela vena dela cabeça que esta enla coruadura del braço: esto si le conuiniere & la virtud lo pudiere sofrir (Anónimo, 1495, *Gordonio*, BNM I315. *CORDE*).

(c) E en especial de aquellos que estan entre el dedo pulgar & el otro *dedo index*. & no auer sentimiento enlas estremidades & fendeduras & dañamientos del cuero. (Anónimo, 1495, *Gordonio*, BNM I315. *CORDE*).

Estas documentaciones muestran que en el proceso de adopción de esta voz al español se tomaron dos formas distintas del mismo latinismo: una procedente del caso nominativo o recto (*índex* > *index*) y otra del acusativo u oblicuo (*índĭcem* > *índice*), que es la que ha permanecido hasta la actualidad en español y en portugués después de un período de convivencia bicasual nominativo-acusativo (Lapesa 2000: 75). Así, tanto los testimonios de *index* del español como el catalán actual *índex* son restos fonéticos de nominativos que «no están ligados a su función casual originaria: son formas únicas del sustantivo, válidas para cualquier empleo» (Lapesa 2000: 75).

**1.1.2.** Las denominaciones del dedo índice que contienen el verbo *señalar* (*dedo de señalar, dit per senyalar, de senyalar*) deben considerarse sinónimas de la más extendida (esp.) *índice* e (cat.) *índex*. El motivo de origen es el mismo puesto que, en todos los casos, las designaciones proceden del gesto que suele hacerse con el dedo para señalar, indicar o mostrar algo a alguien. La creación de estas denominaciones únicamente puede entenderse en los términos de la teoría de la motivación, la arbitrariedad y la convención del uso del signo (Dalbera 2006: 19-20). Tanto *índice* como *dedo de señalar* u otras variantes de este grupo semántico poseen la misma motivación, la única diferencia es que la primera es una forma de transmisión culta semánticamente inanalizable para los hablantes mientras que la segunda es totalmente transparente.

**1.1.3.** El uso de la voz (cat.) *apuntador* se explica también por el mismo proceso que las unidades pluriverbales que contienen el verbo *señalar* antes descrito. En esta ocasión, la denominación es un derivado del verbo *apuntar*[2] que se emplea con el significado de 'señalar' (*DIEC*, 5.ª acepción del valor intransitivo) y, por tanto, es también un sinónimo tanto de *índice* (o *índex*) como de *dedo de señalar* y otras formas de este conjunto designativo.

## 1.2. Denominaciones relacionadas con la acción de sacarse los mocos

Las variantes léxicas que se recogen bajo este epígrafe, a diferencia de las anteriores, no fueron atestiguadas en latín. El motivo que da origen a este grupo denominativo, que se manifiesta en diversas formas y estructuras, es el acto de hurgarse la nariz para sacarse los mocos.

**1.2.1.** Aunque la forma léxica más frecuente es el adjetivo *mocoso*, existen también otros derivados de la misma raíz y compuestos con la voz *moco*, como se aprecia en los siguientes apartados. Se trata de una designación de carácter popular, tal y como refleja su uso en algunas retahílas del mapa 336 que el *ALeCMan* recopila: «Éste es el chiquito y bonito, éste el dedo del anillico, éste largo y vano, éste, *mocoso* y éste el gordo» (CR 306) y «El miniquín, el minicano, el rey de la mano, el *mocoso*, y el que mata los cocos en el verano» (TO 311).

**1.2.2.** El derivado (esp.) *moquero*, aunque según el *DRAE* (2001) se emplee habitualmente para referirse al pañuelo de limpiarse los mocos, se ha recogido como denominación del dedo índice en algunos puntos de encuesta de Andalucía. Mediante el sufijo *-ero*, por sus valores semánticos, se estrecha la relación que supuestamente mantiene el dedo índice con los mocos (*DESE*, s. v. *-ero*).

**1.2.3.** En el compuesto léxico (esp.) *sacamocos* (<V + N>), la referencia a la actividad del dedo es aún más explícita que en las designaciones anteriores puesto que el verbo describe con claridad la acción que se lleva a cabo con el dedo.

**1.2.4.** La designación catalana *lo dels mocs* se distingue de las anteriores porque en lugar de expresarse el significado en forma de derivado o compuesto se hace en forma de perífrasis.

**1.2.5.** La unidad pluriverbal (esp.) *dedo quitarte los mocos* es, junto al compuesto *sacamocos*, una de las denominaciones más transparentes y descriptivas de este grupo motivacional.

**1.2.6.** En la denominación (esp.) *dedo de la nariz* parece que se ha evitado el uso del sustantivo *moco*, seguramente por sus connotaciones, y se ha empleado la voz *nariz* a modo de eufemismo y también, muy probablemente, por un proceso de metonimia (LA ACCIÓN QUE REALIZA EL DEDO POR LA PARTE DEL CUERPO EN LA QUE LA REALIZA).

### 1.3. Denominaciones relacionadas con la comida

Los datos geolingüísticos de los conceptos referidos a los dedos reflejan la relación que estos mantienen con el proceso de alimentación, tal y como se ha comprobado en el capítulo anterior (§ 6). El dedo índice es el que presenta un mayor número de formas asociadas a esta motivación.

## 1.3.1. Denominaciones relacionadas con el pan

En el caso de la denominación del dedo índice en gallego y asturleonés, los vínculos que existen entre los dedos y los alimentos se manifiestan de formas diversas,
aunque siempre relacionadas con el pan: *furabolos, furabollus, garabolos, zarabolos, escachabolos*. Destaca, además, la voz (esp.) *hurabollos*, único ejemplo de
compuesto léxico español que se ha recogido en este grupo léxico-semántico. Todas estas denominaciones, y la unidad pluriverbal (esp.) *dedo del pan* recogida en
Andalucía, comparten la motivación concerniente a la acción que se suele llevar a
cabo con el dedo índice para extraer la miga del pan. Se trata, por tanto, de nombres originados en una metonimia del tipo EL DEDO POR LA ACCIÓN DESARROLLA-
DA.

    **1.3.1.1.** En palabras de Romero y Santos (2002: 320), la motivación que existe
tras las voces (gall.) *furabolos* o (ast.-leon.) *furabollus* es clara y transparente. Por
este motivo, quizá, no escasean los comentarios etimológicos que existen sobre
esta designación. Eladio Rodríguez González (1958-1961, s. v. *furabolos*), por
ejemplo, en su diccionario enciclopédico, comenta que la voz *furabolos* se refiere
concretamente al «dedo índice de la mano derecha» y dice que se llama así «por
los hoyos o FURAS que con él se hacen en los bollos antes de enhornarlos, para
evitar que el calor separe la miga de la corteza». También Martín Sarmiento (1973
[1745-1755]: 322) se refiere al origen del nombre de este dedo (gall. *fura-bólos*)
explicando que se llama de este modo «porque con él se tientan los *bollos* u otra
cosa, si están duros o blandos»[153]. Estos datos permitirían suponer que la voz
(esp.) *hurabollos* es probablemente un calco de (gall.) *furabolos*, pues *hurar* parece una variante de *horadar* (lat. *forare* 'agujerear, perforar', *DECH*, s. v. *horadar*)
o, más probablemente, de *hurgar*[154], voz del español que equivale al portugués y
gallego *furar* ya que proceden del mismo étimo, «probablemente de un lat. vg.
\*FŪRĬCARE» (*DECH*, s. v. *hurgar*), cuyos significados principales—'revolver o
menear cosas en el interior de algo' y 'escarbar entre varias cosas' (*DRAE* 2001, s.
v. *hurgar*)— encajan perfectamente con el sentido de la denominación y que se
repite en (esp.) *hurgahuevos*, denominación analizada en este mismo subapartado.

---

153 Antes de la explicación etimológica, aparece la siguiente retahíla gallega: «este e o mayor de
    todos, este o fúra-bolos y este o mata piollos, que es el pulgar» (Sarmiento 1973 [1745-
    1755]: 322). En el *Diccionario de diccionarios* (*DDD*) se recogen las variantes formales *fura-
    bólos* y *furabolos*.

154 En algunas retahílas infantiles, aparece la forma *hurgabollos*, por tanto, es bastante probable
    que *hurabollos* sea una variante formal de *hurgabollos*. Véase la siguiente canción recogida
    en un punto de encuesta del *ALEICan* (Lz 1) del mapa del dedo meñique (II, 501): «Malgari-
    to pide de comer; sobrinito dice: "No hay qué"; rey de todos dice: "Dios dará"; *hurgabollos*
    dice: "Quita las llaves a madre que debajo el colchón las tiene"; matapiojos dice: "Como yo
    crezca y permanezca cómo a madre se lo ha de decir"».

**1.3.1.2.** La forma (gall.) *garabolos* podría tener, según Romero y Santos (2002: 320), dos orígenes distintos. Por un lado, podría haber surgido por un proceso de etimología popular en el que la voz (gall.) *garabullos* 'pao delgado e pequeno, que se usa sobre todo para prender lume' (*DRAG*) se hubiera cruzado con (gall.) *furabolos*. Por otro lado, *garabolos* también podría ser una variante de *garabullo* fundada en la alternancia de los sufijos *-olo* / *-ullo*, que, según datos de los mismos investigadores, se da en otras palabras como *cadolo/cadullo*.

De la clasificación tripartita de la etimología popular que propone Veny (1991), mencionada en el capítulo anterior (§ 6), puede deducirse que la hipótesis más plausible es la que supone un cruce entre las formas *furabolos* y *garabullos* debido al contenido semántico de esta última voz. Por tanto, se trataría de una homonimización semántica semejante a la que ocurrió entre las voces españolas *restojo* y *rastro* (Veny 1991: 83). En el caso de la designación gallega *garabolos*, según los datos antes expuestos, la etimología popular genera un cambio de *furabolos* a *garabolos* por influjo de *garabullos* mediante un proceso de homonimización semántica: los *garabullos* 'especie de palos que se empleaban para agujerear un tipo concreto de pan' se relacionan con una de las acciones que más habitualmente suele desempeñar el dedo índice, agujerear el pan.

**1.3.1.3.** La forma (gall.) *zarabolos* podría provenir también de un proceso de homonimización semántica, aunque no puede desentrañarse su origen tan claramente como en el caso anterior. Según Romero y Santos (2002: 320): «posiblemente proceda tamén dun cruzamento entre algunha forma con "zara-" e a palabra *bolos*, como exemplo *zarabicar*, que o propio Rodríguez (1958-1961) define como "xoguetear no agua cun palito, como trazando líneas ou rasgos na terra"». La forma no se ha encontrado en el *Diccionario de diccionarios* (*DDD*) y, sin embargo, se ha hallado en el repertorio del léxico leonés de Le Men (1996). La autora documenta la voz *zarabolu*, forma muy semejante a *zarabolos*, aunque con un significado ajeno al del dedo índice, 'tartamudo' (Le Men 1996: 2144).

**1.3.1.4.** El caso de (gall.) *escachabolos* quizá es distinto a los anteriores a pesar de que su origen también parece estar estrechamente vinculado a los procesos de etimología popular. Lo más probable es que esta denominación haya surgido de un cruce entre la designación habitual del dedo índice, *furabolos*, y una de las formas más usuales de referirse al dedo pulgar en gallego, *escachapiollos* (§ 6). No obstante, Romero y Santos (2002) no descartan la posibilidad de que el lexema *escacha-*, procedente del verbo *escachar* 'romper en cachos' (*DRAG*, s. v.), pudiera «estar facendo referencia ó resultado da acción pola que "se tientan os bollos por ver si están duros ou brandos"» (Romero y Santos 2002: 320).

**1.3.1.5.** *Dedo del pan*, junto a *hurabollos*, es el único ejemplo español que se ha clasificado en el grupo motivacional de las denominaciones relacionadas con el pan. El origen es el mismo que en los casos anteriores. De esta designación cabe destacar que fue una segunda respuesta (la primera fue *pulgar*) y que en el mapa va acompañada de información pragmática: el informante explica que a este dedo se le llama así en la siega. Debido a que muchos de los informantes eran jornaleros permite suponer que las labores del campo propiciaban que los trabajadores se reunieran para comer y que, entre ellos, se refirieran al dedo índice por su función en relación al pan.

**1.3.2.** La voz (esp.) *hurgahuevos* es el único caso en el que se hace referencia al dedo índice en relación a un alimento distinto al pan. Está relacionado, seguramente, con el gallego o portugués *furahuevos*, pues como se ha comentado para la designación (esp.) *hurabollos*, se trata de un ejemplo más de la herencia léxica portuguesa que se halla en el español de Canarias (Pérez Vidal 1944 y 1967). En esta ocasión, la designación está vinculada a la acción de agujerear o meter el dedo en un huevo (p. e. «Este se encontró un *huevo*, este le echó a asar, este puso la leña, este puso la sal, y el pícaro gordo, se lo comió todo» mapa 336 del *ALeC-Man*, GU 311). Es difícil interpretar cuál es el origen de estas denominaciones, quizá podría estar relacionado con el folclore oral infantil ya que el huevo es uno de los alimentos más recurrentes en las retahílas de los nombres de los dedos. En el capítulo dedicado a los nombres del meñique (§ 10), se analiza con más detalle la influencia de este alimento en las canciones infantiles de los dedos a partir del análisis de la designación (esp.) *puso un huevo* 'meñique'.

## 1.4. Denominaciones relacionadas con otras aptitudes

En este epígrafe, se han agrupado todas aquellas denominaciones que proceden de acciones o actividades que se llevan a cabo con el dedo índice y que son distintas a las que se han consignado en los apartados anteriores.

**1.4.1.** La designación (esp.) *el de la cruz* puede tener orígenes diversos. Por un lado, podría tener una motivación religiosa y estar asociado al acto de santiguarse. Esta acción suele llevarse a cabo o bien con los tres primeros dedos de la mano unidos (pulgar, índice y corazón) o bien únicamente con el pulgar (*cfr.* gall. *o da señal* en § 6). Si fuera este el motivo, la denominación surgiría de varios procesos metonímicos: LA PARTE POR EL TODO (se toma el índice por los tres dedos o solo por uno) y LA ACCIÓN (DE SANTIGUARSE) POR EL DEDO QUE LA REALIZA. Por otro lado, el origen de la denominación también podría haberlo sugerido una metáfora de imagen basada en un gesto que suele hacerse uniendo en forma de cruz los dedos índices de cada una de las manos. Esta señal suele utilizarse en la cultura occidental, desde época precristiana, para ahuyentar los malos augurios. En ambos casos, la designación se habría originado a partir de la expresión lingüística de un gesto derivado de creencias religiosas o mágico-religiosas.

**1.4.2.** Las voces compuestas (esp.) *hurgaculos* y (esp.) *escarbaculos* y la unidad pluriverbal (cat.) *dit del cul* podrían estar relacionadas con la acción de inspeccionar los orificios corporales que suelen desempeñar, normalmente, el dedo índice o el dedo corazón en las prácticas médicas (*cfr.* las designaciones latinas del dedo corazón, § 8.4.).

Probablemente, se trata de una motivación universal en los nombres de los dedos índice y corazón a juzgar por algunas designaciones latinas paralelas del dedo corazón (*cfr. impudicus, infāmis, obscēnus*, § 8). El significado de las denominaciones del español y el catalán es el mismo pero la forma en la que se recogen es distinta. *Hurgaculos* y *escarbaculos* son compuestos léxicos (<V + N>) que, como se han recogido en las Islas Canarias, seguramente están influidos por otras designaciones de este dedo anteriormente analizadas (esp. *hurgahuevos* y esp. *hurabollo*) y que destacan por incidir en el uso del dedo como "herramienta escarbadora". En cambio, (cat.) *dit del cul* no se relaciona directamente con la acción de escarbar o introducir el dedo en un lugar sino que se omite esta información que procede de un proceso de metonimia (LA ACCIÓN QUE REALIZA EL DEDO POR LA PARTE DEL CUERPO EN LA QUE LA REALIZA), como en el caso de la designación (esp.) *dedo de la nariz* 'dedo índice' anteriormente analizada en este mismo capítulo.

**1.4.3.** El sustantivo (esp.) *huella* se ha empleado para hacer referencia al dedo índice probablemente porque es el dedo con el que se toma la huella dactilar para la identificación de las personas. Se trata de un procedimiento habitual en criminología empleado desde finales del siglo XIX para la identificación de sospechosos y el dedo índice es el que habitualmente se emplea para ello porque es menos propenso a sufrir heridas que puedan causar cicatrices que impidan el correcto reconocimiento de las personas. Esta denominación, por tanto, surge de distintas metonimias: una en la que se toma LA PARTE POR EL TODO (LA YEMA POR EL DEDO) y otra en la que se toma EL RASTRO O MANCHA QUE DEJA LA YEMA POR EL DEDO.

**1.4.4.** El sustantivo (esp.) *mayoral* podría tener varios orígenes semánticos. Por un lado, se ha incluido en este grupo denominativo relacionado con las aptitudes del dedo índice porque se ha considerado que surge del gesto que suele llevarse a cabo con este dedo cuando se dirige o manda algo a alguien. Se trata de una designación que parece derivar de las que están relacionadas con el acto de señalar, pues este suele estar vinculado, en determinadas situaciones y contextos, con la ordenación y el mando. El *mayoral* 'capataz' suele dar órdenes e indicaciones a sus subordinados, por ello, es posible que con esta designación se conciba el dedo en términos de persona (LOS DEDOS SON PERSONAS, EL DEDO ÍNDICE ES UN MAYORAL) y que se vinculen las funciones del dedo con las de la persona con la que se identifica. Por otro lado, parece que también podría tratarse del adjetivo (esp.) *mayor* con el sufijo aumentativo -*al*, uno de los más productivos en ciertas zonas de Cantabria (Calderón Escalada 1999), territorio en el que se ha recogido el uso de esta forma. Si fuera así, se trataría de una designación en la que el tamaño sería el motivo principal que generaría la designación, como en (esp.) *gordal*, forma que se ha recogido para designar el pulgar (§ 6) en el mismo atlas (*ALECant*); sin embargo, la primera hipótesis parece la más plausible porque el dedo índice no es el de mayor tamaño.

## 2. Denominaciones relacionadas con la posición respecto a los otros dedos

La posición que ocupan los dedos en la mano es muy importante desde el punto de vista denominativo ya desde época latina (*cfr.* tabla V). La situación del dedo en la mano motiva dos tipos de designaciones que son habituales solo para hacer referencia al dedo índice, al corazón y al anular: (a) un tipo de denominación que se expresa mediante numerales ordinales, se basa en el lugar que ocupa el dedo en la mano y varía en función del dedo por el que se inicie el cómputo; (b) y otro tipo de designación, formulado mediante perífrasis, en el que se hace referencia a la situación de uno de los dedos en relación al lugar que ocupan los otros.

**2.1.** El dedo índice se sitúa en segundo lugar si se empiezan a contar los dedos por el pulgar, y en el cuarto, si se comienza por el meñique. En los datos de los atlas únicamente se han hallado designaciones, sobre todo en el dominio lingüístico catalán (*cfr.* mapa III), relacionadas con la segunda posición (esp. *segundo*, cat. *segon*, cat. *segon dit*, cat. *dit segon*).

**2.2.** Los dos únicos usos de la unidad pluriverbal (esp.) *dedo primero* para referirse al dedo índice pueden estar relacionados con el hecho de que el dedo pulgar esté muy separado del resto de los dedos. Esta distancia es la que puede haber provocado o bien que los hablantes que pronunciaron esta respuesta no tuvieran en cuenta el dedo pulgar e iniciaran el cómputo en el índice o bien que consideraran que este es el primer dedo de todos.

**2.3.** El dedo pulgar es el único punto de referencia en las designaciones del dedo índice relacionadas con el lugar que ocupa en la mano. Quizá la importancia del tamaño y la posición de este dedo sean la causa principal de que el pulgar se tome como punto de referencia en algunas denominaciones del español (*el que le sigue al dedo gordo, el que le sigue al gordo, dedo junto al dedo gordo, al lado del gordo*), del catalán (*el del costat del dit gros* y *segon del gros*) y del gallego (*o do pé do grande*). En esta última designación, destaca el uso metafórico del sustantivo (gall.) *pé*, que se emplea con el significado de 'el que está justo en la parte inferior del dedo gordo' (Romero y Santos 2002: 321).

**2.4.** Además de las formas designativas que parten del dedo pulgar, se han testimoniado dos ejemplos en los que no se especifica cuál es el dedo que se toma como referencia. Se trata de las unidades pluriverbales (esp.) *el que le sigue* y (cat.) *de la vora*. En ambos casos podría haber sucedido que el método de recogida de datos hubiera propiciado que el hablante enunciara de forma correlativa los nombres de los cinco dedos y ello, probablemente, habría podido condicionar la desaparición del sustantivo *pulgar* (esp. *el que le sigue al pulgar* y cat. *de la vora del dit gros*), o de cualquier otra designación para este dedo, debido a que, seguramente, el informante infirió esta información porque la acababa de mencionar y la suponía implícita. Tanto en este caso, como en los ejemplos de este tipo que se han recogido para el dedo anular (cat. *de la vora*, gall. *o que lle sigue*, § 9), el análisis de las denominaciones ha puesto de manifiesto, de nuevo, la importancia de tener en cuenta el método de recogida de datos de la geografía lingüística para su correcta interpretación.

**2.5.** El uso del adjetivo (esp.) *inicial* puede haber surgido por dos motivos. Por una parte, igual que en el caso de la unidad pluriverbal (esp.) *dedo primero* comentada en este mismo capítulo, podría ser que el hablante que emitió esta respuesta iniciara el cómputo de los dedos por el dedo índice dejando de lado el dedo pulgar debido a la distancia que separa a este dedo de los otros cuatro que, a causa de su unión, parece que forman un grupo. Por otra parte, también sería plausible suponer que se hubiera asociado formalmente la voz *índice*, por su semejanza formal, con el adjetivo *inicial* debido, precisamente, a que es el primero del grupo de los cuatro dedos que parecen conformar una unidad distinta al dedo pulgar. Según la clasificación de la tipología de la etimología popular de Veny (1991), se trataría de un proceso de *homosemización* porque se ha acercado el contenido del significado de la voz *inicial* al de la voz *índice* porque se encuentran en situación de paronimia.

**2.6.** La designación (gall.) *do medio* podría haberse originado de una conceptualización de los dedos de la mano basada en tres grupos según el lugar que ocupa cada uno de ellos: el dedo inicial (pulgar), los dedos del medio (índice, corazón y anular) y el último dedo (meñique). Esta concepción es contraria a la que se ha propuesto para la denominación anterior (esp. *inicial*) pero concordaría con las designaciones de otros dedos y con los comentarios de algunos informantes que recogen los atlas en el apartado de información adicional o complementaria. Este es el caso, por ejemplo, del *ALDC* (lista P7), donde aparecen las siguientes anotaciones sobre las denominaciones del dedo índice:

(a) Punto de encuesta 52: «No tenim nom específic: de tots els dits que no són el gros o el petit en diuen *dits del mig*».
(b) Punto de encuesta 67: «L'informant l'anomena *entre els tres dits del mig* 'tots els dits tret del petit i el polze'».
(c) Punto de encuesta 157: «No té nom específic: de tots els dits que no són el gros o el petit en diuen *dits del mig*».

Estos comentarios demuestran la hipótesis de que los dedos se conceptualizan, en ocasiones, en tres grupos según el lugar que ocupan en la mano y también que el pulgar y el meñique se diferencian del resto por razones de tamaño y longitud.

# 3. Denominaciones que proceden de la confusión con los nombres de otros dedos

Como se ha comentado en capítulos anteriores (§ 4 y § 6), el modo en el que están estructuradas y ubicadas las partes del cuerpo es una de las causas de que, en el léxico de esta área semántica, se haya producido un importante número de transferencias léxicas en la evolución del latín a las lenguas romances. Asimismo, estos factores se consideran también causantes, en parte, de la confusión denominativa que existe entre algunas partes del cuerpo, en especial, las de tamaño reducido que están muy próximas entre sí. Los dedos constituyen un interesante campo de estudio desde esta perspectiva tanto porque existen dedos para los que prácticamente no se ha registrado confusión como porque la transferencia denominativa viene motivada por causas diversas en función del dedo al que se haga referencia.

El dedo índice es, junto al anular (§ 9), el dedo para el que se han atestiguado más nombres originados en la confusión con los nombres de otros dedos. Además, esta motivación ocupa el tercer lugar de los ocho grupos motivacionales que se han distinguido para este dedo.

**3.1.** La proximidad entre el dedo pulgar y el dedo índice genera que la mayoría de confusiones denominativas y transferencias léxicas se produzcan entre estos dos dedos. Los ejemplos de usos de nombres del dedo pulgar para referirse al índice se han hallado tanto en español (*pulgar, el dedo pulgar, matapulgas*) como en catalán (*agarrapuces*) y en gallego (*catapiollos*).

**3.2.** Otros son los motivos que parecen originar que el segundo dedo de la mano se designe con las voces que habitualmente se emplean para hacer referencia al dedo meñique (esp. *meñique* y esp. *michi*, cfr. § 10). Podría suponerse que estas designaciones surgen por la comparación de las dimensiones entre el pulgar y el índice. Al tomarse el nombre del dedo meñique para designar al índice parece resaltar la diferencia de tamaño entre el pulgar y el índice.

**3.3.** La contigüidad es, igual que para las designaciones del índice relacionadas con el pulgar, el factor principal que ha dado lugar al uso de la denominación (esp.) *el corazón* para referirse al índice.

**3.4.** El empleo de la forma (esp.) *anular* es más difícil de explicar que los casos anteriores porque no existe contacto entre el dedo anular y el índice, a diferencia de lo que sucede con el pulgar y el corazón. Esta confusión podría haber surgido, quizá, porque comparten ciertos rasgos que los harían semejantes: ambos ocupan el segundo o el cuarto lugar de la mano según el lugar por el que se inicie el cómputo; son los dedos que más se parecen desde el punto de vista del tamaño; y, desde la perspectiva de la conceptualización de los dedos en tres grupos según su posición, forman parte del grupo de los dedos centrales de la mano.

## 4. Denominaciones genéricas

El índice es, después del meñique (§ 10), el dedo para el que más designaciones genéricas se han registrado en los atlas. El uso de la voz (esp.) *dedo* y de las unidades pluriverbales (esp.) *dedo de la mano* y (cat.) *dit de sa mà* permite al hablante referirse a cualquiera de los cinco dedos sin necesidad de especificación debido a que tanto el español como el catalán y el gallego poseen un nombre individual para cada uno de los dedos y, además, otro más genérico (*dedo*) que posibilita hacer referencia a cualquiera de los de la mano y de los pies. En *dedo de la mano* y *dit de sa mà*, el sintagma preposicional desambigua el peligro de confusión con los dedos de los pies.

## 5. Denominaciones procedentes de canciones, refranes o dichos populares

Tanto las canciones como las retahílas infantiles, refranes y dichos constituyen un motivo constante para designar los dedos de la mano. En el caso del dedo índice, las únicas denominaciones de este grupo designativo se ubican en el dominio lingüístico gallego.

**5.1.** Para el dedo índice, la designación (gall.) *rabo do cuco* aparece en más de una de las canciones que se incluye en el repertorio de Delso *et al.* (1990: 24). Véase uno de los ejemplos: «Dedín, dedín, dixo Roquín. *Rabo de cuco*, mazaruco. Cando o rei por alí pasou, tódalas aves convidou, menos unha que quedou. Chirlo mirlo busca o novio e vaite deitar onde a filla do rei che ha de mandar, mandar e mandar».

A diferencia de la mayoría de denominaciones populares infantiles, la designación *rabo do cuco* no pertenece a una retahíla de cinco versos, lo que impide poder identificar los dedos a los que se está haciendo referencia porque no existe un orden de denominaciones a partir del que pueda reconocerse el nombre de cada uno de los dedos, por tanto, aunque la fuente de la designación es, seguramente, esta canción, no puede afirmarse que en ella la unidad pluriverbal se refiera al dedo índice.

Desde el punto de vista semántico, es difícil desentrañar el motivo que origina esta designación si se tiene en cuenta que *rabo do cuco* significa, literalmente, 'cola del cuco'. Para su correcta interpretación, pueden analizarse los datos desde dos perspectivas: por un lado, podría existir algún tipo de relación metafórica entre la cola de esta clase de pájaro y el dedo índice. Por otro lado, también podría ser que el dedo índice sencillamente se empleara durante la recitación de la canción, como suele ser habitual en muchas de este tipo, para señalar los dedos a los que se alude o que se empleara para realizar gestos mímicos relacionados con la música. Sin embargo, no existen indicios que permitan decantarse por alguna de las dos hipótesis para poder determinar cuál es el origen de la denominación.

**5.2.** El adjetivo (gall.) *lambón* procede del sustantivo (gall.) *lambonada*, que el *DRAG* define como 'alimento doce que sabe moi ben' o 'cousa de comer, doce e de pequeno tamaño, que se toma máis por gusto ca para alimentarse'. El uso de esta designación surge de la combinación de un conjunto de elementos que suelen relacionarse en las canciones infantiles: cultura popular, metáfora de personificación y metáfora de alimentación. Las canciones populares de los dedos a menudo expresan concepciones de los dedos en términos de persona y, muy frecuentemente, los relacionan con la comida quizá porque están en contacto directo con ella.

En esta denominación, la personificación del dedo índice se manifiesta en la atribución de rasgos [+ humanos] al dedo, como es la consideración de que es goloso. Véase la siguiente retahíla recogida en Delso *et al.* (1990: 26): «Ese foi ó mar e non trouxo nada, este foi e trouxo unha pescada, este lavouna, este fritiuna, e este *lambón* comeuna». Si se tiene en cuenta que en la cultura popular gallega es muy habitual iniciar el cómputo de los dedos de la mano por el meñique (Romero y Santos 2002: 314), el hecho de que el adjetivo *lambón* aparezca en el verso final indica que con este adjetivo es habitual referirse al dedo pulgar. Este dedo suele asociarse con la comida por sus dimensiones, pues, como es el más grueso, es el que se supone que debe comer más (*cfr.* gall. *picarón gordo* y gall. *pápalo todo*, § 6). Así, parece que podría haberse transferido el nombre *lambón*, de uso habitual para referirse al pulgar, al dedo índice muy probablemente porque la designación gallega más frecuente (gall. *furabolos*) está relacionada también con la comida.

**5.3.** La designación (gall.) *cómeo todo* está también vinculada a las canciones y retahílas populares infantiles y a la metáfora de la personificación de los dedos. A pesar de que la designación es gallega, no se ha podido hallar ningún ejemplo en textos gallegos; no obstante, se encuentran construcciones paralelas en algunas de las canciones españolas recogidas en Delsto *et al.* (1990: 35-36). Véase un ejemplo: «Este dedo fue a por leña, este otro la carretó, este encontró un huevito, este lo frió, y este pícaro gordo, *todo, todo, se lo comió*»

Igual que sucedía en las retahílas que incluyen la denominación (gall.) *lambón*, es probable que la unidad pluriverbal *cómeo todo* se emplee en las canciones para designar normalmente el dedo pulgar y no el índice. Por tanto, muy probablemente, se trate de una transferencia designativa del dedo pulgar al dedo índice. Además, Romero y Santos (2002: 321) suponen que tanto *lambón* como *cómeo todo* podrían ser la muestras léxicas de una motivación basada en uno de los usos principales de estos dos dedos (el pulgar y el índice), pues son los que se emplean para llevarse la comida a la boca.

## 6. Denominaciones relacionadas con el tamaño

El tamaño del dedo índice no es uno de los factores que suele tomarse en cuenta para designarlo, quizá porque no destaca, igual que le sucede al anular (§ 9), ni por ser el dedo más gordo (pulgar), ni el más largo (corazón), ni el más pequeño (meñique). Posee unas medidas intermedias que lo hacen pasar desapercibido si se compara con los otros dedos. Probablemente, por ello, las denominaciones referidas al tamaño que se han recogido son pocas y surgen mayoritariamente de la comparación con el tamaño de los dedos que tiene alrededor.

**6.1.** El ejemplo de uso del adjetivo (cat.) *gran* parece poder explicarse por la confrontación de las dimensiones del dedo índice con las del dedo meñique, que es el único dedo más pequeño que el índice en la mano.

**6.2.** La designación (esp.) *menudo* probablemente surja del parangón que se establece entre el tamaño del dedo índice con el del pulgar.

**6.3.** De igual modo, la unidad pluriverbal (gall.) *o máis pequeniño* parece que podría surgir también por el contraste del tamaño del dedo índice con el del pulgar pero; sin embargo, como en gallego suele ser habitual iniciar el cómputo de los dedos por el dedo meñique sería más probable que la designación se originara en la comparación del tamaño del índice con el corazón, al que en el mismo punto de encuesta se le designa (gall.) *máis grande* 'dedo corazón' (§ 8). En este caso, quizá sea más claro el origen superlativo de la designación que en los anteriores por la presencia del adverbio *máis* que acompaña al adjetivo, pues es la muestra de que existe un punto de referencia con el que se coteja la dimensión del dedo índice.

## 7. Nombres de parentesco y de relaciones personales o sociales

Los nombres de parentesco constituyen, como se ha advertido en el apartado dedicado al estudio del dedo pulgar (§ 6) y como se va a poder comprobar más adelante, en especial, en el análisis de las designaciones del dedo anular (§ 9), una de las estrategias universales para referirse a los dedos de la mano. En el caso del dedo índice, se recogen únicamente dos formas procedentes de una personificación (cat. *mare* y gall. *compañeira dela*).

**7.1.** El sustantivo (cat.) *mare* es el único ejemplo de nombres de parentesco que se ha hallado para el dedo índice. Su uso, como ha sucedido para el resto de las designaciones de los dedos que se han recogido en el mismo punto de encuesta (*cfr.* cat. *pare* 'pulgar' § 6, cat. *el que fa sopes* 'dedo corazón' § 8, cat. *el que se les menja totes* 'anular' § 9), está vinculado a una retahíla infantil catalana (Veny y Pons 1998: 213) en la que se puede comprobar que cada uno de los versos se corresponde con uno de los cinco dedos: «Aquest és el pare, aquest és la *mare*, aquest fa les sopes, aquest se les menja totes, i aquest fa piu-piu que no n'hi ha pel xirimiu».

Es probable que la conceptualización del dedo índice como la madre de la familia tenga mucho que ver con el hecho de que el pulgar se equipare con el padre (§ 6), una asociación de carácter universal, pues Brown y Witkowski (1981) apuntan que el pulgar y el índice son los dedos que suelen estar asociados con los progenitores de la familia que conforman los distintos dedos de la mano en las diversas lenguas que ellos estudian (§ 2.2.3.). En ambos casos, parece que se establece una estrecha vinculación entre el tamaño del dedo y la importancia del miembro en el seno familiar. Las dimensiones del pulgar mantienen una relación directamente proporcional con el tamaño físico del padre (los hombres suelen tener una constitución más robusta que las mujeres) y, además, desde una concepción tradicional de familia, su papel de mando en el seno familiar parece estar también relacionado con el lugar que ocupa. Es probable suponer que estas características relacionadas con el dedo pulgar hayan podido ser el punto de partida para referirse al dedo índice con el sustantivo *mare*. En primer lugar, la contigüidad entre el pulgar y el índice es semejante a la unión que existe entre el padre y la madre de una familia. Por ello, sería extraño que se atribuyera el papel de madre, por ejemplo, al dedo corazón o al meñique, habiéndose adjudicado antes el papel de padre al dedo pulgar. En segundo lugar, el tamaño del dedo índice, algo más reducido en cuanto a grosor, en relación con el dedo pulgar, es también un factor importante que refuerza la factibilidad de la concepción del dedo índice como la madre de la familia, pues las mujeres suelen ser de complexión menos fuerte que los hombres.

**7.2.** La designación (gall.) *compañeira dela* es distinta a la anterior porque no es un nombre de parentesco. Su origen, no obstante, surge también de la concepción de la mano como un grupo de personas cercanas que mantienen algún tipo de relación social, aunque mucho menos estrecha que la que puedan mantener los miembros de una familia, lo que sería equivalente al concepto de redes sociales en sociolingüística. Debido a que esta designación se ha registrado también para otros dedos (*cfr.* gall. *compañeiro* 'dedo corazón', § 8; y gall. *compañeiro* 'dedo anular', § 9) podría tratarse de un "comodín denominativo" puesto que no es la forma más habitual de referirse a ninguno de los tres dedos para los que se ha recogido pero parece que es una manifestación léxica habitual para representar la metáfora LOS DEDOS SON PERSONAS que forman parte de una comunidad y mantienen relaciones entre ellos. Cabe destacar el vínculo que establecen Romero y Santos (2002) entre esta unidad pluriverbal y otras recogidas en el mismo punto de encuesta para el dedo corazón y para el dedo anular: «coa forma *compañeira dela* [...] estabécese unha relación que emparenta *a segunda da deda grande* (o segundo dedo da man), *a deda grande* (o terceiro dedo da man) e *a compañeira dela* (o cuarto dedo da man)» (Romero y Santos 2002: 322).

## 8. Otras denominaciones

**8.1.** La designación (esp.) *dedo derecho* es probable que proceda, como sucede en otros casos, de la imagen de alguno de los gestos que suele llevarse a cabo con este dedo. Por ejemplo, tanto el acto de señalar como el de indicar implican que el dedo esté totalmente recto. Igualmente, cuando se quiere preguntar algo a alguien o cuando se vota alguna decisión a mano alzada se levanta la mano con el dedo índice totalmente erguido. Este dedo también suele ponerse derecho para expresar un insulto (en muchas ocasiones acompañado de algún comentario) aunque mucho menos agresivo que el que se realiza con el dedo corazón (§ 8). Así pues, es probable que esta unidad pluriverbal proceda de una metáfora de imagen basada en el gesto del dedo índice levantado y recto porque, en los distintos usos y contextos en los que se emplea el dedo índice para expresar una emoción o realizar una acción, suele estar totalmente erguido.

**8.2.** El uso del sustantivo (esp.) *pico*, también recogido en una ocasión para designar el dedo meñique (§ 10), es difícil de explicar. Atendiendo a los significados de la voz *pico* (*DRAE* 2001), la denominación del dedo índice mediante esta voz podría estar vinculada a diversas metáforas, aunque todas las que se proponen a continuación son meras hipótesis del posible origen motivacional. En primer lugar, podría suponerse que el empleo de la voz *pico* estuviera asociado a la sexta acepción que aparece en el *DRAE* (2001): 'cúspide aguda de una montaña'. Este uso metafórico se explicaría por el hecho de que, en multitud de ocasiones, el dedo índice suele estar erguido mientras que los demás se encuentran doblados, de modo que en este contexto o situación sería la parte más alta de la mano. En segundo lugar, la posibilidad de relacionar el uso de la voz *pico* con la primera acepción referida a la parte del cuerpo de los animales está sujeta a una metáfora de imagen animalizadora (Echevarría 2003). El uso de los dedos índice y pulgar a modo de pinza para coger los alimentos parece que quizá podría haberse asociado con el uso del pico de las aves.

# Capítulo 8. El dedo corazón

## 8.1. Clasificación de variantes léxicas

**1. Denominaciones relacionadas con el corazón**
    1.1. *Corazón* (esp. y gall.)
        1.1.1. *Cordal* (esp.) / *Cordial* (gall.)
        1.1.2. *Dedo del corazón* (esp.) / *Dit del cor* (cat.)
        1.1.3. *Del corazón* (esp.) / *Del cor* (cat.) / *Do corazón* (gall.)
    1.2. *El dedo de la arteria* (esp.)
**2. Denominaciones relacionadas con la posición respecto a los otros dedos**
    2.1. *Medio* (esp.) / *Mig* (cat.)
        2.1.1. *Dedo del medio* (esp.) / *Dit del mig* (cat.)
        2.1.2. *Del medio* (esp.) / *Del mig* (cat.) / *Do medio* (gall.)
        2.1.3. *Dedo gordo del medio* (esp.)
    2.2. *Mediano* (esp.) / *Mitjà* (cat.)
        2.2.1. *Meirandiño* (gall.)
        2.2.2. *Mitjancer*
        2.2.3. *Dit mitjà* (cat.)
    2.3. *Tercero* (esp.) / *Tercer* (cat.)
        2.3.1. *Dit tercer* (cat.)
        2.3.2. *Tercer dit* (cat.)
    2.4. *Segundo* (esp.)
    2.5. *Central* (esp.)
**3. Denominaciones relacionadas con el tamaño**
    3.1. *Grande* (gall.)
        3.1.1. *Grandiño* (gall.)
        3.1.2. *Dedo grande* (esp.) / *Deda grande* (gall.)
        3.1.3. *Máis grande* (gall.)
        3.1.4. *Máis grandiño* (gall.)
        3.1.5. *Máis grande de todos* (gall.)
        3.1.6. *Grande de todos* (gall.)
    3.2. *Largo* (gall. y esp.)
        3.2.1. *Dedo largo* (esp.) / *Dit llarg* (cat.)
        3.2.2. *Dedo más largo* (esp.) / *Dit més llarg* (cat.)
        3.2.3. *Més llarg* (cat.)
        3.2.4. *Máis largo de todos* (gall.)
    3.3. *Mayor* (esp.) / *major* (cat.) / *maior* (gall.)
        3.3.1. *Dit major* (cat.)
        3.3.2. *Mayor de todos* (esp.) / *Maior de todos* (gall.)
        3.3.3. *Maiorciño de todos* (gall.)
**4. Nombres de parentesco y de relaciones personales o sociales**
    4.1. *Padre de todos* (gall.) / *Pai de todos* (gall.)
    4.2. *Dedo madre* (esp.)
        4.2.1. *Nai de todos* (gall.)
    4.3. *Irmau de todos* (gall.)
    4.4. *Compañeiro* (gall.)
    4.5. *Rey de todos* (esp.) / *Rei de todos* (gall.)

## 8.2. Información geográfico-lingüística

### 8.2.1. Atlas en los que se halla el concepto

| | |
|---|---|
| Español: | *ALEA* (V, 1272), *ALEANR* (VII, \*988), *ALECant* (\*847), *ALeCMan* (\*337), *ALEICan* (II, \*501)[155] |
| Catalán: | *ALDC* (107) |
| Gallego: | *ALGa* (V, 56) |

### 8.2.2. Distribución geográfica de las variantes

**1. Denominaciones relacionadas con el corazón**

1.1. *Corazón* (esp. y gall.)

| | |
|---|---|
| *ALDC* | 149 |
| *ALEA* | H 100, 400, 501, 601-602; Se 201[156], 300-301, 307, 503; Ca 100; Co 202; J 200-205, 300, 403; Al 405, 504 507, 600; Gr 304, 501, 503, 506, 509, 513, 515, 604; Al 303, 503 |
| *ALECant* | Forma mayoritaria |
| *ALEANR* | Forma mayoritaria |
| *ALeCMan* | Forma mayoritaria |
| *ALEICan* | Forma mayoritaria |

---

155 Aunque en el *ALEICan* no se dedica ningún mapa a las denominaciones del dedo corazón, se ha considerado oportuno incluir en este apartado las que se recogen en el mapa del meñique para hacer referencia a este dedo.

156 2.ª resp. (1.ª resp. *dedo del medio*).

*ALGa*     L 3, 8, 30[157]; C 40; O 4, 22, 25

1.1.1. *Cordal* (esp.) / *Cordial* (gall.)

*Cordal* (esp.)

*ALECant*     S 404[158]

*Cordial* (gall.)

*ALGa*     O 8; C 9

1.1.2. *Dedo del corazón* (esp.) / *Dit del cor* (cat.)

*Dedo del corazón* (esp.)

| | |
|---|---|
| *ALEA* | Forma mayoritaria |
| *ALEANR*[159] | Na 203, 302, 305 |

*Dit del cor* (cat.)

| | |
|---|---|
| *ALDC* | 23, 62, 72, 134, 163, 183, 187 |
| *ALEANR* | Hu 402; Te 202, 205, 207 |

1.1.3. *Del corazón* (esp.) / *Del cor* (cat.) / *Do corazón* (gall.)

*Del corazón* (esp.)

*ALEANR*     Na 500; Hu 304; Gu 400; Cu 200; V 100

*Del cor* (cat.)

| | |
|---|---|
| *ALEANR* | Te 204 |
| *ALDC* | 44, 116, 139, 189 |

*Do corazón* (gall.)

*ALGa*     L 7, 14, 18; C 3

1.2. *El dedo de la arteria* (esp.)

*ALEA*     Ma 200

---

157 3.ª resp. (1.ª resp. *maior de todos* y 2.ª resp. *pai de todos*).
158 2.ª resp. (1.ª resp. *corazón*).
159 Las formas atestiguadas en este atlas se corresponden con la variante *dedo de corazón*.

## 2. Denominaciones relacionadas con la posición respecto a los otros dedos

### 2.1. *Medio* (esp.) / *Mig* (cat.)

*Medio* (esp.)

| | |
|---|---|
| *ALEANR* | Lo 100, 303; Na 201 |
| *ALECant* | S 302, 409 |

*Mig* (cat.)

| | |
|---|---|
| *ALDC* | 27 |

### 2.1.1. *Dedo del medio* (esp.) / *Dit del mig* (cat.)

*Dedo del medio* (esp.)

| | |
|---|---|
| *ALEA* | H 303, 502, 504, 600; Se 102, 201, 304, 306, 308-310, 400-402, 404, 502, 600-601; Ca 200, 204, 300-301, 600, 602; Ma 201, 401; Co 103-104, 300, 402, 603, 609; Gr 306, 309, 501, 503, 604; Al 503 |
| *ALEANR*[160] | Hu 112; Cu 400; Te 300 |

*Dit del mig* (cat.)

| | |
|---|---|
| *ALEANR* | Hu 408, 602 |
| *ALDC* | 12, 19, 41, 43, 44, 60, 70-71, 76-77, 82, 84-85, 89, 93, 97, 101-102, 107,113-114, 117, 122, 125, 144, 146-148, 151-152, 155, 160-161, 162, 169, 179, 184-185, 190 |

### 2.1.2. *Del medio* (esp.) / *Del mig* (cat.) / *Do medio* (gall.)

*Del medio* (esp.)

| | |
|---|---|
| *ALEA* | H 200, 203, 500, 503; Se 500; Ca 101, 500; Ma 200, 202-203, 400, 406; Co 401, 600, 602, 607; J 101, 304, 306, 309, 402; Gr 201, 401, 405, 502, 507; Al 402; Ma 101, 200, 302 |
| *ALEANR* | Na 206, 301; Z 300, 305, 401, 502, 601, 607; Z 108, 111, 112, 207, 300, 401, 608; Te 203, 302, 308, 400, 403, 406, 503; Gu 200; Cu 200; Cs 300-302 |
| *ALeCMan* | CR 408 |

*Del mig* (cat.)

| | |
|---|---|
| *ALDC* | 18, 24, 34, 46, 53, 55-56, 75, 94, 104, 118[161], 120, 123, 127[162]-128, 137, 139[163], 154, 158, 171-172, 182, 186, 188 |

---

160 Las formas atestiguadas en este punto de encuesta se corresponden con la variante *dedo en medio*.

*Do medio* (gall.)

*ALGa*        C 19, 38, 48-49; P 11[164]; O 19; LE 1

2.1.3. *El dedo gordo del medio* (esp.)

*ALEA*        Co 602

2.2. *Mitjà* (cat.) / *Mediano* (gall.)

*Mitjà* (cat.)

*ALDC*        37, 48, 56, 63-64, 86, 110

*Mediano* (gall.)

*ALGa*        C 20; L 33

2.2.1. *Meirandiño* (gall.)

*ALGa*        C 2, 6; L 9

2.2.2. *Mitjancer* (cat.)

*ALDC*        80-81

2.2.3. *Dit mitjà* (cat.)

*ALDC*        59, 127

2.3. *Tercero* (esp.) / *Tercer* (cat.)

*Tercero* (esp.)

*ALEANR*        Na 407; Te 206

*Tercer* (cat.)

*ALDC*        16, 20, 55, 67, 74, 90, 162, 189
*ALEANR*        Hu 405

---

161  2.ª resp. (1.ª resp. *del cor*).
162  2.ª resp. (1.ª resp. *dit mitjà*).
163  2.ª resp. (1.ª resp. *del cor*).
164  2.ª resp. (1.ª resp. *grande*).

2.3.1. *Dit tercer* (cat.)

    *ALDC*        124, 143

2.3.2. *Tercer dit* (cat.)

    *ALDC*        50

2.4. *Segundo* (esp.)

    *ALEA*        J 404

2.5. *Central* (esp.)

    *ALEICan*        GC 11

## 3. Denominaciones relacionadas con el tamaño

3.1. *Grande* (gall.)

    *ALGa*        C 34-35; P 11, 29; L 16, 24[165], 29; O 25

3.1.1. *Grandiño* (gall.)

    *ALGa*        L 5

3.1.2. *Dedo grande* (esp.) / *Deda grande* (gall.)

    *Dedo grande* (esp.)

    *ALEA*        Se 501 y Co 600

    *Deda grande* (gall.)

    *ALGa*        L 34

3.1.3. *Máis grande* (gall.)

    *ALGa*        L 11, 19; C 46; P 30; O 15

3.1.4. *Máis grandiño* (gall.)

    *ALGa*        C 25-26; L2

---

165 2.ª resp. (1.ª resp. *maior de todos*).

3.1.5. *Máis grande de todos* (gall.)

ALGa          C 4, 12, 42; P 1, 3, 12, 28; L 6, 17, 28, 31; O 28; A 2

3.1.6. *Grande de todos* (gall.)

ALGa          Z 1

3.2. *Largo* (esp. y gall.)

ALEA          Se 406; Ma 303
ALEANR        Na 101, 105
ALGa          C 8, 14

3.2.1. *Dedo largo* (esp.) / *Dit llarg* (cat.)

*Dedo largo* (esp.)

ALEA          Ma 401, 403; Se 303

*Dit llarg* (cat.)

ALDC          30, 83
ALEANR        Hu 404

3.2.2. *Dedo más largo* (esp.) / *Dit més llarg* (cat.)

*Dedo más largo* (esp.)

ALEA          J 502

*Dit més llarg* (cat.)

ALDC          173
ALEANR        Z 606[166]

3.2.3. *Més llarg* (cat.)

ALDC          22

---

166 El mapa 988 del *ALEANR* trae el punto de encuesta Z 206 para la respuesta (cat.) *dit més llarg*. Es evidente que se trata de un error porque no existe el punto Z 206 en este atlas. Además, es posible confirmar que el punto de encuesta al que realmente se hace referencia es el Z 606. Es el único que permitiría explicar que la respuesta se haya recogido en catalán. Para más información sobre la variedad lingüística hablada en este punto de encuesta, véanse otras respuestas del mismo punto: 'dedo índice' (Z 606: *lo dit*); 'pulgar' (Z 606: *dit gros*); 'palma de la mano' (Z 606: *pla*), etc.

3.2.4. *Máis largo de todos* (gall.)

    *ALGa*        C 8[167]

3.3. *Mayor* (esp.) / *Major* (cat.) / *Maior* (gall.)

    *Mayor* (esp.)

    *ALEA*        Al 506

    *Major* (cat.)

    *ALDC*        32, 91-92

    *Maior* (gall.)

    *ALGa*        L 10; C 1, 24, 43, 48; P 13, 15

3.3.1. *Dit major* (cat.)

    *ALDC*        73, 119, 180

3.3.2. *Mayor de todos* (esp.) / *Maior de todos* (gall.)

    *Mayor de todos* (esp.)

    *ALEICan*        GC 40

    *Maior de todos* (gall.)

    *ALGa*[168]        O 1- 2[169], 8, 10, 14, 18, 24, 26; Z 1[170]-3

3.3.3. *Maiorciño de todos* (gall.)

    *ALGa*        C 4[171]

---

167 2.ª resp. (1.ª resp. *largo*).
168 En todos los puntos de encuesta —a excepción del número 2—, la denominación registrada se corresponde con la variante formal *mordetodos*.
169 En este punto de encuesta, la forma atestiguada es la variante formal *amordetodos*.
170 2.ª resp. (1.ª resp. *grande de todos*).
171 2.ª resp. (1.ª resp. *compañeiro* y 3.ª resp. *máis grande de todos*).

## 4. Nombres de parentesco y de relaciones personales o sociales

4.1. *Padre de todos* (gall.) / *Pai de todos* (gall.)

    *Padre de todos* (gall.)

    *ALGa*        L 4; A 5

    *Pai de todos* (gall.)

    *ALGa*        L 11-12, 15, 20-21, 25-26; O 13, 20-21; P 22, 24; C 32

4.2. *Dedo madre* (esp.)

    *ALEANR*    Na 304

4.2.1. *Nai de todos* (gall.)

    *ALGa*        C 44

4.3. *Irmau de todos* (gall.)

    *ALGa*        L 13

4.4. *Compañeiro* (gall.)

    *ALGa*        C 4

4.5. *Rey de todos* (esp.) / *Rei de todos* (gall.)

    *Rey de todos* (esp.)

    *ALEICan*    Fv 2; Tf 20, 31, 50

    *Rei de todos* (gall.)

    *ALGa*        L 23; A 7

4.6. *Tu padrino* (esp.)

    *ALEICan*    LP 10

## 5. Denominaciones que proceden de la confusión con los nombres de otros dedos

5.1. *Pulgar* (esp.)

    *ALEA*       Ma 100; Gr 511; Al 601
    *ALeCMan*   GU 317

5.2. *Índice* (esp.) / *Furabolos* (gall.)

*Índice* (esp.)

*ALEA*          J 503

*Furabolos* (gall.)

*ALGa*          O 16[172]

5.2.1. *Fai o bolo* (gall.)

*ALGa*          O 7

## 6. Denominaciones procedentes de canciones, refranes y dichos populares

6.1. *La peseta* (esp.)

*ALEA*          Gr 406

6.1.1. *Dedo la peseta* (esp.)

*ALEA*          Gr 410

6.1.2. *El de la peseta* (esp.)

*ALEA*          Co 403

6.1.3. *El de la peseta para la abuela* (esp.)

*ALEA*          Gr 409

6.2. *El que fa sopes* (cat.)

*ALEANR*        Hu 406

## 7. Denominaciones relacionadas con las aptitudes del dedo

7.1. *El que me rasca* (esp.)

*ALEA*          J 500

---

172 En este punto de encuesta, la forma atestiguada es una variante formal de (gall.) *furabolos*: *furafollas*.

188

7.2. *Dedo da puñeta* (gall.) / *Dedo do carallo* (gall.)

*Dedo da puñeta* (gall.)

*ALGa*          L 1

*Dedo do carallo* (gall.)

*ALGa*          L 5

## 8. Otras denominaciones

8.1. *Tallo* (esp.)

*ALEANR*          Na 404

8.2. *Carrampés* (gall.)

*ALGa*          L 24

8.3. *Alzabuei* (gall.)

*ALGa*          L 13

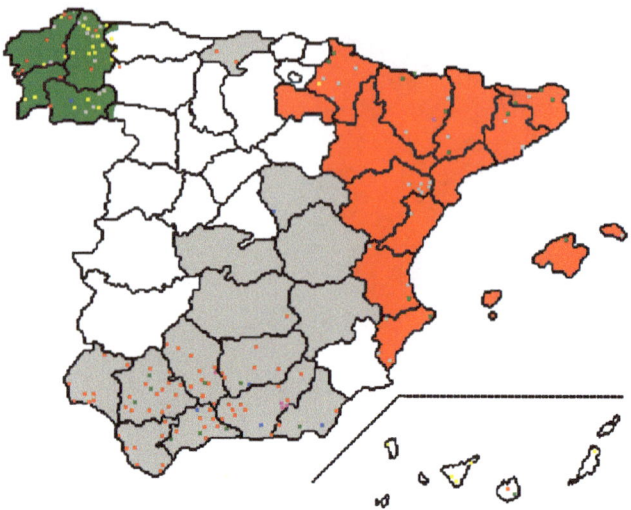

Mapa IV. Áreas de los motivos semánticos que originan las denominaciones del *dedo co-*
*razón*[173]

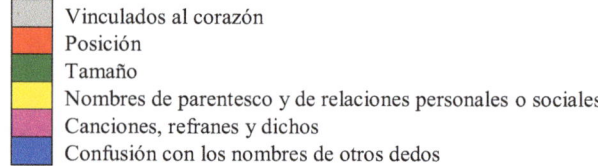
   Vinculados al corazón
   Posición
   Tamaño
   Nombres de parentesco y de relaciones personales o sociales
   Canciones, refranes y dichos
   Confusión con los nombres de otros dedos

Como se puede observar en el mapa IV, existen tres grupos de motivos predominantes en las denominaciones del dedo corazón cuya distribución geográfica está
muy bien definida.

Por un lado, las designaciones relacionadas con el corazón (esp. *corazón,* esp.
esp. *dedo del corazón,* esp. *cordal,* esp. *cordial,* esp. *el dedo de la arteria*) son las
más frecuentes en las zonas de Cantabria, Castilla-La Mancha y Andalucía, como
puede apreciarse en el color gris del mapa. Por otro lado, la zona más oriental de
la Península (Cataluña, Baleares, Aragón, Navarra y La Rioja) constituye un grupo geográfico homogéneo y un área compacta por cuanto en estos territorios la
tendencia más común es la de designar el dedo corazón según su posición, motivo

---

173  Sobre las zonas que aparecen de color blanco en el mapa, véase la presentación de la segunda
      parte del libro y la nota correspondiente al mapa II.

que aparece representado en el mapa de color rojo. En catalán, se hallan designaciones concernientes a la posición central del dedo en la mano por comparación con el resto de dedos (*mig, dit del mig, mitjà, mitjancer, dit del mig*, etc.) y también en relación con la posición, los mapas recogen el uso de pronombres y determinantes numerales ordinales (*tercer, dit tercer, tercer dit*). En español, el *ALEANR* atestigua la mayor parte de las denominaciones de este grupo léxico representado en las siguiente formas léxicas: *medio, dedo del medio, mediano* y *tercero*. El mapa IV muestra que la posición también origina algunas designaciones en Andalucía, en algunos puntos de Galicia y en uno de las Islas Canarias (esp. *central*).

Finalmente, el mapa permite advertir la existencia de otro grupo de variantes léxicas basadas en el tamaño del dedo por comparación con el resto de dedos. La motivación, representada de color verde, se extiende por todo el territorio de habla gallega a través de diversos adjetivos que designan tamaño: *grande* (*grandiño, dedo garnde, máis grande, máis grandiño, máis grande de todos, grande de todos*), *largo* (*máis largo de todos*) y *maior* (*maior de todos, maiorciño de todos*).

Asimismo, el grupo designativo de los nombres de parentesco se extiende por la zona gallega, algún punto del occidente de Asturias y ciertas localidades de las Islas Canarias, como reflejan las zonas de color amarillo del mapa. La distribución geográfica de estas denominaciones es una muestra más de lo que ha revelado el análisis de los nombres del dedo pulgar (§ 6) en el archipiélago Canario. La mayoría de las designaciones que se recogen en las Islas se corresponde, por su motivación, con el conjunto de los nombres recogidos en territorio gallego debido a que son parte del acervo léxico portugués que desde época antigua ha llegado a Canarias.

## 8.4. Designaciones latinas

Las investigaciones sobre los nombres de los dedos en latín recogen un nada desdeñable número de formas designativas para hacer referencia al dedo corazón, según reflejan los datos de la tabla VI:

|  | André (1991) | Castillo Contreras (1996) |
|---|---|---|
| **Según la posición** | *medius digitus*<br>*mediānus digitus*<br>*medii digiti maior*[174] | *medius*<br>*medianus*<br>- |
| **Según su tamaño** | *digitus summus*<br>*digitus longissimus* | *summus*<br>*longissimus* |
| **Según costumbres y gestos escatológicos u obscenos** | *digitum porrigere medium*<br>*ostendere unguem*<br>*digitus impudicus*<br>*impudicum ostendis digitum*<br>*digitus infāmis*<br>*digitus fāmōsus*<br>*digitus obscēnus*<br>- | -<br><br>*impudicus*<br><br>*infamis*<br>*famosus*<br>*obscenus*<br>*digitus amoris* |

Tabla VI. Designaciones latinas del *dedo corazón*
(André 1991: 102 y Castillo Contreras 1996: 137)

La mayoría de estas designaciones se documentan desde época clásica, como se puede observar en la tabla VII:

| s. I d. C. | s. II d. C. | s. III d. C. | s. IV d. C. | s. V d. C. |
|---|---|---|---|---|
| *longissimus*<br>*mediu*<br>*impudicus*<br>*infamis* | *summus* | *famosus* | *medianus* | *obscenus* |

Tabla VII. Documentación de las designaciones latinas del *dedo corazón* (André 1991: 104)

De los tres grupos semánticos, el más productivo es el de los nombres que surgen por costumbres y gestos escatológicos u obscenos, como se puede apreciar en la tabla VI. Tanto André como Castillo Contreras señalan que en época latina el gesto de levantar el dedo corazón fue asociado con los miembros genitales masculinos y que tenía una connotación sexual que se usaba como insulto o como un ritual mágico-religioso para evitar el mal de ojo. Este gesto ha perdurado a lo largo de los siglos y las culturas y aún hoy se considera uno de los insultos gestuales más antiguos y conocidos desde época romana (Axtell 1993 [1991]: 41-42). La obscenidad de la señal parece que dio lugar a numerosas formas de denominar al

---

174 Esta denominación, según André (1991), se podía referir únicamente al dedo corazón o a este dedo y al anular juntos: «On donnait aussi le nom de *medii digitii*, au pluriel, aux deux doigts considérés comme médians, le majeur et l'annulaire: Pline, *nat*. 28, 42, *in manu dextra duo medii lino leuiter colligati*; Marc., *med*. 10, 71. L'annulaire étant *medius digitus minur* "le plus petit des doigts médians" (Cass. Fel., p. 106, 2), on peut supposer que *medius digitus maior* devait être un nom du majeur» (André 1991: 102).

dedo del medio; mientras muchas de ellas se expresaban mediante un adjetivo que especificaba la lascivia que sugería (*impudicus, infamis, obscenus*), otras simplemente eran una descripción de cómo se erguía el dedo (*digitum porrigere medium* 'levantar el dedo del medio'; *ostendere unguem* 'mostrar la uña'). Diferentes son las denominaciones *famosus* y *amoris* porque tal vez podrían ser eufemismos que se empleaban para no designar el dedo con voces que recordaran el motivo sexual. Este procedimiento eufemístico se ajusta a lo que Ullmann (1980 [1962]: 234) denominó *tabú de la decencia* para explicar el cambio semántico y que tan bien ha estudiado Montero Cartelle (1981) para el gallego y otras lenguas románicas.

Los vocabularios latino-romances medievales de Alonso de Palencia y Nebrija dan cuenta de que las denominaciones vinculadas a la motivación obscena fueron las más extendidas en latín. En Alonso de Palencia (2005 [1490]), la entrada *digiti* (fol. CXVr), que recoge las designaciones de todos los dedos, incluye la forma latina *tertius impudicus* traducida como: *el tercero es no casto*. En cambio, Nebrija (1951 [1495]) traduce dos de las designaciones latinas (*digitus medius* y *digitus infāmis*) mediante la lexía compleja *dedo de medio* (fol. XXXVIIr). De este modo, aunque documenta la denominación latina, prefiere la designación motivada por la posición que ocupa el dedo en la mano y no la traduce a su equivalente en español, como sí hace Alonso de Palencia.

Asimismo, las informaciones documentales que se hallan en el *DETEMA* (s. v. *dedo*) permiten advertir que la extensión y mantenimiento de ciertas denominaciones latinas solo perduró en el lenguaje científico-anatómico, muy probablemente debido a que muchos de los manuales de anatomía se traducían principalmente del latín o de otras lenguas románicas al romance castellano. Este es el caso de una de las dos unidades pluriverbales documentadas en el diccionario que se refiere al dedo corazón. Se trata de la designación *dedo impúdico*, que se define como «el utilizado para explorar los orificios del cuerpo humano» y se halla documentado en la traducción de la *Cirugía Mayor* (1296) de Guido Lanfranchi (Lanfranco de Milán 1250-1315) fechada en 1481:

> si se quiebre la mandibula estonce si sea la ysquierda estonce por los dedos el index
> e el *impudico* de la mano siniestra en la boca e alça suso el huesso que esta plegado
> o quebrado abaxo o con la mano diestra comprime suso e assi con las dos manos
> egualelo.

Actualmente, aunque el gesto sigue considerándose un insulto, las denominaciones que los atlas atestiguan relacionados con él son escasas (esp. *la peseta*, esp. *dedo la peseta*, esp. *el de la peseta*, esp. *el de la peseta para la abuela*, esp. *dedo* gall. *da puñeta*, gall. *dedo do carallo*) y no poseen una motivación transparente.

## 8.5. Estudio semántico

### 1. Denominaciones relacionadas con el corazón

**1.1.** El conjunto de designaciones que se han agrupado bajo este epígrafe pueden responder a dos motivaciones distintas a las que aluden Romero y Santos (2002: 318): la posición del dedo en la mano y su relación con el corazón.

La hipótesis de que las denominaciones que contienen la voz *corazón* se refieren a la posición central que ocupa el dedo en la mano parte del significado metafórico que posee la voz *corazón* (*DRAE* 2001, s. v. *corazón*): se considera que el corazón de cualquier cosa, entidad, lugar, tiempo o espacio es la parte central de la misma. Así, se dice *el corazón de la manzana* para referirse al centro; *Manhattan es el corazón de Nueva York* para señalar que una población se encuentra en el centro de una zona geográfica; o *febrero es el corazón del invierno* porque es el mes central en el que se sucede esta estación.

Esta idea se situaría en la teoría de los esquemas de imágenes de Johnson (1992 [1987]: 201-203), concretamente en el esquema CENTRO-PERIFERIA a partir del que se puede interpretar que el corazón es el centro de la vida humana porque es el órgano que nos permite vivir. Efectivamente, «sabemos que en nuestro cuerpo hay partes centrales que resultan vitales y otras absolutamente periféricas que no afectan a su funcionamiento; así, son transparentes las metáforas basadas en *corazón* o *meollo*» (Santos y Espinosa 1996: 29).

Así pues, si las formas que contienen la voz *corazón* para hacer referencia al tercer dedo de la mano partieran de la motivación de la posición, procederían de un conjunto entrelazado de metáforas: una metáfora primaria del tipo el CORAZÓN COMO CENTRO DE LA VIDA; una extensión metafórica en la que se considera que EL CENTRO DE CUALQUIER REALIDAD ES EL CORAZÓN (*el corazón de la manzana*) y aplicación de la metáfora a los dedos (EL DEDO DEL MEDIO ES EL DEDO CORAZÓN: esp. *corazón*, esp. *cordal*, esp. *cordial*, esp. *dedo del corazón*, esp. *del corazón*, cat. *dit del cor*, cat. *del cor*, gall. *do corazón*).

Esta hipótesis parece bastante probable porque suele ser habitual que un significado metafórico de una parte del cuerpo dé origen a nombres de otras partes del cuerpo, como se ha mostrado anteriormente (§ 3.3.3.). Este es el caso del sustantivo *boca* en la designación *boca del estómago* en la que parece que la acepción 'entrada o salida' (*DRAE* 2001, s. v. *boca*) suscita la concepción de que la entrada de alimentos en el estómago es la *boca* de este órgano. Sin embargo, deben tenerse en cuenta otros posibles orígenes que explicarían que en un punto de encuesta se haya hallado la designación (esp.) *el dedo de la arteria* ya que o bien podría derivarse de una reinterpretación de (esp.) *dedo del corazón* o bien estar vinculada a otra motivación.

El segundo origen factible procedería de una creencia antigua y se basaría en la transferencia de designaciones entre los dedos corazón e índice. En la antigua Roma, durante la celebración de los esponsales (ritual previo a la celebración del matrimonio) era costumbre —probablemente heredada de los egipcios (Puchades 1992: 11)— sellar el amor de dos personas mediante alianzas que simbolizaban eternidad (Grimal 1999 [1981]: 87). El dedo anular de la mano izquierda se consideraba ideal para llevar el anillo porque se creía que este conectaba directamente con el corazón (Bennett 1982: 16; Puchades 1992: 10-11). Este órgano, a su vez, constituía el lugar idóneo para cultivar y mantener el amor, por ello, era necesario que la alianza contactara directamente con el corazón a través del dedo anular. Los ejemplos de las lenguas germánicas que aporta Bennett (1982) permiten suponer que, aunque en la actualidad no se pueda contar con ningún testimonio de ello, es probable que en latín, o en alguna de las etapas de la evolución de las variedades románicas, existiera la denominación *dedo corazón* para hacer referencia al dedo anular.

Más tarde, el cristianismo adoptó el símbolo del anillo como muestra de la fidelidad en el matrimonio. Quizá la identificación de la alianza como símbolo cristiano hizo que la creencia pagana vinculada al corazón quedara encubierta y que empezara a extenderse la denominación concerniente al anillo (*dedo anular*). Sin embargo, lejos de desaparecer, la denominación *dedo del corazón* o *dedo corazón*, se transfirió al dedo situado en el centro de la mano, cuyas denominaciones más extendidas en latín seguramente no sobrevivieron en las lenguas románicas (*vid.* mapa IV) por su connotación sexual y escatológica. Así pues, el dedo del medio adoptó el nombre de *dedo corazón* muy probablemente por la confluencia de tres factores: (a) este dedo carecía de una denominación fija y las más extendidas estaban vinculadas a insultos y a evocaciones sexuales; (b) el dedo anular dejó de asociarse con el corazón; y (c) la posición central en el conjunto de los cinco dedos de la mano favorecía que la voz *corazón* se identificara con el sentido metafórico de 'centro de alguna cosa'. El cambio de referente de la denominación *dedo corazón* no es fácil de determinar, sin embargo, a partir de datos del *CORDE* se comprueba que desde el siglo XVI (fecha de documentación más antigua hallada en este corpus de datos para el *dedo corazón*) hasta el siglo XX se mantiene, en algunos textos, el uso de la unidad pluriverbal *dedo del corazón* para referirse al dedo anular.

**1.2.** Esta hipótesis permite explicar no solo las denominaciones en las que aparece el sustantivo *corazón* sino también la forma que alude a la arteria (esp. *el dedo de la arteria*). Así, lo expuesto permite afirmar que la teoría que parece más plausible es la de la transferencia metonímica de la denominación. La contigüidad de los dos dedos, junto a una serie de coincidencias cognitivas y culturales, favorecieron la cesión de la denominación de un dedo a otro, una transmisión designativa muy habitual en el léxico del cuerpo humano (§ 4.3.3.).

## 2. Denominaciones relacionadas con la posición respecto a los otros dedos

Como se ha podido comprobar en el análisis del dedo pulgar (§ 6) y del dedo índice (§ 7), el lugar que ocupan los dedos en la mano es un parámetro importante en la creación léxica de sus nombres. El dedo corazón constituye, en este sentido, el dedo en el que la posición tiene mayor incidencia en las variantes léxicas que se recogen en los atlas. El mapa IV muestra que la posición es la segunda motivación más frecuente para designar este dedo.

**2.1.** Todas las formas que contienen los adjetivos (esp. y gall.) *medio* y (cat.) *mig* deben considerarse deudoras de la forma (lat.) *medius digitus*. La presencia de este adjetivo en las denominaciones del dedo corazón responde a la motivación derivada de la posición central que ocupa el dedo en la mano. Se trata, en esencia, de un recurso descriptivo que permite distinguir elementos aparentemente muy parecidos con utilidades también semejantes. Entre las designaciones de este grupo motivacional, destaca la forma (esp.) *el dedo gordo del medio* porque conjuga los motivos de la posición y el tamaño. Aunque también se podría haber clasificado esta denominación en el apartado de los nombres relacionados con el tamaño, se ha decidido consignarla bajo el epígrafe de la posición porque es la motivación más frecuente y porque para el tamaño no existe ninguna otra designación que contenga el adjetivo *gordo*.

**2.2.** Como las formas del apartado anterior, los adjetivos (cat.) *mitjà*, (gall.) *mediano* y sus derivados (cat. *mitjancer* y gall. *meirandiño*) fueron ya documentados en latín para referirse al dedo corazón (lat. *mediānus digitus*). Su uso, claramente de valor descriptivo, se explica por la posición que ocupa este dedo en la mano. Por tanto, debe distinguirse este empleo de los adjetivos del que se da para otros dedos ya que no se relaciona con la posición sino con el tamaño: (esp. y gall.) *mediano* 'dedo anular' y (cat.) *mitjà* 'dedo anular' (*cfr.* § 9).

**2.3.** El empleo de numerales ordinales es también una estrategia muy común para diferenciar los dedos de la mano según el lugar que ocupan. A diferencia de lo que sucede con los otros dedos, las denominaciones (esp.) *tercero*, (cat.) *dit tercer,* (cat.) *tercer dit* y (cat.) *tercer* no permiten ningún tipo de confusión con el resto de los dedos puesto que tanto si se cuentan los dedos por la derecha como por la izquierda, el dedo del medio siempre ocupa este lugar.

**2.4.** El uso del numeral (esp.) *segundo* en un punto de encuesta de Jaén (J 404) quizá surja de una conceptualización en la que el índice se concibe como el primer dedo de la mano y el pulgar no se tiene en cuenta debido a la separación que existe entre él y los otros cuatro dedos. Esta designación está estrechamente relacionada con (esp.) *dedo primero* 'dedo índice' (*cfr.* § 7).

**2.5.** El adjetivo *central* es un ejemplo más de cómo la posición del dedo del corazón constituye una de las motivaciones designativas principales para referirse a este dedo. El número impar favorece que el dedo que se encuentra en la zona central de la mano sea identificado por su posición. En este caso, el hablante se vale del esquema de imágenes CENTRO-PERIFERIA (Johnson 1992 [1987]), como en el caso de las formas que contienen la voz *corazón*, para identificar y conceptualizar el dedo del corazón con aquello que se encuentra entre dos extremos.

## 3. Denominaciones relacionadas con el tamaño

Las diferencias que existen entre el tamaño del dedo corazón y el del resto de dedos de la mano origina un importante grupo designativo formado con adjetivos de distinto tipo (p. e. esp. *grande, largo, mayor*).

**3.1.** El adjetivo *grande* no puede sino responder a que este dedo resalta por encima de los demás en longitud vertical. Al unir los dedos, puede apreciarse que el dedo corazón sobresale por encima del dedo índice y del dedo anular. Este adjetivo, sin embargo, no identifica inequívocamente al dedo índice, pues el pulgar también se identifica con esta designación en español y en gallego (§ 6). La diferencia entre el uso de *grande* para el dedo corazón o para al dedo pulgar reside en que, en el primero se tiene en cuenta la longitud vertical (suele ser el dedo más largo) y, en el segundo, la extensión horizontal (suele ser el dedo más ancho). Así pues, se emplea el mismo adjetivo para designar dos dedos distintos y con significados diversos en alusión a características diferentes.

**3.2.** El adjetivo (esp.) *largo* (*cfr.* lat. *digitus longissimus*) posee el matiz de tamaño del que carece *grande*, por ello, es el adjetivo ideal que permite distinguir el dedo corazón de los demás sin ninguna otra indicación; aunque no escasean, como se ha podido comprobar en los mapas, las construcciones comparativas en las distintas variedades (esp. *dedo más largo,* cat. *dit més llarg,* cat. *més llarg,* gall. *máis largo de todos*).

**3.3.** Finalmente, el adjetivo *mayor*, comparativo sintético de *grande*, constituye también una variante léxica de valor genérico puesto que puede referirse tanto al tamaño con respecto a la altura como a la anchura del dedo. Por este motivo, *mayor* se recoge también en algunas ocasiones como denominación para el dedo pulgar (§ 6). No obstante, parece que el empleo del adjetivo *mayor* se ha asociado más frecuentemente a la longitud y no al volumen ya que además de ser muchos más los usos de *mayor* para el dedo corazón que para el pulgar en los atlas, el *DETEMA* incluye ejemplos de textos antiguos en los que este adjetivo se vincula únicamente al dedo el corazón:

(a) la gota por la mayor parte comiença de la podagra e mayormente cerca el *dedo mayor* e los lados de los pies e la sciatica comunica a la anca e fasta el calcaño ostendida (Guido Cauliaco, s. XV, *Tratado de cirugía,* fol. 112v77. *DETEMA*).

(b) tanto del cabo del *dedo mayor* de la vna mano bien estendido los braços hasta el otro cabo del otro dedo mayor de la otra (Anónimo, 1494, *Compendio de la humana salud*, fol. 35r26. *DETEMA*).

## 4. Nombres de parentesco y de relaciones personales o sociales

Los nombres de parentesco que se emplean para designar el dedo corazón se hallan mayoritariamente en la zona de habla gallega; las únicas excepciones se ubican en Navarra y las Islas Canarias (*vid.* mapa IV). Los nombres de parentesco que se han atestiguado son cuatro: (gall.) *padre* o (gall.) *pai,* (esp.) *tu padrino,* (esp.) *madre* o (gall.) *nai* e (gall.) *irmau.* Además, en este grupo se incluyen también nombres que no son de parentesco pero que proceden de una metáfora de personificación (gall. *compañeiro,* gall. *rei de todos* y esp. *rey de todos*).

**4.1.** De estos tres, el más común ha sido (gall.) *padre,* muy probablemente porque mediante una metáfora se han identificado las dimensiones del dedo con el miembro de la familia de mayor tamaño. El padre, desde una perspectiva tradicional y clásica del concepto de familia, suele ser el miembro más corpulento, o con mayor importancia o poder en la familia. Por ello, es probable que se haya hallado también el mismo sustantivo para designar el pulgar (*cfr. padre* 'pulgar', § 6).

**4.2.** Los casos en los que se ha hallado el sustantivo (esp.) *madre* (gall.) o *nai* —en el *DRAG* se recoge como sinónimo de *madre* o *mai*— podrían también surgir de una metáfora, aunque, en esta ocasión, relacionada con la posición del dedo corazón. Este es el centro de la mano alrededor del que se reúnen el resto de dedos, que son de menor tamaño, por ello, quizá equivaldría a la madre protectora que siempre está rodeada de sus hijos. En este caso, la metáfora podría ser EL CENTRO ES CONTROL. Otra interpretación vinculada a esta designación sería considerar que la madre es el punto de partida de todos los miembros de la familia, pues es el símbolo de la vida. Para este análisis, la metáfora correspondiente sería EL CENTRO ES EL ORIGEN.

**4.3.** El único ejemplo de la voz (gall.) *irmau* que se ha hallado en los atlas es algo más complicado de interpretar que los casos anteriores. Podría estar relacionado con el orden de los dedos de la mano en correspondencia con los miembros de la familia: el dedo pulgar sería el padre; el dedo índice, la madre, como se ha podido comprobar anteriormente (§ 6 y § 7), y el resto de dedos serían otros miembros. Según esta interpretación, podría tratarse de tres hijos, por ello, la relación que se refleja esta designación es la que mantendría el dedo corazón con el resto de los dedos, que serían sus hermanos.

**4.4.** La denominación (gall.) *compañeiro* se aleja de los ejemplos anteriores porque no se corresponde con el miembro de una familia a pesar de que responde a una designación metafórica de personificación por la que los dedos se consideran personas que forman una comunidad o un clan y que se relacionan entre ellos.

**4.5.** Las denominaciones (esp.) *rey de todos* y (gall.) *rei de todos* parecen surgir de una metáfora de PERSONIFICACIÓN mediante la que el dedo corazón, por ser el más grande de todos, se ha considerado el más poderoso. El concepto tradicional de 'rey' es el que subyace a esta denominación pues, antiguamente, el rey de una comunidad era el individuo que ostentaba mayor poder para dirigirla y guiarla, por ello, esta designación procede de la misma metáfora que aquellas que contienen la voz *padre*: MAYOR TAMAÑO ES MÁS IMPORTANCIA / MÁS PODER. Además, es probable que esta consideración estuviera influida por la posición central que ocupa este dedo en la mano.

**4.6.** La denominación (esp.) *tu padrino* 'dedo corazón' probablemente proceda de una confusión. La forma (gall.) *seu padriño* se ha recogido en puntos del *ALGa* como designación del dedo anular (§ 9), que es el que presenta un mayor número de nombres de parentesco. Además, en el mismo punto de encuesta (*ALEICan*, LP 10), se recoge otra denominación de este tipo: la forma (esp.) *mengariño* — designación del 'meñique'en las Islas Canarias (§ 10)— se emplea para referirse al dedo anular. Una de las retahílas infantiles que recoge el *ALEICan* (II, 501, punto de encuesta Lz 20) permite comprobar la existencia de la confusión en estos dos casos, pues *mangariño* se identifica habitualmente con el meñique y *su padrino* con el anular: «Mangariño, *su padrino*; rey de todos; hurga el culo; y el gordo, matapiojos».

Ahora bien, aunque todas las pruebas muestran que es más que plausible que se trate de una denominación originada por confusión, no se puede descartar que el motivo de la creación y el uso de (esp.) *tu padrino* sea el tamaño del dedo, como sucede en los casos anteriormente analizados (esp. *padre*, gall. *pai*, esp. *rey de todos*, gall. *rei de todos*). Si fuera así, la denominación procedería de las metáforas LOS DEDOS SON MIEMBROS DE UNA FAMILIA y MAYOR TAMAÑO ES MÁS IMPORTANCIA / MÁS PODER. El papel del padrino en la familia suele estar relacionado tradicionalmente con el del padre debido a que, si en algún momento falta este, aquel lo sustituye en sus funciones. Así pues, como en el caso de la denominación *padre*, el tamaño del dedo se asocia con el poder que tiene el miembro de la familia con el que se identifica.

Finalmente, es imprescindible destacar que la designación (esp.) *tu padrino* es, como sucede para la mayoría de denominaciones de las Islas Canarias, uno de los vestigios léxicos del portugués que aún abundan en el archipiélago debido al importante número de inmigrantes portugueses que ha llegado a las Islas desde antiguo (§ 6).

**5. Denominaciones que proceden de la confusión con los nombres de otros dedos**

Las confusiones entre los nombres de las partes del cuerpo son especialmente importantes cuando se trata de miembros de reducidas dimensiones que forman parte de un órgano mayor y que no poseen independencia. Para el dedo corazón, solo se ha recogido un caso de este tipo.

**5.1.** El uso de la voz *pulgar* para designar el dedo corazón podría estar relacionado con el tamaño de ambos dedos. Tanto el uno como el otro se distinguen de los demás por sus dimensiones, el dedo pulgar es el más ancho y el dedo corazón, el más largo.

**6. Denominaciones procedentes de canciones, refranes y dichos populares**

En el léxico referido al cuerpo humano son también frecuentes las formas léxicas que tienen origen en las costumbres, la cultura y el folclore popular. Mientras para la mayoría de los dedos las motivaciones de este tipo se basan en las canciones infantiles, el dedo corazón presenta algunas designaciones procedentes de refranes y dichos que se basan en el gesto obsceno que suele realizarse con este dedo.

**6.1.** Las denominaciones vinculadas a la voz (esp.) *peseta* (*la peseta, dedo la peseta, el de la peseta, el de la peseta para la abuela*) tienen un origen cuanto menos curioso que deriva, según Iribarren (1962), de la expresión (esp.) *hacer a uno la peseta* que «significa burlarse de él, levantando el dedo de en medio y cerrando los demás». A su vez, la expresión derivaba, según el mismo autor, de una metáfora de imagen basada en la comparación de las columnas que aparecen en una *peseta columnaria,* moneda del siglo XIX equivalente a 5 reales y acuñada en América: «repárese la disposición en que están figurados en el reverso los dos mundos y la columna de Gades, y se notará que medianamente semeja la mano en la actitud sobredicha» (Iribarren 1962: 161).

De esta relación de imágenes surge la designación *hacer la peseta* como forma eufemística de designar un gesto y, por un proceso de metonimia (EL GESTO POR EL DEDO), también se emplea para referirse al dedo con el que este se lleva a cabo (*el dedo de la peseta*). Así, estas formas léxicas halladas en los atlas pueden compararse a las latinas que se referían también a este gesto (*impudicus, famosus, obscenus, digitus infāmis,* etc.)

De entre todos los casos que contienen la voz (esp.) *peseta*, cabe destacar la unidad pluriverbal *el dedo de la peseta para la abuela* recogida en Andalucía. El *ALEA* ofrece para este ejemplo, información semántica al pie del mapa en la que se indica que la voz (esp.) *abuela* se emplea con el significado de 'suegra' y con ello se aumenta el valor eufemístico de la designación.

**6.2.** El único ejemplo que se ha recogido para denominar el dedo corazón procedente de una retahíla infantil es (cat.) *el que fa sopes* y se corresponde con una frase de la siguiente retahíla catalana (Veny y Pons 1998: 213): «Aquest és el pare, aquest és la mare, *aquest fa les sopes*, aquest se les menja totes, i aquest fa piu-piu que no n'hi ha pel xirimiu».

## 7. Denominaciones relacionadas con las aptitudes

Las acciones que permiten desarrollar los dedos generan también un número importante de denominaciones, como se ha podido comprobar en el apartado dedicado al dedo índice (§ 7). Para el dedo corazón, solo se han encontrado tres ejemplos de este tipo que deben agruparse en dos motivaciones.

**7.1.** Por un lado, se ha recogido la unidad pluriverbal (esp.) *el que me rasca*, con la que se indica que es el dedo que más frecuentemente se emplea para llevar a cabo la acción de rascarse. Debe tenerse en cuenta que la denominación no es unívoca porque cualquiera de los otros dedos permite también realizar esta actividad.

**7.2.** Las designaciones (gall.) *dedo da puñeta* y (gall.) *dedo do carallo* están relacionadas con el gesto obsceno universal que suele llevarse a cabo con este dedo. La voz (gall.) *carallo* significa popularmente 'pene' y su uso en la designación deriva de una metáfora de imagen por la que se asocia un gesto realizado con el dedo central de la mano con el órgano genital masculino. En el caso de (gall.) *puñeta*, parece claro que la designación está relacionada con el hecho de que el gesto sea un insulto.

## 8. Otras denominaciones

Entre las designaciones que se han agrupado bajo este epígrafe se encuentran, por un lado, formas que poseen orígenes semánticos diversos a los hasta ahora señalados y, por otro, denominaciones cuyo origen motivacional no ha podido desentrañarse.

**8.1.** La forma (esp.) *tallo* surge seguramente de la comparación del dedo, por su longitud, con el tallo de una planta. Se trata, por tanto, de una metáfora de imagen en la que el cuerpo es *concepto meta* y la planta, *concepto fuente*.

**8.2.** El origen y el significado de (gall.) *carrampés* no se ha podido desentrañar ya que no se ha podido documentar la voz en las referencias consultadas (*Diccionario de diccionarios (DdD), DRAG*). Sin embargo, se ha hallado una retahíla infantil gallega[175] en la que se encuentra la voz *carrumpés*, una variante formal de *carrampés*: «Une, done, tene, cotene, badane, xoane, chinchín, carrumpín, *ca-*

---

175 La retahíla se ha extraído de <http://www.orellapendella.org/>.

*rrumpés* e con este fan "des"». El contenido de la retahíla no permite desentrañaar el significado que podría tener la voz en la lengua común, quizá podría tratarse de una formación propia del lenguaje infantil. Véase, además, el comentario de *carrampín* 'dedo anular' (§ 9).

**8.3.** No se ha podido desentrañar el origen de (gall.) *alzabuei*, voz que no aparece en el *DDD*.

# Capítulo 9. El dedo anular

## 9.1. Clasificación de variantes léxicas

**1. Denominaciones relacionadas con el anillo y el matrimonio**
    1.1. *Anella* (cat.)
    1.2. *Anular* (esp., cat. y gall.)
    1.3. *Anillar* (esp. y gall.)
    1.4. *Anunón* (gall.)
    1.5. *Dedo del anillo* (esp.) / *Dit de l'anell* (cat.) / *Dedo do anillo* (gall.)
        1.5.1. *Del anillo* (esp.) / *De l'anell* (cat.)
    1.6. *Dit de l'aliança* (cat.)
    1.7. *Dels casats* (cat.)
**2. Denominaciones relacionadas con la posición respecto a los otros dedos**
    2.1. *Segundo* (gall.)
        2.1.1. *Segundiño* (gall.)
        2.1.2. *Segundero* (esp.)
        2.1.3. *El segundo dedo* (esp.)
        2.1.4. *Segon del dit petit* (cat.)
        2.1.5. *Segunda parte da deda grande* (gall.)
    2.2. *Cuarto* (esp.) / *Quart* (cat.)
        3.2.1. *Dit quart* (cat.)
        3.2.2. *El cuarto dedo* (esp.)
    2.3. *Tercero* (esp.) / *Tercer* (cat.)
    2.4. *Interior* (esp.)
    2.5. *Medio* (esp. y gall.)
    2.6. Tomando como punto de referencia el meñique
        2.6.1. *El que está a la vera del meñique* (esp.)
        2.6.2. *El de al lado del meñique* (esp.)
        2.6.3. *El de la vera del chico* (esp.)
        2.6.4. *El que está al lado del chico* (esp.)
        2.6.5. *El que le sigue al chico* (esp.)
        2.6.6. *El que apega al dedo chico* (esp.)
        2.6.7. *El que sigue al chiquitín* (esp.)
        2.6.8. *El dedo que pega al chiquitín* (esp.)
        2.6.9. *El que sigue al belleco* (gall.)
    2.7. Tomando como punto de referencia el dedo corazón
        2.7.1. *El que le sigue al del corazón* (esp.)
        2.7.2. *El que le sigue al del medio* (esp.)
        2.7.3. *El que le sigue al gordo* (esp.)
    2.8. Sin especificación de referencia
        2.8.1. *De la vora* (cat.)
        2.8.2. *O que lle sigue* (gall.)
**3. Nombres de parentesco y de relaciones personales o sociales**
    3.1. *Sobrino* (esp.) / *Sobriño* (gall.)
        3.1.1. *Sobriñino* (gall.)
        3.1.2. *Seu sobriño* (gall.) / *O seu sobriñu* (gall.)

203

3.1.3. *Súa sobriña* (gall.)

3.1.4. *Túa sobriña* (gall.)

3.2. *Irmanciño* (gall.)

3.2.1. *Hermanito* (esp.)

3.2.2. *Seu irmán* (gall.)

3.2.3. *Seu irmaíño* (gall.)

3.3. *Padriño* (gall.)

3.3.1. *Seu padriño* (gall.)

3.4. *Súa madriña* (gall.)

3.5. *Compañeiro* (gall.)

3.6. *Veciño* (gall.)

3.6.1. *Vecinito* (esp.)

3.6.2. *Su vecín* (esp.) / *Seu veciño* (gall.)

**4. Denominaciones que proceden de la confusión con los nombres de otros dedos**

4.1. *Meñique* (esp.)

4.1.1. *Maimiño* (gall.)

4.1.2. *Margarite* (esp.)

4.1.3. *Maragatiño* (gall.)

4.1.4. *Mengariño* (esp.)

4.1.5. *Puerco* (esp.)

4.1.6. *Michinito* (esp.)

4.1.7. *Tita* (esp.)

4.2. *Pulgar* (esp.)

4.3. *Índice* (esp. y gall.)

4.3.1. *Mocoso* (esp.)

4.4. *Corazón* (esp.)

**5. Denominaciones relacionadas con el tamaño**

5.1. *Mediano* (esp. y gall.) / *Mitjà* (cat.)

5.1.1. *Medianiño* (gall.)

5.1.2. *Meirandín* (gall.)

5.1.3. *O máis medianiño* (gall.)

5.2. *Menor* (gall.)

5.2.1. *Dedo menor* (gall.)

5.3. *Máis grandiño* (gall.)

5.4. *El segundo más chico* (esp.)

**6. Denominaciones relacionadas con las aptitudes del dedo**

6.1. *Tonto* (esp.)

6.2. *Nul* (cat.)

6.3. *Neutre* (cat.)

6.4. *Comedido* (esp.)

**7. Denominaciones procedentes de canciones, refranes o dichos populares**

7.1. *El que se les menja totes* (cat.)

7.2. *Segundo poliño* (gall.)

**8. Denominaciones genéricas**

8.1. *Dedo* (gall.)

**9. Otras denominaciones**

9.1. *Barricuencas* (esp.)

9.2. *Serodio* (gall.)

9.3. *Sevillano* (esp.)
9.4. *Carrampín* (gall.)
9.5. *Urdique* (esp.)
9.6. *Charasmún* (gall.)

## 9.2. Información geográfico-lingüística

### 9.2.1. Atlas en los que se halla el concepto

Español:   *ALEA* (V, *1273), *ALEANR* (VII, *988), *ALECant* (*847) y *ALeCMan* (*337), *ALEICan* (II, *501)[176]
Catalán:   *ALDC* (I, lista P6)[177]
Gallego:   *ALGa* (V, 55)

### 9.2.2. Distribución geográfica de las variantes

**1. Denominaciones relacionadas con el anillo y el matrimonio**

1.1. *Anella* (cat.)

| | |
|---|---|
| *ALDC* | 29 |

1.2. *Anular* (esp., cat. y gall.)[178]

| | |
|---|---|
| *ALDC* | 149, 184 |
| *ALEA* | H 100-101, 401, 601-602; Se 101, 300, 302, 304, 307, 503, 601; Ca 203, 205, 301, 400; Co 104, 302, 400; Ma 102, 406, 500; J 102, 201, 205; Gr |

176   Aunque en el *ALEICan* no se dedica ningún mapa a las denominaciones del dedo anular, se ha considerado oportuno incluir en este apartado las que se recogen en el mapa del meñique para hacer referencia a este dedo.

177   En muchos puntos de encuesta no se han recogido respuestas. En algunos de ellos, se aporta información complementaria a partir de las explicaciones que los mismos encuestados dan para justificar la falta de una respuesta concreta (*ALDC*, vol. I: p. 307, LLISTES DE RESPOSTES PARCIALS): 12 «l'inf., després d'haver anomenat el dit gros, el petit i el del cor, diu: en català no en diem gaires més»; 52 «no té nom específic: de tots els dits que no són el gros o el petit en diuen *dits del mig*»; 67 «els tres dits del mig: tots els dits tret del petit i el polze»; 157 «no té nom específic: de tots els dits que no són el gros o el petit en diuen *els dits del mig*». Contrástese esta información con la que se ha recogido para el dedo índice también en el *ALDC* (§ 7).

178   En este grupo denominativo se ha incluido un conjunto variantes fonético-fonológicas de la forma *anular* que ha sido conveniente agrupar a parte. La mayoría se hallan en la zona de encuesta del español. *Alunar* se ha recogido en el *ALEA* (Se 300; Co 302) y en el *ALDC* (149); *nular* en el *ALeCMan* (AB 213; TO 202) y el *ALEANR* (Te 206); *medular* en el *ALECant* (S 103); *angular, lunar* y *vulgar* se han registrado en el *ALEANR* (Hu 300; Te 502 y H 102, respectivamente); y *papular*, en el *ALGa* (P 30).

|           |                                                                                          |
|-----------|------------------------------------------------------------------------------------------|
|           | 304, 405, 501, 513-514, 604; Al 303, 506, 508, 600                                       |
| *ALEANR*  | Forma mayoritaria                                                                        |
| *ALECant* | S 100-102, 106-108, 203, 205-209, 211-300, 304-401, 403-404, 406-407, 500-501, 503, 600-601 |
| *ALeCMan* | Forma mayoritaria                                                                        |
| *ALGa*    | O 4, 8; L 30                                                                             |

1.3. *Anillar* (esp. y gall.)

| *ALEA*    | Gr 510      |
|-----------|-------------|
| *ALEANR*  | Na 600-601  |
| *ALECant* | S 210, 303  |
| *ALeCMan* | GU 410      |
| *ALGa*    | L 33        |

1.4. *Anunón* (gall.)

| *ALGa* | O 22 |
|--------|------|

1.5. *Dedo del anillo* (esp.) / *Dit de l'anell* (cat.) / *Dedo do anillo* (gall.)

*Dedo del anillo* (esp.)

| *ALEA* | Co 200, 300; Ma 401; J 400; Gr 200 |
|--------|-------------------------------------|

*Dit de l'anell* (cat.)

| *ALDC* | 60, 83, 85 |
|--------|------------|

*Dedo do anillo* (gall.)

| *ALGa* | L 14 |
|--------|------|

1.5.1. *Del anillo* (esp.) / *De l'anell* (cat.)

*Del anillo* (esp.)

| *ALEA*    | Ca 200; Ma 200; Gr 515      |
|-----------|------------------------------|
| *ALEANR*  | Cu 200; Te 504              |
| *ALECant* | S 301[179]-302, 409         |
| *ALECMan* | CR 203, 306, 605            |

*De l'anell* (cat.)

| *ALDC*   | 130, 132, 152 |
|----------|---------------|
| *ALEANR* | Z 204         |

---

179 En este punto de encuesta, la forma atestiguada está en plural: *el de los anillos*.

1.6. *Dit de l'aliança* (cat.)

    *ALDC*      82

1.7. *Dels casats* (cat.)

    *ALDC*      188

**2. Denominaciones relacionadas con la posición respecto a los otros dedos**

2.1. *Segundo* (gall.)

    *ALGa*      P 21

2.1.1. *Segundiño* (gall.)

    *ALGa*      L 39; O 14

2.1.2. *Segundero* (esp.)

    *ALEA*      Gr 401

2.1.3. *El segundo dedo* (esp.)

    *ALeCMan*      CR 202; CU 107, 303[180], 314, 507, 605; GU 316-317

2.1.4. *Segon del dit petit* (cat.)

    *ALDC*      43

2.1.5. *Segunda parte da deda grande* (gall.)

    *ALGa*      L 34

2.2. *Cuarto* (esp.) / *Quart* (cat.)

    *Cuarto* (esp.)

    *ALEANR*      Hu 407

---

180 En los datos que recoge el *ALeCMan* sobre el dedo anular, aparece el punto de encuesta CU 303. Si se observa la lista de puntos de encuesta de este atlas, se comprobará que este punto no se halla en el mapa. Por tanto, debe de tratarse de algún error por otro punto (CU 203 o CU 313). No obstante, como no existe posibilidad de determinar cuál es realmente el punto de encuesta en el que se ha recogido esta respuesta, se ha optado por indicar el que proporciona el mapa. Asimismo, también se ha decidido no representar la respuesta de este punto de encuesta en el mapa V por la imposibilidad de determinar a qué localidad se refiere.

*Quart* (cat.)

    *ALDC*        16, 21, 29[181], 74, 90

2.2.1. *Dit quart* (cat.)

    *ALDC*        143

2.2.2. *El cuarto dedo* (esp.)

    *ALeCMan*    TO 507

2.3. *Tercero* (esp.) / *Tercer* (cat.)

    *Tercero* (esp.)

        *ALEA*        J 404

    *Tercer* (cat.)

        *ALDC*        162

2.4. *Interior* (esp.)

    *ALEANR*    Z 501

2.5. *Medio* (esp. y gall.)

    *ALEA*        Ca 100
    *ALGa*        A 3

2.6. Tomando como referencia el meñique

2.6.1. *El que está a la vera del meñique* (esp.)

    *ALEA*        Se 301

2.6.2. *El de al lado del meñique* (esp.)

    *ALEA*        Al 402

2.6.3. *El de la vera del chico* (esp.)

    *ALEA*        Co 609

---

181  2.ª resp. (1.ª resp. *anella*).

2.6.4. *El que está al lado del chico* (esp.)

   *ALEA*         Ca 300

2.6.5. *El que le sigue al chico* (esp.)

   *ALEA*         Co 102; J 400

2.6.6. *El que apega al dedo chico* (esp.)

   *ALEA*         J 204

2.6.7. *El que sigue al chiquitín* (esp.)

   *ALEA*         J 309

2.6.8. *El dedo que pega al chiquitín* (esp.)

   *ALEA*         Co 602

2.6.9. *El que sigue al belleco* (gall.)

   *ALGa*         L 19

2.7. Tomando como referencia el dedo corazón

2.7.1. *El que le sigue al del corazón* (esp.)

   *ALEA*         H 200, 203; J 502; Al 505, 509

2.7.2. *El que le sigue al del medio* (esp.)

   *ALEA*         Co 607

2.7.3. *El que está al lado del gordo* (esp.)

   *ALEA*         Se 502

2.8. Sin especificación de referencia

2.8.1. *O que lle sigue* (gall.)

   *ALGa*         C 4$^{182}$, 48; L 29; O 2, 12

---

182 2.ª resp. (1.ª resp. *máis grandiño*).

2.8.2. *De la vora* (cat.)

    *ALDC*        151

## 3. Nombres de parentesco y de relaciones personales o sociales

3.1. *Sobrino* (esp.) / *Sobriño* (gall.)

    *Sobrino* (esp.)

        *ALGa*        L 20

    *Sobriño* (gall.)

        *ALGa*        C 10-11, 13-14, 17-18, 23-24, 33, 37, 40, 45; P 1-2, 6, 11, 13, 18-19, 22, 24, 27, 29, 31-33; O 1-2[183], 5-6, 9[184]-10, 16, 23, 29, 31; L 5, 28, 35-36; A 2

3.1.1. *Sobriñino* (gall.)

    *ALGa*        O 5, 20; A 4

3.1.2. *Seu sobriño* (gall.)

    *ALGa*        C 2, 12, 16, 21-22, 29, 39, 42-43, 46; P 3, 9-10, 12, 14, 16-17, 21[185], 23, 25-26, 28; L 2, 24, 30, 32, 37; O 25, 30; A 5

3.1.3. *Súa sobriña* (gall.)

    *ALGa*        O 13

3.1.4. *Túa sobriña* (gall.)

    *ALGa*        O 11

3.2. *Irmanciño* (gall.)

    *ALGa*        O28

3.2.1. *Hermanito* (esp.)

    *ALEICan*    Fv 20; Tf 20

---

183  2.ª resp. (1.ª resp. *o que lle sigue*).
184  2.ª resp. (1.ª resp. *mediano*).
185  2.ª resp. (1.ª resp. *segundo*).

3.2.2. *Seu irmán* (gall.)

    *ALGa*       C 38

3.2.3. *Seu irmaíño* (gall.)

    *ALGa*       C 25

3.3. *Padriño* (gall.)

    *ALGa*       O 24; A 4[186]

3.3.1. *Seu padriño* (gall.)

    *ALGa*       A 7; Z 2[187]

3.4. *Súa madriña* (gall.)

    *ALGa*       O 18, 21; Z 3

3.5. *Compañeiro* (gall.)

    *ALGa*       Z 2

3.6. *Veciño* (gall.)

    *ALGa*       C 8

3.6.1. *Vecinito* (esp.)

    *ALEICan*    Tf 30

3.6.2. *Su vecín* (esp.) / *Seu veciño* (gall.)

    *Su vecín* (esp.)

    *ALEICan*    Tf 50

    *Seu veciño* (gall.)

    *ALGa*       C 8[188]

---

186 2.ª resp. (1.ª resp. *sobriñino*).
187 2.ª resp. (1.ª resp. *compañeiro*).
188 2.ª resp. (1.ª resp. *veciño*).

## 4. Denominaciones que proceden de la confusión con los nombres de otros dedos

### 4.1. *Meñique* (esp.)

| | |
|---|---|
| *ALEA* | Gr 403, 511; Al 202 |
| *ALEANR* | Z 505, 507 |

### 4.1.1. *Maimiño* (gall.)

| | |
|---|---|
| *ALGa* | L 10 |

### 4.1.2. *Margarite* (esp.)

| | |
|---|---|
| *ALEA* | Gr 202, 409 |

### 4.1.3. *Maragatiño* (gall.)

| | |
|---|---|
| *ALGa* | O 7 |

### 4.1.4. *Mengariño* (esp.)

| | |
|---|---|
| *ALEICan* | LP 10 |

### 4.1.5. *Puerco* (esp.)

| | |
|---|---|
| *ALEA* | H 500 |

### 4.1.6. *Michinito* (esp.)

| | |
|---|---|
| *ALEICan* | GC 40 |

### 4.1.7. *Tita* (esp.)

| | |
|---|---|
| *ALEA* | Al 201 |

### 4.2. *Pulgar* (esp.)

| | |
|---|---|
| *ALEA* | H 300; Ca 201-202; Co 605; J 302, 401; Gr 203, 406, 408, 504; Al 205, 302, 500 |

### 4.3. *Índice* (esp. y gall.)

| | |
|---|---|
| *ALEA* | H 402; Se 201; J 307; Al 204, 405 |
| *ALGa*[189] | C 36; LE 1 |

---

189 En ambos puntos de encuesta, la forma atestiguada es una variante formal de *índice*: *íñice* (C 36) e *índez* (LE 1).

4.3.1. *Mocoso* (esp.)

    *ALeCMan*      TO 308

4.4. *Corazón* (esp.)

    *ALEA*      Ma 406

## 5. Denominaciones relacionadas con el tamaño

5.1. *Mediano* (esp. y gall.) / *Mitjà* (cat.)

    *Mediano* (esp. y gall.)

        *ALGa*      C 35; O 9

    *Mitjà* (cat.)

        *ALDC*      33

5.1.1. *Medianiño* (gall.)

    *ALGa*      P 4; C 32; L 5-6, 9, 11-12, 15-17, 21, 23; A 6

5.1.2. *Meirandín* (gall.)

    *ALGa*      L 25

5.1.3. *O máis medianiño* (gall.)

    *ALGa*      C 26

5.2. *Menor* (gall.)

    *ALGa*      P 15

5.2.1. *Dedo menor* (gall.)

    *ALGa*      O 21

5.3. *Máis grandiño* (gall.)

    *ALGa*      C 4, 20; L 3-4, 26; 2

5.4. *El segundo más chico* (esp.)

    *ALEA*      Co 600

**6. Denominaciones relacionadas con las aptitudes del dedo**

6.1. *Tonto* (esp.)

    *ALEA*        Ma 302

6.2. *Nul* (cat.)

    *ALDC*        27

6.3. *Neutre* (cat.)

    *ALDC*        44

6.4. *Comedido* (esp.)

    *ALEA*        Ma 403

**7. Denominaciones procedentes de canciones, refranes o dichos populares**

7.1. *El que se les menja totes* (cat.)

    *ALEANR*      Hu 406

7.2. *Segundo poliño* (gall.)

    *ALGa*        C 49

**8. Denominaciones genéricas**

8.1. *Dedo* (gall.)

    *ALGa*        P 20

**9. Otras denominaciones**

9.1. *Barricuencas* (esp.)

    *ALECant*     S 107

9.2. *Serodio* (gall.)

    *ALGa*        O 26

9.3. *Sevillano* (esp.)

    *ALEA*        Gr 201

9.4. *Carrampín* (gall.)

ALGa   L 24

9.5. *Urdique* (esp.)

ALEA   Al 203

9.6. *Charasmún* (gall.)

ALGa   L 13

## 9.3. Áreas léxico-semánticas

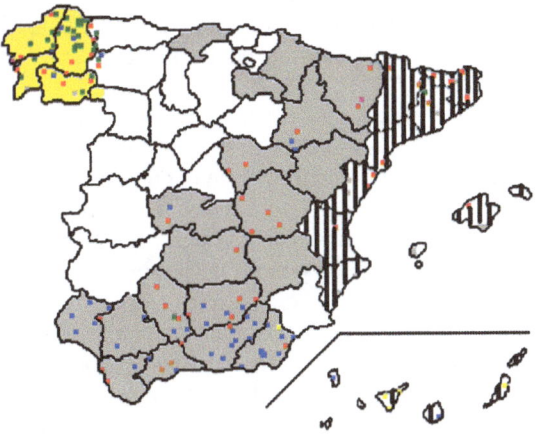

Mapa V. Áreas de los motivos semánticos que originan las denominaciones del *dedo anular*[190]

   Vinculados a la alianza y el matrimonio
   Posición
   Nombres de parentesco y de relaciones personales o sociales
   Tamaño
   Confusión con los nombres de otros dedos
   Aptitudes
   Canciones, refranes y dichos

190 Sobre las zonas que aparecen de color blanco en el mapa, véase la presentación de la segunda parte del libro y la nota correspondiente al mapa II. Asimismo, cabe señalar que las regiones que se muestran marcadas con líneas verticales negras indican el reducido número de respuestas obtenidas para este dedo en cada uno de los territorios.

El mapa V ilustra dos de los aspectos más relevantes en lo que respecta a los nombres que recibe el dedo anular en territorio peninsular. Por un lado, se aprecia la existencia de un número importante de respuestas en blanco como reflejo del desconocimiento o desinterés por el nombre del dedo en buena parte de la Península. Si se comparan los mapas de todos los dedos, se comprueba que el dedo anular, junto al dedo índice, es el dedo para el que menos respuestas se han recogido. La zona de encuesta del *ALDC* es la que mejor lo refleja la escasez de datos, pues de los 190 puntos geográficos encuestados únicamente se obtuvo respuesta en 23 de ellos. El atlas gallego también proporciona un número nada desdeñable de puntos de encuesta en blanco (31 de los 167 posibles), aunque esta cifra está bastante alejada de la de las otras zonas, constituye un ejemplo que favorecería una teoría basada en la idea de que es un dedo que pasa desapercibido, muy probablemente por la falta de actividades específicas vinculadas a él.

Por otro lado, el mapa permite comprobar el modo en el que se hallan distribuidas las principales fuentes de motivación en las designaciones de este dedo. Según los datos del *ALECant*, el *ALEANR*, el *ALeCMan* y el *ALEA*, en el territorio de habla española, el motivo vinculado a la alianza o anillo es el más frecuente (esp. *anillar, anular, dedo del anillo, del anillo, de los anillos*). En cambio, en el área de habla gallega y asturleonesa, la metáfora de los nombres de parentesco es la motivación más extendida (gall. *sobriño, seu sobriño, irmanciño, padriño, súa madriña,* etc.). Asimismo, las Islas Canarias, por las cuestiones históricas comentadas en apartados anteriores (§ 6), también poseen un importante número de denominaciones relacionadas con este último grupo léxico.

Además, el mapa V aporta informaciones relacionadas con la distribución geográfica de los motivos secundarios o menos productivos. Se aprecia, por ejemplo, que la posición del dedo en la mano origina designaciones en puntos aislados de la mayor parte de la Península (Islas Baleares, Cataluña, Aragón, Valencia, Castilla-La Mancha, Andalucía y Galicia). También se observa que Andalucía es el territorio en el que es más habitual el empleo del nombre de alguno de los otros cuatro dedos para referirse al dedo anular. De igual modo, en territorio de habla gallega vuelve a predominar, como en las denominaciones de algunos de los otros dedos (§ 8), el tamaño del dedo como motivo de un importante número de variantes léxicas (gall. *mediano, meirandín, o máis medianiño, máis grandiño*).

## 9.4. Designaciones latinas

La mayoría de designaciones latinas del dedo anular que compilan André (1991) y Castillo Contreras (1996) y que se recogen en la tabla VIII se mantienen aún hoy en las lenguas romances estudiadas:

216

| | André (1991) | Castillo Contreras (1996) |
|---|---|---|
| **Según la posición que ocupa en la mano** | en relación al dedo pulgar | *digitus quartus* | *quartus* |
| | en relación al dedo meñique | *proximus minimo (a minimo) digitus minimus uicinus digitus* | *proximus minimo* |
| | en relación al dedo corazón | *medium digitum minorem*[191] | - |
| **Por ser el que lleva el anillo** | *digitus ānulāris* | *anularis* |
| **Por oposición al dedo corazón** | *honestus* | *honestus* |
| **Por la vinculación con las prácticas médicas** | *digitus medicus* *digitus medicīnālis* | *medicus* *medicinalis* |
| **Según el tamaño** | - | *medius digitus minor* |
| **Por confusión con otros dedos** | - | *salutaris* |

Tabla VIII. Designaciones latinas del *dedo anular*
(André 1991: 102-103 y Castillo Contreras 1996: 137)

André (1991: 104) proporciona también las primeras documentaciones de cada una de las denominaciones y ello permite advertir que el motivo del anillo, el más frecuente en español, no se documenta hasta el siglo VI d. C.:

| s. I d. C. | s. II d. C - III d. C. | s. IV-V d. C. | s. V d. C. | s. VI d. C. |
|---|---|---|---|---|
| *medicus* *quartus* *proximus* *minimo* | - | *medicinalis* *minimo uicinus* | *medius minor* | *honestus* *anularis* |

Tabla IX. Primeras documentaciones de las designaciones latinas del *dedo anular*
(André 1991: 104)

De las informaciones que recogen André (1991) y Castillo Contreras (1996), destacan, por contraste con los datos recogidos en los atlas, las denominaciones originadas por las actividades que llevaban a cabo los médicos con el dedo anular (*digitus medicus, digitus medicīnālis*). Según ambos investigadores, ciertas prácti-

---

191 Según André (1991: 103), esta denominación, que se podría traducir como 'el dedo más pequeño de los dedos del medio' («le plus petit des doigts médians»), se corresponde con el griego παράμεσος δάκτυλος documentado en Galeno.

cas médicas, como la recogida o administración de medicamentos[192] con el dedo anular (en colaboración con el dedo pulgar), fueron el motivo principal que dio origen a la forma latina más antigua de referirse a este dedo: *digitus medicus*. Castillo Contreras (1996: 160) señala que, probablemente, se empleara el dedo anular para estas prácticas porque se creía que era el dedo más limpio; y no es de extrañar si se tiene en cuenta que los dedos contiguos a él se asociaban frecuentemente con prácticas poco higiénicas (*cfr.* esp. *dedo mocoso, hurgaculos* 'dedo índice' § 6). Sin embargo, existen otras teorías acerca del origen de la denominación *dedo médico*, una forma de referirse al dedo anular que no solo se hallaba en latín. En el estudio de Bennett (1982: 16) sobre los nombres del dedo anular en las lenguas germánicas, se considera que la atribución de propiedades médicas a este dedo se debe a la creencia de que estaba directamente conectado con el corazón, motivo por el que, como se ha comentado en el capítulo anterior (§ 8), era el dedo que llevaba el anillo.

Lejos de permanecer en las variedades románicas[193], la herencia romance de la unidad pluriverbal *digitus medicus* o *medicinalis* quedó relegada a poquísimos textos escritos. En español, se han hallado ejemplos de esta forma en textos diversos. En el *DETEMA* y en Kasten y Nitti (2002), se documentan las formas (esp.) *melezinador* y (esp.) *dedo médico*, respectivamente, con el significado de 'dedo anular':

(a) llaman medico enel latin fascas *melezinador* por que con aquel mezclan los fisicos las melezinas mas que con otro dedo (Alfonso X, 1272-1275, *General Estoria I*, fol. 120r53. *DETEMA*).

(b) de aquella parte desciende a la mano e manifestase entre el *dedo medico* e el dedo auricular e dizese saluatela (Guido Cauliaco, s. XV, *Tratado de Cirugía*, I-196, fol. 19r63. *DETEMA*).

---

192 Castillo Contreras (1996: 148) se refiere específicamente a la aplicación de colirios y Bennett (1982) menciona un nada desdeñable número de acciones llevadas a cabo con este dedo en la medicina popular: «in folk medicine it is suggested that the mere touch of the ring-finger can heal a wound. Toothache could be eased with the ring-finger either by rubbing it over the teeth each day, or by washing behind one's ears with fresh water using this finger. Skin irritations could be cured by smearing them with condensate collected form the window with the ring-finger. People who had fainted could be revived simply by rubbing them with the ring-finger, and epileptic fits could be prevented by wearing a ring made of coffin nails on the ring-finger. To stop oneself from sneezing one should trace three circles around one's eyes with the ring-finger. When picking the herb plantain, used in healing, for example to still the flow of blood, it was said one should seek it in the graveyard, where it usually grew, before dawn, and cast a spell on the roots with the ring-finger» (Bennett 1982: 17).

193 En el *DOLR* (vol. I: 101), el apartado dedicado a los nombres románicos del dedo anular incluye solo denominaciones procedentes de la motivación del anillo: «fr. *annulaire*, n. m., occ. (TrFél.) *det de l'anèu, det de la bago*, cat., esp., gal., port., *anular*, n. m., it. *anulare*, n. m., rom. *daint da l'anè* (engad.), *det digl ani* (sursilv.), *det d'ani* (sutsilv.), frioul. *dêt dal anèl*, roum. *(deget) inelar*; gasc. (SPalay) *aban-darrè*, n. m., [étym. inc.]: rom. *spuset*, n. m.».

(c) traer iacintos que son piedras preciosas en el dedo segundo cabe el chico que llaman *medico* (1481, *Tratado útil*, ed. Zabía, M. P, Madison, 1987. *DETEMA*).

Asimismo, Alonso de Palencia (2005 [1490]) incluye en su vocabulario (s. v. *digiti*, fol. CXVv) la denominación *médico* como traducción del latín *medicus*. En el *CORDE*, existe una única ocurrencia de la forma *dedo médico* en un tratado matemático del siglo XVI:

(d) Y tras esto añade cinco zeros, porque has sacado cinco vezes el diezmo, poniendo en el *dedo médico* el un zero, y otro en el mínimo, y los demás zeros cada uno en una coyuntura del dicho mínimo (Juan Pérez de Moya, 1589, *Manual de contadores*, fol. 221r. *CORDE*).

A juzgar por los escasos datos documentales hallados para el romance castellano y por lo datos de Bennett (1982), parece que esta denominación fue abandonada en la evolución tanto de las lenguas románicas como de las germánicas.

Anteriormente, ya se ha hecho referencia al hecho de que la primera documentación latina de la unidad pluriverbal *digitus ānulāris* es bastante tardía en relación con otras de las formas de referirse al dedo anular (*vid.* tabla IX). El primer texto en el que se encuentra son las *Etimologiae* de San Isidoro de Sevilla: «*Quartus anularis*, eo quod in ipso anulus geritur. Idem et medicinalis, quod eo trita collyria a medicis colliguntur» (Libro XI: 71). No obstante, a pesar de no estar documentada desde época clásica, parece bastante probable que esta denominación se empleara desde antiguo: la tradición de llevar el anillo en el cuarto dedo de la mano izquierda era costumbre no solo en el Imperio Romano, pues entre otros pueblos que habitaron algunas zonas de la actual Europa occidental (egipcios, fenicios, griegos y persas, entre otros muchos) fue también una práctica habitual (Bennett 1982: 15). Lo más plausible es que convivieran durante un tiempo la designación vinculada a la medicina y la relacionada con el anillo y que esta última se impusiera sobre la otra porque dejaron de tomarse las medicinas con el dedo anular y porque el uso de la alianza se mantuvo y se mantiene en la actualidad como símbolo que hace «visible el estado social (casado), el rango político-religioso (príncipe seglar o eclesiástico) o la riqueza personal» (Castillo Contreras 1996: 160). La tesis de que la designación médica fue sustituida por la del anillo se ve favorecida por el testimonio del islandés que aporta Bennett (1982: 16): parece que esta es la única variedad germánica en la que se conserva la designación vinculada a la medicina porque en Islandia no fue habitual la práctica de llevar un anillo de boda en el cuarto dedo. En las variedades románicas de la Península, la simbología y valor del anillo tomaron tanta importancia que la designación *dedo anular* se mantiene hasta la actualidad, con más o menos vigor en función de la zona geográfica (*cfr.* mapa V).

## 9.5. Estudio semántico

### 1. Denominaciones relacionadas con el anillo y el matrimonio

Como ya se ha mencionado en el apartado anterior, la costumbre de llevar el anillo en el cuarto dedo de la mano izquierda es muy antigua. Diferentes culturas, entre ellas la romana, lucieron y portaron anillos en este dedo como símbolo de valores y creencias diversas. Por ello, este dedo fue designado en latín, y también lo es hoy en muchas variedades románicas, entre ellas, el español y el catalán[194], mediante nombres relacionados con el anillo. En el análisis de los nombres del dedo corazón (§ 8), se ha mencionado que el anillo se llevaba en el dedo anular de la mano izquierda porque se creía que estaba conectado directamente con el corazón. Según Bennett (1982), esta creencia no estaba relacionada con la medicina sino con la acupuntura:

> In the Middle Ages people believed that a nerve or vein connected the fourth finger of the left hand directly to the heart. However, there appears to be no medical evidence, even from the field of acupuncture, to support this theory. Medieval sources report that the ring was placed on this finger because of its link with the heart, which would ensure that the love expressed would continue to be sincere (Bennett 1982: 16).

Desde el punto de vista semántico, todas las designaciones que se agrupan en este epígrafe tienen origen en una metonimia del tipo el OBJETO POR LA PARTE DEL CUERPO expresada en formas y construcciones muy diversas: sustantivos (cat. *anella*), adjetivos cultos (esp., cat., gall. *anular*) o patrimoniales (esp., gall. *anillar*), unidades pluriverbales nominales (esp. *dedo del anillo*, cat. *dit de l'anell*, gall. *dedo do anillo*, cat. *dit de l'aliança*) y preposicionales (esp. *del anillo*, cat. *de l'anell*, cat. *dels casats*).

**1.1.** El sustantivo (cat.) *anella* procede, según el *DCVB* (s. v.), de una feminización del más antiguo (cat.) *anell* (> lat. ANĚLLUS) y significa 'cércol de metall o d'altra matèria resistent, que sol servir per subjectar o mantenir lligada qualque cosa'. Según el *DECat* (s. v. *anell*), la convivencia de la forma masculina y femenina es casi exclusiva del catalán, ya que en otras variedades románicas (fr., it., cast., oc. ant.) el femenino es prácticamente inexistente. Así, el uso de esta voz para referirse al dedo anular puede explicarse, en primer lugar, por un proceso de una extensión del significado de la voz *anell* y, en segundo lugar, por un proceso de lexicalización.

---

194 En gallego, este grupo motivacional es uno de los menos recurrentes. Los únicos ejemplos que se han registrado en el *ALGa* se ubican en Lugo y Ourense y, según Romero y Santos (2002: 316), se trata de designaciones de influencia castellana.

**1.2.** La voz *anular*, recogida en las tres variedades románicas, constituye el único testimonio culto (> lat. ĀNULĀRIS) que existe para designar el dedo anular. La palabra latina ha mantenido el significado ('dedo anular') y la motivación originales: se llama *dedo anular* porque es el dedo en el que suelen llevarse los anillos. Debe destacarse el importante número de variantes formales que se han recogido en los mapas de este concepto: *alunar, alunal, angular, lunar, medular, nular, papular, vulgar*. Estas designaciones pueden dividirse en dos grupos. Por un lado, las formas que son meras variantes formales surgidas por metátesis (esp. *alunar*) o aféresis (esp. *nular*) y, por otro, las reinterpretaciones y reanálisis semánticos que únicamente pueden describirse como etimologías populares (esp. *angular*, esp. *lunar*, esp. *medular*, esp. *vulgar*, gall. *papular*) que muy probablemente tengan relación con el origen culto de la denominación.

Desde el siglo XV, según datos del *CORDE* y el *DETEMA*, existen testimonios de usos de esta designación para el dedo anular en romance castellano. Esta fecha contrasta con la primera documentación que recoge el *DECH* (s. v. *anillo*), pues es de principios de siglo XVIII (1709):

> (a) E sangrase entre el *dedo anular* & el pequeño dela mano sobre la caujcula dela mano cuya sangria vale a todas las enfermedades que son fecha[s] desdel aslilla del pecho ayuso (Anónimo, 1450, *Arte complida de cirugía. BNM Ms. 2.165*, fol. 212v. *CORDE*).
>
> (b) baselica o epatica [...] va por la parte baxa del braço e retornase a la mano entre el dedo menor e el *anular* e ende es llamada saluatela o epatica en la mano diestra e esplenetica en la sinjestra (Guido Lanfranchi, 1481, *Cirugía Mayor*, fol. 36v54. *DETEMA*).

También se ha recogido el término en el *Universal Vocabulario* de Alonso de Palencia (2005 [1490]: fol. CVv): «el cuarto *anular*: porque en él traen los anillos». Sin embargo, esta documentación probablemente surja de un proceso de castellanización, un procedimiento que fue habitual en la obra de este autor (Hill 1957: vi; Ruiz Fernández 2008: 160), por ello, podría confirmarse la teoría de que la forma *anular* es un cultismo médico. Desde la primera documentación en el *CORDE* en 1450, son escasas las ocurrencias de esta voz con el significado de 'dedo anular' y, además de hallarse en la *Cirugía Mayor* y en Alonso de Palencia, se recoge en la traducción de *El Libro de Propietatibus Rerum de Bartolomé Anglicus* (1494).

**1.3.** Además de la forma culta, también existe algún caso en español y gallego del derivado patrimonial *anillar*, sobre el que son escasos los datos, pues el *DECH* no proporciona ningún tipo de información, el *DETEMA* no lo recoge y el *CORDE* aporta un único ejemplo con el significado de 'dedo anular' que pertenece al siglo XVI:

(c) Y si por ventura tanta fuere la debilidad/ que no podiesse sufrir la: sea hecha dela mano derecha/ dela vena que se dize saluatella que tiene direction al higado/
que se halla entre el dedo pequeño y el *anillar*. (Damián Carbón, 1541, *Libro
del arte de las comadres o madrinas y del regimiento de las preñadas y paridas
y del regimiento*, fol. 27r. *CORDE*).

El pequeño número de ocurrencias recogidas de esta denominación y su escasa
documentación en textos antiguos permitirían suponer que, probablemente, la
designación patrimonial haya sido creada por imitación a la forma culta.

**1.4.** En gallego también se atestigua otra forma probablemente derivada de
*anular* (gall. *anunón*) cuyo origen no se ha podido determinar.

**1.5.** Las unidades pluriverbales que contienen la voz *anillo* (esp. *dedo del anillo,* cat. *dit de l'anell* y gall. *dedo do anillo*) forman parte de la misma familia etimológica que el cultismo *anular*, pues ambas proceden de ANĔLLUS (*DECH*, s. v.
*anillo*). En el *CORDE*, no se han hallado ejemplos de la forma *dedo del anillo*.

**1.6.** Por extensión también de la denominación culta, se genera otra forma de
referirse al dedo anular en catalán (*dit de l'aliança*) en la que el sustantivo *anell* se
sustituye por el sinónimo *aliança* 'anell de casament' (*DIEC*, s. v. *aliança*).

**1.7.** La designación (cat.) *dels casats* surge de un interesante juego de metonimias relacionadas con el valor simbólico del anillo. Es evidente que este modo
de referirse al anular no es más que una extensión de las formas más frecuentes
(cat.) *anular* o (cat.) *dit de l'anell*, el origen de las cuales es la metonimia el OBJE-
TO POR LA PARTE DEL CUERPO. De esta metonimia, por tanto, parte el resto de interpretaciones y asociaciones que parece generar la designación *dels casats*: OBJE-
TO POR LA PARTE DEL CUERPO (*anular, anillar, del anillo, dedo del anillo*) > OBJE-
TO COMO SÍMBOLO DEL ESTADO CIVIL > ESTADO CIVIL COMO DENOMINACIÓN DEL
DEDO (*dels casats*). El objeto que está en contacto con el dedo se toma como referente para designarlo y, en consecuencia, los valores que este adopta se toman
como símbolo para referirse a él. Así, el dedo en el que se lleva el anillo de matrimonio se denomina (cat.) *dels casats* porque se toma como referente el estado
civil que simboliza la alianza.

## 2. Denominaciones relacionadas con la posición respecto a los otros dedos

Los testimonios latinos anteriormente mencionados (*cfr.* tabla VIII) muestran que
la posición que ocupa este dedo en la mano fue uno de sus principales motores
designativos en esta lengua y, a juzgar por los datos que proporciona el mapa V,
este motivo sigue siendo uno de los más frecuentes en las variedades romances ya
que se atestiguan ejemplos procedentes de este origen tanto en español como en
catalán y gallego.

**2.1.** Los numerales ordinales constituyen un recurso habitual para referirse a
los dedos. Según el orden en el que se encuentran los dedos en relación con el

meñique o el pulgar, el anular puede ocupar el segundo o el cuarto lugar. La posibilidad de iniciar el cómputo de los dedos por el pulgar o el meñique permite que un mismo dedo pueda designarse con dos numerales distintos, de modo que, como se ha comprobado para otros dedos (*cfr.* esp. *segundo* y esp. *dedo primero* 'dedo índice', § 7), no es extraño que existan dos ordinales para referirse a un mismo dedo. En el caso del dedo anular, si el recuento se inicia por el meñique, este se designa con la voz (gall.) *segundo* (y sus derivados: gall. *segundiño,* esp. *segundero*; o unidades pluriverbales que la contienen: esp. *el segundo dedo,* cat. *segon del dit petit,* esp. *segunda parte da deda grande*). La mayoría de ejemplos de este grupo pertenece a la zona gallega, por ello, debe considerarse que este conjunto de denominaciones no es solo fruto de una concepción popular en la que se empieza el cómputo de los dedos por el meñique, como indican Romero y Santos (2002: 314), sino que, además, es una motivación casi exclusiva de la zona geográfico-lingüística del noroeste de la Península Ibérica.

**2.2.** Si el cómputo se empieza por el pulgar, el anular se denomina mediante el numeral (esp.) *cuarto* o (cat.) *quart* o a partir de una unidad pluriverbal que lo contenga (esp. *el cuarto dedo,* cat. *dit quart*).

**2.3.** También se han hallado usos del numeral (esp.) *tercero* o (cat.) *tercer* que únicamente puede entenderse si el hablante ha iniciado el recuento de los dedos por el índice, como ocurre para otros dedos (*cfr.* esp. *dedo primero* 'dedo índice' § 7, y esp. *segundo* 'dedo del corazón', § 8), dejando de lado el pulgar, muy probablemente porque está distanciado del resto de dedos de la mano.

**2.4.** La forma (esp.) *interior* es un adjetivo sustantivado que constituye otra muestra de la importancia que se otorga a la posición que ocupa el dedo en la mano en relación con el resto de dedos. El motivo de esta designación es la contraposición entre los dedos que se encuentran en los extremos de la mano (pulgar y meñique) y los dedos que se hallan entre estos dos (índice, corazón y anular). Con esta denominación el hablante muestra que concibe la mano como un grupo finito de elementos con principio y final.

**2.5.** De igual modo, el adjetivo (esp.) *medio* surge de la concepción de que todo lo que se sitúa entre el dedo pulgar y el meñique son los dedos del medio, centro o interior de un grupo. Compárese esta denominación con la forma gallega *do medio* 'dedo índice' (§ 6).

**2.6.** Otro de los mecanismos de designación más recurrentes, especialmente en el español de Andalucía, es el de tener como referente alguno de los dedos entre los que se sitúa el anular para indicar que es el que se halla a su lado. El meñique es el que con más frecuencia se toma como punto de referencia (*el que está a la vera del meñique, el de al lado del meñique, el de la vera del chico, el que está al lado del chico, el que le sigue al chico, el que apega al dedo chico, el que sigue al* *chiquitín, el dedo que pega al chiquitín, el que sigue al belleco*[195], etc.). Esto sucede, probablemente, porque el meñique ocupa una posición básica en la mano, la del final; y porque designar el dedo anular como *el que está al lado del meñique* resulta inequívoco, a diferencia de lo que sucede en casos como los siguientes.

**2.7.** Denominar el dedo anular tomando como punto de referencia el dedo corazón puede resultar ambiguo. Las unidades pluriverbales que forman parte de este grupo (*el que le sigue al dedo corazón, el que le sigue al del medio, el que le sigue al gordo*) pueden interpretarse de dos modos según si el hablante inicia el cómputo de los dedos por el meñique o por el pulgar. Si el primer dedo es el meñique, se entenderá que la designación *el que le sigue al dedo corazón* es el dedo índice, en cambio, si se empieza a contar por el pulgar, se identificará con el dedo anular.

**2.8.** Finalmente, las lexías complejas (cat.) *de la vora* y (gall.) *o que lle sigue* resultan formas inespecíficas desde el punto de vista semántico puesto que en ellas no existe un punto de referencia que permita situar el dedo al que se pretende designar.

### 3. Nombres de parentesco y de relaciones personales o sociales

El dedo anular es el dedo para el que la motivación vinculada a la metáfora de la familia y la personificación de los dedos es más importante y la variedad lingüística en las que mejor se aprecia es el gallego. En el conjunto de los atlas analizados para el dedo anular, se han recogido designaciones referidas a cinco tipos distintos de parentesco (sobrino/a, hermano, padrino, madrina) y otros referidos a diferentes tipos de relaciones personales (compañero y vecino).

**3.1.** El familiar con el que más frecuencia se asocia el dedo anular es el sobrino. En gallego, la forma *sobriño* —también expresada en la unidad pluriverbal *o seu sobriñu*— está tan extendida que constituye la denominación estándar. Para Romero y Santos (2002: 315), los motivos que originan el uso de esta voz se hallan principalmente en el folclore infantil. Estos autores creen que los juegos iniciáticos y sensoriales de los niños favorecen el uso de la denominación basada en la metáfora de personificación LOS DEDOS SON PERSONAS y también creen que la terminación de la palabra *sobriño* ayuda a que los niños recuerden la retahíla por la rima que se genera con el nombre de otros dedos: «este é o meimiño, este *o seu sobriño*, este o pai de todos, este o furabolos e este o matapiollos». Así pues, la rima y la canción infantil son los motivos principales que dan lugar, en la metáfora LA MANO ES UNA FAMILIA, a que el sobrino sea el pariente con el que más frecuentemente se vincule el dedo anular. Cabe destacar también que el habitual empleo del determinante posesivo ante la voz *sobriño* (*seu sobriño*) viene motiva-

---

195 Véase (gall.) *belleco* 'meñique' (§ 10).

do por la relación que se establece entre el tamaño de los dedos y el rango familiar que ocupan. Según Romero y Santos (2002: 315), el posesivo indica que la relación familiar que expresa esta denominación se establece entre el dedo anular y el dedo corazón (frecuentemente designado gall. *o pai de todos*, *cfr*. § 8) y no entre el anular y el meñique ya que este dedo es el más pequeño de todos y, por ello, es también el que parece que poseería un estatus o rango inferior en la familia, el de un niño (gall. *meimiño* 'meñique', *cfr*. § 10). Estas características no le permitirían tener como sobrino al dedo anular. En cambio, el dedo corazón podría representar el papel de tío porque es mucho mayor que él en tamaño. Así, es probable que en la denominación *seu sobriño*, donde el poseído es el dedo anular, el dedo corazón sea el poseedor.

En cambio, en el resto de nombres de parentesco empleados para referirse al dedo anular que van acompañados de un posesivo (gall. *seu irmán*, gall. *seu irmaíño*, gall. *seu padriño*, gall. *súa madriña*, gall. *seu veciño*), el poseedor respecto del dedo anular parece que podría identificarse con el meñique. El tamaño sigue siendo el motivo que permite determinar la relación de parentesco entre los dedos que se pretenden señalar, por tanto, el anular se categorizaría como hermano, padrino o madrina del meñique.

Finalmente, destacan dos casos en los que el dedo anular es designado mediante un nombre de parentesco femenino (*súa sobriña* y *túa sobriña*). El grupo léxico de los nombres de parentesco, junto al de las denominaciones genéricas, es el único en el que se incluyen nombres femeninos para referirse a los dedos (gall. *nai de todos* o esp. *dedo madre* 'dedo corazón', § 8; y cat. *mare* 'dedo índice', § 7). Asimismo, de las dos formas femeninas sobresale la designación en la que el determinante posesivo se expresa en segunda persona. Muy probablemente, el folclore infantil haya influido en este cambio de persona del posesivo ya que, de otro modo, es difícil pensar en un nombre femenino para los dedos, pues el sustantivo *dedo* es masculino.

**3.2.** Los casos en los que el dedo anular se considera el hermano de la familia (esp. *hermanito*; gall. *irmanciño*; gall. *seu irmán* y gall. *seu irmaíño*) parecen proceder también de una metáfora basada en la asociación entre el tamaño de los diferentes dedos de la mano y su estatus en la familia. Si el dedo corazón, como se ha comprobado anteriormente, se considera el padre de todos los dedos (gall. *o pai de todos*, § 8) por su tamaño y por la posición central que ocupa, el resto de dedos podrían ser los hijos que están a su alrededor y bajo su protección y, por tanto, serían todos hermanos entre ellos. La relación fraternal que con estas denominaciones parece crearse entre los dedos se hace especialmente evidente en las unidades pluriverbales *seu irmán* y *seu irmaíño* por el determinante que los acompaña. El uso del posesivo podría surgir para explicitar que el anular se considera hermano del meñique o bien por analogía con *o seu sobriño*.

**3.3.** Las denominaciones (gall.) *padriño* y (gall.) *seu padriño* constituyen también ejemplos interesantes desde la perspectiva de la relación que se establece entre el tamaño de los dedos y el rango de parentesco que se les atribuye. El *padriño* es un individuo importante en la unidad familiar[196], aunque no tiene que ser miembro de sangre. Antiguamente, el padrino podía llegar a ocupar el lugar de los padres si estos fallecían. La posición que ocupa el dedo anular en la mano respecto del dedo corazón (gall. *o pai de todos*) puede ser el motor de la denominación, pues el anular es la figura más cercana al padre de familia y puede desempeñar sus tareas en caso de que sea necesario. Debe señalarse que es extraño no haber hallado ninguna designación de este tipo en catalán puesto que, tradicionalmente, el padrino tiene mucha importancia en la familia en Cataluña (*DCVB* s. v. *padrí*). Además de esta explicación semántica, existe también la posibilidad de creer que la forma *padriño* se haya empleado para referirse al dedo anular únicamente por cuestiones de rima, pues presenta la misma terminación que *sobriño*.

Los casos en los que el sustantivo *padriño* va acompañado de un determinante posesivo pueden explicarse, igual que en el caso anterior, o bien porque con él se establece la relación con el dedo meñique, considerado el ahijado al que debería proteger el dedo anular, o bien por analogía con *seu sobriño*.

**3.4.** La unidad pluriverbal (gall.) *súa madriña* es uno de los pocos ejemplos femeninos, junto a otros como (gall.) *súa sobriña*, (gall.) *túa sobriña*, (gall.) *deda,* (gall.) *dedica*, que se recogen en los atlas para designar los dedos. Esta forma podría originarse a partir de una reinterpretación de (gall.) *seu padriño*. Como el dedo anular es más pequeño que el dedo corazón, que habitualmente adopta la figura de padre (gall. *o pai de todos*), quizá mantenga más relación con representaciones femeninas de la familia. Además, esta designación se podría ver favorecida por la necesidad de evitar que se produzca alguna confusión entre el nombre del dedo corazón (*pai de todos*) y el del dedo anular (*seu padriño*), ambos referidos a un individuo masculino que protege y dirige al resto de miembros de la familia.

**3.5.** La denominación (gall.) *compañeiro*, también atestiguada para referirse al dedo corazón (§ 8), indica que el dedo anular es miembro de un grupo de individuos que mantienen una relación personal. Esta forma de referirse al dedo se aleja de las anteriores porque no se considera un miembro de la familia. Muy probablemente, el tamaño medio y el lugar que ocupa en la mano sean los factores principales que propician la consideración del dedo anular como miembro externo a la familia.

---

196 Tanto en gallego como en catalán, las voces *padriño* (*DRAG*, s. v.) y *padrí* (*DCVB*, s. v.) también pueden usarse con el significado de 'abuelo'. Según el *DCVB*, este significado se debe a que ha sido muy habitual que los abuelos sean los padrinos de los primeros niños de una familia.

**3.6.** Las designaciones (gall.) *veciño,* (esp.) *vecinito,* (esp.) *su vecín* y (gall.) *seu veciño* constituyen un ejemplo más de la metáfora LOS DEDOS SON PERSONAS QUE FORMAN PARTE DE UNA COMUNIDAD, FAMILIA O GRUPO SOCIAL. La diferencia que existe entre esta forma de referirse al dedo anular y las anteriores es, como en el caso de (gall.) *compañeiro,* la consideración de que la relación que mantiene este dedo con los demás no es tan estrecha como la que se establece entre los miembros de un clan familiar. Con este modo de denominar el anular se destaca que es el dedo que está situado al lado del meñique pero sin establecerse ninguna relación de parentesco entre ellos, como sucedía en la antigua denominación (lat.) *minimus digitum vicinus* (*cfr.* tabla VIII). Parece plausible pensar que la terminación de la palabra (-*iño*) haya influido en su empleo como designación del dedo anular, como en otros casos (gall. *padriño*) o bien por analogía con *seu sobriño,* o bien porque permite la rima con los nombres de otros dedos en las canciones, retahílas y juegos infantiles.

## 4. Denominaciones que proceden de la confusión con los nombres de otros dedos

Como se ha comentado en los apartados dedicados a otros dedos, la confusión designativa es muy habitual entre los nombres de las partes del cuerpo relativamente pequeñas, muy cercanas entre sí y con utilidades semejantes o idénticas.

**4.1.** En el caso del dedo anular, el mayor número de transferencias denominativas ocurre con el dedo meñique. Probablemente, los factores que han propiciado que los hablantes se refieran al anular por medio de voces que suelen aplicarse al dedo meñique —(esp.) *meñique,* (gall.) *maimiño,* (esp.) *margarite,* (gall.) *maragatiño,* (esp.) *mengariño,* (esp.) *puerco,* (esp.) *tita,* (esp.) *michinito*— sean dos: la contigüidad y el hecho de que los nombres del dedo meñique sean mucho más conocidos y usados debido a que es un dedo que posee muchas más aptitudes que el dedo anular, como se comenta a continuación. De todas las denominaciones mencionadas, es necesario destacar tres del español por sus características formales y semánticas: *mengariño, puerco* y *michinito.*

Tanto *mengariño* como *michinito* son variantes formales de alguna de las formas designativas del meñique que se emplean a lo largo del territorio de habla castellana. Por un lado, el canario *mengariño* parece corresponderse con la forma *merenguiño* recogida en las Islas Canarias y probablemente surge de algún cruce de esta voz con *margariño.* Por otro lado, *michinito* es diminutivo de *michi,* voz frecuente en algunas de las provincias más occidentales de Andalucía para referirse al meñique. En cambio, aunque la voz *puerco* no se recoge en el grupo de denominaciones del meñique, podría pertenecer al subgrupo léxico que se ha consignado para este dedo basado en metáforas ANIMALIZADORAS. Sería, por tanto, una designación paralela a las formas (esp.) *gorrino* y (cat.) *gorrí* (*cfr.* § 10).

**4.2.** El uso de la voz (esp.) *pulgar* para referirse al dedo anular parece tener su origen en la coincidencia de terminaciones de los dos nombres: *pulgar* y *anular*.

**4.3.** El motivo por el que dos designaciones del dedo índice (esp. y gall. *índice* y esp. *mocoso*) se han empleado para referirse al dedo anular podría estar relacionado con el hecho de que el dedo índice y el anular son los dos dedos más semejantes en cuanto a posición y tamaño. En función del dedo por el que se empiecen a contar los dedos de la mano, tanto pueden ocupar el segundo como el cuarto lugar. Además, tienen prácticamente las mismas dimensiones por lo que son los únicos de los cinco dedos que comparten una característica relacionada con el tamaño.

**4.4.** La designación (esp.) *corazón* para referirse al anular únicamente puede explicarse porque el dedo corazón es contiguo al anular.

## 5. Denominaciones relacionadas con el tamaño

El recurso de comparación de las dimensiones de los dedos da lugar a un grupo nada desdeñable de formas de referirse al dedo anular.

**5.1.** Si se compara el tamaño del dedo anular con el del resto, se podrá apreciar que, junto al dedo índice, es un dedo neutro ya que no destaca por ser muy pequeño, como sucede en el caso del meñique, ni por ser muy largo, como el dedo corazón, ni por ser muy gordo, como el dedo pulgar. Esta neutralidad, también presente en las denominaciones relacionadas con las aptitudes, es la que origina que muchos de los hablantes se refieran a él como el (esp. y gall.) *mediano*, (cat.) *mitjà*, (gall.) *medianiño*, (gall.) *meirandín* y (gall.) *o máis medianiño*.

**5.2.** En las designaciones (gall.) *menor* y (gall.) *dedo menor*, parece que se toman como referencia las dimensiones del dedo corazón. Así, respecto de este dedo, el dedo anular es menor en tamaño.

**5.3.** En cambio, en las construcciones comparativas del tipo (gall.) *máis grandiño*, las medidas del dedo meñique se convierten en el referente para crear la designación del dedo anular.

**5.4.** Las reducidas dimensiones del dedo meñique se toman también como referencia en la unidad pluriverbal (esp.) *el segundo más chico*. La diferencia entre esta designación y las anteriores es que, además de contrastarse el tamaño del anular con el del dededo meñique, también se compara con el del resto de dedos.

## 6. Denominaciones relacionadas con las aptitudes

Romero y Santos (2002: 311), en su investigación sobre los nombres de los dedos en gallego, se refirieron al dedo anular como un dedo «sen forza, torpe [... y] atrofiado». Estas características constituyen una realidad, y así lo confirman los nombres que se han recogido en los mapas lingüísticos, pues el dedo anular no posee una función concreta en el desarrollo de la vida cotidiana, a diferencia de lo que sucede con otros dedos: (gall.) *matapiollos* 'pulgar' (§ 6); (gall.) *furabolos,* (esp.) *sacamocos,* (cat.) *dit per senyalar* (§ 7); *el que me rasca* 'dedo corazón' (§ 8); (lat.) *auricularis* 'meñique' (§ 10). Así pues, aunque antaño el dedo anular se empleó para aplicar ciertos medicamentos, como se ha comentado anteriormente (§ 9.4.), es uno de los dedos con el que menos acciones se llevan a cabo, por ello, algunos hablantes se han referido a él con adjetivos que describen esta falta de aptitudes.

**6.1.** El adjetivo (esp.) *tonto* incide en la falta de competencias del dedo para efectuar cualquier acción.

**6.2.** Igualmente, el uso del adjetivo (cat.) *nul* es, si cabe, todavía más claro en la descripción de la incapacidad del dedo en el quehacer diario de las personas. Véase, además, la designación (cat.) *dit gandul* (*DCVB,* s. v. *dit*).

**6.3.** De igual modo, la voz (cat.) *neutre* parece hacer referencia al hecho de que la existencia de este dedo es indiferente desde el punto de vista del desarrollo de las actividades manuales. El *ALDC* (Lista P 6, pp. 307) recoge información aportada por uno de los informantes encuestados (punto de encuesta n.º 44) que podría confirmar esta hipótesis: «és l'únic que no es pot moure tot sol, sense bellugar els altres».

**6.4.** Finalmente, el origen del empleo del adjetivo (esp.) *comedido,* literalmente 'prudente, moderado' (*DRAE* 2001, s. v.) parece poder explicarse desde dos perspectivas. Por un lado, puede incidir también en la falta de aptitudes del anular y, por otro, parece que podría mantener relación semántica con (lat.) *honestus,* que se originó por oposición a las designaciones obscenas del dedo corazón (*cfr.* tabla VI, § 8).

## 7. Denominaciones procedentes de canciones, refranes o dichos populares

Las denominaciones del dedo anular que proceden de canciones y retahílas infantiles pertenecen al catalán (*el que se les menja totes*) y al gallego (*segundo poliño*).

**7.1.** La unidad pluriverbal (cat.) *el que se les menja totes* forma parte de una retahíla catalana infantil sobre los nombres de los dedos a la que ya se ha hecho referencia en el apartado dedicado a los nombres del dedo índice (§ 7). Según el conjunto de textos recogidos por Veny y Pons (1998: 213), esta designación se corresponde con el cuarto verso de la retahíla siguiente: «Aquest és el pare, aquest és la mare, aquest fa les sopes, *aquest se les menja totes* i aquest fa piu-piu, que no n'hi ha pel xirimiu». Esta denominación permite reafirmar la estrecha relación que existe entre la personificación de los nombres de los dedos y el folclore infantil, como se ha advertido en diversos trabajos de investigación sobre los nombres de los dedos (Bennett 1982; Romero y Santos 2002).

Asimismo, este modo de referirse al dedo anular da cuenta de la importancia que la alimentación tiene en las canciones vinculadas a los nombres de los dedos. Tanto en español, como en catalán o gallego existen ejemplos de canciones y juegos infantiles en los que los dedos están vinculados estrechamente con los alimentos, bien porque los dedos los cocinan, bien porque se los comen, bien por otros motivos:

(a) Español (Calvo, Díez y Estébanez 1999): «Éste fue a por leña, éste le ayudó, éste encontró un huevo, éste lo frió, y este gordito, se lo comió».

(b) Catalán (Veny y Pons 1998): «Aquest és el pare, aquest és la mare, aquest fa les sopes, aquest se les menja totes, i aquest fa piu-piu».

(c) Gallego[197]: «Este foi ó mar e non pescou nada. Este foi ó mar e pescou unha pescada. Este quedou en terra e lavouna ben lavada. Este quedou en terra e fixo unha caldeirada. E este lambón, lacazán... ¡papouna, ben papada!».

En estos textos orales infantiles, cada uno de los dedos se concibe como un individuo independiente que lleva a cabo una actividad distinta a la de los demás. Dos de ellas, cocinar y comer, casi siempre se atribuyen al dedo anular, al dedo corazón o a ambos. Probablemente, el motivo que permite explicar por qué está tan presente la comida en las canciones infantiles de los dedos sea el hecho de que la mano y, por consiguiente, los dedos, constituyen, junto a la boca, partes del cuerpo que permiten desarrollar actividades tan básicas en la supervivencia del ser humano como alimentarse o cocinar.

**7.2.** Además de la metáfora de la personificación, los animales también son una fuente de creación de designaciones. La zoomorfización humana, como se ha advertido anteriormente (§ 3.3.1.1.), es muy frecuente en el vocabulario general de muchas lenguas del mundo (Echevarría 2003). La denominación (gall.) *segundo poliño* es producto de la metáfora ALGUNAS PARTES DEL CUERPO HUMANO SON ANIMALES que podría considerarse una extensión de la más general LAS PERSONAS SON ANIMALES. El punto de partida de esta metáfora es el mismo que el de los nombres de parentesco: se considera que cada uno de los dedos de la mano tiene independencia respecto del otro y que juntos forman una comunidad. Esta independencia, especialmente a la hora de realizar movimientos, constituye el factor principal que les permite ser personificados o animalizados mediante metáforas.

197 La información se ha extraído de la página web <http://www.orellapendella.org>. En este recurso electrónico, se recogen canciones, dichos y textos infantiles populares gallegos.

Aunque la designación pertenece a la variedad gallega, puede estar vinculada a una canción infantil española en la que los dedos se consideran pollitos (Delso *et al.* 1990: 34): «Cinco pollitos, tiene mi tía, uno le canta, otro le pía, otro le baila, la sinfonía». Como muestra esta canción —entre otras, como la de los «Cinco lobitos»— y la denominación *segundo poliño*, las zoomorfizaciones de los dedos en las canciones infantiles suelen hacer referencia a animales que no han alcanzado la edad adulta y que se encuentran en un estadio de su ciclo vital que podría equipararse al de la niñez humana y esto, seguramente, sucede así porque, en palabras de Echevarría (2003), el animal es el «espejo en el que el hombre se contempla».

## 8. Denominaciones genéricas

Como se ha podido comprobar en capítulos anteriores (*cfr.* cat. *dit* y esp. *dedo de la mano* 'dedo índice', § 7), el empleo del sustantivo genérico *dedo* para referirse específicamente a un dedo de la mano es recurrente en alguno de los atlas pero no es una denominación productiva, pues, a excepción del meñique, la mayoría de dedos presentan pocas ocurrencias relacionadas con este grupo léxico.

**8.1.** Para el dedo anular, el único ejemplo de esta voz se halla en Galicia, un territorio para el que suelen recogerse más designaciones de este motivo que en otros (p. e. gall. *dedo* 'anular', gall. *dediño* 'meñique').

## 9. Otras denominaciones

**9.1.** La motivación de la variante léxica (esp.) *barricuencas* no es clara. La única información que se ha encontrado sobre este nombre es que es el que se le dio durante la Reconquista (siglo XIV) a un barrio de la ciudad de Úbeda (Jaén):

> En la época de la reconquista de la villa, este barrio con el inmediato del otro San Juan, quedó en su mayor parte desalojado por los moros, pues el rey conquistador lo pobló con vecinos de Cuenca, por lo que desde aquella fecha fue conocido con el nombre de *Barri-Cuenca*, como consta en algunos documentos antiguos (Ruiz Prieto 2006 [1906]: 95, II).

A pesar de conocer el origen etimológico de la denominación, no es posible determinar por qué se emplea para designar el dedo anular en un punto de encuesta de Cantabria y tampoco se puede afirmar que se trate de la misma forma léxica.

**9.2.** El adjetivo (gall.) *serodio*, según el *DRAG* (s. v. *serodio, -a*), tiene dos acepciones: 'que madura tarde, que se sementa ou recolle fóra do tempo [froito]' y 'que sucede tarde, despois do acostumado ou do momento preciso'. Etimológicamente, esta voz procede, como (esp.) *serondo*, de SERŌTĬNUS 'tardío', que es derivado del adverbio SĒRŌ 'tarde' (*DECH*, s. v. *serondo*). Según Romero y Santos

(2002: 314), la motivación que habría impulsado al hablante a emplear este adjetivo para referirse al dedo anular podría estar vinculada o bien a la posición que ocupa el dedo anular, ya que si se inicia el cómputo de los dedos por el pulgar es el penúltimo, o bien a la metáfora de personificación y parentesco, pues a los hijos que llegan tardíamente en el matrimonio se les suele designar (gall.) *fillos serodios.*

**9.3.** La motivación que subyace al uso del adjetivo (esp.) *sevillano* para referirse al dedo anular parece distinta a todas las que hasta el momento se han estudiado. Aunque no se han hallado datos que lo confirmen, si se parte de la importancia que posee la etnografía en la denominación de las partes del cuerpo, esta designación podría tener dos supuestos orígenes: por un lado, podría proceder de una canción o dicho popular propio de Andalucía que no se ha podido documentar y, por otro lado, podría haberse originado como reflejo lingüístico de las disputas o enfrentamientos entre Sevilla y Granada, provincia en la que se ha recogido la respuesta. Si esto fuera así, cabría suponer que este uso del adjetivo *sevillano* podría estar vinculado a connotaciones negativas relacionadas con las aptitudes que permite desarrollar este dedo (*cfr.* esp. *tonto*). De confirmarse la hipótesis, esta denominación constituiría el reflejo léxico del valor que para los granadinos tienen los habitantes de Sevilla.

**9.4.** Otro caso de difícil interpretación es el de la variante denominativa (gall.) *carrampín* (*cfr. carrampés* 'dedo corazón' § 8). Para esta designación, las fuentes de información lexicográfica no ofrecen datos pero sí que se ha hallado un ejemplo de uso de esta forma como denominación del dedo anular en una canción infantil: «Une, done, tene, cotene, badane, xoane, chinchín, *carrumpín*, carrumpés e con este fan "des"». Estos datos únicamente permiten advertir que esta denominación es propia del folclore infantil pero no puede deducirse si se refiere a una realidad concreta o simplemente se ha creado para la rima de esta canción.

**9.5.** No se ha podido desentrañar el origen de (esp.) *urdique.*

**9.6.** No se ha podido desentrañar el origen de (gall.) *charasmún.*

# Capítulo 10. El dedo meñique

## 10.1. Clasificación de variantes léxicas

1. **Denominaciones relacionadas con el tamaño**
   **A. Personificaciones**
   1.1. *Meñique* (esp.)
      1.1.1. *Meñico, -a* (gall.)
      1.1.2. *Meñiquín* (esp.)
      1.1.3. *Ameñíquel* (gall.)
      1.1.4. *Nique* (esp.)
      1.1.5. *Mique* (esp.)
      1.1.6. *Moñicle* (esp.)
      1.1.7. *Dedo meñique* (esp.) / *Dit meñique* (cat.)
   1.2. *Moñín* (ast.-leon.)
      1.2.1. *Moñequín* (ast.-leon.)
      1.2.2. *Moñecrín* (ast.-leon.)
      1.2.3. *Muñicrín* (ast.-leon.)
      1.2.4. *Muñeca* (esp.)
   1.3. *Nene* (esp.) / *Meniño, -a* (gall.)
      1.3.1. *Nini* (esp.)
      1.3.2. *Ninini* (esp.)
      1.3.3. *Niniquín* (esp.)
   1.4. *Curro* (esp.)
      1.4.1. *Currico* (esp.)
      1.4.2. *Currillo* (esp.)
      1.4.3. *Currín* (esp.)
      1.4.4. *Currís* (esp.)
      1.4.5. *Curruñin* (esp.)
      1.4.6. *Corrunxet* (cat.)
      1.4.7. *Corrinxinxet* (cat.)
      1.4.8. *Currunys* (cat.)
      1.4.9. *Dit curro* (cat.)
      1.4.10. *Dit currit* (cat.)
      1.4.11. *Dit corrunxo* (cat.)
   **B. Denominaciones mediante adjetivos relacionadas con el significado 'pequeño'**
   1.6. *Pequeño* (esp.) / *Pequeno* (gall.) / *Petit* (cat.)
      1.6.1. *Pequeñín* (esp.)
      1.6.2. *Pequeñico* (esp.)
      1.6.3. *Pequeñique* (esp.)
      1.6.4. *Pequeniño* (gall.)
      1.6.5. *Piquiquín* (esp.)
      1.6.6. *Piquilín* (esp.)
      1.6.7. *Piquín* (esp.)
      1.6.8. *Piculín* (esp.)
      1.6.9. *Pitalín* (esp.)
      1.6.10. *Pitilín* (esp.)

1.6.11. *Penique* (esp.)

1.6.12. *Dedo pequeño* (esp.) / *Dit petit* (cat.)

1.6.13. *Dedo pequeñín* (esp.)

1.6.14. *Máis pequeno* (gall.)

1.6.15. *Máis pequeniño* (gall.)

1.7. *Chico* (esp.) / *Xic* (cat.)

    1.7.1. *Chiquitín* (esp.)

    1.7.2. *Chiquito* (esp.) / *Xiqué* (cat.)

    1.7.3. *Xicotet* (cat.)

    1.7.4. *Chiquitillo* (esp.)

    1.7.5. *Chiquinino* (esp.)

    1.7.6. *Chiquinín* (esp.)

    1.7.7. *Chiquirrín* (esp.)

        1.7.7.1. *Chirrín* (esp.)

        1.7.7.2. *Rin* (esp.)

    1.7.8. *Chicorrón* (esp.)

    1.7.9. *Dedo chico* (esp.) / *dit xic* (cat.)

    1.7.10. *Dedo chiquitín* (esp.)

    1.7.11. *Dedo chiquito* (esp.) / *Dedo xiquet* (cat.)

    1.7.12. *Dit xicotet* (cat.)

    1.7.13. *Dit xiquico* (cat.)

    1.7.14. *Dit xiquiu* (cat.)

    1.7.15. *Dit més xicotet* (cat.)

    1.7.16. *El más chico* (esp.) / *Lo més xic* (cat.)

1.8. *Menudo* (esp.) / *Menut* (cat.)

    1.8.1. *Menudet* (cat.)

    1.8.2. *Mendo* (gall.)

    1.8.3. *Mandiño* (gall.)

    1.8.4. *Dit menut* (cat.)

1.9. *Manuvel* (cat.)

    1.9.1. *Menell* (cat.)

    1.9.2. *Dit menell* (cat.)

1.10. *Maimiño* (gall.)

    1.10.1. *Mainiño* (gall.)

    1.10.2. *Mamiño* (gall.)

    1.10.3. *Maumiño* (gall.)

    1.10.4. *Moumiño* (gall.)

    1.10.5. *Memiño* (gall.)

    1.10.6. *Meimiño* (gall.)

1.11. *Ananiño* (gall.)

1.12. *Mingo* (gall.)

1.13. *Mermellique* (esp.)

    1.13.1. *Berbellín* (esp.)

1.14. *Dedo gurruñán* (esp.) / *Dit gorruny* (cat.)

## C. Animalizaciones

1.15. *Gorrín* (esp.) y *Gorrino* (esp.) /*Gorrí* (cat.)

    1.15.1. *Gorrinet* (cat.)

    1.15.2. *Gorrineu* (cat.)

7.1. *Radé* (cat.)
8. **Otras denominaciones**
    8.1. *Burbulliña* (gall.)
    8.2. *Títere* (esp.)
    8.3. *Miño* (esp.)
    8.4. *Chingar* (esp.)
    8.5. *Muguá* (esp.)

## 10.2. Información geográfico-lingüística

### 10.2.1. Atlas en los que se halla el concepto

| | |
|---|---|
| Español: | *ALCyL* (II, 682), *ALEA* (V, 1273), *ALEANR* (VII, 989), *ALECant* (846), *ALeCMan* (337) y *ALEICan* (II, 501) |
| Catalán: | *ALDC* (I, 106) |
| Gallego: | *ALGa* (V, 54) |

### 10.2.2. Distribución geográfica de las variantes

### 1. Denominaciones relacionadas con el tamaño

**A. Personificaciones**

1.1. *Meñique* (esp.)[198]

| | |
|---|---|
| *ALCyL* | Forma mayoritaria |
| *ALDC* | 94, 131, 172, 189[199] |
| *ALEA* | Forma mayoritaria[200] |
| *ALEANR* | Forma mayoritaria |
| *ALECant* | Forma mayoritaria |
| *ALeCMan* | Forma mayoritaria |
| *ALEICan* | Hi 2; LP 3, 10 |
| *ALGa* | C 1, 6, 8, $10^{201}$-11, $13^{202}$-14, 28, 30, 32, $35^{203}$, 44, 48; P 1, 7, 11, $14^{204}$-$15^{205}$, 20, 28, 32-33[206]; L 1, 4, 7, 22, 24[207], 27, 30[208], 32-35, 38; O 1, 4, 7, 18-20, 29, 30; A 2-3; LE 1 |

---

198 En la mayor parte de los atlas, se ha recogido un número importante de variantes formales de *meñique*: *ALCyL* (*miñique, muñique, moñique*); *ALDC* (*menyec*); *ALEA* (*moñique, miñique*); *ALEANR* (*miñique, moñique*); *ALeCMan* (*miñique, miniqui, minique, ñiñique, miriqui, miliqui*); *ALGa* (*menique*).
199 En este punto de encuesta, la forma atesituada es una variante formal de *meñique*: *menyec*.
200 Se registran 99 formas de *meñique* frente a 91 de *chico*.
201 2.ª resp. (1.ª resp. *maimiño*).
202 2.ª resp. (1.ª resp. *pequeno*).
203 2.ª resp. (1.ª resp. *mamiño*).
204 2.ª resp. (1.ª resp. *meniño* y 3.ª resp. *mainiño*).
205 2.ª resp. (1.ª resp. *mainico*).

1.1.1. *Meñico, -a* (gall.)

    *ALGa*        C 29, 30; L 36; P 5; O 11[209]

1.1.2. *Meñiquín* (esp.)

    *ALEA*        Se 307[210]
    *ALEANR*    Hu 206[211]
    *ALeCMan*[212]  TO 307, 503[213]

1.1.3. *Ameñíquel* (gall.)

    *ALGa*        O 8

1.1.4. *Nique* (esp.)

    *ALeCMan*   CU 206; CR 309[214]

1.1.5. *Mique* (esp.)

    *ALCyL*      Sg 301

1.1.6. *Moñicle*

    *ALEA*[215]    H 201, 203; Se 101, 300, 304; Ma 407
    *ALeCMan*   TO 104

1.1.7. *Dedo meñique* (esp.) / *Dit meñique* (cat.)

    *Dedo meñique* (esp.)

    *ALeCMan*   AB 103; CU 106

---

206  2.ª resp. (1.ª resp. *mingo*).
207  2.ª resp. (1.ª resp. *meniño*).
208  2.ª resp. (1.ª resp. *pequeniño*).
209  Este es el único punto de encuesta en el que se ha atestiguado la forma femenina *meñica*.
210  2.ª resp. (1.ª resp. *meñique*). La forma atestiguada es *miñiquín*.
211  2.ª resp. (1.ª resp. *pequeñín*).
212  Las formas atestiugadas son variantes de *meñiquín*: *maniquin* (TO 307) y *meniquín* (TO 503).
213  2.ª resp. (1.ª resp. *meñique*).
214  En este punto de encuesta, la forma recogida es una variante formal de *nique*: *niqui*.
215  En estos puntos de encuesta, la forma hallada es una variante formal de *moñicle*: *miñicle*.

*Dit meñique* (cat.)

ALDC          181, 185

### 1.2. *Moñín* (ast.-leon.)

ALCyL         Le 203[216], 403[217]
ALGa[218]     A 1, 4[219]

### 1.2.1. *Moñequín* (ast.-leon.)

ALGa          LE 1[220]

### 1.2.2. *Moñecrín* (ast.-leon.)

ALGa          LE 3

### 1.2.3. *Muñicrín* (ast.-leon.)

ALGa          LE 5

### 1.2.4. *Muñeca* (esp.)

ALCyL         P 400, 401

### 1.3. *Nene* (esp.) / *Meniño, -a* (gall.)

*Nene* (esp.)

ALEA          Se 201; Co 302

*Meniño, -a* (gall.)

ALGa[221]     C 2[222], 4, 12, 16, 22, 33, 38-39, 42, 43, 47; P 12, 14, 16, 19, 22, 24[223],
              27, 29-30; L 4, 24, 31; O 5, 9-10, 12-13[224], 24

---

216  2.ª resp. (1.ª resp. *meñique*).
217  En este punto de encuesta, la forma atesitugada es una variante formal de *moñín*: *muñín*.
218  En el punto de encuesta A 1, se ha recogido la variante formal *muñín*; en A 4, *monín* y *munín*.
219  2.ª resp. (1.ª resp. *munín*).
220  2.ª resp. (1.ª resp. *cagallo*).
221  En los puntos O 5, 10; P 16, 27; C 22, 38, 47, la forma recogida es una variante de *meniño*: *meiniño*.
222  En este punto de encuesta, la forma atestiguada es una variante formal de *meniño*: *miñiño*.
223  Este es el único punto de encuesta para el que se ha recogido la forma femenina *meniña*.
224  En este punto de encuesta, la forma atestiguada es una variante formal de *meniño*: *meiniña*.

1.3.1. *Nini* (esp.)

    *ALEA*      Se 401

1.3.2. *Nininí* (esp.)

    *ALEA*      Gr 308[225]

1.3.3. *Niniquín* (esp.)

    *ALeCMan*    GU 318

1.4. *Curro* (esp.)

    *ALEANR*    Z 502-503, 505-507, 607; Te 103-104, 300, 303, 305; Cs 302

1.4.1. *Currico* (esp.)

    *ALEANR*    Te 504; Z 607[226]

1.4.2. *Currillo* (esp.)

    *ALEANR*    Te 308

1.4.3. *Currín* (esp.)

    *ALEANR*[227]   Z 300-301, 303, 504, 602; Na 602

1.4.4. *Currís* (esp.)

    *ALEANR*    Te 100[228]-101

1.4.5. *Curruñín* (esp.)

    *ALEANR*    Z 501

1.4.6. *Corrunxet* (cat.)

    *ALDC*      152

1.4.7. *Corrinxinxet* (cat.)

    *ALDC*      175

---

225  2.ª resp. (1.ª resp. *meñique*).
226  3.ª resp. (1.ª *meñique* y 2.ª *curro*).
227  La forma *currín* es segunda respuesta en los puntos Z 300-301, 504, (1.ª resp. *meñique*).
228  2.ª resp. (1.ª resp. *meñique*).

1.4.8. *Currunys* (cat.)

    *ALDC*       167

1.4.9. *Dit curro* (cat.)

    *ALDC*       166

1.4.10. *Dit currit* (cat.)

    *ALDC*       179

1.4.11. *Dit corrunxo* (cat.)

    *ALDC*       152[229], 156

**B. Denominaciones mediante voces relacionadas con el significado 'pequeño'**

1.6. *Pequeño* (esp.) / *Pequeno* (gall.) / *Petit* (cat.)

    *Pequeño* (esp.)

| | |
|---|---|
| *ALCyL* | Bu 405, 604; So 100, 201, 302 401, 600, 603; Sa 103, 500, Le 201 |
| *ALEANR*[230] | Te 103, 203, 601; V 101; Cs 301; Cu 200; So 600; Hu 102, 401[231], 403, 601; Na 103-104, 206, 300, 304, 401, 500, 600; Lo 100, 604 |
| *ALECant* | S 404-406 |
| *ALeCMan*[232] | CU 106, 315, 607; CR 306, 408; TO 201; GU 113 |

    *Pequeno* (gall.)

| | |
|---|---|
| *ALGa* | C 3, 13, 25, 31; P 20[233]; L 12, 14, 29 |

    *Petit* (cat.)

| | |
|---|---|
| *ALDC* | 19, 21, 22, 24[234], 37, 54-58, 68, 80, 92, 95[235], 166 |
| *ALEANR* | Hu 601[236], 602 |

---

229  2.ª resp. (1.ª resp. *corrunxet*).
230  La forma *pequeño* es segunda respuesta en Na 103, 206, (1.ª resp. *meñique*).
231  3.ª resp. (1.ª resp. *meñique* y 2.ª *chiquito*).
232  La forma *pequeño* es segunda respuesta en CU 315 y TO 201, (1.ª resp. *meñique*).
233  2.ª resp. (1.ª resp. *meñique*).
234  2.ª resp. (1.ª resp. *dit petit*).
235  2.ª resp. (1.ª resp. *dit xic*).
236  2.ª resp. (1.ª resp. *pequeño*).

1.6.1. *Pequeñín* (esp.)

    *ALEANR*    Hu 206; Z 502; Na 105, 106; Lo 103[237]

1.6.2. *Pequeñico* (esp.)

    *ALEANR*    Na 402[238]

1.6.3. *Pequeñique* (esp.)

    *ALEANR*    Te 406[239]

1.6.4. *Pequeniño* (gall.)

    *ALGa*[240]    C 4[241], 7, 25[242]; P 1[243], 4, 6; L 3-4[244], 5-6, 9, 11-12, 15-16, 18, 21, 23, 25-26, 30, 35, 39; O 3, 9, 12[245], 14, 20, 28; A 2, 4[246]-6; LE 2; Z 2

1.6.5. *Piquiquín* (esp.)

    *ALCyL*    Bu 403

1.6.6. *Piquilín* (esp.)

    *ALEANR*    Lo 400

1.6.7. *Piquín* (esp.)

    *ALEANR*    Na 404

1.6.8. *Piculín* (esp.)

    *ALEANR*    Na 306

1.6.9. *Pitalín* (esp.)

    *ALEANR*    Vi 600

---

237  2.ª resp. (1.ª resp. *meñique*).
238  2.ª resp. (1.ª resp. *meñique*).
239  2.ª resp. (1.ª resp. *meñique*).
240  La voz *pequeniño* es segunda respuesta en O 14, 20; C 32; A 2; L 30, 35, (1.ª resp. *meñique*).
241  3.ª resp. (1.ª resp. *meniño* y 2.ª resp. *meñique*).
242  2.ª resp. (1.ª resp. *pequeno*).
243  2.ª resp. (1.ª resp. *menique*).
244  2.ª resp. (1.ª resp. *meñique* y 3.ª resp. *máis pequeniño*).
245  2.ª resp. (1.ª resp. *meniño*).
246  3.ª resp. (1.ª resp. *monín* y 2.ª resp. *munín*).

1.6.10. *Pitilín* (esp.)

    *ALEANR*        Lo 303-304, 500, 502, 603

1.6.11. *Penique* (esp.)

    *ALeCMan*    CU 407

1.6.12. *Dedo pequeño* (esp.) / *Dit petit* (cat.)

    *Dedo pequeño* (esp.)

    *ALCyL*        Le 303, 306, 501, 606
    *ALEANR*    Hu 407
    *ALeCMan*   CU 313; CR 310[247], 605
    *ALEICan*   GC 2; Tf 5

    *Dit petit* (cat.)

    *ALDC*       1, 3-6, 8-11, 13-18, 23-24, 26, 29, 31-36, 39[248], 42-47, 50[249], 60-66, 69-
               79, 81-84, 91, 93[250], 96-97, 102, 104, 106, 108-124, 126-129, 135
    *ALEANR*    Hu 404, 408, 600[251]; Z 606

1.6.13. *Dedo pequeñín* (esp.)

    *ALCyL*        Va 300

1.6.14. *Máis pequeno* (gall.)

    *ALGa*         O 22; C 26

1.6.15. *Máis pequeniño* (gall.)

    *ALGa*         L 2, 4[252], 10; C 20[253]

---

247  2.ª resp. (1.ª resp. *meñique*).
248  2.ª resp. (1.ª resp. *xic*).
249  2.ª resp. (1.ª resp. *dit xic*).
250  2.ª resp. (1.ª resp. *dit xic*).
251  La designación atesitugada es *dedo petit*, un híbrido entre (esp.) *dedo* y (cat.) *dit*.
252  3.ª resp. (1.ª resp. *meñique* y 2.ª resp. *pequeniño*).
253  2.ª resp. (1.ª resp. *menique*).

1.7. *Chico* (esp.) / *Xic* (cat.)

    *Chico* (esp.)

| | |
|---|---|
| *ALEA* | H 202, 400, 502, 600; Se 102, 200, 302, 305, 310, 400, 403-405, 600, 602, 603; Ca 102, 200, 300, 302, 600, 602; Co 201-202, 300-301, 401-403, 600-601, 603, 609; Ma 100-102, 104, 200-203, 300, 302, 401-403, 405, 406, 600; Gr 200-201; 302, 303-307, 404-405, 502-504, 507-508, 510-512, 514; Al 300[254]; J 100, 103, 201-205, 300-303, 306, 400, 403-404, 600 |
| *ALEANR* | Hu 101[255] |
| *ALeCMan* | CR 101, 103[256], 408[257] |

    *Xic* (cat.)

| | |
|---|---|
| *ALDC* | 41[258], 67, 89, 95[259] |

1.7.1. *Chiquitín* (esp.)

| | |
|---|---|
| *ALEA* | Ca 400[260]; J 304-305, 308, 309, 502 |
| *ALEANR* | Lo 301[261]; Na 309; Z 305; So 402; Vi 300 |
| *ALECant* | S 107, 204 |
| *ALeCMan* | TO 106, 610 |

1.7.2. *Chiquito* (esp.) / *Xiqué* (cat.)

    *Chiquito* (esp.)

| | |
|---|---|
| *ALEANR*[262] | Na 301-303, 400, 405 |
| *ALeCMan* | TO 607[263] |

    *Xiqué* (cat.)

| | |
|---|---|
| *ALEANR* | Z 605 |

---

254  2.ª resp. (1.ª resp. *meñique*).
255  2.ª resp. (1.ª resp. *meñique*).
256  2.ª resp. (1.ª resp. *meñique*).
257  2.ª resp. (1.ª resp. *pequeño*).
258  2.ª resp. (1.ª resp. *dit xic*).
259  3.ª resp. (1.ª resp. *dit xic* y 2.ª resp. *petit*).
260  En este punto de encuesta, la forma atestiguada es una variante formal de *chiquitín*: *chipilín*.
261  En este punto de encuesta, la forma recogida es una variante formal de *chiquitín*: *chipilín*.
262  La forma *chiquito* es segunda respuesta en Na 301-303, 400, (1.ª resp. *meñique*).
263  2.ª resp. (1.ª resp. *meñique*).

1.7.3. *Xicotet* (cat.)

    *ALDC*         165[264], 168, 173

1.7.4. *Chiquitillo* (esp.)

    *ALeCMan*    CU 109

1.7.5. *Chiquinino* (esp.)

    *ALEA*         H 200[265]

1.7.6. *Chiquinín* (esp.)

    *ALDC*         87, 125
    *ALeCMan*    GU 113

1.7.7. *Chiquirrín* (esp.)

    *ALEANR*    Z 202; Hu 302

1.7.7.1. *Chirrín* (esp.)

    *ALEANR*    Te 400

1.7.7.2. *Rin* (esp.)

    *ALEANR*    So 400

1.7.8. *Chicorrón* (esp.)

    *ALEANR*    Hu 104, 300

1.7.9. *Dedo chico* (esp.) / *Dit xic* (cat.)

    *Dedo chico* (esp.)

    *ALEICan*    GC 1-2; Tf 2-3, 20, 40; Go 4; Hi 1,10

    *Dit xic* (cat.)

    *ALDC*         27, 30, 38-41, 44[266], 59, 63, 86, 88, 90, 93, 95, 99-101
    *ALEANR*    Hu 205, 406[267]

---

264  2.ª resp. (1.ª resp. *petit*).
265  En este punto de encuesta, la forma atesitugada es una variante de *chiquinino*: *chicanino*.
266  2.ª resp. (1.ª resp. *dit petit*).
267  En este punto de encuesta, la forma atesitugada es una variante formal de *dit xic*: *dit xico*.

1.7.10. *Dedo chiquitín* (esp.)

| | |
|---|---|
| *ALEANR* | Z 302 |
| *ALeCMan* | CU 505 |

1.7.11. *Dedo chiquito* (esp.) / *Dedo xiquet* (cat.)

*Dedo chiquito* (esp.)

| | |
|---|---|
| *ALEANR* | Na 202, 205; Lo 605 |
| *ALEICan* | Hi 2[268] |

*Dedo xiquet*

| | |
|---|---|
| *ALEANR* | Hu 102[269] |

1.7.12. *Dit xicotet* (cat.)

| | |
|---|---|
| *ALDC* | 147, 154, 158, 160, 162, 169-170, 173, 188[270] |

1.7.13. *Dit xiquico* (cat.)

| | |
|---|---|
| *ALDC* | 189-190[271] |

1.7.14. *Dit xiquiu* (cat.)

| | |
|---|---|
| *ALDC* | 189-190 |

1.7.15. *Dit més xicotet* (cat.)

| | |
|---|---|
| *ALDC* | 171 |

1.7.16. *El más chico* (esp.) / *Lo més xic* (cat.)

*El más chico* (esp.)

| | |
|---|---|
| *ALEA* | H 503; Co 607 |

*Lo més xic* (cat.)

| | |
|---|---|
| *ALEANR* | Hu 402 |

---

268  2.ª resp. (1.ª resp. *meñique*).
269  3.ª resp. (1.ª resp. *pequeño* y 2.ª resp. *meñique*).
270  2.ª resp. (1.ª resp. *dit xiquiu*).
271  3.ª resp. (1.ª resp. *dit menut* y 2.ª resp. *menyec*).

1.8. *Menudo* (esp.) / *Menut* (cat.)

    *Menudo* (esp.)

      *ALEA*        Ca 601[272]

    *Menut* (cat.)

      *ALDC*        130, 147[273], 151
      *ALEANR*     Te 202, 205

1.8.1. *Menudet* (cat.)

      *ALDC*        188[274]
      *ALEANR*     Te 202, 205

1.8.2. *Mendo* (gall.)

      *ALGa*       O 26

1.8.3. *Mandiño* (gall.)

      *ALGa*       O 31; P 26

18.4. *Dit menut* (cat.)

      *ALDC*        131-134, 136-146, 148-151[275], 182, 189
      *ALEANR*     Te 207

1.9. *Manuvel* (cat.)

      *ALDC*        85

1.9.1. *Menell* (cat.)

      *ALDC*        2

1.9.2. *Dit menell* (cat.)

      *ALDC*        7

---

272  2.ª resp. (1.ª resp. *meñique*).
273  2.ª resp. (1.ª resp. *dit xicotet*).
274  3.ª resp. (1.ª resp. *dit xiquiu* y 2.ª resp. *dit xicotet*). La forma atestiguada en este punto de encuesta es una variante formal de *menudet*: *menuet*.
275  2.ª resp. (1.ª resp. *dit menut*).

1.10. *Maimiño* (gall.)

    *ALGa*        C 10, 14-15; P 28-29, 32; L 17

1.10.1. *Mainiño* (gall.)

    *ALGa*        C 24, 29, 41, 48; P 3, 6[276], 9-10, 14[277], 17, 21, 25; O 23

1.10.2. *Mamiño* (gall.)

    *ALGa*        C 17-18, 23, 35-36, 49; P2, 5, 8; O 16; L 28[278]

1.10.3. *Maumiño* (gall.)

    *ALGa*        O 15, 25, 30[279]

1.10.4. *Moumiño* (gall.)

    *ALGa*        P 18; O 2, 6-7[280]

1.10.5. *Memiño* (gall.)

    *ALGa*        C 21, 34, 45; P 13, 31

1.10.6. *Meimiño* (gall.)

    *ALGa*        C 48[281]; P 23; L 20

1.11. *Ananiño* (gall.)

    *ALGa*        O 20

1.12. *Mingo* (gall.)

    *Mingo* (gall.)

    *ALGa*        P 33

1.13. *Mermellique* (esp.)

    *ALCyL*      Sa 200, 301

---

276  2.ª resp. (1.ª resp. *pequñino*).
277  3.ª resp. (1.ª resp. *meniño* y 2.ª resp. *meñique*).
278  2.ª resp. (1.ª resp. *meñique*).
279  2.ª resp. (1.ª resp. *meñique*).
280  2.ª resp. (1.ª resp. *meñique*).
281  2.ª resp. (1.ª resp. *meñique*).

1.13.1. *Berbellín*

ALCyL       Za 404

1.14. *Dedo gurruñán* (esp.) / *Dit gorruny* (cat.)

    *Dedo gurruñán* (esp.)

    *ALEANR*      Cs 300

    *Dit gorruny* (cat.)

    *ALDC*      155

**C. Animalizaciones**

1.15. *Gorrín* (esp.) y *Gorrino* (esp.) /*Gorrí* (cat.)

    *Gorrín* (esp.)

    *ALDC*[282]     158-159[283]
    *ALEANR*     Hu 100, 103[284], 105, 107-110, 302, 304, 500, 603; Z 202, 304-305, 400,
                     402, 601, 603; Na 403

    *Gorrí* (cat.)

    *ALDC*      159

1.15.1. *Gorrinet* (cat.)

    *ALDC*      164[285], 174[286]
    *ALEANR*     Hu 101[287]

1.15.2. *Gorrineu* (cat.)

    *ALDC*      181[288]

---

282  En este atlas, las respuestas atesitugadas se corresponden con la forma *gorrino*.
283  2.ª resp. (1.ª resp. *gorrí*).
284  2.ª resp. (1.ª resp. *meñique*).
285  2.ª resp. (1.ª resp. *dit gorrí*).
286  2.ª resp. (1.ª resp. *xicotet*).
287  3.ª resp. (1.ª *meñique* y 2.ª resp. *chico*). En este punto de encuesta, la forma atestiguada es
    una variante de *gorrinet*: *gorriné*.
288  2.ª resp. (1.ª resp. *dit meñique*).

1.15.3. *Gorrinón* (esp.)

ALEANR    Hu 111[289]

1.15.4. *Dit gorrí* (cat.)

ALDC    161[290], 163, 164

1.15.5. *Dit gorrinau* (cat.)

ALDC    183

**D. Denominaciones de carácter expresivo**

1.16. *Michi* (esp.)

ALEA    Se 501-502; Ca 201, 203, 301, 400[291]; Ma 303, 500, 502

1.16.1. *Miche* (esp.)

ALEA    Se 601; Ca 202; Ma 301[292]

**2. Denominaciones procedentes de canciones, refranes o dichos populares**

2.1. *Margaro* (esp.)

ALEA      Ca 400
ALEICan   Lz 2[293]-4[294], 10, 30; Fv 30-31; GC 2, 12, 20; Go 4[295]

2.1.1. *Margarito* (esp.)

ALEA      Ca 101, 500; Se 309[296], 402, 406, 500
ALEICan   Fv 1, 20; GC 3-4, 11[297], 30, 40; Tf 2[298]; Go 3, 40

---

289  2.ª resp. (1.ª resp. *meñique*). En este punto de encuesta, la forma atestiguada es una variante de *gorrinón: golinón*.
290  En este punto de encuesta, la forma atestiguada es *dit gorrino*.
291  2.ª resp. (1.ª resp. *chipilín* y 3.ª resp. *margaro*).
292  En este punto de encuesta, la forma atestiguada es una variante de *miche: biche*.
293  En este punto de encuesta, la forma atestiguada es una variante de *margaro: marguero*.
294  2.ª resp. (1.ª resp. *dedo chico*). En este punto de encuesta, la forma atestiguada es una variante de *margaro: margar*.
295  2.ª resp. (1.ª resp. *dedo chico*).
296  2.ª resp. (1.ª resp. *chico*).
297  2.ª resp. (1.ª resp. *meñique*).
298  2.ª resp. (1.ª resp. *dedo chico*).

2.1.2. *Margarite* (esp.)

ALEA    Ma 503; J 200, 500; Gr 200[299], 202, 505; Al 201, 205, 400-401, 402[300]-403, 500, 602

2.1.3. *Magariño* (esp.)

ALEICan   Fv 2

2.1.4. *Margarín* (esp.)

ALEA    Ma 503
ALEICan   Tf 41, 50; Go 2
ALECMan  AB 407[301]

2.1.5. *Garite* (esp.)

ALEA    Gr 406[302], 410

2.1.6. *Dedo margaro* (esp.)

ALEICan   Fv 3; GC 10

2.2. *Merenguiño* (esp.)

ALEICan   LP 2, 20[303]

2.2.1. *Meringuillo* (esp.)

ALEICan   LP 30

2.2.2. *Dedo meringuiño* (esp.)

ALEICan   LP 1

2.3. *Tite* (esp.)

ALEA    J 401-402; Gr 201-203, 400-403, 407, 409, 502, 504, 507, 509, 600; Al 503

---

299 2.ª resp. (1.ª resp. *chico*).
300 2.ª resp. (1.ª resp. *meñique*).
301 En este punto de encuesta, la forma atestiguada es una variante de *margarín*: *malgarín*.
302 2.ª resp. (1.ª resp. *meñique*). En este punto de encuesta, la forma atestiguada es una variante de *garite*: *grite*.
303 En este punto de encuesta, la forma atestiguada es una variante de *merenguiño*: *meninguiño*.

250

2.4. *Xirimiu* (cat.)

    ALDC        55[304]

2.5. *El que fa glin-glin* (cat.)

    ALEANR    Hu 406[305]

2.6. *El tío pichín* (esp.)

    ALEANR    Lo 601

2.7. *Puso un huevo* (esp.)

    ALGa      LE 1[306]

2.8. *Chinchín* (gall.)

    ALGa      L 24

## 3. Denominaciones genéricas

3.1. *Deda* (gall.)

    ALCyL    Za 102
    ALGa     L 33[307], 35[308], 38[309]; O 18[310]; Z 1

3.1.1. *Dedico* (esp.) / *Dedica* (gall.)

    *Dedico* (esp.)

    ALEANR    Te 300

    *Dedica* (gall.)

    ALGa     C 10, 14-15; P 28-29, 32; L 17, 33

---

304  2.ª resp. (1.ª resp. *petit*).
305  2.ª resp. (1.ª resp. *dit xico*).
306  2.ª resp. (1.ª resp. *meñique*).
307  3.ª resp. (1.ª resp. *meñique* y 2.ª resp. *dedica*).
308  2.ª resp. (1.ª resp. *bolicriña*).
309  2.ª resp.(1.ª resp. *meñique*).
310  2.ª resp.(1.ª resp. *meñique*).

3.1.2. *Dedillo* (esp.)

ALEANR    Te 203[311]; Na 309[312]
ALECant   S 302

3.1.3. *Dediño, -a* (gall.)

ALCyL     Za 102[313]
ALGa[314] L 12[315]; O9, 17, 21; Z 1

3.1.4. *Dedina* (esp.)

ALECant   S 106, 402

3.1.5. *Dedete* (esp.)

ALEANR    Hu 305; Te 201

3.1.6. *Dedita* (esp.)

ALEANR    Lo 603

3.1.7. *Dedella* (gall.)

ALGa      O 8[316]

3.1.8. *Dedetica* (esp.)

ALEANR    Z 604

3.1.9. *Diucu* (esp.)

ALECant   S 300

## 4. Denominaciones relacionadas con la castaña

4.1. *Belleco* (gall.)

ALGa      L 8[317], 16, 19

---

311  2.ª resp. (1.ª resp. *pequeño*).
312  2.ª resp. (1.ª resp. *chiquitín*).
313  2.ª resp. (1.ª resp. *deda*).
314  En ese atlas, la forma *dediño* solo se ha registrado en dos puntos de encuesta: L 13; O9.
315  3.ª resp. (1.ª resp. *meniño* y 2.ª resp. *pequeniño*).
316  2.ª resp. (1.ª resp. *ameñíquel*).
317  En este punto de encuesta, la forma atestiguada es una variante formal de *belleco*: *beleco*.

4.2. *Bolicriña* (gall.)

    *ALGa*       L 35

4.2.1. *Molecrín* (gall.)

    *ALGa*       L 37

4.3. *Cagallo* (gall.)

    *ALGa*       LE 1

4.4. *Mamarutiña* (gall.)

    *ALGa*       O 11

4.5. *Mormeliña* (gall.) / *Mormalina* (gall.)[318]

    *Mormeliña* (gall.)

    *ALGa*       Z 3

    *Mormalina* (gall.)

    *ALCyL*      Za 103

**5. Denominaciones procedentes de la confusión con los nombres de otros dedos**

5.1. *Pulgar* (esp.)

    *ALeCMan*    CU 311; TO 310[319]

5.2. *Índice* (esp.)

    *ALeCMan*    AB 306, 405

**6. Denominaciones relacionadas con las aptitudes y cualidades del dedo**

6.1. *Garranxet* (cat.)

    *ALDC*      153

---

318 El punto de encuesta para cada uno de los dos atlas se refiere a la misma localidad. Se trata de Hermisenda, que en el *ALGa* es el punto Z3 y en el *ALCyL*, el 103.

319 2.ª resp. (1.ª resp. *meñique*).

6.2. *O dos mimos* (gall.)

ALGa        P 13[320]

**7. Denominaciones relacionadas con la posición respecto a los otros dedos**

7.1. *Radé* (cat.)

ALDC        130[321]

**8. Otras denominaciones**

8.1. *Burbulliña* (gall.)

ALGa        O 18

8.2. *Títere* (esp.)

ALEA        Gr 602

8.3. *Miño* (esp.)

ALCyL       Bu 403

8.4. *Chingar* (esp.)

ALEANR      Na 305[322], 308

8.5. *Muguá* (esp.)

ALEA        H 303

---

320  2.ª resp. (1.ª resp. *memiño*).
321  2.ª resp. (1.ª resp. *menut*).
322  2.ª resp. (1.ª resp. *meñique*).

## 10.3. Áreas léxico-semánticas

### 10.3.1. Análisis general de las áreas léxico-semánticas

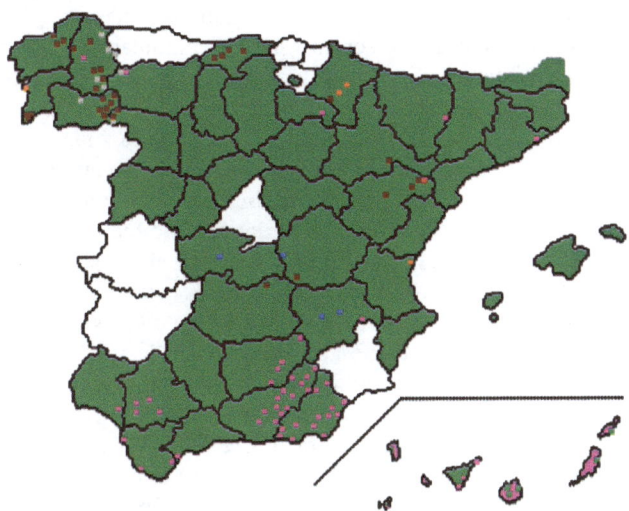

Mapa VI. Áreas de los motivos semánticos que originan las denominaciones del *dedo meñique*[323]

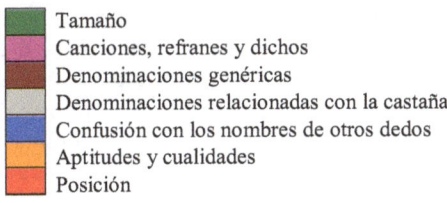

| | |
|---|---|
| ■ | Tamaño |
| ■ | Canciones, refranes y dichos |
| ■ | Denominaciones genéricas |
| ■ | Denominaciones relacionadas con la castaña |
| ■ | Confusión con los nombres de otros dedos |
| ■ | Aptitudes y cualidades |
| ■ | Posición |

De la observación de los datos que proporciona el mapa VI se desprende que el tamaño, representado de color verde, es el motivo general de las denominaciones más frecuentes del meñique en español, catalán y gallego. Las reducidas dimensiones del quinto dedo constituyen para los hablantes de estas lenguas el rasgo distintivo más importante en comparación con el resto de dedos de la mano. El mapa también muestra que las Islas Canarias son el único territorio en el que las denominaciones más frecuentes no están vinculadas a la talla del dedo meñique.

---

323 Sobre las zonas que aparecen de color blanco en el mapa, véase la presentación de la segunda parte del libro y la nota correspondiente al mapa II.

La representación gráfica de todos los datos refleja que existen algunas zonas en las que los nombres basados en el tamaño del dedo conviven con denominaciones que se crean a partir de otros factores, aunque son de carácter aislado. La cultura popular, especialmente las canciones y retahílas infantiles, constituye el segundo motivo más frecuente, tal y como muestran las zonas de color rosa. Andalucía y Canarias son los territorios en los que más abundan las denominaciones que proceden de estas fuentes. El sustantivo (esp.) *margaro*, sus derivados (esp. *margarito*, esp. *margarite*, esp. *margariño*, esp. *margarín*) y las lexías complejas en las que aparece (esp. *dedo margaro*) son habituales en la zona oriental y occidental de Andalucía y en casi todas las islas del archipiélago canario (Alvar 1959: 201-202). La denominación (esp.) *tite*, en cambio, se halla únicamente en Andalucía. Asimismo, solo en las Islas Canarias se registra también una forma original de la cultura popular infantil: (esp.) *merenguiño* (o esp. *meringuillo*) y (esp.) *dedo meringuiño*. De acuerdo con Pérez Vidal (1967: 70-72), se trata de una alteración de alguna de las formas portuguesas que han trasladado a las Islas los inmigrantes portugueses. El resto de designaciones procedentes de la misma motivación se hallan repartidas por la mitad norte de la Península: (gall.) *chinchín*; (esp.) *puso un huevo*; (esp.) *el tío pichín*; (cat.) *el que fa glin-glin*; y (cat.) *xirimiu*.

El tercer grupo semántico, representado por el color marrón en el mapa, lo conforman las denominaciones genéricas para referirse al meñique. En su mayoría, son derivados diminutivos del sustantivo *dedo* y, según se aprecia en la distribución del mapa VI, son usuales en el dominio lingüístico gallego (*dedica, dediño, -a, dedella*) y en la zona aragonesa (*dedico, dedillo, dedina, dedete, dedetica, dedita*). Además de los diminutivos, en Galicia también se recoge algún uso femenino del sustantivo *dedo* (gall. *deda*) y, en Cantabria, una designación que parece proceder de un proceso de sufijación aumentativa (esp. *diucu*).

Además de estas tres motivaciones, que son las principales, los atlas atestiguan nombres procedentes de otros motivos. Las denominaciones vinculadas al fruto de la castaña conforman un grupo pequeño pero homogéneo que se ubica en la zona oriental de las provincias gallegas, como muestran los puntos de color gris del mapa VI: *beleco, bolicriña, cagallo, mamarutiña, molecrín, mormeliña y mormalina*. La confusión con los nombres de otros dedos, marcada de color azul, se ha hallado en el *ALeCMan* y solo se ha dado en relación con el pulgar y el índice. Las cualidades y aptitudes, representadas de color naranja, también dan lugar a un número reducido de variantes léxicas en Navarra (esp. *chingar*), Valencia (cat. *garranxet*) y Galicia (gall. *o dos mimos*). Finalmente, la posición, uno de los motivos más frecuentes en el dominio lingüístico catalán para muchos de los dedos (*cfr. dit segon* 'dedo índice', § 7; *dit del mig* 'dedo corazón', § 8; *dit quart* 'dedo anular', § 9), es el origen de una denominación (cat. *radé*) recogida en la frontera de Zaragoza con Tarragona.

### 10.3.2. Análisis de las variantes léxicas relacionadas con el tamaño

Desde el punto de vista semántico, las designaciones del meñique que tienen origen en el tamaño del dedo conforman un grupo muy homogéneo cuyo uso se extiende por las variedades románicas estudiadas. Sin embargo, no sucede lo mismo desde el punto de vista léxico. Se han recogido hasta 100 variantes léxicas distintas solo para el grupo relacionado con la talla del dedo. Con el fin de poder extraer el máximo rendimiento de los datos, todas estas formas léxicas se han organizado en cuatro grupos según una motivación secundaria. En uno, se han incluido todos los nombres que proceden de PERSONIFICACIONES, es decir, nombres de personas (normalmente de pequeña estatura) mediante las que se designa el meñique: (esp.) *meñique*, (ast.-leon.) *moñín*, (esp.) *nene* / (gall.) *meniño,-a* y (esp.) *curro*. En un segundo grupo, se han recopilado todas las designaciones, en su mayoría adjetivos, ligadas al significado 'pequeño': (esp.) *pequeño* / (gall.) *pequeno* / (cat.) *petit*, (esp.) *chico* / (cat.) *xic*, (esp.) *menudo* / (cat.) *menut* / (gall.) *mendo*, (cat.) *manuvel*, (gall.) *maimiño*, (gall.) *ananiño*, (gall.) *mingo*, (esp.) *muguá*, (esp.) *mermellique*, (esp.) *dedo gurruñán* / (cat.) *dit gorruny*. En el tercer grupo, se han consignado las denominaciones que proceden de ANIMALIZACIONES: (esp.) *gorrino* / (cat.) *gorrí*. En el último, se han recogido voces de carácter expresivo del tipo (esp.) *michi* y (esp.) *miño*. De la representación de todas las denominaciones referidas al tamaño, según estas cuatro submotivaciones, resulta el mapa VII:

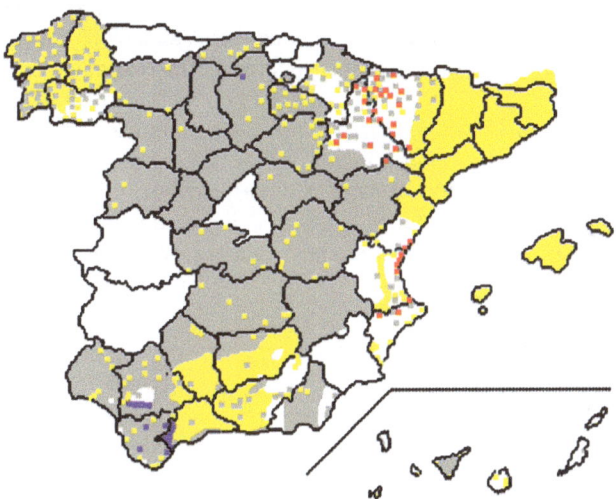

Mapa VII. Subáreas léxico-semánticas vinculadas a las denominaciones referidas al tamaño

La información que proporciona este mapa VII confirma los resultados del anterior (*cfr.* mapa VI). El dominio lingüístico gallego y el catalán suelen emplear estrategias de creación léxica distintas al español. La mayor parte del dominio catalán y buena parte de su frontera con Aragón se refieren al quinto dedo de la mano mediante adjetivos, como refleja la extensión del color amarillo en el mapa. En Galicia, en cambio, parece que el uso de nombres procedentes de personificaciones, representadas de color gris, es prácticamente equivalente al empleo de adjetivos o voces que están vinculadas al sentido 'pequeño'. Las estrategias léxico-semánticas de estas dos variedades lingüísticas de la Península contrastan con las del español ya que, según se aprecia en la distribución cromática de las áreas referidas al tamaño, predominan las designaciones procedentes de personificaciones frente a las denominaciones relacionadas con el sentido 'pequeño'. Andalucía es la única zona del español en la que el uso de adjetivos se equipara al de voces procedentes de personificaciones.

Además de las personificaciones y el uso de adjetivos que significan 'pequeño', existen dos grupos motivacionales de extensión reducida, el de las animalizaciones y el de las formas de creación expresiva. Las ANIMALIZACIONES se extienden por dos dominios lingüísticos distintos: la zona norte de Aragón (parte de Huesca y Zaragoza) y el centro de la Comunidad Valenciana (sur de Castellón, Valencia y norte de Alicante). Esta distribución de las variantes es una muestra más de la influencia que ha tenido el aragonés en el léxico catalán de Valencia (Martines Peres 2002: 177-178). En cambio, las denominaciones de carácter expresivo se restringen, casi exclusivamente, a la zona centro-occidental andaluza.

Finalmente, para completar el estudio de la distribución espacial y el uso de las denominaciones concernientes al tamaño, se ha creído necesario trazar las áreas léxicas de la mayor parte de las variantes[324] en el mapa VIII:

---

324 De las 17 formas primarias en que se divide el grupo de variantes denominativas relativas al tamaño, las voces (gall.) *ananiño,* (gall.) *mingo,* (esp.) *mermellique,* (esp.) *berbellín,* (esp.) *dedo gurruñán,* y (cat.) *dit gorruny* no se han incluido en el mapa VIII debido a que solo se han hallado en una o dos ocasiones en los atlas (*cfr.* § 10.2.2.). El resto de formas que se incluyen en este mapa aparecen en más de un punto de encuesta y con más de una forma.

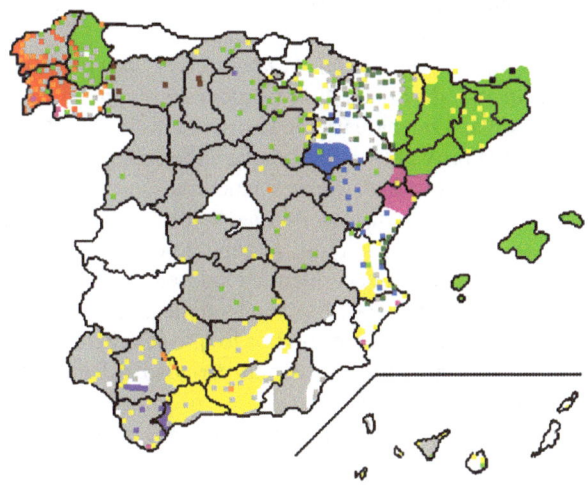

Mapa VIII. Áreas léxicas de la motivación del tamaño

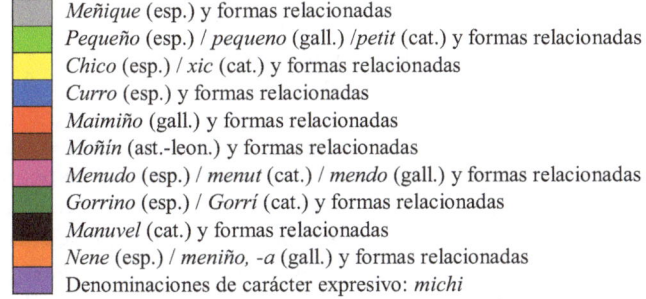

*Meñique* (esp.) y formas relacionadas
*Pequeño* (esp.) / *pequeno* (gall.) /*petit* (cat.) y formas relacionadas
*Chico* (esp.) / *xic* (cat.) y formas relacionadas
*Curro* (esp.) y formas relacionadas
*Maimiño* (gall.) y formas relacionadas
*Moñín* (ast.-leon.) y formas relacionadas
*Menudo* (esp.) / *menut* (cat.) / *mendo* (gall.) y formas relacionadas
*Gorrino* (esp.) / *Gorrí* (cat.) y formas relacionadas
*Manuvel* (cat.) y formas relacionadas
*Nene* (esp.) / *meniño, -a* (gall.) y formas relacionadas
Denominaciones de carácter expresivo: *michi*

El mapa VIII proporciona datos muy interesantes sobre la distribución léxica de los nombres del dedo meñique basados en el motivo del tamaño para las tres áreas lingüísticas peninsulares analizadas.

En el dominio lingüístico catalán se alternan los adjetivos *petit, xic, menut* y *curro*. El más frecuente de todos, *petit* (representado de color verde), se extiende por la mayor parte de Cataluña, casi toda la zona del sur de Francia de habla catalana —la llamada «Catalunya Nord»— en la que la forma atestiguada mayoritariamente es la variante (cat.) *pitit*, y por todas las Islas Baleares. Pocos son los usos de este adjetivo catalán fuera de las zonas mencionadas, uno o dos casos en Valencia y dos o tres en la frontera de Huesca con Cataluña. El adjetivo *petit* concurre con *xic*, marcado en el mapa de color verde, como sucede también en español con los adjetivos *chico* y *pequeño* (Ariza 2000). La distribución geográfica de *xic* (y sus derivados y formas relacionadas *xiqué, xicotet, xiquet, dit xic, dedo xiquet, dit xicotet, dit xiquico, dit xiquiu, dit més xicotet, lo més xic*) está limitada a la zona más noroccidental de Lleida, a la frontera de esta zona con el territorio más nororiental de Huesca, a buena parte de la provincia de Castellón y a algunos puntos de Alicante y de la provincia de Barcelona. Además, mientras que la forma simple *xic* y la unidad pluriverbal *dit xic* se encuentran únicamente en los puntos de encuesta ubicados en Cataluña, los derivados diminutivos como *xicotet* o *xiquico*, entre otros, se distribuyen solo por la zona de encuesta de la Comunidad Valenciana. Este reparto de formas, ya documentado en el *DCVB* y en el *DECat* (s. v. *xic* y *petit*), está vinculado a las diferencias dialectales que existen entre el catalán de Cataluña y el catalán de Valencia por lo que se refiere a los procesos de lexicalización en relación a la sufijación. En la variedad valenciana es muy frecuente la lexicalización de formas sufijadas con el mismo significado que tenía la base (Veny 1982: 164). Así, de la voz *nu* 'desnudo', por ejemplo, se deriva *nuet*, que inicialmente debería significar 'desnudito', pero que se interpreta con el mismo significado que *nu* ('desnudo'), por ello, para formar el diminutivo de *nuet* se vuelve a adjuntar el sufijo *-et* dando lugar a *nuetet* 'desnudito'. Además de *xic* y *petit*, existe también una zona muy homogénea en la que solo se hace referencia al meñique mediante el adjetivo *menut* (y las formas relacionadas *menudet* y *dit menut*) y que en el mapa se representa de color rosa. Esta zona abarca el sur de Tarragona, el punto más nororiental de Teruel fronterizo con Tarragona y el norte de Castellón.

La distribución geográfica de los tres adjetivos mencionados resulta igual de interesante que la de las otras denominaciones catalanas que faltan por comentar, *curro, gorrí* y *manuvel*. Todas las formas relacionadas con la voz (cat.) *curro* (*dit curro, currunys, corruntxo, dit currit, corrinxinxet*) se reparten, únicamente, por la Comunidad Valenciana. Es más que probable, de acuerdo con Martines Peres (2002: 177), que estas designaciones sean de ascendencia aragonesa, pues, como muestran los datos del *ALEANR* que aparecen reflejados en el mapa VIII, Zaragoza y Teruel son los dos territorios en los que (esp.) *curro* y sus derivados aparecen con mayor asiduidad para hacer referencia al meñique. Estos datos permiten advertir que el mapa VIII sobre las variantes léxicas referidas al meñique ha permitido establecer «relaciones interdialectales» (García Mouton 1990: 71) que, de otro modo, no se podrían explicar. También está vinculada a distintas variedades lingüísticas la forma (cat.) *gorrí* (*gorrinet, dit gorrí, dit gorrinau*), que se representa de color verde oscuro, ya que, además de hallarse en la Comunidad Valenciana, también se encuentra en la zona norte de Aragón (*gorrino, gorrinón, gorrinet*). La extensión geográfica de las denominaciones de este grupo léxico es una prueba más, igual que se ha observado para las formas relacionadas con la designación *curro*, de la influencia histórica del aragonés en el catalán de Valencia (Martines Peres 2002).

El área de encuesta del español presenta mucha menos variación léxica que el dominio catalán. En la mitad norte de la Península, la forma más frecuente de referirse al quinto dedo de la mano es la voz (esp.) *meñique*, cuyo uso predomina en casi todas las provincias de esta zona, como refleja el color gris en el mapa. En la mitad más oriental, se rompe esta relativa hegemonía de *meñique* ya que convive con otros términos (esp. *pequeño*, esp. *curro* y esp. *chico*). El adjetivo *pequeño* y sus derivados aparecen dispuestos por toda la zona de encuesta del *ALEANR*, como muestran los puntos marcados de color verde: *pequeñín* en Huesca, Zaragoza, Navarra y Logroño; *pequeñico*, en Navarra; *pequeñique*, en Teruel; *piquilín*, en Logroño; *piquín*, en Navarra; *pitalín*, en Logroño. De la formación de estos derivados debe destacarse el hecho de que se hayan creado a partir de sufijos diminutivos poco productivos en el territorio de encuesta del *ALEANR*. Según Uritani y Berrueta (1985), los sufijos más recurrentes en Aragón, Navarra y La Rioja son, por orden de frecuencia, *-ete, -illo, -ico* e *-ito*. *Chico*, aunque mucho menos frecuente que *pequeño* en el *ALEANR*, también tiene una presencia importante en Huesca y Navarra. La voz *curro*, representada de color azul en el mapa, en cambio, se halla solo en las provincias de Zaragoza y Teruel, lugar desde el que, probablemente, se expandió hacia tierras valencianas, como se ha comentado en los párrafos anteriores sobre el análisis de la distribución de las formas léxicas del dominio catalán. Asimismo, parece que el uso del adjetivo *chico* (y sus derivados o lexías complejas: *chiquitín, chiquito, chiquirrín, chirrín, rin, chicorrón, dedo chiquitín* y *dedo chiquito*) en la zona norte peninsular es propio de las comunidades más orientales (Aragón, Navarra y La Rioja), como reflejan los puntos de color amarillo del mapa VIII. En el resto del norte peninsular, el máximo competidor de *meñique* es el adjetivo *pequeño* —su derivado *piquiquín* y las lexías complejas *dedo pequeño* y *dedo pequeñín*—, cuyo uso se reduce a unas pocas ocurrencias en Castilla y León y Cantabria: 1 en Valladolid, 2 en Salamanca, 2 en Burgos, 3 en Cantabria, 6 en León y 6 en Soria. *Chico* y sus derivados (*chiquitín, chiquinín*) se encuentran solo en Cantabria (2), Soria (1) y Guadalajara (1), muy probablemente por influjo de las provincias más orientales en las que este adjetivo tiene algo más de presencia.

En la mitad sur de la Península, sigue predominando, por encima de cualquier otra forma de designación, la voz *meñique* que convive con *pequeño* y con otro adjetivo, *chico*. En Toledo, se hallan 4 casos de *chico* frente a 1 de *pequeño*; en Cuenca, 2 de *chico* frente a 6 de *pequeño*, y en Ciudad Real, 2 de *chico* frente a 3 de *pequeño*. La convivencia de estos dos adjetivos para referirse al tamaño desaparece en la zona andaluza para la que únicamente se han encontrado ejemplos de *chico*. No es de extrañar la desaparición del uso de *pequeño* ya que, como apunta Ariza (2000: 151), «hoy *pequeño*, como adjetivo, es la voz general en el castellano, mientras que *chico* lo es en el andaluz». La historia de la convivencia de los dos términos ha llevado a que, en andaluz, se prefiriera el vocablo «más popular y afectivo» y que el castellano se haya decantado por *pequeño*, «más distinguido y objetivo» (*DECH*, s. v. *chico*). Además, Andalucía destaca por ser la región lingüística en la que la frecuencia de uso del adjetivo *chico* es prácticamente idéntica a la de la voz *meñique* ya que son pocas las ocurrencias de este nombre que superan a las de *chico* (99 usos de *meñique* frente a 91 de *chico*). El mapa VIII muestra también la existencia de dos áreas léxicas respecto al uso de estas dos voces: *meñique* se restringe a las provincias más occidentales y *chico* y sus derivados (*chiquitín, chiquinino*[325] y *el más chico*) a la zona oriental, con excepción de la provincia de Almería, para la que el uso de *chico* es inexistente. Esta ausencia quizá esté vinculada a que, en esta zona parece que es más habitual el adjetivo *pequeño* que *chico*, según los datos de Ariza (2000: 154), y a que existe otro grupo de denominaciones más frecuentes (esp. *margaro,* esp. *margarite,* esp. *margarito*). Además del uso de *meñique*, la Andalucía occidental se caracteriza por el empleo de la denominación expresiva *miche* en las provincias de Sevilla, Cádiz y Málaga y por el uso de formas procedentes de personificaciones: *nene* (Sevilla y Córdoba), *nini* (Sevilla) y *nininí* (Granada). Finalmente, la zona más occidental de las Islas Canarias constituye el reflejo, a menor escala, de la misma situación que se aprecia en la mitad meridional peninsular no andaluza: *meñique* convive con los adjetivos *chico* y *pequeño*.

El dominio lingüístico gallego presenta una situación totalmente distinta a la que hasta el momento se ha observado para el catalán y el español. Mientras para estas dos variedades las formas que coexisten en los mismos territorios se distribuyen en áreas léxicas bastante homogéneas, esto es, sin solaparse —como sucede en el caso del uso de *chico* y *meñique* en la zona andaluza a la que se acaba de hacer referencia en el párrafo anterior—, en gallego, las áreas se entrecruzan de tal modo que es difícil poder trazar isoglosas que definan los usos más frecuentes del territorio. En las provincias orientales, parece que la variación es menor que en las occidentales. En Lugo, predomina la voz *meñique* y las designaciones vinculadas al adjetivo (gall.) *pequeno*. En Ourense, en cambio, predomina la forma (gall.) *maimiño* y sus variantes (gall. *mainiño,* gall. *mamiño,* gall. *maumiño,* gall. *moumiño*) en la zona más occidental, aunque en la frontera con Zamora se registra un importante número de ejemplos de (esp.) *meñique*. Junto a estas dos formas, se hallan también algunos usos de (gall.) *meniño* y (gall.) *pequeno*. Las provincias occidentales gallegas presentan una distinta distribución y frecuencia de las variantes léxicas para referirse al meñique. En la mayor parte de A Coruña predomina la voz *meñique* con excepción de la zona de la costa en la que son más habituales *maimiño, meniño* y sus variantes. Finalmente, Pontevedra se caracteriza por-

---

325 El derivado *chiquinino* se halla únicamente en Huelva, zona de Andalucía para la que el uso del sufijo *-ino* es casi exclusivo (Uritani y Berrueta 1985).

que las formas más recurrentes son *maimiño* y *meniño* y porque escasean los usos de *meñique* y, aún más, los de *pequeno*.

Finalmente, cabe señalar que los pocos puntos de encuesta del *ALGa* y del *ALCyl* que recogen datos del dominio asturleonés muestran que en esta zona predomina el uso de la voz *moñín* y sus variantes.

## 10.4. Designaciones latinas

La mayoría de nombres latinos del meñique, igual que sucede en las lenguas románicas (Zauner 1903 [1902]: 451-454; Romero y Santos 2002: 306-311), tenían su origen en el tamaño del dedo tal y como puede apreciarse en la tabla X:

| | |
|---|---|
| Según el tamaño | *digitus minimus*<br>*digitus minor*<br>*digitus breuissimus*<br>*digitus paruus* |
| Según la posición | *ultimus digitus*<br>*post honestum ultimus* |
| Según las acciones que se desarrollaban con él | *digitus auriculāris*<br>*gustātor digitus* |

Tabla X. Designaciones latinas del *meñique* (André 1991: 103 y 105)

Además del tamaño, la posición también dio lugar a alguna de las designaciones latinas del meñique. En (lat.) *digitus ultimus*, simplemente se indica que es el último dedo de la mano y en *post honestum ultimus* se hace referencia al lugar que ocupa el dedo respecto al dedo anular (*cfr. honestus* 'dedo anular', § 9). Los actos llevados a cabo con el dedo también supusieron la creación de otras dos denominaciones como (lat.) *auricular*, porque es el dedo con el que solemos rascarnos el interior de la oreja, y (lat.) *gustātor*, porque con él suelen o solían degustarse ciertos alimentos. De las tres motivaciones (tamaño, posición y acciones), la que posee documentaciones más antiguas es la que está vinculada al tamaño (s. I a. d. C.), el resto son posteriores al silgo IV d. C.:

| s. I d. C. | s. IV d. C. | s. IV-V d. C. | s. VI d. C. |
|---|---|---|---|
| *digitus minimus* | *digitus minor* | *digitus breuissimus*<br>*digitus paruus*<br>*digitus gustātor* | *digitus ultimus*<br>*digitus auriculāris* |

Tabla XI. Primeras documentaciones de los nombres latinos del *meñique* (André 1991: 104)

El recurso léxico más habitual de todas las designaciones latinas vinculadas al tamaño es la adjetivación. Todos los nombres del dedo meñique relacionados con este motivo suelen presentar la estructura siguiente: *dedo + adjetivo* 'pequeño, mínimo, breve'. Esta estrategia ha sido y sigue siendo hoy también una de las más empleadas en las lenguas románicas. Así lo confirma el estudio de Zauner (1903 [1902]: 452) con datos de diversas variedades y también la información extraída de los atlas, tal y como se ha podido comprobar en el índice de formas léxicas que encabeza este apartado (p. e. esp. *dedo pequeño*; cat. *dit petit*) y que a continuación se analizarán semánticamente.

Las otras tres denominaciones (lat. *digitus ultimus,* lat. *digitus auriculāris* y lat. *digitus gustātor*) prácticamente no tienen presencia en las lenguas románicas. Los nombres relacionados con el lugar que ocupa originan solo una designación en todos los mapas examinados (cat. *radé*). La forma (lat.) *digitus auriculāris* aparece por primera vez, según los datos de André (1991: 105), en las etimologías de San Isidoro de Sevilla, cuya transmisión y perduración en las diferentes variedades de la Romania ha tenido resultados diversos. El origen de esta designación no es otro que una acción tan cotidiana como la de meterse el dedo en el oído para rascarlo o limpiarlo. El contacto del dedo con la oreja es lo que generó que aquel tomara el nombre de la oreja por un proceso de metonimia del tipo EL LUGAR DEL CUERPO QUE ENTRA EN CONTACTO CON EL DEDO POR EL DEDO. A juzgar por los datos que ofrecen los atlas, en español, catalán y gallego, esta designación no ha perdurado, cosa extraña si se tiene en cuenta que la motivación de este nombre (la acción desarrollada con el dedo) ha generado infinidad de designaciones para los otros dedos de la mano (esp. *matapiojos* 'dedo pulgar', § 6; gall. *furabolos* 'dedo índice', § 7; esp. *sacamocos* 'dedo índice' § 7; y esp. *el que me rasca* 'dedo del corazón', § 8). A la ausencia de cualquier heredero de esta forma en los atlas, debe añadirse la escasez de ejemplos en los textos antiguos y la inexistencia de los mismos en documentos actuales. En el *CORDE*, solo se han hallado 4 ejemplos españoles que coincidan con la forma *auricular* y 3 son de época medieval; y, en el *DETEMA*, los ejemplos se reducen a dos:

(a) El que tuuiere fiebre ephimera que prouiene de litargia &bsol; deuese sangrar entre el medio & *el auricular*. El que tuuiere squinencia: sangrese de la vena cephalica &bsol; que es la principal vena de la cabeça &bsol (Anónimo, 1400-1500, *Traducción del Compendio de la humana salud de Johannes de Ketham*. *CORDE*).

(b) Si es quebrado el demostrador el *dedo auricular* sea ligado con el dedo que le mas çerca E aquesto que es mas mejor cosa siel doliente non se agraueça sean ligados todos los dedos en vno (Anónimo, 1509, *Traducción del Tratado de cirugía de Tedrico*, fol. 74v. *CORDE*).

(c) Si conozeran empero que fuere en el higado sangrar le han dela vena saluatella que se halla enla mano derecha entre el *dedo auricular* y annullar y saquen le buenas quatro onzas de sangre (Damián Carbón, 1541, *Libro del arte de las comadres o madrinas y del regimiento de las preñadas y paridas y de los niños*, fol. 99r. *CORDE*).

(d) El índice y de corazón unidos y no estirados. Estos tres descansarán sobre el anular, que en forma de arco los sostendrá naturalmente descansando sobre *el auricular* o menique que, estirado, quedará pegado al papel por la parte inferior de su yema (Antonio Alverá Delgrás, 1847, *Nuevo arte de aprender y enseñar a escribir la letra española. CORDE*).

(e) de aquella parte desciende a la mano e manifiestase entre el dedo medico e el *dedo auricular* (Guido Cauliaco, s. XV, *Tratado de cirugía,* fol. 19r64. *DETEMA*).

(f) el que padesciere fiebre ephimera de causa de apostema sangrese de la vena que viene al dedo que llama *auricular* (Anónimo, 1494, *Compendio de la humana salud,* fol. 11r30. *DETEMA*).

El tipo de texto en el que se halla el término permite suponer que seguramente el empleo de la forma *auricular* al menos en romance castellano surge de la adopción como préstamo del término latino. Además de estos casos, debe destacarse un ejemplo hallado en el *CORDE* de una forma no latinizante y fechada en la misma época que los casos anteriores que se recoge como traducción directa de la forma latina:

(g) Y, sobre todo, se tenga cuydado en su mundificación en las mañanas, con el dedo chiquito de la mano, que aun por esso se llama en latín digitus auricularis, que es *dedo de la oreja,* porque con él se han de limpiar los oýdos, y esto, meneándolo dentro mucho, porque con aquel movimiento (Cristóbal Menéndez, 1553, *Libro del ejercicio corporal y de sus provechos,* fol. XXXV. *CORDE*).

Estos son algunos de los pocos y primeros testimonios del empleo de la designación (lat.) *digitus auriculāris* en romance castellano para referirse al meñique. Dos siglos más tarde, el primer diccionario de la Real Academia Española se referirá a esta denominación dentro de la entrada *dedo,* bajo la unidad pluriverbal *dedo meñique* del siguiente modo: «El quinto y último dedo de la mano. Llámase así por ser el más pequeño, delgado y débil de todos. También se le da el nombre de Auricular, por ser el más proporcionado para limpiar el oído» (*Diccionario de Autoridades,* s. v. *dedo*).

En francés, el uso de la voz *auriculaire* como sustantivo para referirse al meñique es frecuente, aunque no es la única forma, pues su empleo alterna con otras denominaciones como *petit doigt* (*DOLR,* vol. I: 101; Castillo Contreras 1996: 151). Según datos del *TLF* (s. v. *auriculaire*), la designación *doigt auriculaire* se documenta por primera vez en el siglo XVI (Rabelais, *Pantagruel,* éd. Marty-Laveaux, XIX, p. 35) y el uso solo de la forma *auriculaire* con el significado de 'meñique' no se documenta hasta el siglo XIX.

Finalmente, es necesario mencionar que, de todos los nombres latinos que se documentan para el meñique, el único que no ha trascendido, al menos a las lenguas románicas estudiadas, es la forma (lat.) *digitus gustātor*.

## 10.5. Estudio semántico

### 1. Denominaciones relacionadas con el tamaño

Anteriormente, se ha comentado que el tamaño es la motivación semántica que predomina en la creación de los nombres del meñique en español, catalán y gallego (*cfr.* mapa VI). Todas las designaciones que pertenecen a esta motivación pueden dividirse en cuatro grupos, según si la manifestación léxica del motivo está relacionada con metáforas ontológicas de PERSONIFICACIÓN (A), es decir, si el meñique se denomina mediante voces que designan personas; según si se designa a partir de palabras que significan 'tamaño pequeño' (B); según si se denominan a partir de nombres creados por metáforas ontológicas de ANIMALIZACIÓN (C); o según si se trata de formas léxicas de carácter expresivo (D).

### A. Personificaciones

La personificación es un rasgo recurrente en la creación de designaciones para referirse a los dedos. Para cada uno de los dedos de la mano existe al menos un nombre que surge de un proceso de comparación del dedo con una persona (cat. *pare* 'pulgar', § 6; esp. *rey de todos* 'dedo corazón', § 8; gall. *sobriño* 'anular', § 9). Lo más habitual es que se compare la relación de los miembros de una familia con la de los dedos de la mano (LA MANO ES UNA FAMILIA y LOS DEDOS DE LA MANO SON MIEMBROS DE UNA FAMILIA). El caso del dedo meñique es distinto a todos los demás porque la comparación del dedo con las personas no está asociada a la familia sino al tamaño. Por este motivo, casi todas las formas léxicas surgidas por un proceso de personificación y relacionadas con las dimensiones del dedo se corresponden con nombres que significan 'niño' (esp. *meñique,* ast.-leon. *moñín,* esp. *nene*) o 'persona de estatura pequeña' (esp. *curro*). De este modo, la metáfora implícita de las primeras designaciones sería EL MEÑIQUE ES UN NIÑO y la de las segundas, EL MEÑIQUE ES UNA PERSONA BAJITA.

La comparación de algunas de las partes del cuerpo más pequeñas con los nombres habituales para referirse a los niños no es ajena a las lenguas románicas. La denominación más frecuente de la pupila en la Península, por ejemplo, deriva de los nombres que se emplean en catalán, español y gallego para referirse a una niña (Julià 2009a): (esp.) *niña del ojo,* (gall.) *meniña do ollo* y (cat.) *nineta de l'ull.* Tagliavini (1949) demostró que estas designaciones, procedentes de la equiparación de la imagen de las personas que se refleja en la pupila con la figura de un niño o una niña, son universales. Muy probablemente, el origen de este tipo de denominaciones está relacionado tanto con el tamaño de la pupila, igual que sucede con el meñique, como con el tamaño de la imagen que se refleja en la pupila. Además, el hecho de que la forma léxica se corresponda con la designación de un niño posee una carga emocional positiva relacionada con las emociones que despiertan los objetos pequeños en los hablantes. Esto es lo que Amado Alonso (1974 [1935]: 161) explica como una correlación entre el afecto que despierta una realidad en el ser humano y el tamaño de esta, de modo que cuanto más pequeña sea esta realidad más posibilidades existen de que genere un sentimiento positivo en el hablante.

**1.1.** La etimología de (esp.) *meñique* es complicada. Zauner (1903 [1902]: 452) parece no atreverse a proponer una etimología para esta voz y simplemente la agrupa dentro de las designaciones románicas que parecen proceder del radical *mínim-*. En el *DECH* (s. v. *meñique*), se describe el complejo origen del sustantivo como resultado de un cruce entre la voz (esp.) *menino* —«palabra de creación expresiva, del mismo radical que el fr. ant. *mignot* 'lindo', cat. *minyó* 'muchacho', it. *mignolo* 'meñique'»— y las formas (esp.) *mermellique* o (esp.) *margarique*, variantes formales relacionadas con (esp.) *margarite*. Para trazar la historia evolutiva de la voz *meñique* es necesario, en primer lugar, detenerse en la etimología y documentación de *menino*.

Según el *DECH*, el primer elemento del cruce (*menino*) es un préstamo del gallego o del portugués:

> En cuanto al origen de *menino* (*mañín*) 'meñique', claro está que es la misma palabra que el port. *menino, -na,* 'niño, muchachito, -a', palabra arraigada, antigua y general en este idioma, que en el S. XVI, en tiempo de la unión con Portugal, pasó a Castilla con el sentido especial de 'doncel o doncella noble que entraba en Palacio a servir a la reina o a los príncipes niños' (documentado en Lope y otros autores de la primera mitad del S. XVII; Covarr. atestigua que es voz portuguesa) (*DECH*, s. v. *meñique*).

El diccionario, por tanto, fecha la entrada de *menino* al español en la época de la unión de Portugal y Castilla (siglo XVI). En el *CORDE*, la voz se documenta casi siempre con el significado de 'niño, muchachito, -a' o 'doncel o doncella noble que entraba en Palacio a servir a la reina o a los príncipes niños' y recoge la primera documentación —que sirve para demostrar que *menino* es préstamo del gallego-portugués en español— en la traducción de unas cantigas del siglo XIII (Anónimo, 1284, *Traducción de las Cantigas de Santa María*, p. 230). El siguiente texto en el que se documenta el sustantivo es una traducción fechada en el primer cuarto del siglo XV (Anónimo, 1414, *Traducción de Lanzarote de Lago*, fol. 68r). El uso de *menino* por parte del copista podría indicar que es de procedencia gallega, portuguesa o que está estrechamente relacionado con la vida y el léxico de la Corte. La siguiente documentación de *menino* en español[326] se fecha un siglo

---

326 Es necesario mencionar que, según el orden cronológico de los testimonios que recoge el *CORDE* de *menino*, existe una ocurrencia de principios del siglo XV que no se ha tenido en cuenta porque pertenece a un texto portugués: «è que tivesse boa vigía na fortaleza ao qual

más tarde (Diego de Leyva, 1543, *Poema [Cartapacio de Francisco Morán de la Estrella]*, p. 29), lo que, según se ha comentado, coincide con los datos del *DECH* sobre la entrada del vocablo en la zona de habla castellana. Además, muchos de los textos siguientes que, según el *CORDE*, atestiguan la voz *menino*, relatan hechos acaecidos en Portugal o relacionados con Portugal[327], de modo que se aprecia que el uso de *menino* en una determinada época del español procede de la influencia que el portugués pudo ejercer en él por cuestiones políticas y sociales.

Del uso de *menino* con el significado de 'meñique', el *CORDE* solo atestigua un caso en un libro de Gonzalo de Correas sobre refranes y proverbios:

> A Teatino, ni el dedo *menino*. Ke no se les á de dar entrada, ni en mui mínima kosa, porke no se alzen kon todo. Ia es notorio a kienes llaman "Teatinos" en Kastilla; dízelo akel xeroglífiko: "Pues ke nadie te atina, io te atino, dinero mío" (Gonzalo de Correas, 1627, *Vocabulario de refranes y frases proverbiales*, p. 23. *CORDE*).

Que el uso de *menino* para referirse al meñique se limitara a la lengua popular oral (refranes, dichos y proverbios) explicaría que no se documentara en ningún otro texto de los recogidos en el *CORDE* y tampoco en el *DETEMA*[328] y también que se contaminara de otras formas populares empleadas para referirse a este dedo.

En el *DECH*, se menciona también que el tipo *menino* tuvo que dar lugar, en fecha temprana, a un *\*meñín* o *\*meñino* —formas que permitirían explicar perfectamente la presencia de la palatal en *meñique*— «del cual nos queda como testimonio el ast. orient. *mañín*» (*cfr. moñín*). Según el mismo diccionario, todas las «alteraciones secundarias del tipo *menino* (*mañín*) [son] explicables por la gran labialidad que adquieren las denominaciones de los dedos en razón de su frecuente empleo en canciones y dichos infantiles», como muy bien atestiguan los atlas, pues la literatura oral infantil constituye el segundo grupo motivacional que da origen a los nombres del meñique.

Así, *meñique* surge de un cruce de dos unidades léxicas de dos grupos distintos. Por un lado, el primer constituyente (*menino*) es una voz que originalmente se empleó para referirse a los niños, lo que no es extraño porque, según el *DECH*,

---

elle Gonzalo Pereira respondeo que naò era *menino*, que mamasse os dedos è que sabia ò que le cumpria» (Pedro de Montemayor, 1533, *Carta de Pedro de Montemayor escrita desde Cochin al Rey de Portugal*, p. 351. *CORDE*).

327 Pedro Barrentes Maldonado, 1541-1573, *Del viaje que hizo a Portugal Pedro Barrantes Maldonado en compañía del Duque de Medina Sidonio*, II, p. 532; Anónimo, 1543, *Recibimiento que se hizo en Salamanca a la princesa doña M.ª de Portugal*; Luis Cabrera de Córdoba, *c.* 1599-1614, *Relación de las cosas sucedidas en la corte de España desde 1599 hasta 1614*, p. 290; Anónimo, 1608, *Relación del juramento del príncipe de Castilla don Felipe IV [Actos públicos en Madrid]*, etc.

328 El *DETEMA* recoge las siguientes unidades pluriverbales referidas al meñique: *dedo auricular, dedo chico, dedo menor, dedo pequeño*.

«la aplicación [de *menino* o variantes formales de esta voz] al dedo meñique se comprende por sí sola dado el origen expresivo y acariciativo del término, y se comprendería también por una de las personificaciones de que los dedos son objeto en las canciones infantiles». Por otro lado, el segundo constituyente del cruce procede de las variantes emparentadas con *margarite* (*mermellique* y *margarique*) formas relacionadas con retahílas infantiles que se analizan en próximos apartados.

A pesar de que debido a la doble motivación el sustantivo *meñique* se podría clasificar en cualquiera de los dos grupos motivacionales mencionados, se ha decidido incluirlo en el grupo de designaciones originadas en el tamaño del dedo por un proceso de personificación porque existe un número nada desdeñable de ejemplos de *menino* y variantes (*\*meñín, \*meñino, mañín, moñín*) en las variedades de la zona noroccidental de la Península (gallego y asturleonés) que muestran que existe, y quizá existió en español, el uso de esta voz para referirse al meñique. En consecuencia, se ha considerado que *menino* (o sus variantes formales) es la base de la designación que se ve contaminada por las variantes de *margarite* por un proceso de etimología popular.

La primera documentación de la voz *meñique* que ofrece el *DECH* coincide con la que se recoge en el *CORDE* y aparece en el *Vocabulario español-latino* de Nebrija (1951 [1495]) como traducción de (lat.) *digitus minimus*. En el mismo vocabulario, se recoge también la forma *dedo pequeño* como traducción de (lat.) *digitulus*. Posteriormente, los documentos en los que se halla la voz pertenecen a textos de géneros discursivos diversos: literarios (Anónimo, 1550, *Cuentos de Garibay*), científico-técnicos (Bernardino Montaña de Montserrate, 1551, *Anathomía. BNM R3 398*; Juan de Arfe y Villafañe, 1585, *Varia conmensuración para la escultura y la arquitectura*), de divulgación sobre temas diversos (Juan de Pineda, 1589, *Diálogos familiares de la agricultura cristiana*), entre otros.

Finalmente, es necesario mencionar que es probable que el uso popular e infantil de la voz sea uno de los motivos que haya dado lugar al nada desdeñable número de variantes dialectales que se han recogido en los atlas y que en el *DECH* (s. v. *meñique*) también se mencionan.

**1.1.1.** Las designaciones (gall.) *meñico* y (gall.) *meñica* podrían proceder de una reinterpretación de *-ique*. Posiblemente esta terminación parecía extraña a los hablantes debido a que «se trata de una terminación aislada, por lo menos en la etapa antigua del idioma» (*DECH*, s. v. *meñique*) y, por ello, la hayan sustituido por el sufijo *-ico*. Este podría tener dos procedencias distintas, por un lado, podría tratarse del sufijo denominal procedente del latín *-icus* (*DESE*, s. v. ´*-ico*) que es corriente en las lenguas románicas (lat. *cīvicus* > esp. *cívico*; lat. *pūblicus* > esp. *público*). Y por otro, podría relacionarse *-ico* con el sufijo diminutivo que procede del latín vulgar *\*-īccus*, legado también a distintas lenguas románicas (González Ollé 1962: 360; *DESE,* s. v. *-ico*). La explicación que parece más plausible es la sustitución de la terminación -*ique* por este segundo sufijo -*ico* como una estrategia morfoléxica para resaltar el reducido tamaño del dedo.

**1.1.2.** La voz (esp.) *meñiquín*, recogida en los atlas en muy pocas ocasiones, destaca porque con la adjunción del sufijo diminutivo -*ín* se incide en el pequeño tamaño del dedo. Esto pone de manifiesto que para el hablante la motivación original del sustantivo *meñique* no es transparente. En *meñiquín*, por tanto, existe una reduplicación del valor diminutivo, pues se aplica un proceso de derivación diminutiva que aporta el mismo significado (tamaño pequeño) que generó la voz *meñique*.

**1.1.3.** El origen de (gall.) *ameñíquel* es complicado de desentrañar. Los elementos que distinguen a esta forma del castellano *meñique* son la presencia de la vocal -*a* al principio de la voz y la -*l* al final.

**1.1.4.** La forma (esp.) *nique*, igual que (esp.) *mique*, surge por el proceso contrario que *ameñíquel*, la abreviación de *meñique*. Es probable que este acortamiento de la voz esté relacionado con el tamaño del dedo. Sucede que algunas formas léxicas suelen crearse como representación de la imagen o idea a la que pretenden referir. En el área semántica de los animales, como muy bien ha estudiado Contini (2005: 75), «è un procedimento ben noto in tutte le lingue, e contribuisce a rafforzare l'immagine di una dimensione o di una caratteristica dell'animlae (movimenti rapidi, battito delle ali, volo irregulare, ecc.)». Así lo reflejan algunas de las designaciones de insectos en sardo que ha estudiado este investigador («correcorre» 'ciempiés'; «duermeduerme» 'crisálida'; «brillabrilla» 'luciérnaga', «cantacanta» 'cigarra'). En el caso de *nique*, quizá podría explicarse el acortamiento de la voz como un procedimiento léxico de expresión del tamaño del dedo en el que se perdería la primera sílaba de la voz *me*- y se eliminaría la palatalización de la nasal inicial por ser muy poco habitual en español (p. e. *ñoño*).

**1.1.5.** Igual que en *nique*, el acortamiento de *mique* es probable que sea un procedimiento lingüístico para reflejar las características dimensionales de la realidad designada. La única diferencia que existe con el caso anterior es que la nasal alveolar se sustituye por la nasal bilabial al inicio de palabra, quizá por influencia de la nasal inicial de *meñique*.

**1.1.6.** La forma (esp.) *moñicle* se cita en el *DECH* como variante dialectal moderna de *meñique* registrada en Mérida. El origen de esta forma no es otro que la disimilación regresiva de la primera -*e*- con respecto de la última y la epéntesis protética de la consonante lateral alveolar (-*l*-). Desde el punto de vista formal, *moñicle* parece estar relacionada con la designación *moñín*, sin embargo, *moñicle* se ha recogido en el *ALEA* y el *ALeCMan* y *moñín* en atlas de la zona norte de la Península (*ALGa* y *ALCyL*), por ello, no se ha considerado *moñicle* como variante de *moñín*.

**1.1.7.** Las unidades pluriverbales del tipo *dedo meñique* son poco frecuentes en comparación con las de otros dedos (*cfr. dedo gordo*, § 6), muy probablemente porque *meñique* es un sustantivo monosémico. En el caso del dedo pulgar, el adjetivo *gordo* se emplea sin el sustantivo *dedo* en muy pocas ocasiones debido a que sin él puede hacer referencia a muchas realidades. El caso del catalán *dit meñique* es un híbrido lingüístico formado por (cat.) *dit* y (esp.) *meñique*.

**1.2.** El sustantivo (ast.-leon.) *moñín* es la forma recogida en puntos de encuesta de la zona asturleonesa del *ALGa* para referirse al meñique, tal y como confirma el *DGLA*, que recoge este significado como primera acepción de la voz.

Según los datos del *DECH* (s. v. *meñique*), tanto *moñín* como cualquiera de las variantes son alteraciones secundarias del tipo *menino*. En el mismo diccionario, se afirma que el influjo de la voz (ast.-leon.) *monu* 'lindo' —y quizá también, según nuestros datos, su diminutivo *monín* 'voz para dirigirse afectivamente, al niño [...]. Palabra para dirigirse en tono paternalista o de superioridad, principalmente al niño o a la niña (*DGLA*, s. v. *munín*)— generó variantes como *munín* en el occidente asturiano.

Además de *moñín* y sus variantes formales, en la zona de Asturias y León, se recogen lexías complejas, derivados y cruces de *moñín* con *meñique* y otras formas (*moñequín, moñecrín, muñicrín*). Aunque algunas de estas designaciones (p e. *moñecrín* y *muñicrín*) también están relacionadas con otros grupos léxicos, se ha considerado que el origen primario está vinculado a *moñín*.

**1.2.1.** *Moñequín* parece proceder de un cruce entre *moñín* y *meñique*. El acercamiento de las voces surge por un proceso de etimología popular que puede explicarse, seguramente, por la semejanza formal entre ambas y por el hecho de que se empleen las dos para designar el mismo referente. En la tipología tripartita de la etimología popular propuesta por Veny (1991), podría clasificarse como un proceso de homonimización semántica por la relación que los hablantes han establecido entre las dos formas parónimas.

**1.2.2.** *Moñecrín* también parece surgir por un proceso de etimología popular en el que se ven implicadas las voces *moñín* y *meñique*. La diferencia entre esta forma y la siguiente (*muñicrín*) con la anterior (*moñequín*) está relacionada con la aparición de la -*r*- protética tras la consonante oclusiva velar sorda. Es probable que esta consonante aparezca por influencia de la voz *bolecra* 'castaña falsa, borda' (Ebeling y Krüger 1952: 195), pues como se verá a continuación, en las provincias de Lugo y León, son frecuentes las denominaciones relacionadas con el léxico de la castaña.

**1.2.3.** *Muñicrín* se origina a partir de un cruce entre *munín* y *meñique* y, como en el caso anterior (*moñecrín*), se caracteriza por la presencia de la vibrante alveolar en la última sílaba de palabra, probablemente también relacionada con la influencia de la voz *bolecra* 'castaña falsa, borda' (Ebeling y Krüger 1952: 195).

**1.2.4.** El uso de *muñeca* en la provincia de Palencia podría surgir por influencia de la variante *muñín* del asturiano. Por un lado, parece que el cruce de esta forma con el castellano *meñique* podría haber dado lugar al sustantivo *muñeca* para referirse al meñique. Igualmente, es probable que a la creación de esta designación haya contribuido el significado de *muñeca* concerniente a la articulación de la mano. Se trata de designaciones de pequeñas partes de la mano, por ello, la proximidad semántica podría ser el motivo de que el cruce de *muñín* y *meñique* genere *muñeca*. Por otro lado, existe también una explicación etimológica distinta, que se ha considerado secundaria, a partir de la que se podría explicar el uso de *muñeca* en relación con el léxico de la castaña. Ebeling y Krüger (1952: 196) recogen *muñeca* en dos puntos de encuesta de Lugo como denominación de la 'castaña falsa, abortada'. Sin embargo, ha parecido que es más probable la primera hipótesis (*meñique* x *muñín*) por influencia del uso de *muñeca* 'parte del cuerpo' por cuestiones geográficas. Las formas relacionadas con la castaña se han recogido en una zona concreta de la geografía peninsular (Lugo y occidente de Asturias) y, en cambio, *muñeca* se halla en un punto de Palencia que recibe más influencia del asturiano *moñín* que de las denominaciones gallegas de la castaña.

**1.3.** El andaluz *nene* y el gallego *meniño, -a* constituyen las denominaciones más transparentes del grupo de las personificaciones. La diferencia con los dos anteriores (*meñique* y *moñín*) es que, en este caso, se trata de nombres que se emplean comúnmente para referirse a los niños. En cambio, *meñique* y *moñín* están indirectamente relacionadas con voces que significan 'niño' como se acaba de comentar en los apartados anteriores. Tanto el uso de *nene*, que es «variante con vocalismo distinto [de *niño*] y otras diferencias, por lo demás de fecha más moderna y de uso menos extendido [...] y familiar» (*DECH*, s. v. *niño*), como el de *meniño, -a* surgen de la metáfora LOS DEDOS SON PERSONAS.

Debe destacarse que el uso de (gall.) *meniño, -a* para referirse al dedo meñique no es extraño por dos motivos: en primer lugar, además de significar 'neno que naceu hai pouco tempo ou que ten pouca idade' (*DRAG*, s. v. *meniño, -a*) también se emplea para designar otra parte del cuerpo pequeña, la pupila (Julià 2009a), por ello, su uso en relación al meñique puede estar vinculado a esta segunda acepción; y, en segundo lugar, es voz muy semejante a una de las denominaciones más habituales del meñique, (gall.) *maimiño, -a*. Este adjetivo se emplea para expresar la idea de 'tamaño pequeño' y su parecido formal y semántico con *meniño, -a* es posiblemente la causa de que se haya empleado este sustantivo para referirse al meñique. En la terminología de Veny (1991), se podría tratar de un caso de homonimización semántica especial en la que no se han producido interferencias formales entre los parónimos sino que, simplemente, se ha empleado uno en lugar del otro por las similitudes de significado y forma que mantienen.

**1.3.1.** La forma *nini*, también hallada en Andalucía, es seguramente variante formal de *nene*. El cierre de las vocales de esta voz es muy probable que esté vinculado a la gran presencia de esta vocal en los nombres referidos a realidades pequeñas o del lenguaje infantil (*pitiminí, mini, michino, michina, minino, fifí, bibí, tití, pipí, pilila, chichí, gilí*, etc.). Tanto esta designación como las dos siguientes (*ninín*í y *nininiquí*), por tanto, parece que podrían haber surgido por motivación fónica, un aspecto que ha sido muy bien estudiado por diversos investigadores (Jespersen 1933 *apud* Díaz Rojo 2002; Ullmann 1980 [1962]: 104; Díaz Rojo 2002; Contini 2005; Carpitelli 2006; Poch 2010) y, muy especialmente, por Yakov Malkiel (1990, 1994) desde el punto de vista diacrónico. Malkiel (1994: 207) identifica terminológicamente el *fonosimbolismo* con el *simbolismo sonoro* y con la *creación expresiva*. Así, por tanto, el origen de *nini* sería la voluntad de expresar la idea de pequeñez con la que se asocia el dedo meñique.

**1.3.2.** El caso de (esp.) *ninín*í se diferencia del anterior por la presencia de una tercera sílaba que es una repetición de las dos anteriores. La tonicidad de la última vocal está probablemente relacionada también con las construcciones expresivas mencionadas anteriormente, pues en muchas de ellas la vocal *i* es tónica y aparece a final de palabra.

**1.3.3.** El único ejemplo recogido de (esp.) *niniquín* parece que procede de un cruce entre (esp.) *nini*, variante formal de origen expresivo de (esp.) *nene*, y *meñique*. La presencia de la oclusiva velar sorda [k] es el elemento consonántico que indica que es probable el cruce. Además, la presencia del sufijo diminutivo -*ín* refuerza el valor de 'pequeñez' que se pretende transmitir con esta designación. Así pues, el tamaño es la constante motivacional que genera el cruce entre *nini* y el más frecuente *meñique* y la derivación diminutiva del resultado del proceso de etimología popular que ha dado lugar a *niniquín*.

**1.4.** *Curro* es, según el *DECat* (s. v. *curro*), voz popular en Aragón y en Valencia, y así se aprecia en la distribución de su uso y en la de sus derivados en el mapa VIII. En Iribarren (1984), se señala, además, que es de uso general en Navarra[329], aunque los atlas solo atestiguan un ejemplo de esta designación (esp. *currín*) en esta zona. La voz posee, a lo largo de la geografía lingüística hispánica, numerosas acepciones de extensión y usos diversos. En Andalucía, es frecuente como hipocorístico del nombre propio *Francisco* y también posee el significado de 'majo, afectado en los movimientos o en el vestir' (*DECH*, s. v. *curro*). En algunos países de Hispanoamérica, la forma ha llegado a emplearse para designar a los andaluces, por su carácter. De este sentido han derivado, según el *DECH* (s. v. *curro*), las acepciones 'aseado, petimetre', 'ostentoso, galán', 'bizarro, valiente', 'galanteador', 'bien parecido' que se registran en otras variedades de la Península (p. e. murciano, catalán de Mallorca). En la mitad norte peninsular, el signifi-

---

329 «En Navarra (también en Aragón) llámase *curro* al individuo que ha perdido un brazo o una mano (De uso general). ‖ Y al que ha perdido los dos brazos o ambas manos. ‖ O el uso de una mano o dedo, vgr. por anquilosis de las articulaciones. ‖ Aplícase a los animales que han perdido una mano o pata. Y a los toros, vacas o cabras que tienen roto un cuerno: *Torea a la curra, que es mejor que la roya.* ‖ Por extensión, se dice de lo que es corto y estrecho, vgr.: *QUé manga más curra! Ese vestido te está muy curro.* [Pamplona]» (Iribarren 1984, s. v. *curro, rra*).

cado de *curro* varía totalmente. Según el *DECH*, la extensión del uso del término por todo el territorio parte de la zona occidental hasta llegar a Aragón y Valencia. En Galicia, el mismo diccionario recoge la acepción de 'corto'; en Asturias y León, la de 'pato' —«animal caracterizado por sus cortas patas»— y en Aragón, Álava y Valencia, parece que se deriva de 'corto' el sentido de 'manco'. Las claves del origen de este significado se detallan en el *DECat*:

> probablement extret d'un antic *\*mancurro*, derivat de *manc*, amb sufix familiar i diminutiu *-urro*, que seria interpretat com un compost *man-curro*, pròpiament 'curro de la mà' (com format a la manera de *coll-curt, cap-gros, mà-llarg*), i després s'eliminaria *man-* percebent-lo com una redundància impertinent (*DECat*, s. v. *curro*).

Así, en Aragón, el significado de 'manco' quizá pueda considerarse posterior al de 'corto' ya que de otro modo no podría entenderse que se creara la hipotética expresión *\*mancurro* 'corto de mano'.

Fuera cual fuera el sentido original de *curro* en aragonés, debe destacarse que ni el *DECat*, ni el *DECH*, ni Iribarren (1984) hacen referencia al empleo de *curro* como designación del dedo meñique; son los vocabularios publicados más recientemente (Romanos Hernando *s. f.*) y los atlas las fuentes que documentan este uso. El origen de esta aplicación de la voz podría tener diversas explicaciones. Por un lado, es probable que el sentido de 'meñique' esté vinculado a una metáfora de imagen en la que se asocien las dimensiones de un brazo manco con las del meñique en relación al resto de dedos. Así, el *dedo curro* es como el dedo manco, porque es más corto que el resto de los dedos. Esta interpretación estaría asociada a una metáfora de PERSONIFICACIÓN porque se atribuyen propiedades de las personas a partes del cuerpo. Por otro lado, existe la posibilidad de que el uso de *curro* para el meñique esté vinculado a otro significado de la voz. En el ensayo de diccionario sobre el aragonés de la alta Zaragoza de Romanos Hernando (*s. f.*), se recoge la voz *curré(t)* con el significado de 'persona de estatura baja'[330]. Si se tiene en cuenta que existe un importante número de designaciones referidas a los dedos de la mano que surgen de la comparación de los dedos con personas, sería plausible suponer que este significado de *curro* (y el de sus derivados) fuera el origen de su aplicación al meñique. Así, el reducido tamaño del dedo inspiraría una comparación con las personas bajitas y de ahí el uso de *curro* para designar el dedo más pequeño de la mano. Esta acepción ('persona bajita') es probablemente una extensión del significado más antiguo documentado en el norte ('corto').

---

330 En el *DECat* (s. v. *curro*), también se menciona este significado («'home menut, de baixa estatura'») pero en relación con la forma *currutaco* del español de América (Venezuela, Colombia y Perú). El origen de esta voz y su sentido se supone de un cruce entre *curro* y *retaco*.

Además de *curro*, el *ALEANR* y el *ALDC*, los únicos atlas en los que se han recogido testimonios de esta voz, atestiguan una numerosa corte de derivados y unidades pluriverbales de esta designación. Los más frecuentes en Aragón son los diminutivos y se manifiestan mediante todo tipo de sufijos: *currico, currillo, currín* y *curruñín*. En la zona valenciana, los derivados adoptan formas diversas que parece que procederían del cruce con otras voces o de deformaciones propias de las retahílas infantiles. Martines Peres (2002: 177) supone que tanto *corrunxet* como *corrinxinxet* podrían surgir del cruce de *curro* con *marranxet* o *garranxet* —derivados de *marranxó* y *garranxo*, respectivamente—[331] formas muy cercanas al habitual *gorrinxet* (no registrado en los atlas que se han analizado) que aparece en muchas retahílas infantiles valencianas relacionadas con los dedos. Sin embargo, parece más probable que exista un cruce entre *curro* y *gorrinxet* o *gorrinxinxet*, según se deduce de algunas de las retahílas infantiles que se han extraído de Bataller (1979: 27-28): «Este és el pare, este és la mare, este demana pa, este diu que no n'hi ha, este diu: "*Gorrinet xinxet*, que se'n va a l'hortet a collir floretes del germileret"» (La Font d'En Carròs) y «Este és el pare, este és la mare, este demana pa, este diu que no n'hi ha, i este diu: "*Gorrinxinxet, gorrinxinxet*", que a l'armari n'hi ha un trosset» (Alcàsser). Los textos muestran que el origen de *corrunxet* y *corrinxinxet* podría surgir de un cruce de *curro* con *gorrinxet* y *gorrinxinxet*, respectivamente. Probablemente, la historia de la voz pueda explicarse del siguiente modo: el aragonesismo *curro* llegó al catalán de Valencia, donde era frecuente *gorrí*, una denominación muy semejante a ella desde el punto de vista formal que poseía multiplicidad de variantes. Entre ellas, *gorrinxet* y *gorrinxinxet*, originadas seguramente a partir de las canciones populares de los dedos por el cruce de *gorrinet* con *xinxet* —voz que procedería de *xinxa* 'chinche'—. Así, *curro* parece contaminar a *gorrinxet* y *gorrinxinxet* generándose así *corrunxet* y *corrinxinxet*. El acercamiento léxico se produjo, plausiblemente, por un proceso de homonimización semántica (Veny 1991) por la semejanza formal de las voces —todas poseen, igual que *curro*, vibrantes múltiples— y porque todas se emplean para referirse a la misma realidad y en el mismo contexto, el folclore oral infantil.

Finalmente, destacan las unidades pluriverbales valencianas que se atestiguan en los atlas: *dit curro, dit currit* y *dit corrunxo*. De las tres, la segunda designación destaca por la forma de la voz *curro*, pues podría tratarse de una variante formal

---

331 Las acepciones de *marranxó* en el *DCVB* son «1. Porcell, porc jove (Ripoll, Rupit, Ribagorça, Ll., Urgell, Alcoi, Eiv.); cast. *lechón, gorrino*. «Botifarres no en volem, | que estan plenes de segó; | amb quatre mans les prendríem | si foren de marranxó» (cançó pop. d'Alcoi). || 2. Cassola del forn (Vinaròs, ap. BDC, xx, 228). || 3. Clau petit que serveix per a ferrar una porta (Terrassa, ap. BDC, xx, 228)». *Garranxo* significa, también según el *DCVB*, 'branqueta trencada o arrancada d'un arbre o planta (Maestrat, Cast.); cast. *garrancho*. Porten bastó, canya o una buscalla o un garranxo a les mans, Salvador FB 45' y *garranxó* 'ferida o esgarrinxada causada amb un branquilló (Escrig-Ll. Dicc.)'.

de un posible derivado diminutivo del catalán de Valencia (*dit* \**curret*). La última de las unidades pluriverbales, *dit corrunxo*, parece que procede del mismo proceso de etimología popular que se ha supuesto para *corrunxet* y *corrinxinxet*, una homonimización semántica entre *curro* y *gorrinxet* o *gorrinxinxet*.

## B. Denominaciones mediante voces relacionadas con el significado 'pequeño'

Uno de los procedimientos más frecuentes en el dominio románico para designar el dedo meñique, como muestran los múltiples ejemplos recogidos por Zauner (1903 [1902]: 452-453), es el uso del sustantivo *dedo* junto a un adjetivo que signifique 'de pequeño tamaño' o, incluso, el empleo únicamente del adjetivo.

Los datos de Zauner sobre las designaciones peninsulares de este tipo coinciden con los datos de los atlas (*cfr.* mapa VIII), el catalán es la variedad que presenta el mayor número de denominaciones de este tipo. En la zona gallega suroriental (Ourense), también existe un núcleo importante de formas de referirse al meñique mediante adjetivos, igual que en la zona centro y oriental de Andalucía. Para el resto de la Península, los ejemplos son escasos.

**1.6.** El adjetivo (esp.) *pequeño* / (gall.) *pequeno* / (cat.) *petit* es el más frecuente en las designaciones del meñique. En las tres variedades, las formas comparten el mismo origen:

> voz de creación expresiva, lo mismo que el port. *pequeno* y el sardo antiguo *pikinnu*; pertenece a la vasta y ramificada colección de expresiones romances de la idea de pequeñez (it. *pìccolo, piccino*, fr. *petit*, sardo *pithinnu*, gasc. *pouninn*, etc.) constituidas todas ellas por una *p* inicial, seguida por lo común de vocal aguda, otra oclusiva sorda y la terminación -INNU; en latín vulgar se encuentra ya PITINNUS, y en las formas iberorromances esta variante se presenta combinada con la consonante interna del tipo piccolo (*DECH* s. v. *pequeño*).

El uso de este adjetivo para referirse al meñique es puramente descriptivo y está motivado únicamente por su tamaño. Además de las formas simples, los atlas atestiguan, principalmente para el español y el gallego, un número nada desdeñable de derivados diminutivos y lexías complejas que se presentan agrupadas a continuación por sus principales características[332]:

(a) **Derivados diminutivos de *pequeño*.** *Pequeñín* y *pequeñico* son los dos únicos derivados diminutivos que parecen haberse formado siguiendo los mecanismos de derivación habituales en español: adjunción de dos de los sufijos dimi-

---

332 Tanto para estas variantes léxicas como para otras que siguen (*cfr.* esp. *chico*), el comentario no se ha dividido en subapartados, como se ha hecho en los cuatro capítulos anteriores, porque las características de las diversas formas favorecían un comentario conjunto.

nutivos más frecuentes en español (Uritani y Berrueta 1985) a la base léxica *pequeñ-*.

(b) **Derivados diminutivos de una variante formal de *pequeño* con raíz [pik-].**
*Piquiquín, piquilín, piquín* y *piculín* difieren del resto de formas relacionadas con *pequeño* por cuestiones vocálicas. En todos estos casos, la base léxica se caracteriza por el cambio vocálico (*-e-* > *-i-*) de la primera sílaba de la palabra (*pe-* > *pi-*). No es extraño el cierre de la vocal y su origen podría estar relacionado con varios aspectos. En el *DECH*, a partir de datos de diferentes variedades románicas, se afirma que, aunque no se puede saber con certeza la voz de la que procede el adjetivo *pequeño*, «el étimo había de tener ĭ breves como vocales originarias y una NN geminada» (*DECH*, s. v. *pequeño*). La presencia de las vocales agudas en los ejemplos hallados en los atlas podría ser herencia o reminiscencia del antiguo étimo de *pequeño*. De igual modo, también cabría plantear la posibilidad de que se produjera el cierre de todas las *e* de la voz por influencia de los sufijos diminutivos, pues todas las formas de este grupo contienen el sufijo *-ín*. Si esto fuera así, cabría suponer que se habría producido el cierre de las vocales por un proceso de asimilación regresiva que, seguramente, estaría influido por otras voces del español de creación expresiva que poseen la sílaba *pi-* en posición inicial de palabra (*picar, pipa*) y que, probablemente, también están relacionadas directa o indirectamente con la idea de 'pequeño'. Sea del modo que sea, el número de *íes* que concentran estas cinco variantes léxicas sugiere que tras estas designaciones existe una motivación fonética basada en el fonosímbolo *-i-* como máxima expresión de la idea de pequeñez. La relación entre la idea de tamaño reducido y la vocal *-i-* fue minuciosamente estudiada por Jespersen (1933) —*apud* Díaz Rojo (2002)—, quien advirtió que, en un importante número de lenguas de familias lingüísticas distintas, los adjetivos para expresar esta idea, junto con los nombres para referirse a los niños o crías pequeñas de animales, contenían al menos una *-i-* (p. e. cat. *petit*, ingl. *little*, it. *piccolo,* dan. *bitte*, ingl. *kid, bird*, esp. *niño, chico, cfr.* Ullmann 1986 [1965]: 140-141; Carpitelli 2006). Díaz Rojo (2002) advierte que debe tomarse con cautela esta hipótesis por el importante número de voces que contienen la vocal *-i-* y que no se refieren a la idea de 'pequeñez'. Según el mismo investigador, sería posible que la asociación entre esta vocal y el tamaño se hubiera convencionalizado por razones culturales. Si bien es cierto que la hipótesis planteada por este puede ser cierta, pues seguramente existe una convención tras la idea de que la vocal *-i-* sugiere 'pequeñez', también lo es que muchas de las voces, radicales y sufijos que implican este significado la contienen, por tanto, no puede descartarse la relación entre esta vocal y su valor motivacional tan fácilmente.

(c) **Derivados diminutivos de una variante formal de *pequeño* con raíz [pit-].**
*Pitalín* y *pitilín*, variantes formales de *pequeño*, se caracterizan, además de por

la presencia de las vocales más agudas (*i* en lugar de *e*), por el intercambio de la consonante oclusiva velar sorda [k] por la dental sorda [t]. El cambio vocálico probablemente está relacionado con lo que se acaba de comentar sobre el origen de las variantes con la raíz [pik-]. Asimismo, la variación consonántica podría tener origen también en uno de los posibles étimos que, según el *DECH*, dieron lugar a la voz *pequeño*, (lat. vulg.) PĪTĪNNUS: «en forma análoga el castellano *pequeño* y sus hermanos sardos y lusitanos han de resultar de la combinación del latino vulgar PĪTĪNNUS con la raíz PIKK- continuada por el italiano *pìccolo*» (*DECH*, s. v. *pequeño*). Si fuera así, tanto *pitalín* como *pitilín* serían herederos de PĪTĪNNUS. Sin embargo, la ubicación de los ejemplos en el territorio —*pitilín* solo se halla en La Rioja y *pitalín* se encuentra en el único punto de encuesta que el *ALEANR* dedica a Vizcaya— permite advertir que las formas con el radical *pit-* podrían estar influidas por el eusquera *pitt* (*DECH*, s. v. *pestaña*).

(d) **Cruces por homonimización semántica.** *Pequeñique* y *penique* parecen surgir de un cruce entre el adjetivo *pequeño* y el sustantivo *meñique*. La presencia de la nasal palatal y el hecho de que ambas voces sean designaciones habituales para referirse al dedo meñique son los motivos que podrían haber generado las formas. En el caso de *pequeñique* parece que se ha adjuntado a la base léxica *pequeñ-* la genuina terminación de *meñique*; en cambio, en *penique*, el adjetivo parece haber sido modificado, seguramente por acortamiento y, además, la palatalización de la nasal ha desaparecido.

(e) **Unidades pluriverbales.** Las unidades pluriverbales que contienen la voz *pequeño / pequeno / petit* pueden clasificarse en dos grupos: casos en los que el adjetivo va precedido del sustantivo que significa 'dedo' (esp. *dedo pequeño,* esp. *dedo pequeñín,* cat. *dit petit,* etc.); y casos en los que la designación es una estructura comparativa (gall. *máis pequeno* y gall. *máis pequeniño*). Las formas comparativas son bastante frecuentes, como se ha podido comprobar para los otros dedos que se designan mediante adjetivos (*cfr.* gall. *el máis gordo* 'pulgar', § 6; esp. *dedo más largo* 'dedo del corazón', § 8; cat. *més llarg* 'dedo del corazón', § 8).

**1.7.** El adjetivo (esp.) *chico* / (cat.) *xic* es el mayor competidor de *pequeño* que existe para expresar la idea de 'tamaño reducido' (*cfr.* mapa VIII). Como se ha comentado en el apartado dedicado al comentario de los mapas y de la distribución geográfica de las variantes léxicas del meñique (§ 10.2.2.), la extensión del uso de *chico /xic* frente a *pequeño / petit* en español y catalán, respectivamente —en gallego no existe la voz[333]—, aparece muy bien representada en el mapa

---

333 Según el *DECH* (s. v. *chico*), «al menos modernamente, el vocablo es ajeno al portugués: el chulesco *chico* 'moneda de oro pequeña' (Moraes), el nombre propio *Chico* de una inquirição

VIII: las regiones en las que es más frecuente *chico* son, en el dominio lingüístico del castellano, la zona centro-oriental de Andalucía, parte de Aragón y Navarra, la zona norte más cercana al Pirineo de Huesca y parte de la comunidad de Valencia. Según el *DECat* (s. v. *xic*), este adjetivo es voz común, además de en español y catalán, en eusquera (*tziki* 'pequeño'), en sardo y en ciertas formas dialectales del gascón y el italiano. Etimológicamente, se le ha relacionado, aunque solo de forma indirecta, con el lat. CICCUM 'membrana que separa los granos de la granada' y 'cosa insignificante, chico' (*DECH*, s. v. *chico*).

Según Ariza (2000), quien analiza la evolución diacrónica del uso de *chico* en documentos de los autores más importantes de las distintas épocas del romance castellano, hasta el siglo XVI, *chico* y *pequeño* aparecen sin diferencias significativas de uso en la mayoría de textos; la elección de un adjetivo u otro dependía del criterio o predilección del autor (p. e. en el siglo XIV, Juan Ruiz emplea preferentemente *chico* y Don Juan Manuel, *pequeño*). Posteriormente, «es total el dominio de *pequeño*, al menos en la lengua escrita de la Corte. No debió ocurrir así en Andalucía, pues el predominio de *chico* es total todavía hoy» (Ariza 2000: 154), tal y como demuestra la distribución de las formas en el mapa VIII. Estas diferencias de uso, probablemente estén vinculadas, como se indica en el *DECH* (s. v. *pequeño*), no a su origen etimológico, pues ambos adjetivos son de origen expresivo, sino más bien al tono y al uso con el que se relaciona cada uno de ellos:

> *chico* era y es vocablo más popular y afectivo, *pequeño* más distinguido y objetivo. Esta diferencia de tono obedece por una parte a que *chico* empezaría a emplearse como adjetivo en época más moderna, pero también a que por su estructura fonética conservaba más posibilidades expresivas, mientras *pequeño*, que también había empezado siendo palabra vulgar y afectiva, había perdido sus cualidades expresivas por la evolución fonética, que cambió en *ee* sus dos II etimológicas y en *ñ* su primitiva geminada NN (*DECH*, s. v. *pequeño*).

En catalán, para una información diacrónica y diatópica más detallada acerca del uso de *petit* y *xic*, es imprescindible consultar las entradas que el *DECat* dedica a cada uno de estos adjetivos. En el artículo dedicado a *xic*, se menciona, igual que para el caso del español, la distribución geográfica y la restricción de contextos en los que suele emplearse:

> es nota la diferència que en l'ús del mot ha quedat entre les terres del Sud i l'Oest per una banda, i la gent del Nordest, més donada a una retenció sòbria en l'expressió. Car és en aquelles terres on *xic* tendeix a usar-se més en tots els tons —sense que allà *petit* hagi estat mai ni s'hi hagi tornat foraster, però restant més confinat al llenguatge severament seriós—; aquí és on aviat apareix *xic* sense ponderació, i en

---

norteña de 1258 (*PMH*, p. 366), y aun el gallego *chicòte* 'de poca edad, pero robusto', parecen o pueden ser castellanismos».

gran massa [...] Avui la diferència a favor de *xic* ha quedat separada per un séc bastant accentuat, que corre, en direcció NO., des del Gaià i Baixa Segarra; diluint-se un poc més quan s'acosta al Piriuneu Central (*DECat*, s. v. *xic*).

A propósito de estas dos formas románicas (esp. *chico* y cat. *xic*) y de algunas más de otras variedades (p. e. el calabrés *zica* 'gota, gotita' y *zichi* 'poquísimo'), tanto en el *DECH* como en el *DECat* se apunta que el conjunto románico revela la existencia de un posible y común radical \**chic*- de creación expresiva e infantil vinculado a la idea de pequeñez. Estos datos, junto a las etimologías de *pequeño* y *petit*, revelan que en el origen del léxico existieron sonidos que se asociaron a la idea de 'tamaño pequeño' y que poseían seguramente un valor afectivo, como la vocal -*i*- y los sonidos consonánticos *p* y *ch*. No sería extraño, por tanto, suponer un origen fonosimbólico de los adjetivos que indican pequeñez. La motivación fonética, como se ha anotado anteriormente en el análisis de algunas de las variantes formales de *nene* (*nini, nininí, niniquín*) y *pequeño* (*piquiquín, piquilín, piquín, piculín, pitalín, pitilín*), es bastante probable; sin embargo, no puede demostrarse claramente que exista una vinculación semántica entre el uso de la vocal -*i*- y otros sonidos que contienen los adjetivos que significan 'pequeño' para referirse al meñique, como es el caso de [tʃ] <ch>[334] como sonido familiar, afectivo y cariñoso.

Igual que ha sucedido en el grupo denominativo del adjetivo *pequeño*, además de los adjetivos *chico* y *xic*, los atlas atestiguan un nada desdeñable número de variantes formales, derivados y lexías complejas de estas voces que a continuación se clasifican y comentan según sus características más destacadas.

(a) **Derivados diminutivos.** Los derivados diminutivos de (esp.) *chico* y (cat.) *xic* pueden dividirse en distintos grupos.

— Los derivados diminutivos (esp.) *chiquito* y (cat.) *xiqué* se han creado a partir de un procedimiento habitual de sufijación apreciativa por adjunción de los sufijos -*ito* y -*et* (que se ha recogido en su variante formal -*é*) a las bases *chic*- o *xic*-.

— Los diminutivos que se adjuntan a una base que ya posee un sufijo también diminutivo. Se trata de las voces *chiquitín, chiquitillo, chiquinino* y *chiquinín*. En los dos primeros derivados, se advierte que *chiquitín* y *chiquitillo* son diminutivos de *chiquito* que, a su vez, lo es de *chico*. Las otras dos formas, *chiquinino* y *chiquinín*, son derivados de *chiquín*, que procede *chico*. Así, se ha considerado, de acuerdo con García-Page (2008b: 104), que «el segmento -*it*- [...] debe interpretarse que es un sufijo diminutivo: por su significado, por su posición dentro de la palabra, por su capacidad de conmutación con otras variantes diminutivas o apreciativas en general [...]

---

334 Sobre algunas interpretaciones del valor simbólico de este fonema, véanse los ejemplos sobre *chiflar, silbar* y *chillar* estudiados en Malkiel (1994: 212) y el artículo de Díaz Rojo (2002).

etc.». Por estas razones, en los adjetivos mencionados parece más adecuado clasificar el morfema -*it*- como un sufijo más que como un interfijo, valor habitual que posee esta unidad morfológica cuando se encuentra entre un lexema y un sufijo (Portolés 1999: 5065).

— Los diminutivos que se adjuntan a una base que ya posee un sufijo aumentativo. Se trata de la forma valenciana, *xicotet*, que es diminutivo de *xicot*, que a su vez es aumentativo de *xic*.

— En *chiquirín*, el diminutivo se adjunta al lexema *chic*- simultáneamente a la aparición del interfijo -*irr*-. Se ha considerado que las forma *chirrín* y *rin*, registradas, igual que *chiquirrín*, en Aragón, surgen de la supresión de la segunda sílaba (-*qui*-) y de las dos primeras (*chiqui*-), respectivamente, en la voz *chiquirrín*. Quizá el acortamiento de la voz se deba a su significado. Igual que en las designaciones onomatopéyicas o en creaciones de origen expresivo, la forma está totalmente vinculada al significado. Es viable, por tanto, que los hablantes hayan acortado *chiquirrín* 'pequeño' en *chirrín* y *rin* para que la forma vaya acorde con el sentido de la voz.

(b) **Derivados aumentativos con valor diminutivo.** Se ha hallado un ejemplo de un derivado que contiene el sufijo -*ón* y el interfijo -*orr*-. Aunque este sufijo habitualmente se aplica para aportar un matiz aumentativo (Lázaro Mora 1999: 4648), en la voz *chicorrón* parece que el significado que otorga al adjetivo posee un valor diminutivo, como confirma el diccionario de Romanos Hernando (*s. f.*) en cuyas páginas *chicorrón* se define como 'pequeño'. No es extraño que un sufijo de carácter aumentativo se emplee para lo contrario, es decir, para expresar reducción de tamaño ya que, de acuerdo con Rifón (1994: 367 *apud* Lázaro Mora 1999: 4649), «no podemos hablar de la existencia de sufijos aumentativos (intensivos) ni diminutivos (atenuativos), ni peyorativos, todo sufijo puede expresar una u otra opción».

(c) **Unidades pluriverbales.** Finalmente, en este grupo se consignan todas aquellas lexías complejas que se han recogido como designaciones del meñique que contienen la voz *chico*, *xic* o algunos de sus derivados. Las formas más habituales son las que incluyen la voz *dedo* y los adjetivos mencionados (*dedo chico, dit xic*) o algún derivado diminutivo de estos (*dedo chiquitín, dedo chiquito, dedo xiquet, dit xicotet, dit xiquico*). De los diminutivos que forman parte de estas unidades pluriverbales, cabe destacar el caso de *xiquico*, formado a partir de la adjunción del sufijo -*ic(o)* a la base léxica.

Además de las formas diminutivas, destaca el caso de *dit xiquiu*, hallado en la zona de encuesta valenciana del *ALDC*. La forma *xiquiu*, no recogida en el *DECat* (s. v. *xic*), es un derivado diminutivo de *xic* formado con el sufijo -*iu* / -*iua* (IEC, *Gramàtica de la llengua catalana, s. f.*: 317-318)[335] propio del ca-

---

335 Los datos pertenecen a la versión provisional de la *Gramàtica de la llengua catalana* elaborada por el *Institut d'Estudis Catalans* que se puede consultar en línea.

talán hablado en Valencia que, según el *DCVB* (s. v. *xiquiu, -iua*), significa 'molt petit'.

Aparte de las unidades pluriverbales, los atlas también testimonian algunos ejemplos de construcciones comparativas (cat. *dit més xic*) o de superlativo relativo del tipo (esp.) *el más chico* y (cat.) *lo més xic*. Un procedimiento designativo que, como se ha comentado anteriormente, es muy frecuente en aquellos dedos que poseen un rasgo distintivo que les permite ser designados mediante adjetivos.

**1.8.** Junto a los adjetivos *pequeño* y *chico*, los atlas han mostrado que existen algunas zonas en las que son otras las formas adjetivales preferidas por los hablantes para denominar el dedo meñique. Los adjetivos (esp.) *menudo* o (cat.) *menut* son una muestra de ello. Etimológicamente, según el *DECH*, procede de (lat.) MĬNŪTUS, participio pasivo de (lat.) MINUERE. El significado de *menudo* es el mismo que el de *pequeño* y *chico*, pues, en este caso, también pretende resaltarse, mediante un adjetivo, la pequeñez del dedo meñique frente al resto de dedos de la mano. Además de las formas simples, también se han hallado ejemplos de designaciones relacionadas con este adjetivo que son derivados diminutivos, formas procedentes de cruces con otras denominaciones y lexías complejas, que se examinan a continuación.

**1.8.1.** El catalán *menudet* es el único diminutivo de *menut* que se ha recogido en los atlas. Como en el resto de adjetivos, este derivado apreciativo pretende resaltar, por encima de cualquier otro aspecto, el pequeño tamaño del meñique.

**1.8.2.** Según los datos de Romero y Santos (2002: 309), lo más probable es que la forma (gall.) *mendo* proceda de un cruce entre (gall.) *menino* y (gall.) *miúdo*, dos designaciones con las que se puede hacer referencia al meñique. Se trataría, por tanto, de una homonimización semántica (Veny 1991), pues los parónimos —asociados fonéticamente por la presencia de la nasal bilabial inicial— parece que se han relacionado porque ambos se emplean para referirse a realidades de pequeño tamaño.

**1.8.3.** La voz (gall.) *mandiño* podría surgir igualmente de un cruce, quizá en este caso entre (gall.) *mainiño* y (gall.) *miúdo* dada la presencia de la oclusiva dental sonora y el sufijo *-iño*. Sin embargo, tal vez la cercanía de los puntos de encuesta en los que se ha recogido esta forma con el dominio lingüístico portugués puede haber sido la causa de la designación del meñique con esta forma. En portugués, una de las formas más frecuentes para este dedo es la forma (port.) *mindinho* que originalmente parece estar vinculada al adjetivo *miúdo*, según se recoge en el *DECH* (s. v. *meñique*).

**1.8.4.** Finalmente, destaca también la unidad pluriverbal (cat.) *dit menut*, hallada, como el adjetivo *menut*, en el dominio lingüístico valenciano y con mucha más frecuencia que este.

**1.9.** En la zona del sur de Francia que es territorio de investigación del *ALDC* y en el punto de encuesta que este mismo atlas posee en la isla de Cerdeña (Alghero), se han hallado las formas *manuvel, menell* y *dit menell* para hacer referencia al meñique. Probablemente, sean variantes de una forma muy frecuente en catalán antiguo (*menovell*; cfr. *menuell* en *DCVB*, s. v. *dit*), según se comprueba en las informaciones y documentaciones que se recogen en el *DECat* y en Martines Peres (2002: 178), pues es voz atestiguada en el siglo XIV pero en el catalán actual apenas se oye. Etimológicamente, igual que otras voces que se emplean para designar el dedo pequeño de la mano, procede del latín MĬNĬMUS:

> *Menovell* [S. XIV], pot resultar d'un diminutiu del tipus adjecitu MĬNŪUS 'petitó, minso, mancat', que he documentat més amunt com a ètimon de *minve/mirve/mínvol*, amb un tractament semblant al que hem constatat en *minova*; però també és possible que hi hagi hagut convergència amb un diminutiu del ll. MINUUS 'el més petit' que ha donat l'it. *ménomo* i l'oc. ant. *merme* [...]. Llavors MINUUS seria responsable del elements m-nov- i *minimus* de la *e* inicial.
>
> En català avui dia *menovell* és una paraula a penes viva i no recollida per la tradició lexicogràfica fins al *DAg.* (sense autoritats) [...]; però documentat amb diverses variants en uns quants textos dels Ss. XIV-XV (*DECat*, s. v. *menys*).

Zauner (1903 [1902]: 453) recoge *manovell* y no lo relaciona con el latín MĬNĬMUS, a diferencia de lo que se indica en el *DECat*, sino con la forma *minut + ellu*. Además, menciona otras formas románicas —todas italianas— que podrían estar emparentadas con ella: *deo menuèlo* (Venecia), *deo minù* (Capodistria), *manvén -ein* (Mantua, Reggio, Parma, Modena).

Así, no hay duda de que *manuvel, menell* y *dit menell* son herencia de este antiguo *menovell* que parece que abundó en todos los territorios de habla catalana en época medieval. Una muestra de ello se encuentra en el *CICA*, corpus que documenta dos ocurrencias de esta voz con formas distintas (*menovell* y *manovell*) en textos del siglo XV:

> (a) Si dagú perd sang, pren argila e destrempa-la ab vinagra e posa-t'ho sobre lo loch hon axirà e ligar-ho ab una bena bé astret hó en altra manera, estragent bé lo *dit menovell* ab un correyg d'aquela part on la sanch axirà (Joan Martina, 1425-1449, *Receptari*, p. 307. *CICA*).
>
> (b) és larch en lo devallant, ço és, vers lo *dit manovell*, e és stret en lo muntant vers lo índex significa (Girolamo Manfredi, 1475-1499, *Quesits o perquens*, p. 230. *CICA*).

Actualmente, solo se conserva en los territorios a los que en aquella época se expandió la lengua catalana. Lo que no está tan claro es el origen etimológico de la voz, a juzgar por las diferencias que existen entre las etimologías propuestas por el *DECat* y por Zauner (1903 [1902]). Únicamente parece poder asegurarse que su origen está vinculado al lat. MĬNĬMUS.

**1.10.** La voz (gall.) *maimiño*, como se ha podido comprobar en el mapa VIII, es la más frecuente en gallego para designar el dedo meñique. La primera acepción que el *DRAG* ofrece para *maimiño* es 'brando, tenro [óso, dente, etc.], miúdo [costela, etc.], delgado [pel que cobre as castañas]'. Esta definición permite advertir que se trata de un adjetivo que normalmente se emplea para designar realidades de pequeño tamaño y que, a causa de ello, son frágiles. Como segunda acepción, se incluye el significado de 'quinto dedo da man'.

La etimología de esta voz es difícil de desentrañar. Romero y Santos (2002: 309) recogen las dos hipótesis más extendidas que hasta el momento se han propuesto para explicar el origen de *maimiño*: por un lado, Zauner (1903 [1902]) y Rivas Quintas (1997) suponen que el étimo podría ser un hipotético lat. \*MĬNIMĪNUS (MĬNIMUS + INU) y Romero y Santos (2002: 309) justifican esta etimología alegando que MĬNIMUS era la designación más frecuente del meñique en latín; por otro lado, el *DECH* (s. v. *meñique*) recurre a *menino*, sugiriendo que podría ser fruto de diversas evoluciones de esta voz —con dilación consonántica— y que lo «menos probable es que haya influjo de MĬNIMUS, voz muy culta». De acuerdo con Romero y Santos (2002), ninguna de estas dos hipótesis etimológicas esclarece cuál podría ser el origen de *maimiño* porque:

> A partir de *menino* non resulta fácil explicar, por exemplo, cómo pudieron xurdir as formas con ditongo; ó mesmo tempo, remontándonos a MĬNIMUS non é fácil unificar tal heteroxeneidade formal de ditongos nin de variación de nasais. Estas dificultades para aceptar calquera das dúas hipótesis etimolóxicas con pleno convencemento fan pensar na necesidade dun estudo histórico moito máis profundo da evolución destas palabras, algo que nós tivemos que desbotar polo momento como parte do propósito do nos traballo (Romero y Santos 2002: 309-310).

Las variantes de *maimiño* que se recogen en los atlas (*mainiño, mamiño, maumiño, moumiño, memiño, meimiño*) tampoco ofrecen datos que expliquen claramente la procedencia latina de la voz. Sin embargo, es evidente, por la presencia de las tres nasales (bilabial, alveolar y palatal), que esta voz está emparentada con *meniño* 'niño'. Es probable que ambas posean el mismo origen, relacionado de algún modo con MĬNIMUS o, incluso, podría suponerse que una voz derivara de otra. Quizá *meniño*, forma más cercana al étimo mencionado, generara un *maimiño* debido a que ambas voces se asocian con realidades de pequeño tamaño.

**1.11.** La designación (gall.) *ananiño* es derivado diminutivo de *anano*, voz procedente de una «alteración mal explicada del antiguo *nano*, procedente del lat. NANUS y éste del gr. νανος (o νάννος)» (*DECH*, s. v. *enano*). Esta forma se caracteriza porque el diminutivo o bien se corresponde con un uso redundante o bien se emplea con un valor superlativo, para expresar que es 'muy pequeño'.

**1.12.** La forma (gall.) *mingo*, según Romero y Santos (2002: 309), se relaciona con el verbo *menguar*. No se trata de una formación extraña o única, pues en el

*DECH* (s. v. *meñique*) se mencionan variantes gallegas y portuguesas de *mindinho* por cruce con *menguar*:

> En otras partes ha habido contaminación de *miudo, miudinho*, 'menudo', de donde Beira Alta *mendinho* (*RL* II, 181), Minho (Baiθo) *meindinho* (Leite de V., *Opúsc.* II, 52), que localmente ha sido atraído por *menguar*, de donde Ponte de Lima *menguinho* (ibid. 64), gall. del Limia *menguiño* (*VKR* XI, 274). Como puede verse, el tipo *menino* y sus variantes están especialmente arraigados en gallegoportugués y en hablas leonesas (*DECH*, s. v. *meñique*).

La documentación geográfica de esta variante coincide con la que se ha hallado en los atlas ya que *mingo* se ha recogido en territorio gallego. Asimismo, aunque gramaticalmente no pueda categorizarse esta forma como adjetivo, sino más bien como una sustantivación deverbal, se ha considerado que, semánticamente, coincide con el resto de adjetivos que se han agrupado bajo este epígrafe, pues proceden de voces que se emplean para designar la idea de 'disminución de tamaño' o 'pequeñez'. En esencia, el resto de dedos de la mano se toman como referente y el *meñique* es el dedo menguante respecto a ellos.

**1.13.** Según documentan los diccionarios y diversas investigaciones, (esp.) *mermellique* es un localismo propio de la zona salmantina. Así se indica en el *DECH* (s. v. *meñique* y *margarita*), en Pérez Vidal (1967: 70), quien remite al estudio de Lamano (1989 [1915]: 537) sobre el dialecto vulgar salmantino en el que la voz *mermellique* se define como 'adj. mellique', y también en algunos de los más recientes vocabularios salmantinos (Mateos de Vicente 2004). En el *DECH*, se explica el origen de esta variante léxica del siguiente modo:

> En tierras castellanas existiría también en fecha temprana un *\*meñín* o *\*meñino*, del cual nos queda como testimonio el ast. orient. *mañín*, pero pronto entró el vocablo en colisión con su sinónimo de origen francés *margarite*, abundantemente documentado desde el S. XIV; al entrar *margarit* en España parcialmente se oiría mal (según tantas veces ocurre en esta posición) como *\*margaric* (luego *\*margarique*) y ésta es la forma que se cruzó con el autóctono *meñín*: de ahí *mermellique*, ya documentado en el Fuero de Salamanca (S. XIII), y todavía vivo en el dialecto de esta provincia (*DECH*, s. v. *meñique*).

Parece bastante complicado suponer que *mermellique* surja de un cruce de *margarique* con *meñín* por las fechas en las que se han documentado las tres formas: aunque *meñín/meñino* se fechan en época temprana, la forma *margarite* se documenta en el siglo XIV —pero el cambio a *margarique* parece que es mucho posterior—, mientras que *mermellique* ya se encuentra entre los textos desde el siglo XIII. Quizá sería más viable suponer que existe un cruce entre *margarique* y *meñique*. Sin embargo, la etimología de *meñique* no permite confirmar esta hipótesis porque, según el mismo diccionario, como se ha comentado anteriormente, *meñi-*

*que* procede de un cruce entre *menino* y *mermellique* o *margarique* (variante de *margarite*), por lo tanto, *mermellique* debe suponerse que es anterior a *meñique*. A todo ello, cabe añadir que Zauner (1903 [1902]: 453) recoge un nada desdeñable número de variantes románicas referidas al dedo meñique muy parecidas formalmente a *mermellique* bajo la etimología de MINIMUS + -ELLU:

> *marmelin* in Nizza, *marmulett* rät. Carisch Nachtr., *marmulel* Filisur Pallioppi sind gewiss ital. Mundarten entnommen. Die folgenden Belege zeigen, dass das Wort nicht selten lautlichen Änderungen unterworfen ist. Die Hinzufügung von digitu kann, wie bei allen Ableitungen vom Stamme min-, unterbleiben. *Did marmèll* Mailand S., Piacenza G., Como, Bergamo L.; *marmellin* u. a. Genua, Piemont, Bergamo Z., Poschiavo Monti, Cremona, Mantua, Piacenza; —*mamlin* Casale Corr., Canav. Mondovi Flechia A. Gl. II *366, mamblin, bamblin* Asti ebd.;— *damarlin* (digitu-) V. Anzasca Monti; mit dissimilierendem Abfall des *m*-: *armilí* Brescia, Crema, Veltlin Monti (Zauner 1903 [1902]: 453).

Así pues, según la etimología propuesta por el investigador austríaco, *mermellique* podría incluirse dentro del grupo de voces formadas por una variante del latín MINIMUS, que se explicaría por apócope de la vocal intertónica (*minim > minm*), unida al sufijo -ELLU.

Más viable aún sería relacionar la presencia de la vibrante en la mayoría de variantes de este grupo con el influjo de otra voz vinculada también a la idea de 'pequeño tamaño', *mermar*. No parece desacertado suponer que existe la influencia del verbo *mermar* que, según el *DECH*, procede de (lat. vg.) *MĬNĬMARE* 'disminuir, rebajar', derivado de MĬNĬMUS 'mínimo, lo más pequeño'. En el apartado crítico de la entrada de la voz *meñique* del mismo diccionario, se menciona alguna designación —concretamente, *mermín*— que se supone que está influida por este verbo, por tanto, no es descabellado suponer que una variante de *menino* (*meñino, meñín*) se cruzó con el verbo *mermar*. La presencia de las nasales y la vibrante y la cercanía semántica de *mermellique* y *mermar* son los factores principales que permiten suponer la existencia de una relación etimológica entre estas dos voces. No parece tan clara la explicación de la terminación en -*ique*. Quizá deba suponerse que la forma original fue el adjetivo *mellique*, que es la voz a la que remite Lamano (1989 [1915]: 537) en la entrada *mermellique* de su vocabulario. Entonces, *mermellique* surgiría de un cruce entre *mermar* y *mellique*.

Desentrañar el origen del adjetivo *mellique*, documentado en el folclore oral infantil pero no en el *CORDE* ni en el *DECH*, parece todavía más difícil. Véase, por ejemplo, la canción que recoge Rodríguez Marín (1882: 65) en la que aparece la forma *mellique*: «Diente *mellique*. El diablo te pique. Con unas tenazas. En medio la plaza». El recopilador añade, además, que *mellique* procede de *mella* (*cfr. mellado, DRAE* 2001) y que es voz que emplean los niños para burlarse de la persona a la que le falta un diente (Rodríguez Marín 1882: 135), lo que concuerda con otras formas recogidas por Lamano (1989 [1915]: 537) en su vocabulario salmantino: *mermellado* 'adj. El que tiene mermella. ‖ Mellado'. En el *CORDE*, la única documentación que se ha hallado de *mermellique* pertenece a un texto del siglo XVI ubicado en Costa Rica:

> Luis Manuel Carrillo, hijo de Luis Manuel Carrillo y, de Cat.ª Manrrique, natural de T.do, de hedad de veinte é quatro años, barvitaheño y tiene una herida en el *dedo mermellique* en la mano yzquierda (Anónimo, 1575, *Alarde de la gente que salió de España con el capitán Diego de Artieda*, p. 267. *CORDE*).

Esta documentación podría hacer pensar que el término estuvo más extendido de lo que ahora reflejan los atlas, probablemente por la zona sur de la Península y que ello fue lo que le llevó a expandirse a tierras americanas.

Finalmente, es necesario mencionar que se ha consignado la forma *berbellín*, hallada en un punto de encuesta de Zamora[336], como variante de *mermellique*, ya que a pesar de que el sufijo diminutivo *-ín* ocupa el lugar de la terminación *-ique*, los puntos de encuesta en los que se han recogido están muy próximos entre ellos y existen coincidencias formales destacables. Principalmente, se trata de la presencia de las bilabiales y de la vibrante de las dos primeras sílabas. El trueque de *m* por *b*, según Lamano (1989 [1915]: 49), es característico del dialecto salmantino y también, según Ebeling y Krüger (1952: 196), de la zona occidental de Galicia. Por tanto, parece bastante probable la existencia de una relación entre *mermellique* y *berbellín*.

**1.14.** Tanto el español *dedo gurruñán* como el catalán *dit gorruny*, ambos recogidos en la Comunidad Valenciana, se han relacionado con el verbo español *gurruñar* 'arrugar, encoger' (*DRAE* 2001), pues, en catalán, no se ha encontrado documentada en las obras lexicográficas consultadas (*DCVB* y *DIEC*) ninguna forma semejante. Se ha supuesto que el motivo principal de la designación es el tamaño, por el valor semántico implícito del verbo ('pequeño'). Parece que existe una comparación dimensional entre el meñique y el resto de los dedos y que respecto a ellos es el *dedo gurruñán*, esto es, el 'encogido' o 'arrugado'.

## C. Animalizaciones

Paralelamente a la personificación, existe un proceso de creación léxica para referirse a los nombres de los dedos que se basa en la comparación de los dedos con animales. Como se ha podido comprobar en el capítulo 3, el campo semántico de los animales es uno de los que genera más transferencias léxicas hacia el área del cuerpo humano. Sin embargo, en el caso de la creación léxica de los nombres de

---

336 Pérez Vidal (1967: 70) se refiere a la forma *mermellino* documentada también en Zamora (Lubián).

los dedos, paradógicamente, este procedimiento metafórico es uno de los menos recurrentes. En anteriores apartados, se ha podido comprobar que los ejemplos de equiparación de los dedos con partes del cuerpo animal o con animales son escasos (gall. *rabo do cuco* 'dedo índice', § 7; esp. *pico* 'dedo índice' § 7; y gall. *segundo poliño* 'dedo anular', § 9). Estos tres únicos ejemplos son expresiones metafóricas distintas que se corresponden o bien con metáforas de imagen o bien con distintos tipos de metáforas conceptuales. El meñique es el dedo para el que se han recogido en los atlas más nombres procedentes de una metáfora animalizadora. Todas las animalizaciones están motivadas por el tamaño del dedo. Las reducidas dimensiones parecen ser el motor de la comparación con crías de animales en las designaciones que se recogen en este grupo léxico, por ello, se corresponderían con una metáfora del tipo EL MEÑIQUE ES LA CRÍA DE UN ANIMAL.

**1.15.** El mayor número de ejemplos de este conjunto designativo lo constituyen las voces (esp.) *gorrín*, (esp.) *gorrino* y (cat.) *gorrí* y sus variantes formales (cat. *gorrineu, dit gorrinau*), diminutivas (cat. *gorrinet*) y aumentativas (esp. *gorrinón*). Todas estas denominaciones, extensamente documentadas en la tradición oral, surgen de la comparación del meñique con la cría de un cerdito. Uno de los aspectos más interesantes en el análisis de este grupo designativo es desentrañar por qué el meñique se ha equiparado con un cerdo y no con otro animal (*cfr.* cat. *sa porcelleta, DCVB* s. v. *dit*). Si bien es cierto que el tamaño, como se ha indicado en el párrafo anterior, es el motivo principal de la comparación, también lo es que existen otras razones que hacen que la cría del cerdo sea más propicia a la comparación. Se trata de un animal doméstico, cercano a los niños, de especial relevancia en el folclore popular infantil y cuyo aspecto y color favorecen la equiparación. Así pues, el hecho de que sea un animal conocido y próximo a los niños ayuda a que su nombre se haya empleado para referirse al meñique.

Además de esta interpretación, también podría creerse que estas designaciones vienen motivadas por las aptitudes del dedo. Quizá la costumbre de limpiarse el oído con el meñique, acción relacionada con (lat.) AURICULARIS, sea en este caso también motivo de la aplicación del nombre *gorrino* al meñique. El empleo de los nombres de los animales a las personas deriva, en muchas ocasiones, de una comparación no solo del aspecto sino también del comportamiento. Se trata de un recurso habitual en el discurso lingüístico, según han podido estudiar García-Borrón (1995) y Echevarría (2003), entre otros muchos.

De todas las designaciones que se han agrupado bajo este epígrafe, es necesario destacar los dos derivados creados mediante sufijos apreciativos: el diminutivo (cat.) *gorrinet*, que seguramente incide en el significado de 'pequeñez' y destaca que es el valor que se pretende subrayar, y el aumentativo (esp.) *gorrinón*, que probablemente se aplica al sustantivo para darle un valor afectivo y no para especificar que aumenta el tamaño de la realidad a la que se aplica. El diminutivo *gorrinet* parece muy frecuente en las retahílas infantiles. Véase una de las canciones que Bataller (1979: 27-28) recoge en su trabajo sobre los juegos de los niños en Valencia (Daimús): «Este és el pare. Este és la mare. Este demana pa. Este diu que no n'hi ha. Este diu: "*Gorrinet* xinxet, a l'armari hi ha un tros de pa i peixet"».

Igualmente, además de los derivados, debe señalarse que la lexía compleja (cat.) *dit gorrinau* se ha clasificado en este grupo porque se ha encontrado en la misma zona de encuesta que la forma *gorrí* y derivados y porque formalmente parece derivar de ella según se aprecia en la raíz (*gorr-*).

## D. Denominaciones de carácter expresivo

La creación expresiva es uno de los procedimientos de formación léxica que más dificultades genera desde el punto de vista de la interpretación etimológica debido a la naturaleza abstracta de su origen (Malkiel 1962; Pharies 1986). En el *DECH*, son numerosas las voces cuyo origen se atribuye a procesos de creación expresiva. En concreto, se han hallado 149[337] registros relacionados con este tipo de etimología (p. e. *ajó, baba, bafar, bululú, caca, cuco, chirrichote, falbalá, marrajo, mimo, patochada, susto, teta, zonzo,* etc.). A partir de los datos de la primera edición de esta obra (*DCEC*), Pharies (1984) realiza una crítica a las etimologías de origen expresivo basándose en que muchas de las suposiciones que se proponen en el diccionario son incompatibles con principios lingüísticos básicos. Los principales problemas que el investigador cree que poseen estas etimologías es que muchas de ellas parecen proceder de la nada, pues, en infinidad de ocasiones, no se les puede atribuir un étimo concreto y parecen estar relacionadas vagamente con cambios semánticos o fonéticos. Pharies (1984: 171) no está de acuerdo con la solución que se adopta en el diccionario para afrontar estos problemas: «con frecuencia, se postula un hipotética raíz de origen expresivo (p. e. «*rifa* 'lotería', antiguamente 'juego de tahures' [...] voz extendida por todos los romances de Occidente, con radical *rif-* o *raf-*, y con el sentido de 'pelear', 'arrebatar, arrancar', 'saquear'; probablemente creación expresiva»). Para llevar a cabo su trabajo, el investigador realiza una clasificación de los tipos de creación expresiva que, según sus análisis, aparecen explícita o implícitamente en el diccionario:

> Finding no explanation of the term "expressive", for example, our only recourse is to list the various types of origins which Corominas explicitly of implicitly subsumes under the rubric "expressive creation". Although quite a few of them seem to defy classification, I perceive the following principal categories: (1) onomatopoeias (*quiquiriquí* 'cock-a-doodle-doo' [I:536b]), (2) infantile words (*coco* 'bogeyman'

---

337 Para obtener el número de lemas que en el *DECH* se considera que proceden de creaciones expresivas, se ha realizado una búsqueda abierta a partir de la edición electrónica de la obra que se está llevando a cabo en el *Seminario de Filología e Informática* de la Universitat Autònoma de Barcelona.

[I:829a]), (3) Rufwörter, i. e., words used for calling animals (*chivo* 'goat' [II:71b]), (4) interjections (*tate* 'aha' [IV:402b]), (5) gestures (*morro* 'thick lips' [III:446b]), and (6) jocular words (*dingolondangos* 'flattery, blarney' [II:124b]) (Pharies 1984: 170).

Para la clasificación de las variantes denominativas del dedo meñique que se han considerado de origen expresivo y que se analizan a continuación, se va a tomar como punto de referencia esta clasificación de Pharies (1984: 170).

**1.16.** Las denominaciones (esp.) *michi* y (esp.) *miche* se han considerado designaciones de creación expresiva infantil. Para determinar su motivación original es imprescindible mencionar que esta voz, y sus múltiples variantes (*mich, mich mísano, michico, michito, michu, micico, DECH* s. v. *maullar*), son especialmente frecuentes para referirse al gato en Andalucía, según recoge el *TLHA*. Es probable que el empleo de esta denominación para hacer referencia al pequeño felino se haya trasladado al dedo meñique porque, como Amado Alonso (1974 [1935]) advirtió en su trabajo sobre los diminutivos, lo pequeño suele despertar en el hablante una serie de sensaciones afectivas que se trasladan al lenguaje. Así, la denominación del gato (*michi, mich*), quizá relacionada con el sonido del gato al maullar y al mismo tiempo de origen expresivo-afectivo, según se deduce de la presencia del fonema /t ʃ/ (Díaz Rojo 2002), podría haberse transferido como designación del meñique porque por su pequeño tamaño habría despertado cierto cariño y afectividad que les habría llevado a relacionarlo con las mismas características que generan la denominación felina. No es extraña esta relación entre el cariño que despierta el gato, por ser un animal doméstico y por su pequeño tamaño, con la que crea el dedo meñique también por sus reducidas dimensiones, tal y como se ha podido comprobar anteriormente (§ C. ANIMALIZACIONES). En el *DECH*, se menciona también la polisemia de la voz *menino* y sus variantes (*minino*) para designar tanto al gato como al meñique:

> Se trata, pues, de uno de tantos términos acariciativos que han inventado las madres para sus pequeñuelos, tal como lo son los tipos sinónimos NINN- (NENN-), PICC-, etc. En estas condiciones se explica que el vocablo lo mismo sirva para designar lo pequeño que lo lindo y gentil (fr. *mignot, -on*, galés *mwyn*, bret. *moen*), y que se aplique también al gato como término cariñoso (*DECH* s. v. *meñique*).

Así, aunque la motivación principal de estas designaciones sea el tamaño, es probable que la afectividad intervenga en ellas y que, por ello, también puedan emplearse tanto para referirse al meñique como al gato. Por tanto, según la clasificación de voces de creación expresiva de Pharies (1984: 170), *michi* y *miche* —cuya -*e* final procede de la influencia de la terminación de *meñique*—, por un lado, con el significado de 'gato', podrían definirse como onomatopeyas (derivadas del maullido del gato o también del sonido que se emplea para llamarlo) y, por otro

290

lado, con el significado de 'meñique' es probable que estén relacionadas con el tamaño, por comparación con las reducidas dimensiones del gato.

## 2. Denominaciones procedentes de canciones y refranes

El meñique es el dedo para el que este grupo léxico es más productivo. Aunque la mayoría de dedos poseen alguna designación en los atlas que procede de las canciones y retahílas populares infantiles, para el meñique aumentan las denominaciones y la extensión geográfica de su uso (*cfr.* mapa VI).

**2.1.** Las formas (esp.) *margaro, margarito, margarite, margariño* y *margarín* han suscitado un especial interés entre los investigadores y etimólogos, muy probablemente por su extraño y todavía hoy hipotético origen (Spitzer 1924; Alvar 1959: 201-202 y 1968b; Castillo Contreras 1996: 150 y 158; Navarro Carrasco 1998: 77-78)[338]. El *DECH* (s. v. *margarita*) recoge la información de Spitzer (1924), quien a partir de la documentación de las formas *dedo margarite* y *margarín* en el *Vocabulario murciano* de M. de Sevilla explica que estas voces llegan al español por conducto del francés:

le sens de 'petit doigt' n'est qu'un développement secondaire [...]. «ídolo margarite» (idole payenne) nous conduit sans difficulté à l'anc. fr. *Margariz* 'rénégat' (anc. prov. *margerit*, anc. ital. *Margarito*), nom bien connu par le poème de Gormond et Isembard et qui a été étudié par MM. P. Rajna, *Rom.*, XIV, 417 et suiv., et Ph. A. Becker, *ZRPh*, XX, 550 (= gr. μαργαρίτης). Le passage de 'hérétique' à 'petit enfant' est attesté par rouchi. *parpaliot* 'sobriquet donné aux calvinistes' > 'marmot' (Pauli, *Enfant, garçon, fille*, § 102) et thônes. *érjò* 'enfant vif et turbulent' (v. Wartburg, *ZRPh*, XLI, 615: = *haereticus*). On arrive aussi de 'petit idole' à 'marmot' cfr. angl. *mammet* 'idole', 'poupée' (= *Mahomet*). Le petit doigt est souvent identifié avec un homme, spécialement avec l'enfant qui apprend à compter sur ses doigts (voir les textes allemands et français que j'ai allégués dans *ZRPH*, XLIII, 345 et suiv.), comme on peut bien le voir dans la chanson populaire que cite M. Sevilla:

Pin, pin, *margarín*,
tú irás, y traerás
los vestidos de la dama principal.

La forme *margarín* est une déformation due à la rime (*pin, pin*) de notre *margarite*, attesté par Sevilla au sens de 'petit doigt' pour le XVIIᵉ siècle (Spitzer 1924: 314-315).

La etimología propuesta por Spitzer (1924) puede resumirse del siguiente modo: fr. *margariz*[339] 'hereje' > 'niño' / 'chiquillo' > 'pequeño ídolo'. Al sentido 'dedo

---

338 Zauner (1903) no documenta esta voz en el apartado dedicado al estudio de los nombres del dedo meñique.

339 Debe señalarse que el término *margariz*, que según Spitzer pertenece al francés antiguo, no aparece ni en el *TLF* ni en el *DHLF*.

meñique' no se hace referencia en francés y tampoco al de 'hereje' en español. La ausencia de estos dos significados en cada una de las lenguas es lo que parece indicar que el uso de la voz para referirse al meñique nace en español, seguramente derivado de la acepción 'niño' / 'chiquillo', que, según las documentaciones que aporta el mismo Spitzer, es, junto al de 'pequeño ídolo', la única que llegó al español desde el francés. Así, la supuesta relación semántica entre el uso de *margaro* 'dedo meñique' y el significado de 'hereje' no existiría, a diferencia de lo que se sugiere en el *DECH* (s. v. *margarita*), donde se establecen los vínculos entre el meñique y el sentido de 'hereje' por la «función de delator que se atribuye al dedo meñique en canciones y fórmulas infantiles».

Según se puede extraer de Spitzer (1924: 315), la voz debió llegar al español a través de retahílas y se aplicó al meñique por un proceso de personificación relacioando con las reducidas dimensiones del dedo. A pesar del aparente vínculo tanto formal como semántico que parece tener la denominación española con el francés *margariz*, algunos investigadores la han puesto en duda (*DECH*, s. v. *margarita*, Alvar 1968b). Resulta bastante difícil confirmar que este sea el origen de las formas que se han hallado en las variedades románicas de España, por un lado, por las escasas y antiguas documentaciones de la voz y, por el otro, por la zona geográfica en la que se registran los usos de esta denominación en los atlas.

Los datos del *CORDE*[340] muestran que, de todas las variantes atestiguadas, la única forma que posee documentaciones antiguas es *margarite*. *Margaro* se recoge en una ocasión en un documento del siglo XX y el resto —*margarito, margarín, margariño*— no aparecen en el corpus. Las dos únicas documentaciones de *margarite* que se corresponden con el significado de 'meñique' pertenecen a los siglos XV y XVI:

> (a) El anjllo deue ser puesto enel dedo llamado medico que es çerca del *margarite* / por que se falla que deaquel dedo proçede vna vena de sangre que va del dicho dedo fasta el coraçon (Alfonso de Toledo, 1453-1567, *Invencionario BNM 9219*, fol. 25r. *CORDE*).
>
> (b) pedís barato, sin haber ganado; y doile con la uña del dedo *margarite*. No fue nada, que un año estuvieron dándole puntos (Fernán González de Eslava, 1574, *Coloquio tercero a la consagración del doctor don Pedro Moya de Contreras [Coloquios espirituales]*, p. I 115. *CORDE*).

La presencia de *margarite* en textos del siglo XV muestra que se trata de una designación antigua y que, por tanto, llegó a España en época medieval. No se puede establecer una fecha concreta ni tampoco trazar el camino por el que llegó la voz. A partir de las documentaciones, se advierte que su uso debió de estar bastante arraigado en el léxico andaluz durante época medieval ya que ello explicaría que se hubiera traslado al español de las Islas Canarias durante la época de emigración

---

340 En el *DETEMA*, no se recoge ni la forma *margarite* ni ninguna de sus variantes.

andaluza al archipiélago (Lobo 1997) y también el hecho de que la segunda documentación de *margarite* que recoge el *CORDE* pertenezca a México (Boyd-Bowman 1972 y 1982).

Finalmente, es imprescindible mencionar que parece que el término original fue *margarite*, que es la forma más frecuente en Andalucía. Es probable que de esta forma derivaran los diminutivos (*margarito, margarín, margariño*) y el simple *margaro*, muy frecuente en el archipiélago canario[341]. Entre todas las denominaciones de este grupo léxico-semántico, destaca la forma abreviada *garite*, que seguramente surge, igual que otras formas de referirse al meñique, como reflejo del significado de la palabra. El sentido de 'corto, pequeño' se traslada a la forma de la voz, con la eliminación de la primera sílaba.

**2.2.** Las designaciones *merenguiño, meringuillo* y *dedo meringuiño* son exclusivas del español de las Islas Canarias (Pérez Vidal 1967: 70-72; *TLEC*, s. v. *merenguiño, meringuillo, meringuiño*, Navarro Carrasco 1998: 79-80), por ello, el *ALEICan* es el único atlas en el que se han registrado. Se trata de uno de los tantos portuguesismos léxicos que existen en las Islas debido a la gran cantidad de inmigrantes de procedencia portuguesa que han llegado a Canarias desde época antigua. Pérez Vidal (1967: 70), para demostrar este origen, menciona las semejanzas con voces gallegas (*meniño, miudiño, menguiñu*) y portuguesas (*meminho, meiminho, mindinho, mendinho, menino, maminho*) que se emplean para referirse al meñique y, en especial, destaca la presencia del sufijo *-iño* en las voces canarias. En su justificación, añade tres retahílas infantiles, una portuguesa, otra gallega y otra canaria, para mostrar que el influjo portugués en las denominaciones de los dedos empezó seguramente en el lenguaje popular infantil (Pérez Vidal 1967: 71):

(a) Portugués: «Mendinho, seu visinho, pai de todos, fura-bolos, mata piollos».
(b) Gallego: «Este é o dedo meniño, este é o seu sobriño, éste é o mayor de todos, éste é o furabolos, y éste o matapiollos».
(c) Canario: «Este, minguiriño; este, su vecino; este, rey de todos; este, jurga huevos y este mata piojos».

Según el mismo investigador, «la traducción pudieron hacerla los mismos portugueses establecidos en las Islas, una vez logrado su bilingüismo» (Pérez Vidal 1967: 71). Sugiere también que el origen más directo debe ser la voz gallega *menguiñu* > *\*menguiniñu, menguiriñu* que se tomaría en el archipiélago y se remotivaría en relación con el sustantivo *merengue*: «precisamente el merengue es uno de los dulces que, por su ligereza, se da primero a los pequeños, y que mejor admite una relación con el menor de los dedos» (Pérez Vidal 1967: 72).

---

341 En Alvar (1959: 202), donde se analiza el habla de Tenerife, se documenta *margarito* y *marguero*, y de este último se dice que «es un falso análisis (*margáro* + *ito*) y, luego, el final se ha cambiado en *-ero* por analogía con las abundantísimas voces que tienen el sufijo».

Esta hipótesis motivacional no parece descabellada. Seguramente, los hablantes de español en Canarias no vinculaban el nombre portugués del meñique a un motivo o realidad concreta y quizá, por ello, lo relacionaron con el sustantivo *merengue*, muy semejante formalmente al gallego *menguiñu* y, como describe Pérez Vidal (1967: 72), viable desde el punto de vista semántico por la relación del dulce con los niños y de este con el meñique en las canciones infantiles de los dedos. Es necesario apuntar que, si esto fuera así, la creación léxica debió de producirse después de la penetración de la voz *merengue* en el español. Según la etimología de *merengue* que trae el *DECH* (s. v. *merengue*), procede de (fr.) *meringue* y se documenta por primera vez en español en el siglo XVIII, en el diccionario de Esteban de Terreros y Pando. Así pues, aunque la voz portuguesa llegara al español de Canarias durante la época de mayor afluencia de inmigrantes portugueses a las Islas, la creación de la designación *meringuiño* seguramente no se produjo hasta que, un tiempo más tarde, a finales del XVIII o principios del XIX, el préstamo francés llegó al español. Por tanto, este grupo denominativo, se crea a partir de un proceso de etimología popular por el que se cruzan dos préstamos léxicos, uno del francés y otro del gallego, en español.

**2.3.** La forma (esp.) *tite* es una voz polisémica que aparece a menudo en los mapas del *ALEA*. El *TLHA* (s. v. *tite*), a partir de los materiales de este atlas, recoge 6 acepciones de esta forma: 'tío', 'padrastro', 'dedo meñique', 'dedo anular', 'chapa o piedra plana que emplean los niños en varios de sus juegos', 'golpe seco y rápido'.

El meñique es el dedo para el que se recoge un mayor número de ocurrencias de *tite*. Según los datos del *ALEA* (punto de encuesta: Gr 600), esta denominación se recoge en la siguiente retahíla infantil: «Dedo *tite*, margarite, corcovano, el de la mano, mata piejos en verano».

El texto permite advertir que el origen de *tite* muy probablemente esté relacionado con la rima de retahílas infantiles. Además de la clara asociación fónica de *tite* con *margarite*, que seguramente es el factor principal que da origen al uso de *tite* con el significado de 'dedo meñique', también se puede suponer que alguna de las acepciones de *tite* que incluye el *TLHA* haya favorecido la aplicación de esta voz al dedo meñique. El significado de 'tío', por un lado, no es ajeno a los nombres de los dedos y, por otro lado, la quinta acepción, relacionada con los juegos infantiles, muestra que *tite* es voz frecuente entre los niños[342]. En definitiva, la designación *tite* surge de una amalgama de factores, como el folclore popular y el

342 Al respecto, véanse algunos de los significados de voces análogas a *tite* del *TLHA*, como es el caso de *titi* y *tití*. Por un lado, *titi* es 'expresión que los niños aplican a sus hermanos menores', 'nombre cariñoso que dan los sobrinos a sus tíos'. También se suele decir a cualquier otro familiar' y 'apelativo de carácter afectivo y, a veces, burlón' y, por otro lado, *tití* está relacionado con la idea de pequeñez: 'persona de cuerpo muy menudo'.

empleo de esta voz (y otras semejantes) en el lenguaje infantil y en la denominación de familiares.

**2.4.** El sustantivo (cat.) *xirimiu*, aunque aparece en una única ocasión en el *ALDC*, es una forma bastante frecuente en las canciones infantiles referidas a los nombres de los dedos en catalán. En Veny y Pons (1998: 213), se recopila un ejemplo de este uso: «Aquest és el pare, aquest és la mare, aquest fa les sopes, aquest se les menja totes, i aquest fa piu-piu que no n'hi ha pel *xirimiu*».

Es difícil determinar la motivación que existe tras el término *xirimiu* ya que no aparece en el *DECat*, ni en el *DCVB* ni tampoco en el *DIEC* o el *CICA*. Uno de los pocos documentos en los que se ha hallado la voz es un estudio sobre la zampoña en Cataluña (Ferré i Puig 1984: 109) en el que se explica que este instrumento musical de viento se denominó con distintos nombres durante época medieval y uno de ellos fue *xirimiu*. La forma alargada y fina de los tubos que conforman el instrumento podría ser uno de los motivos por los que se hubiera aplicado el sustantivo *xirimiu* al meñique, sin embargo, esta metáfora de imagen no puede confirmarse debido a que, actualmente, no se ha encontrado documentado.

**2.5.** *El que fa glin-glin* es una lexía compleja del catalán que, a pesar de no haberse hallado en ninguna canción infantil referida a los dedos en esta lengua, se ha consignado en el grupo de denominaciones procedentes de canciones y retahílas populares infantiles por la información que recoge Zauner (1903 [1902]: 454) de la forma *glinglin* y por la estructura que posee. El investigador austríaco documenta esta voz en territorio francófono y considera que esta designación es de etimología oscura y probablemente de origen onomatopéyico porque parece proceder de la representación lingüística del sonido de una campana.

**2.6.** La unidad pluriverbal (esp.) *el tío pichín*, recogida en una única ocasión, está probablemente relacionada con algún dicho, refrán o costumbre popular de la zona de encuesta en la que se ha recogido (Logroño). La voz *pichín*, semejante a algunas de las variantes formales de *pequeño* que se han hallado sobre todo en el *ALEANR* (*piquilín, piquín, piculín, pitalín, pitilín*), quizá sea una forma de creación expresiva para hacer referencia a la idea de 'pequeñez'. Es probable que este significado esté estrechamente vinculado a la presencia de la vocal *i* y del fonema /t∫/ (Díaz Rojo 2002), como se ha comentado para otras denominaciones (*nini* y *miche* o *michi*). El sustantivo *tío*, además, podría estar ligado a la octava acepción del *DRAE* (2001): 'coloq. vulg. U. como apelativo para designar a un amigo o compañero'. En definitiva, la lexía compleja *el tío pichín* parece que es una designación cariñosa de origen expresivo motivada por el reducido tamaño del meñique.

**2.7.** La unidad pluriverbal (esp.) *puso un huevo* que se recoge en el *ALGa* procede de un verso de una retahíla infantil. En el mapa 336 del *ALECMan*, la única retahíla en la que se ha hallado específicamente esta designación pertenece a un punto de encuesta de Ciudad Real (CR 408): «Este dedico *puso un huevo*, éste lo echó al fuego, éste lo envolvió, y éste lo sacó, y este gordete se lo comió, tó, tó, tó».

La retahíla se caracteriza por empezar a denominar los dedos por el meñique y no por el pulgar, por ello, la denominación *puso un huevo*, que es el primer verso de la composición, se refiere al meñique. Asimismo, esta designación también destaca por el vínculo que se establece entre las canciones de los dedos y los alimentos. Como en anteriores ocasiones ya se ha mencionado, este nexo probablemente proceda de la atribución de rasgos [+ humanos] a los dedos (*cfr.* gall. *pápalo todo* 'pulgar' § 6; gall. *cómeo todo* 'índice' § 7; cat. *el que fa sopes* 'corazón' § 8; cat. *el que les menja totes* 'anular' § 9). El huevo es uno de los alimentos más recurrentes en las historias que se cuentan con los dedos a los niños. Por ello, aunque únicamente se haya encontrado una ocurrencia de *puso un huevo*, cabe mencionar que se han recogido multiplicidad de variantes de esta designación (*este compró un huevo, este fue a por huevos, este se encontró un huevo, este echó un huevo a asar, este encontró un huevito*, etc.) y que, además de para el dedo meñique, se refiere a otros dedos en algunas retahílas, como el corazón (*ALEANR*, CU 105) o el anular: «Éste va a por leña, éste la cargó, éste fue a por los *huevos*, éste los frió, y el *niñín, niñín,* se los comió» y «Este fue a la plaza, este compró un *huevo*, este lo frió, este le echó sal, y este gordito, se lo comió enterito».

**2.8.** La voz (gall.) *chinchín* es probablemente de origen onomatopéyico y quizá tenga relación con (cat.) *el que fa glin-glin* y (esp.) *el tío pichín.* En el *DRAG* (s. v. *chinchín*), esta palabra remite a la voz *chincho*[2] 'pájaro'; esta acepción permite suponer una metáfora animalizadora en el origen del uso de esta forma vinculada con el folclore infantil gallego, según se deduce de la retahíla siguiente: «Une, done, tene, cotene, badane, xoane, *chinchín*, carrumpín, carrumpés, e con este fan "des"»[343].

Las animalizaciones del cuerpo humano son bastante frecuentes en el lenguaje infantil, por tanto, no se trata de una designación extraña aunque es poco recurrente. Desde el punto estrictamente formal, podría relacionarse con otras voces que se emplean para referirse a realidades pequeñas ya que como se ha apuntado anteriormente (*cfr. piquiquín, piquilín, piquín* y *piculín*), desde una perspectiva fonosimbólica, la vocal *i* y el sonido consonántico representado gráficamente como <*ch*> podrían asociarse a realidades pequeñas y denotar aprecio por las mismas (Díaz Rojo 2002).

## 3. Denominaciones genéricas

El empleo del sustantivo genérico *dedo* es una estrategia designativa recurrente en el dedo meñique. El uso de este sustantivo para referirse a un dedo en concreto

---

343 La retahíla se ha extraído de la página web <http://www.orellapendella.org/>.

puede generar, lógicamente, problemas de interpretación debido a que puede referirse a cualquiera de los dedos de la mano o del pie. Para evitar la situación de homonimia, los hablantes recurren a los recursos morfológicos que les ofrece la lengua, por ello, el mayor número de ejemplos de este grupo denominativo lo constituyen distintas formas diminutivas de la voz *dedo*.

**3.1.** El gallego es la única variedad en la que se ha recogido una forma simple para referirse al meñique, se trata de la voz *deda*[344]. Según Romero y Santos (2002: 308), el cambio de género gramatical de la palabra (*dedo* > *deda*) se ha tomado como un proceso de derivación apreciativa, pues se identifica el femenino con el valor semántico 'tamaño pequeño', a diferencia de lo que sucede en español (Alcina y Blecua 1975: 524; *NGLE* 2009: 91-92), ya que, en los casos en los que la oposición de género expresa diferencias de tamaño, el femenino suele hacer referencia a dimensiones mayores que el masculino. Romero y Santos (2002) distinguen tres implicaciones lingüísticas relacionadas con el valor gramatical del femenino en esta designación:

> o substantivo xenérico *dedo* é masculino, e o feito de se especializar o feminino *deda* no dedo de menor tamaño presenta tres implicacións. Unha primeira é que nos puntos onde se rexistra *deda, dediña, dedella* ou *dedica*, se hai outra denominación para este dedo presenta tamén xénero feminino. Así na Pobra do Brollón (L.35) rexístrase tanto a forma *deda* como *bolicriña* e en Vilariño de Conso (O.18) tanto *deda* como *burbulliña*. Mesmo castelanismo pode adoptar o xénero feminino, como é o caso de Ribas de Sil (L.38) onde xunto á forma *deda* tamén se recolle *a meñique*, ou Larouco (O.8) onde, ademais de *dedella*, chama a atención a completa lexicalización da forma feminina que deu lugar á denominación *amñíquel*. A segunda implicación da forma feminina é que, en Montederramo (O.11) e Chandrexa de Queixa (O.13), puntos limítrofes con área de cor azul que estamos analizando, a denominación para este dedo tamén presenta os femininos *meñica* e *meniña*, respectivamente. Finalmente, a terceira implicación revela que no caso de Ribas de Sil (L.38) existe unha oposición explícita entre o feminino *deda* ('o dedo máis pequeno') e o masculino *dedo* ('o dedo máis grande, o matapiollos') (Romero y Santos 2002: 308).

Asimismo, el meñique no es el único dedo para el que se ha hallado el sustantivo femenino *deda*. Para el dedo corazón y el dedo anular, se han recogido denominaciones que poseen esta voz y cuyo uso también parece que está estrechamente vinculado a la expresión del tamaño. Se trata de las unidades pluriverbales *deda grande* 'dedo corazón' (§ 8) y *segunda parte da deda grande* 'dedo anular' (§ 9) en cuyo significado el sustantivo *deda* parece indicar la idea de 'gran tamaño', como en el caso del español (*cfr. deona* 'pulgar' § 6). Así pues, a juzgar por los ejemplos del meñique y del resto de dedos, es probable que algunas zonas de

---

344 El testimonio, que se recoge en un punto de encuesta del *ALCyL* ubicado en Zamora, se ha considerado gallego y no español porque la localidad está en la frontera con Galicia.

habla gallega empleen, al menos en la designación de los dedos de la mano, la marca de flexión que generalmente indica femenino para especificar un valor semántico de tamaño, pues se usa tanto con valor diminutivo como aumentativo.

Además del sustantivo *deda*, se ha registrado un número nada desdeñable de derivados diminutivos de la voz *dedo*, principalmente en el *ALEANR* (*dedico, dedillo, dedete, dedita* y *dedetica*). La forma *dedetica* destaca porque surge de un proceso de doble derivación apreciativa, un fenómeno que, como se ha comprobado con anterioridad, también se da en el catalán de Valencia (p. e. *xicotet, cfr.* Veny 1982). En *dedetica*, se une el sufijo más frecuente en aragonés (*-ete*) con *-ica*, el tercero más corriente en los derivados diminutivos según el estudio de Uritani y Berrueta (1985). Destaca la presencia de dos formas femeninas (esp. *dedita* y deesp. *dedetica*) entre el grupo de denominaciones del *ALEANR*, pues hasta el momento los ejemplos recogidos sobre el español que presentaban la marca de género femenino estaban relacionados con la idea de 'gran tamaño' (*cfr.* esp. *deona* 'pulgar', § 6).

El *ALECant* registra tres derivados diminutivos de la voz *dedo* entre los cuales también se encuentra una forma femenina: *dedillo, diucu* y *dedina. Diucu* se ha formado con el sufijo diminutivo cariñoso *-uco* de mayor difusión en Cantabria (Gooch 1970 [1967]: 28; Nuño Álvarez 1996: 189; Calderón Escalada 1999; *DESE* s. v. *-uco*). La denominación *diucu* (< *deduco*) demuestra la teoría de Amado Alonso (1974 [1935]) sobre la imposibilidad de trazar una frontera entre el valor afectivo y el diminutivo de los sufijos, pues todo lo que es pequeño despierta una serie de sentimientos afectivos que también forman parte del proceso de derivación.

En el *ALGa* y en un punto de encuesta del *ALCyL* ubicado en la frontera de Galicia con Zamora, se recogen los siguientes diminutivos: *dedica, dediño, -a* y *dedella*. A excepción de las dos únicas ocurrencias de *dediño*, el resto de formas gallegas emplean el género femenino como marca de distinción de tamaño.

## 4. Denominaciones relacionadas con la castaña

En el estudio de Romero y Santos (2002) sobre los nombres de los dedos en el *ALGa*, los autores consideran que existe un número de variantes léxicas que están relacionadas con el campo semántico de la castaña. Las formas en cuestión son: *moñequín, moñecrín, muñicrín*[345], *molecrín, bolicriña, mormeliña, beleco, belleco* y *cagallo*. El principal argumento que sustenta esta clasificación está relacionado con el hecho de que los puntos de encuesta en los que se recogen estas denominaciones pertenecen a zonas de Galicia en las que hay una mayor presencia de luga-

---

345 Aunque Romero y Santos (2002) clasifican las formas *moñequín, muñicrín* y *moñecrín* en el grupo motivacional de la castaña, en este trabajo se ha optado por consignar estas designaciones como variantes del asturiano *moñín*.

res poblados de castaños (Romero y Santos 2002: 311) y en las que estos árboles son o han sido una parte importante del desarrollo de la vida cotidiana y económica de los habitantes de las zonas.

El empleo de la mayoría de voces relacionadas con este fruto para designar el meñique podrían proceder o bien de una metáfora relacionada con el tamaño del fruto y del dedo —la mayoría de las designaciones son «adxectivos utilizados para designar ou ben a 'castaña pequena' ou ben aquela 'que nace sen froito'» (Romero y Santos 2002: 311)— o simplemente podrían vincularse al folclore de la región (Ebeling y Krüger 1952) por la importancia que el fruto tiene en ella. De acuerdo con Romero y Santos (2002: 311), consideramos imposible elegir una de las dos motivaciones como motor de la creación léxica porque tanto el tamaño como la cultura popular son dos fuentes de creación prolíficas en el conjunto de denominaciones del meñique. Por ello, quizá no sería desacertado suponer que existe una conjunción de estos dos motivos.

Para el análisis semántico de cada una de las formas, se han consultado los datos del exhaustivo estudio de Ebeling y Krüger (1952) sobre la castaña en el noroeste de la Península Ibérica. Se trata de una investigación de carácter lingüístico-etnográfico en la que se analiza todo el léxico referido a la castaña (el fruto del castaño, el sitio poblado de castaños, las partes de un castañar, clases de castaño, flor del castaño, el erizo de las castañas, etc.) partiendo de la importante presencia de este fruto en la lengua (toponomástica, fraseología, cancionero, refranero, etc.). Los investigadores analizan datos procedentes de 84 puntos de encuesta del este de la provincia de Lugo, una pequeña parte de Pontevedra y de la frontera entre Lugo y Asturias. Por tanto, son datos recogidos en la misma zona que las respuestas del meñique del *ALGa* que se han consignado en este apartado.

**4.1.** La voz (gall.) *belleco* suele emplearse para designar 'la castaña pequeña que se saca de la grande y que solo sirve de pasto para el ganado' y 'la castaña pequeña que se recoge antes de la grande' (Ebeling y Krüger 1952: 195 y 250).

**4.2.** La designación (gall.) *bolicriña* es seguramente derivado diminutivo de la forma *bolecra* (Ebeling y Krüger 1952: 195), que significa 'castaña falsa, abortada que no llegó a su logro'. La designación (gall.) *molecrín* muy probablemente pueda relacionarse con *bolicriña*, pues el «trueque de *b/m* [es...] frecuente en los dialectos occidentales» (Ebeling y Krüger 1952: 196). Así pues, sería viable suponer que se trata de la misma voz y, por lo tanto, significa 'castaña falsa, abortada que no llegó a su logro'.

**4.3.** La denominación (gall.) *cagallo*, que en Ebeling y Krüger se registra de formas diversas (*cagalla, cagaxo, cagaxon, cagaxa*) pero nunca como *cagallo*, posee, igual que *belleco*, dos acepciones: 'la castaña pequeña que se saca de la grande y que solo sirve de pasto para el ganado' y 'la castaña pequeña que se recoge antes de la grande' (Ebeling y Krüger 1952: 195 y 250). Los mismos investigadores explican que son todos derivados de CACARE y que se emplean para indicar «la pequeñez, el insignificante valor» (Ebeling y Krüger 1952: 198-199): (gall.) *cagalla* 'pequeña porción de una cosa; poca cantidad', 'cosa pequeña de escaso tamaño; (gall.) *cagallada* 'conjunto de cosas de ínfimo valor' y (gall.) *cagarrullo* 'cosa pequeña y sin valor; chiquillería'.

**4.4.** La palabra (gall.) *mamarutiña* aparece en los atlas pero no en Ebeling y Krüger; sin embargo, parece estar emparentada con las denominaciones relativas al conjunto designativo de «castañas cocidas con la cáscara»: *mamudas, mamudos, mamelas, mamelos, mamello, mamota, mamuca* y *mamona*. Todas ellas son derivados del verbo *mamar* porque, según Ebeling y Krüger (1952: 272), «cuando se comen, parece que se está mamando».

**4.5.** En Romero y Santos (2002: 311), (gall.) *mormeliña* se incluye en el campo semántico de la castaña a pesar de que no se han encontrado datos, ni en el estudio de Ebeling y Krüger (1952) ni en el *DRAG*, que permitan confirmar esta relación. Únicamente parece poder establecerse un vínculo entre esta forma y el verbo *mamar*, como en los casos del apartado anterior.

## 5. Denominaciones procedentes de la confusión con los nombres de otros dedos

Las confusiones denominativas del meñique con otros dedos, igual que sucedía con el pulgar (§ 6), son escasas en comparación con las del índice, el corazón o el anular. Probablemente, las confusiones sean menos frecuentes en el pulgar y en el meñique porque son dedos de referencia en la delimitación física de la mano. Asimismo, el hecho de que ambos dedos solamente sean contiguos a un dedo —el pulgar con el índice y el meñique con el anular— reduce todavía más las posibilidades de confusión porque esta suele darse mayoritariamente con el dedo que tienen justo delante o detrás. Por este motivo, sorprende que de las dos designaciones que se han recogido para el meñique en este grupo motivacional ninguna se corresponda con el dedo anular que es el único con el que mantiene contacto directo.

**5.1.** La designación *pulgar* para referirse al meñique podría vincularse al hecho de que ambos son dedos que se encuentran en los extremos de la mano. Su posición y sus características formales —uno es grueso y el otro es menudo— los convierten uno en el opuesto del otro. Esta antonimia podría explicar que se haya empleado un nombre por el otro, a pesar de que para el pulgar no se haya registrado la voz *meñique*.

**5.2.** La forma *índice* es, si cabe, más desconcertante que la anterior porque, en este caso, el meñique no comparte, aparentemente, una relación de antonimia. Existe la posibilidad de que el hablante, como ha sucedido en otros casos (*cfr.* *dedo primero* 'índice', § 7), haya concebido los dedos sin tener el cuenta el pulgar, por estar alejado del resto. De este modo, el índice sería el dedo opuesto al meñique y, por tanto, también un referente que podría ser la fuente de confusión denominativa.

## 6. Denominaciones relacionadas con las aptitudes o cualidades del dedo

El estudio de los nombres de los dedos ha revelado que existen designaciones que surgen de las acciones que se llevan a cabo con los dedos o de las aptitudes que tienen los mismos para desarrollar ciertas actividades (*cfr. escachapiollos* 'pulgar', § 6). Esta motivación no es productiva en el caso del dedo meñique, quizá porque con él no se llevan a cabo muchas actividades.

**6.1.** La voz (cat.) *garranxet* procedería de un cruce entre *gorrinxet* y *garranxa* 'perxa rústega feta d'una branca penjada al sostre' (*DECat*, s. v. *garra I*). El común *gorrinxet*, que aparece en algunas retahílas populares infantiles, se vinculó a *garranxa* seguramente por un proceso de hominimización semántica (Veny 1991). La semejanza formal de las voces probablemente generó la influencia de una sobre otra y el significado de 'meñique'.

**6.2.** La unidad pluriverbal (gall.) *o dos mimos* es distinta a la anterior. Se ha creído que su origen podría estar en el hecho de que este dedo se emplee, por su reducido tamaño, para realizar caricias, juegos y mimos a los niños más pequeños.

## 7. Denominaciones relacionadas con la posición respecto a los otros dedos

La posición de los dedos ha resultado ser una forma recurrente en las variedades románicas estudiadas. El catalán, según se ha podido ver en los apartados anteriores, parece la variedad en la que con más asiduidad se recogen designaciones de este grupo léxico. Para el dedo meñique, aunque por su posición estratégica en el final o principio de la mano debiera ser uno de los motivos con mayor productividad designativa, únicamente se ha hallado un ejemplo del catalán.

**7.1.** La forma (cat.) *radé* se corresponde con una variante formal originada por un proceso de metátesis regresiva del adjetivo *darrer* 'que va o està situat darrera els altres, en lloc, en temps o en dignitat' (*DCVB*, s. v. *darrer*). En el apartado de información fonética que incluye el *DCVB*, se explica que, en ciertas zonas del dominio lingüístico catalán, es muy habitual esta pronunciación de la voz *darrer*.

## 8. Otras denominaciones

**8.1.** La forma (gall.) *burbulliña* podría estar emparentada con la forma simple *burbulla* 'globo de aire ou doutro gas que sobe á superficie dun líquido cando este ferve, fermenta ou cando se move moito' (*DRAG*, s. v. *burbulla*); sin embargo, no existen datos suficientes que permitan determinar un posible origen motivacional para esta designación.

**8.2.** El origen de la aplicación de la voz (esp.) *títere* al dedo meñique podría proceder de dos motivaciones distintas. Por un lado, el hecho de que los dedos se empleen con asiduidad en los juegos iniciáticos infantiles para representar figuras humanas es motivo suficiente para que el dedo meñique tome la denominación *títere*. Por otro lado, también podría suponerse que haya surgido de una reinterpretación del frecuente (esp.) *tite*, forma examinada en el presente capítulo, que se ha vinculado a *margarite*, por la relación que los nombres de los dedos tienen con el lenguaje infantil.

**8.3.** Es difícil clasificar la voz (esp.) *miño* en alguno de los grupos motivacionales principalmente por el lugar geográfico en el que se ha recogido. La forma de la voz podría hacer pensar que se trata de una variante formal de los frecuentes *maimiño* y *meniño* en gallego, sin embargo, el hecho de que se haya registrado en una localidad de Burgos elimina las posibilidades de que se trate de una forma de este tipo. Otro origen probable sería que se tratara de una variante de *meñique*, aunque debido a las características formales de una y otra voz parece poco viable un cambio de este tipo. Igualmente, podría tratarse de una variante de *niño*, de modo que se incluiría en el grupo de designaciones procedentes de una metáfora de PERSONIFICACIÓN. Ninguno de estos hipotéticos orígenes convence demasiado desde el punto de vista formal, primordialmente por la zona en la que se ha recogido esta designación.

**8.4.** No se ha podido desentrañar el origen de (esp.) *chingar*.

**8.5.** No se ha podido desentrañar el origen de (esp.) *muguá*.

# Conclusión

La investigación desarrollada en los capítulos anteriores constituye un proyecto innovador en el ámbito de los estudios de la geografía lingüística que pretende contribuir, en la medida de lo posible, al análisis de la variación léxica en el dominio semántico del cuerpo humano. La originalidad del trabajo presentado a lo largo de los capítulos anteriores radica en dos cuestiones esenciales: el empleo de un marco teórico multidisciplinar en el que se han integrado y combinado propuestas de las distintas disciplinas desde las que se puede investigar la variación léxica (etimología, semántica, geolingüística) y la explotación de los datos que contienen los atlas lingüísticos hispanorrománicos publicados hasta el momento sobre el léxico de los nombres de las partes del cuerpo. Particularidad propia también de este trabajo es la aplicación de las propuestas y postulados de la semántica cognitiva al examen de los valiosos materiales recogidos por la geolingüística; el experiencialismo, la teoría de la metáfora y la metonimia han sido fundamentales en el desarrollo de cada uno de los capítulos anteriores.

El libro se ha presentado dividido en dos partes independientes pero complementarias con las que se ha pretendido, por un lado, diseñar una metodología de estudio de un campo semántico determinado a partir de la conjugación de aportaciones de subdisciplinas lingüísticas y corrientes teóricas diversas y, por el otro, llevar a cabo un análisis empírico con los datos que proporciona la geografía lingüística. La primera constituye, por tanto, una presentación de las distintas líneas de investigación teórica y práctica sobre el léxico del cuerpo que han surgido desde múltiples disciplinas, épocas y perspectivas. En la investigación desarrollada en la segunda parte de la obra se analizan los datos a partir de la conciliación de las teorías e informaciones recogidas en la primera, lo que ha permitido extraer un conjunto de conclusiones sobre los parámetros de variación diatópica y lexicológica relativos al modo en el que se conceptualizan los dedos y las motivaciones que subyacen a sus designaciones.

El pormenorizado examen de las 597 formas léxicas hispanorrománicas extraídas de los mapas dedicados a los cinco conceptos que se refieren a los dedos de la mano ha dado cuenta de la existencia de patrones o modelos recurrentes y comunes en la motivación y creación léxica de los conceptos estudiados; y de un alto grado de variabilidad y permutabilidad denominativa de los conceptos referidos al cuerpo humano en el tiempo y en el espacio.

El estudio y clasificación de cada una de las formas en grupos léxico-motivacionales ha permitido advertir que existe un conjunto de estrategias creativas que se repiten en la formación de las designaciones de los dedos en español, catalán y gallego (tamaño; posición; confusión; canciones, retahílas o refranes populares; nombres de parentesco; aptitudes o cualidades; denominaciones genéricas; y creencias o costumbres populares). Las diferencias en la productividad de los motivos léxico-semánticos para cada uno de los dedos (*cfr.* tabla XII) revelan la existencia de dos grupos conceptuales, uno que lo conforman el dedo pulgar y el meñique, y otro formado por el resto (índice, corazón, anular):

| Pulgar | Índice | Corazón | Anular | Meñique |
|---|---|---|---|---|
| Tamaño | Aptitudes | Creencias | Creencias | Tamaño |
| Aptitudes | Posición | Posición | Posición | Canciones |
| N. genéricos | Confusión | Tamaño | Parentesco | N. genéricos |
| Confusión | N. genéricos | Parentesco | Confusión | Creencias |
| Parentesco | Canciones | Confusión | Tamaño | Confusión |
| Canciones | Tamaño | Canciones | Aptitudes | Aptitudes |
| Posición | Parentesco | --- | Canciones | Posición |

Tabla XII. Productividad de las motivaciones para cada uno de los dedos en esp., cat. y gall.

La tabla XII da cuenta de las relaciones léxico-cognitivas que se establecen entre los dedos. La conceptualización de las denominaciones más frecuentes del pulgar y del meñique procede del tamaño de cada uno de estos dedos, que también coinciden en el hecho de que la posición a penas es productiva para crear sus nombres a pesar de que, en el conjunto de la mano, constituyen el principio y el final de un grupo de elementos cerrado. En cambio, para los otros dedos, la posición ocupa un lugar muy relevante en la motivación de su categorización y referencia léxica y el tamaño no es un rasgo muy productivo.

La presentación de los datos de cada unidad conceptual en los mapas motivacionales ha permitido observar los datos conjuntamente en su contexto geográfico y delimitar las semejanzas y diferencias que se establecen en el proceso de creación léxica de las variedades investigadas. El contraste de todos los mapas (II-VIII) refleja que la zona del gallego y el asturleonés conforma un área léxico-motivacional independiente, pues presenta grupos designativos propios con una fuerte vitalidad de uso y extensión en el territorio. Para el dedo pulgar, por ejemplo, la forma más frecuente está relacionada con la acción de matar insectos (*AL-Ga*: gall. *matapiollos,* gall. *escachapiollos*, gall. *trincapiollos*, etc.), mientras que para el resto del territorio las denominaciones más habituales tienen origen o bien en el tamaño del dedo (*ALDC*: cat. *dit gros*; *ALEA*: esp. *dedo gordo*) o bien proceden del latín (*ALCyL*: esp. *pulgar*). Véase, asimismo, el contraste entre el origen motivacional del dedo anular en gallego (empleo de nombres de parentesco: gall. *sobriño*) frente a las otras variedades hispanorrománicas (creencias populares relacionadas con el anillo o nombres asociados a la posición del dedo).

El resto de zonas geográfico-lingüísticas investigadas reflejan la preferencia por cierto tipo de motivaciones y la tendencia a conformar también áreas léxico-semánticas individuales aunque menos estables que las que constituyen el grupo gallego y asturleonés. En el dominio lingüístico catalán (Cataluña, Valencia e Islas Baleares), se observa la predisposición a referirse a los dedos según valores comparativos que dependen de su tamaño y su posición en la mano, por ello, es muy habitual el uso de numerales y adjetivos calficativos para referirse a ellos (cat. *dit gros* 'pulgar', cat. *segon* 'dedo índice', cat. *dit del mig* 'dedo corazón', cat. *quart* 'dedo anular', cat. *dit petit* 'meñique').

El dominio lingüístico español se presenta dividido, en diversas ocasiones, en dos zonas, la norte y la sur. Andalucía, Castilla-La Mancha y Canarias suelen conformar un grupo bastante homogéneo, pues en tres de los cinco conceptos se presenta la misma motivación léxico-semántica (anular, corazón y meñique) y Castilla y León, Cantabria, Aragón, Navarra y La Rioja se comportan habitualmente del mismo modo. Véase, a modo de excepción, el mapa del dedo corazón (mapa IV), pues la motivación principal que recogen los datos del *ALEANR* se corresponde con el tamaño, que es el origen de la mayoría de designaciones recogidas en catalán. No obstante, no debe dejar de señalarse el carácter parcial que poseen estas conclusiones sobre el territorio lingüístico español, pues, para completar este primer acercamiento sobre la distribución geográfica de áreas motivacionales en la creación de los nombres de los dedos, sería necesario e imprescindible consultar datos sobre aquellas zonas para las que no se poseen atlas regionales (*cfr.* la introducción de la parte II) y que, en un futuro, se podrán complementar con los datos de la nueva edición del *ALPI* que dirige la Dra. Pilar García Mouton.

Las informaciones histórico-etimológicas que se han ido presentando en cada uno de los capítulos permiten observar que los dedos de la mano presentan un significativo grado de variación léxica tanto en latín como en romance y un revelador número de motivaciones denominativas populares que se mantiene en la historia evolutiva románica. Por ello, quizá cabría presuponer, aunque con cautela, que las motivaciones, estrategias y mecanismos de denominación de estas partes del cuerpo (prinicipalmente la metáfora, la metonimia, las creencias populares y la descripción de sus características más destacadas) poseen un valor pancrónico y pantópico.

En esencia, la investigación que se ha llevado a cabo en las páginas anteriores, contribuye a completar el vacío existente de estudios sobre la categorización lingüístico-conceptual del dominio semántico del cuerpo humano mediante los materiales de la geografía lingüística, una importante fuente de datos sobre este campo conceptual. Asimismo, los resultados obtenidos en el análisis de los cinco conceptos estudiados permiten señalar, por un lado, que el método de análisis empleado ha sido el adecuado y, por otro lado, que es necesario continuar examinando materiales sobre este ámbito lingüístico-conceptual para poder completar la caracterización iniciada. Únicamente de este modo será posible desentrañar las relaciones que se establecen entre la mente, la lengua y el cuerpo para llegar a conocer cómo se conceptualiza la realidad.

# Bibliografía[346]

## Referencias bibliográficas

ABAD NEBOT, Francisco (1998): «Para la historia de las palabras *semántica y semasiología* en castellano» en Claudio García Turza *et al.* (coords.): *Actas del IV Congreso Internacional de Historia de la Lengua Española (La Rioja, 1-5 de abril de 1995)*, Logroño: Universidad de la Rioja, II, pp. 15-22.

ADAMS, James N. (1982): «Anatomical Terms Transferred from Animals to Humans in Latin», *Indogermanische Forschungen*, 87, pp. 90-109.

ALCINA FRANCH, Juan, y José Manuel BLECUA PERDICES (1975): *Gramática española*, Barcelona: Ariel.

ALINEI, Mario (1984a): «Le due strutture del significato» en *Lingua e dialetti: struttura, storia e geografia*, Bolgna: Il Mulino, 13-21.

ALINEI, Mario (1984b): *Dal totemismo al cristianesimo popolare. Sviluppi semantici nei dialetti italiani ed europei*, Torino: Edizioni dell'orso.

ALINEI, Mario (1986): «Belette» en *Atlas Linguarum Europae*, Pays Bas/Maastricht: Van Gorcum/Assen, vol. I/2 (Commentaires), pp. 145-230.

ALINEI, Mario (1997a): «L'aspect magico-religieux dans la zoonymie populaire» en Sylvie Mellet (ed.): *Les zoonymes. Actes du colloque international tenu à Nice les 23, 24, 25 janvier 1997*, Nice: Centre de recherches comparatives sur les langues de la Méditerranée ancienne, pp. 9-22.

ALINEI, Mario (2002): «Il ruolo della motivazione nel lessico» en Rosario Álvarez Blanco, Francisco Dubert García y Xulio Sousa Fernández (eds.): *Dialectoloxía e Léxico*, Santiago de Compostela: Consello da Cultura Galega/Instituto da Lingua Galega, pp. 15-28.

ALINEI, Mario (2005): «Names of Animals, Animals as Names: Synthesis of a Research» en Alessandro Minelli, Gherardo Ortalli y Glauco Sanga (eds.): *Animal Names*, Venezia: Istituto Veneto di Scienze, Lettere ed Arti, pp. 245-268.

ALONSO, Amado (1974 [1935]): «Noción, emoción y fantasía en los diminutivos» en *Estudios lingüísticos (temas españoles)*, Madrid: Gredos, pp. 161-189.

ALSINA CATALÀ, Claudi, y Lluís MARQUET FERIGLE (1981): *Pesos, mides i mesures*, Barcelona: Obra social de la Caixa de Pensions.

ALVAR LÓPEZ, Manuel (1959): *El español hablado en Tenerife*, Madrid: CSIC [Anejo LXIX de la *Revista de Filología Española*].

ALVAR LÓPEZ, Manuel (1968a): «Estado actual de los atlas lingüísticos españoles» en Antonio Quilis Morales, Ramón B. Carril y Margarita Cantarero Yases

---

346 Las referencias precedidas de asterisco aparecen citadas en el texto de forma indirecta porque no han podido consultarse.

(eds.): *Actas del XI Congreso Internacional de Lingüística y Filología Románicas (Madrid 1965)*, Madrid: CSIC, I, pp. 151-174.

*ALVAR LÓPEZ, Manuel (1968b): «Dialectología y cultura popular en las Islas Canarias» en *Litterae Hispaniae et Lusitanae*, Hamburgo, pp. 17-32.

ALVAR LÓPEZ, Manuel (1996): «Canario» en Manuel Alvar López (dir.): *Manual de dialectología hispánica. El español de España*, Barcelona: Ariel, pp. 325-338.

ALVAR LÓPEZ, Manuel (2000a): *El español en la República Dominicana. Estudios, encuestas, textos*, Madrid: La Goleta Ediciones/Universidad de Alcalá [Edición al cuidado de Antonio Alvar Ezquerra].

ALVAR LÓPEZ, Manuel (2000b): *El español en el Sur de Estados Unidos. Estudios, encuestas, textos*, Madrid: La Goleta Ediciones/Universidad de Alcalá.

ÁLVAREZ PÉREZ, Xosé Afonso (2008): *O léxico da vaca. Nomes basados no físico*, Santiago de Compostela: Universidad de Santiago de Compostela [Tesis doctoral inédita].

ANDERSEN, Elaine S. (1978): «Lexical Universals of Body-Part Terminology» en Joseph H. Greenberg (ed.): *Universals of Human Language*, Stanford/California: Stanford University Press, pp. 335-368.

ANDERSON, Michael L. (2003): «Embodied Cognition: A Field Guide», *Artificial Intelligence*, 149, pp. 91-130 [En línea, <http://www.cs.umd.edu/~anderson/papers/AIReview. pdf>].

ANDRÉ, Jacques (1991): *Le vocabulaire latin de l'anatomie*, Paris: Les Belles Lettres.

ARIZA VIGUERA, Manuel (2000): «*Chico* y *pequeño*» en Pilar Gómez Manzano, Pedro Carbonero Cano y Manuel Casado Velarde (coords.): *Lengua y discurso: estudios dedicados al profesor Vidal Laquímiz*, Madrid: Arco/Libros, pp. 151-154.

ATRAN, Scott (1990): *Cognitive Foundations of Natural History: Towards an Anthropology of Science*, Cambridge/UK/Paris: Maisen des Sciences de l'Homme.

ATRAN, Scott, y Douglas L. MEDIN (eds.) (1999): *Folkbiology*, Cambridge: MIT.

ATRAN, Scott, Alejandro LÓPEZ, John D. COLEY, Douglas L. HEDIN y Edward E. SMITH (1997): «The Tree of Life: Universal and Cultural Features of Folkbiological Taxonomies and Inductions», *Cognitive Psychology*, 32, 251-295 [En línea <http://www.pdfdownload.org/pdf2html/pdf2html.php?url=http%3A%2F%2Fsitemaker.umich.edu%2Fsatran%2Ffiles%2Flopez_et_al.pdf&images=yes>].

AUDI, Robert (ed.) (1999): *The Cambridge Dictionary of Philosophy*, Cambridge: Cambridge University Press [2.ª edición].

AXTELL, Roger E. (1993 [1991]): *Le pouvoir des gestes: guide de la communication non verbale*, Paris: InterEditions [Traducción de *Gestures: The Do's and Taboos of Body Language Around de World*, New York and Sons].

*BALDINGER, Kurt (1957): *Die Semasiologie. Versuch eines Überblicks,* Berlin: Akademie-Verlag.

BALDINGER, Kurt (1964a): «Designaciones de la *cabeza* en la América española», *Anuario de Letras (México)*, IV, pp. 25-56.

* BALDINGER, Kurt (1964b): *La semasiología. Ensayo de un cuadro de conjunto*, Rosario: Universidad Nacional del Litoral.

BALDINGER, Kurt (1964c): «Sémasiologie et onomasiologie», *Revue de Linguistique Romane*, XXVIII, pp. 249-272.

BALDINGER, Kurt (1968): «Problèmes fondamentaux de l'onomasiologie» en Antonio Quilis Morales, Ramón B. Carril y Margarita Cantarero Yases (eds.): *Actas del XI Congreso Internacional de Lingüística y Filología Románicas (Madrid 1965)*, Madrid: CSIC, I, pp. 175-216.

BALDINGER, Kurt (1970): *Teoría semántica. Hacia una semántica moderna*, Madrid: Ediciones de Alcalá.

BALLY, Charles (1926): «L'expression des idées de sphère personnelle et de solidarité dans les langues indo-européennes» en Franz Fankhauser y Jakob Jud (eds.): *Festschrift Louis Gauchat*, Aarau/Switzerland: H. R. Sauerländer, pp. 68-78.

BARCELONA SÁNCHEZ, Antonio (2000): «Introduction. The Cognitive Theory of Metaphor and Metonymy» en Antonio Barcelona Sánchez (ed.): *Metaphor and Metonymy at the Crossroads. A Cognitive Perspective*, Berlin/New York: Mouton de Gruyter, pp. 1-28.

BATALLER CALDERÓN, Josep (1979): *Els jocs dels xiquets al País Valencià*, València: Institut de Ciències de l'Educació de la Universitat de València.

BECHET, Florica (2010) : «Sur les noms roumains de la pupille» en Maria Iliescu, Heidi Siller-Runggaldier y Paul Danler (eds.): *XXV$^e$ CILPR Congrès International de Linguistique et de Philologie Romanes (Innsbruck, 3-8 septembre 2007)*, Berlin: Mouton de Gruyter, vol. VI, pp. 419-428.

*BEINHAUER, Werner (1941): «Beiträge zu einer spanischen Metaphorik. Der menschliche Körper in spanischen Bildsprache», *Romanische Forschungen*, 55, 1-56. [Traducción al español, «Contribuciones para un estudio del sistema metafórico del español. El cuerpo humano en el lenguaje figurado español», en Polo 2004].

BENCZES, Réka, Antonio BARCELONA y Francisco José RUIZ DE MENDOZA IBÁÑEZ (eds.) (2011): *Defining Metonymy in Cognitive Linguistics: Towards a Consensus View*, Amsterdam/Philadelphia: John Benjamins.

*BENVENISTE, Émile (1969): «Termes gréco-latins d'anatomie», *Revue de Philologie*, 39, pp. 7-40.

BENNETT, Jane (1982): «The Name of the Ring-finger in the Germanic Languages», *Amsterdamer Beiträge zur älteren Germanistik*, 17, pp. 13-21.

BERLIN, Brent y Paul KAY (1991 [1969]): *Basic Color Terms: Their Universality and Evolution*, Berkeley: University of California Press.

BERLIN, Brent, Dennis E. BREEDLOVE y Peter H. RAVEN (1973): «General Principles of Classification and Nomenclature in Folk Biology», *American Anthropologist*, 75, pp. 214-242.

*BERTOLDI, Vittorio (1946): *La parola quale mezzo d'espressione*, Napoli: Casa Editrice Raffaele Pironti.

BLANK, Andreas (1999): «Co-presence and Succession. A Cognitive Typology of Metonymy» en Klaus-Uwe Panther y Günter Radden (eds.): *Metonymy in Language and Thought*, Amsterdam/Philadelphia: John Benjamins, pp. 169-191.

BLANK, Andreas (2003): «Words and Concepts in Time: Towards Diachronic Cognitive Onomasiology» en Regine Eckardt, Klaus von Heusinger y Christoph Schwarze (eds.): *Words in Time Diachronic Semantics from Different Points of View*, Berlin/New York: Mouton de Gruyter, pp. 37-65.

BLANK, Andreas, y Peter KOCH (1999): «Onomasiologie et étymologie cognitive: l'exemple de la TÊTE» en Mário Vilela y Silva Fátima (eds.): *Atas do 1.º Encontro de Linguística Cognitiva*, Porto, pp. 49-71.

BLANK, Andreas, y Peter KOCH (2000): «La conceptualisation du corps humain et la lexicologie diachronique romane» en Hiltraud Dupuy-Engelhardt y Marie-Jeanne Montibus (eds.): *La lexicalisation des structures conceptuelles*, Reims, pp. 43-62.

BLANK, Andreas, Paul GÉVAUDAN y Peter KOCH (2000): «Onomasiologie, sémasiologie et l'étymologie des langues romanes: esquisse d'un projet» en Annick Englebert *et al.* (eds.): *Actes du XXIIe Congrès International de Linguistique et Philologie Romanes (Bruxelles, 23-29 juillet 1998)*, Tübingen: Max Niemeyer, vol. IV, pp. 103-114.

BOQUERA MATARREDONA, María (2005): *Las metáforas en textos de ingeniería civil: estudio contrastivo español-inglés*, València: Universitat de València [Tesis doctoral digitalizada en <http://www.tesisenxarxa.net/TDX-0628106-133151/>].

BOYD-BOWMAN, Peter (1972): *Léxico hispanoamericano del siglo XVI*, London: Tamesis Books Limited.

BOYD-BOWMAN, Peter (1982): *Léxico hispanoamericano del siglo XVIII*, Madison: The Hispanic Seminary of Medieval Studies.

BROWER, Candance (2000): «A Cognitive Theory of Musical Meaning», *Journal of Music Theory*, 44/2, pp. 323-379.

BROWN, Cecil H. (1976): «General Principles of Human Anatomical Partonomy and Speculations on the Growth of Partonomic Nomenclature», *American Ethnologist*, 3/3, pp. 400-424.

BROWN, Cecil H. (1979): «A Theory of Lexical Change: With Examples from Folk Biology, Human Anatomical Partonomy and Other Domains», *Anthropological Linguistics*, 21, pp. 257-276.

BROWN, Cecil H. (2005a): «Hand and Arm» en Martin Haspelmath *et al.* (eds.): *The World Atlas of Language Structures*, Oxford: Oxford University Press, cap. 129, pp. 522-525.

BROWN, Cecil H. (2005b): «Finger and Hand» en Martin Haspelmath *et al.* (eds.): *The World Atlas of Language Structures*, Oxford: Oxford University Press, cap. 130, pp. 526-529.

BROWN, Cecil H., John KOLAR, Barbara J. TORREY, Tipawan TRÙÒNG-QANG y Phillip VOLKMAN (1976): «Some General Principles of Biological and Non-Biological Folk Classification», *American Ethnologist*, 3/1, pp. 73-85.

BROWN, Cecil H., y Stanley R. WITKOWSKI (1981): «Figurative Language in a Universalist Perspective», *American Ethnologist*, 8/3, pp. 596-615.

BROWN, Cecil H., y Stanley R. WITKOWSKI (1985): «Climate, Clothing, and Body-Part Nomenclature», *Ethnology*, 24/3, pp. 197-214.

*BRUGMAN, Claudia (1985): «The Use of Body-Part Terms in Chalcatongo Mixtec», *Report n.º 4 of the Survey of Californian and Other Languages*, Berkeley: University of California, pp. 235-290.

BUENAFUENTES DE LA MATA, Cristina (2003): «Procesos de lexicalización en la formación de compuestos sintagmáticos que incluyen una parte del cuerpo», *XXXIII Simposio de la Sociedad Española de Lingüística* (Universitat de Girona, 16-19 de diciembre de 2003) [Comunicación inédita].

BUENAFUENTES DE LA MATA, Cristina (2007): *Procesos de gramaticalización y lexicalización en la formación de compuestos en español*, Barcelona: Universitat Autònoma de Barcelona, 2 vols. [Tesis doctoral digitalizada en <http://www.tesisenxarxa.net/TDX-0321107-17284>].

BUENAFUENTES DE LA MATA, Cristina (2010): *La composición sintagmática en español*, San Millán de la Cogolla: Cilengua.

BUENAFUENTES DE LA MATA, Cristina (en prensa): «Entre el cultismo y la innovación: procesos de lexicalización de las formaciones compuestas en las *Anotaciones* de Andrés Laguna», *VIII Congreso Internacional de Historia de la Lengua Española* (Santiago de Compostela, 14-18 de septiembre de 2009).

BUSTOS GISBERT, Eugenio de (1986): *La composición nominal en español*, Salamanca: Universidad de Salamanca.

BUZEK, Evo (2005): «Los términos de las partes del "cuerpo humano" de procedencia gitana en el español actual», *Hisperia. Anuario de Filología Hispánica*, VIII, pp. 59-71.

CABRÉ CASTELLVÍ, M.ª Teresa (1993): *La terminología. Teoría, metodología y aplicaciones*, Barcelona: Editorial Antártida/Empúries [Traducción de *La terminologia: la teoria, els mètodes, les aplicacions*].

\*CALABRESI, Ilio (1969): «Essere il 'braccio destro (forte)' di qualcuno», *Lingua nostra*, 30, 68-71.

CALDERÓN ESCALADA, José (1999): «Lenguaje popular de la Merindad de Campoo», *Cuadernos de Campoo,* 15 [en línea], <http://personales.mundivia.es /flipi/Cuadernos/Cuaderno15/Lenguajepopular.ht>.

CALLEBAT, Louis (1995): «Dénominations métaphoriques dans le vocabulaire de l'arquitecture» en Louis Callebat (coord.): *Latin vulgaire-latin tardif IV: actes du 4e Colloque International sur le latin vulgaire et tardif, Caen, 2-5 septembre 1994*, Hieldesheim-Zürich/New York: Olms/Weidmann, pp. 633-642.

CALVO ROJO, Carmen, Ana M.ª DÍEZ TORÍO y Aurora ESTÉBANEZ ESTÉBANEZ (1999): *Juegos y canciones populares. Educación infantil*, León: Everest.

CANTERA ORTIZ DE URBINA, Jesús (1983): «Refranes y locuciones del español y el francés en torno al bazo, el hígado, el corazón y los riñones», *Cuadernos de Investigación Filológica*, IX/1 y 2, pp. 47-62.

CANTILLO NIEVES, M.ª Teresa (2005): «El uso de la metáfora y la extensión metonímica en el léxico de la destilación quinientista» en M.ª del Carmen Cazorla Vivas *et al.* (coords.): *Estudios de historia de la lengua e historiografía lingüística. Actas del III Congreso Nacional de la AJIHLE (Jaén, 27-29 de marzo de 2003)*, Madrid: CERSA, pp. 105-115.

CAPRINI, Rita, y Rosa RONZITTI (2007): «Studio iconomastico dei nomi della 'pupilla' nelle lingue indoeuropee e nei dialetti romanzi», *Quaderni di Semantica*, XXVIII/2, pp. 287-326.

CARPITELLI, Elisabetta (2006): «Il nome della trottola in Alta Val di Magra: fra onomasiologia e semasiologia», *Quaderni di Semantica*, XVII/1-2, pp. 167-181.

CASARES SÁNCHEZ, Julio (1950): *Introducción a la lexicografía moderna*, Madrid: CSIC [Anejo LII de la *Revista de Filología Española*].

CASAS GÓMEZ, Miguel (1994-1995): «Hacia una caracterización semántica de la terminología lingüística», *Estudios de Lingüística de la Universidad de Alicante*, 10, pp. 45-65.

CASAS GÓMEZ, Miguel (1999): «De la semasiología a la semántica: breve panorama historiográfico» en Mauro Fernández Rodríguez, Francisco García Gondar y Nancy Vázquez Veiga (coords.): *Actas del I Congreso Internacional de la Sociedad Española de Historiografía Lingüística (A Coruña, 18-21 de febrero de 1997)*, Madrid: Arco/Libros, pp. 195-206.

CASAS GÓMEZ, Miguel (2008): «Dimensiones lingüísticas de la semasiología y la onomasiología» en M.ª Luisa Mora Millán (ed.): *Cognición y lenguaje. Estudios en homanaje a José Luis Guijarro Morales*, Cádiz: Universidad de Cádiz, pp. 45-73.

CASTILLO CONTRERAS, Juan (1996): *Los nombres de las extremidades del cuerpo en latín, español medieval y francés medieval*, Granada: Universidad de Granda.

CASTILLO CONTRERAS, Juan (1998): «Estudio onomasiológico de las partes del cuerpo en latín, español medieval y francés medieval», *Analecta Malacitana*, XXI/2, pp. 503-541.

ČERMÁK, František (2000): «Revisando los fraseologismos somáticos» en Antonio Pamies Bertrán y Juan de Dios Luque Durán (eds.): *Trabajos de lexicografía y fraseología contrastivas*, Granada: Serie Collectae, pp. 55-62.

CHAMIZO DOMÍNGUEZ, Pedro José (1998): *Metáfora y conocimiento*, Málaga: Universidad de Málaga.

CHAPPELL, Hilary, y William MCGREGOR (1996): *The Grammar of Inalienability: A Typological Perspective on Body Part Terms and the Part-Whole Relation*, Berlin: Gruyter.

[*CICA*] Joan TORRUELLA CASAÑAS, Manuel PÉREZ SALDANYA y Josep MARTINES PERES (coords.): *Corpus del català antic*, [en línea] <http://lexicon.uab.cat/cica/index.php>.

CIFUENTES HONRUBIA, José Luis (1989): *Lengua y espacio. Introducción al problema de la deíxis en español*, Alicante: Universidad de Alicante.

CLARK, Andy (1999 [1997]): *Estar ahí. Cerebro, cuerpo y mundo en la nueva ciencia cognitiva*, Barcelona/Buenos Aires/México: Paidós.

CLAVERÍA NADAL, Gloria (1995): «El cambio de *o* a *u* en *abundar* y derivados», *Moenia: Revista lucense de lingüística y literatura*, 1, pp. 367-382.

CLAVERÍA NADAL, Gloria (2000): «La variación vocálica en español antiguo» en Annick Englebert, Michel Pierrard, Laurence Rosier y Dan Van Raemdonck (eds.): *Actes du XXe Congrès International de Linguistique et de Philologie Romanes (Bruxelles, 23-29 juillet 1998)*, Tübingen: Max Niemeyer, vol. II, pp. 113-122.

CLAVERÍA NADAL, Gloria (2003): «Procesos de lexicalización con sufijos diminutivos en nombres de plantas» en Fernando Sánchez Miret (ed.): *Actes du XXIIIe Congrès International de Linguistique et de Philologie Romanes (Salamanca, 24-30 de septiembre de 2001)*, vol. III, Tübingen: Max Niemeyer, pp. 69-81.

CLAY, Carol, y Emma MARTINELL GIFRÉ (1988): *Fraseología español-inglés: denominaciones relativas al cuerpo humano*, Barcelona: PPU.

COLÓN DOMÈNECH, Germà (1989): *El español y el catalán, juntos y en contraste*, Barcelona: Ariel.

COLÓN DOMÈNECH, Germà (2002): «El español y la selección léxica de las lenguas románicas» en Albert Soler y Núria Mañé (eds.): *Para la historia del léxico español*, Madrid: Arco/Libros, II, cap. 28, pp. 592-629.

CONTINI, Michel (2005): «Formazione fonosimboliche negli zoonimi dell'area romanza. Reflessioni sulle carte dell'*ALiR*» en *Els mètodes en dialectologia:*

*continuïtat o alternativa. I Jornada de l'Associació d'amics del professor Antoni M. Badia i Margarit (Barcelona, 11 de març de 2004)*, Barcelona: Institut d'Estudis Catalans, pp. 67-90.

CONTOSSOPOULOS, Nicolas G. (1981): «Expressions grecques modernes formées avec les mots *main, paume* et *doigt*» en Fanny de Sivers (ed.): *La main et les doigts dans l'expression linguistique. Actes de la Table Ronde Internationale du CNRS (Sèvres, France, 9-12 septembre 1980)*, Paris: SELAF, II, pp.75-86.

CORBELLA DÍAZ, Dolores (1994-1995): «Estudio de los portuguesismos en el español de Canarias: cuestiones pendientes», *Revista de Filología Románica*, 11-12, pp. 237-249.

[*CORDE*] Real Academia Española: Banco de datos (*CORDE*) [en línea], *Corpus diacrónico del español*, <http://www.rae.es>.

CORPAS PASTOR, Gloria (1996): *Manual de fraseología española*, Madrid: Gredos.

CORTÉS GABAUDAN, Francisco (coord.) (2011- ): *Diccionario médico-biológico, histórico y etimológico*, Salamanca: Universidad de Salamanca, en línea: <http://dicciomed.eusal.es>.

COSERIU, Eugenio (1977): «La creación metafórica en el lenguaje» en *El hombre y su lenguaje: estudios de teoría y metodología lingüística*, Madrid: Gredos, pp. 66-102.

COUTO FERREIRA, M.ª Érica (2009): *Etnoanatomía y partonomía del cuerpo humano en sumerio y acadio*, Barcelona: Universitat Pompeu Fabra [Tesis doctoral digitalizada en <http://www.tesisenred.net/bitstream/handle/10803 /7473/TECF.pdf? sequence=1>].

CROFT, William, y D. ALAN CRUSE (2004): *Cognitive Linguistics*, Cambridge: Cambridge University Press.

CUENCA ORDIÑANA, M.ª Josep y Joseph HILFERTY (1999): *Introducción a la lingüística cognitiva*, Barcelona: Ariel.

CUYCKENS, Hubert, y Britta E. ZAWADA (1997): «Introduction» en Hubert Cuyckens y Britta E. Zawada (eds.): *Polysemy in Cognitive Linguistics*, Amsterdam/Philadelphia: John Benjamins, pp. ix-xxvii.

DALBERA, Jean-Philippe (2006): *Des dialectes au langage. Une archéologie du sens*, Paris: Honoré Champion.

DAMASIO, Antonio (2006 [1994]): *El error de Descartes. La emoción, la razón y el cerebro humano*, Barcelona: Crítica [Traducción de *Descarte's Error. Emotion, Reason and the Human Brain*, New York: Agrassel/Putnam Book].

DANESI, Marcel (2004 [2003]): *Metáfora, pensamiento y lenguaje (Una perspectiva viquiana de teorización sobre la metáfora como elemento de interconexión)*, Sevilla: Kronos [Traducción de *La metafora nel pensiero e nel lenguagio*, Brescia: La Scuola].

[*DCEC*] Joan Corominas Vigneaux (1954-1957): *Diccionario crítico etimológico de la lengua castellana*, Madrid/Berna: Gredos/Francke.

[*DCVB*] Antoni M.ª Alcover i Sureda y Francesc de Borja Moll i Casanovas (2002 [1962]): *Diccionari català-valencià-balear*, Barcelona: Institut d'Estudis Catalans/Editorial Moll [En línea, <http://dcvb.iecat.net/>].

[*DdD*] Antón Santamarina Delgado (ed.) (2003): *Diccionario de diccionarios*, A Coruña: Fundación Pedro Barrié de la Maza [3.ª versión, edición en CD-ROM].

[*DECat*] Joan Corominas Vigneaux (1980-1991): *Diccionari etimològic i complementari de la llengua catalana*, Barcelona: Curial [Con la colaboración de Joseph Gulsoy y Max Cahner].

[*DECH*] Joan Corominas Vigneaux y José A. Pascual Rodríguez (1980-1991): *Diccionario crítico etimológico castellano e hispánico*, Madrid: Gredos.

Delso Sanz, Jesús *et al.* (1990): *Dedín, dedín de pequenequín (folklore infantil)*, A Coruña: Ediciós do Castro.

Deonna, Waldemar (1965): *Le symbolisme de l'oeil*, Paris: Éditions E. de Boccard.

[*DESE*] David Pharies (2002): *Diccionario etimológico de los sufijos españoles*, Madrid: Gredos.

[*DETEMA*] M.ª Teresa Herrera Sánchez (dir.) (1996): *Diccionario español de textos médicos antiguos*, Madrid: Arco/Libros.

[*DGLA*] Xosé Lluis García Arias (2001): *Diccionario general de la lengua asturiana*, Uviéu: Editorial Prensa Asturiana [En línea, <http://mas.lne.es/ diccionario/>].

Diamante Colado, Guillermo (2003): *Fraseología del español en la enseñanza de ELE (Caracterización general y principios metodológicos con especial atención a los somatismos)*, Universidad Complutense de Madrid [Trabajo de investigación en línea, <http://www.educacion.gob.es/redele/Biblioteca-Virtual/2004/memoriaMaster/2-Semestre/DIAMANTE-C.html>].

Díaz Rojo, José Antonio (2002): «El fonosimbolismo: ¿propiedad natural o convención cultural?», *Revista electrónica de estudios filológicos*, 3 [En línea, <http://www.um.es/tonosdigital/znum3/estudios/fonosimbDiazRojo.htm#_ftn7>].

[*DIEC*] Institut d'Estudis Catalans (2007): *Diccionari de la llengua catalana*, Barcelona: Institut d'Estudis Catalans [2.ª edición] [En línea, <http://dlc.iec.cat/>].

Díez Velasco, Olga Isabel (2000): «A Cross-Linguistic Analysis of the Nature of Some *Hand* Metonymies», *Atlantis*, XXII/2, pp. 51-67.

Díez Velasco, Olga Isabel (2001-2002): «Metaphor, Metonymy, and Image-Schemas: an Analysis of Conceptual Interaction Patterns», *Journal of English Studies*, 3, pp. 47-64.

Díez Velasco, Olga Isabel (2005): *A Cognitive Analysis of Body Part Metonymies: Taxonomic, Constructional, and Interactional Aspects*, Logroño: Universidad de La Rioja [Tesis doctoral inédita].

Dirven, René (2002): «Metonymy and Metaphor: Different Mental Strategies of Conceptualisation» en René Dirven y Ralf Pörings (eds.): *Metaphor and Metonymy in Comparison and Contrast*, Berlin/New York: Mouton de Gruyter, pp. 75-111.

Dixon, Robert M. W. (1982): *Where Have all the Adjectives Gone?*, Berlin: Walter de Gruyter.

[*DOLR*] Henri Vernay (1991): *Dictionnaire onomasiologique des langues romanes*, Tübingen: Max Niemeyer, 2 vols.

[*DRAE*] Real Academia Española (2001): *Diccionario de la lengua castellana*, Madrid: Espasa Calpe [En línea, <http://buscon.rae.es/draeI/>].

[*DRAG*] Real Academia Galega (1997): *Diccionario da Real Academia Galega*, A Coruña: Real Academia Galega [En línea, <http://www.edu.xunta.es/ diccionarios/index_rag. html>].

Dworkin, Steven N. (2006): «La naturaleza del cambio léxico» en José J. de Bustos Tovar y José L. Girón Alconchel (eds.): *Actas del VI Congreso Internacional de Historia de la Lengua Española. Madrid (29 de septiembre a 3 de octubre de 2003)*, Madrid: Arco/Libros, I, pp. 67-84.

Ebeling, Walter, y Fritz Krüger (1952): «La castaña en el noroeste de la Península Ibérica», *Anales del Instituto de Lingüística de Cuyo*, V, pp. 153-277.

Echaide Itarte, Ana María (1969): «El género del sustantivo en español: evolución y estructura», *Iberoromania*, 1, pp. 89-124.

Echevarría Isusquiza, Isabel (2003): «Acerca del vocabulario español de la animalización humana», *Círculo de lingüística aplicada a la comunicación*, 15, [En línea, <http://www. ucm.es/info/circulo/no15/echevarri. htm#_ftn1>].

Edelman, Gerlad M. (1992): *Bright Air, Brilliant Fire on the Matter of the Mind*, New York: Basic Books.

Enfield, Nick J. (2006): «Lao Body Part Terms», *Language Science*, 28, pp. 181-200.

Enfield, Nick J., Asifa Majid y Miriam van Staden (2006): «Cross-linguistic Categorisation of the Body: Introduction», *Language Science*, 28, pp. 137-147.

Enrique Granados, Carlos, y Manuel López Rodríguez (1998): *La metrología en el Diccionario de la Real Academia Española*, Madrid: Centro Español de Metrología.

*Ernout, Alfred (1951): «Les noms des parties du corps en latin», *Latomus*, 10/1, pp. 3-12.

Espinosa Elorza, Rosa M.ª (2006): «La metáfora: controvertido mecanismo en los procesos de cambio lingüístico», ponencia presentada en el Seminario de lengua española 'La semántica en la confección de un diccionario histórico' dirigido por José A. Pascual y celebrado en Soria, 24-28 de julio de 2006.

ESPINOSA ELORZA, Rosa M.ª (2009): «El cambio semántico» en Elena de Miguel Aparicio (ed.): *Panorama de la lexicología*, Barcelona: Ariel, pp. 159-188.

EURRUTIA CAVERO, Mercedes (2003): «Formación indirecta de la terminología técnico-científica: alusiones, imágenes y metáforas» en Ignacio Iñarrea Las Heras y M.ª Jesús Salinero Cascante (coords.): *El texto como encrucijada: estudios franceses y francófonos*, La Rioja: Universidad de La Rioja, vol. 2, pp. 367-380.

FERNÁNDEZ JUNCAL, Carmen (1996): «Propuesta para una sistematización del uso y distribución del suijo -al» en Francisco Gutiérrez Díez (ed.): *El español, lengua internacional (1492-1992). I Congreso Internacional de AESLA, Granada, 23-26 de septiembre de 1992*, Murcia: AESLA, pp. 228-232.

FERNÁNDEZ RAMÍREZ, Salvador (1986): *La derivación nominal*, Madrid: Real Academia Española [Anejo XL del *Boletín de la Real Academia Española*].

FERRÉ I PUIG, Gabriel (1984): «La *tarota*, una xeremeia d'ús popular a Catalunya», *Recerca musicològica*, 4, pp. 81-125.

[*FEW*] Walther VON WARTBURG (1928): *Französisches Etymologisches Wörterbuch*, Bonn: Fritz Klopp.

FORMENT FERNÁNDEZ, M.ª del Mar (2000): «"Universales metafóricos" en la significación de algunas expresiones fraseológicas», *Revista de Lingüística española*, 30/2, pp. 357-381.

FORNÉS GUARDIA, Mercedes, y Francisco J. RUIZ DE MENDOZA IBÁÑEZ (1998): «Esquemas de imágenes y construcción del espacio», *RILCE*, 14/1, pp. 23-43.

FRANKLIN, Karl J. (1963): «Ethnolinguistic Concepts of Kewa Body Parts», *Southwest Journal of Anthropology*, 19, pp. 54-63.

FREIXAS ALÁS, Margarita (2009): «Una aportación a un diccionario histórico de lenguajes de especialidad: el léxico metafórico de tres tratados arquitectónicos del Renacimiento español (1526-1582)», *Revista de Lexicografía*, XV, pp. 31-57.

FREIXAS ALÁS, Margarita, y Carolina JULIÀ LUNA (en prensa): «Las definiciones de los somatismos en el *Tesoro de la lengua castellana o española* de Sebastián de Covarrubias» en *VIII Congreso Internacional de la Sociedad Española de Historiografía Lingüística* (Universidad Rey Juan Carlos, 12-15 de diciembre de 2011).

GALÁN RODRÍGUEZ, Carmen (2001): «La ciencia con metáfora», *Anuario de estudios filológicos*, 24, pp. 123-136.

GAMBRA GUTIÉRREZ, José Miguel (1990): «La metáfora en Aristóteles», *Anuario de estudios filosóficos*, 23/2, pp. 51-68.

GARCÍA-BORRÓN, Juan-Pablo (1995): «Recurrencias etimológicas: los nombres de animales (1)», *Anuario de estudios filológicos*, 18, pp. 165-176.

GARCÍA JÁUREGUI, Carlos (2006): «Un viaje de ida y vuelta entre la lengua común y la especializada: el léxico anatómico de Juan Valverde de Amusco (1556)», *Panace@*, VII/24, pp. 269-274 [En línea, <http://www.medtrad.org/panacea /IndiceGeneral/n24_tribunahistoricag.jauregui.pdf>].

GARCÍA JÁUREGUI, Carlos (2008): «Aproximación al léxico anatómico del Renacimiento», *Cuadernos del Instituto de Historia de la Lengua*, 1, pp. 93-109.

GARCÍA JÁUREGUI, Carlos (2009a): «El léxico del primer tratado anatómico moderno en lengua española 1556» en Carolina Julià Luna y Laura Romero Aguilera (coords.): *Tendencias actuales en la investigación diacrónica de la lengua. Actas del VIII Congreso Nacional de la AJIHLE*, Barcelona: Edicions i Publicacions de la Universitat de Barcelona, pp. 301-306.

GARCÍA JÁUREGUI, Carlos (2009b): «Variación denominativa en la ciencia del cuerpo humano (siglo XVI)», *Res Diachronicae*, 7, pp. 223-228.

GARCÍA MOUTON, Pilar (1982): «Mozárabe *oreja de franco* = 'Siempreviva'», *Revista de Filología Española*, LXII, pp. 91-98.

GARCÍA MOUTON, Pilar (1987): «Motivación en nombres de animales», *Lingüística Española Actual*, IX, pp. 189-197.

GARCÍA MOUTON, Pilar (1990): «El estudio léxico en los mapas lingüísticos» en Francisco Moreno Fernández (recop.): *Estudios sobre variación lingüística*, Salamanca: Universidad de Alcalá de Henares, pp. 27-75.

GARCÍA MOUTON, Pilar (1999): «Los nombres de la lechuza. Herencia y superstición» en *Τῆς φιλίης τάδε δῶρα: Miscelánea léxica en memoria de Conchita Serrano*, Madrid: CSIC, pp. 329-337.

GARCÍA MOUTON, Pilar (2001): «Les désignations romanes de la mante religieuse» en *Atlas Linguistique Roman*, Roma: Istituto Poligrafico/Zecca dello stato/Libreria dello stato, vol. II/a, pp. 239-280.

GARCÍA MOUTON, Pilar (2002 [1994]): *Lenguas y dialectos de España*, Madrid: Arco/Libros (4.ª edición).

GARCÍA MOUTON, Pilar (2004): «Mapas y textos: algunos zoónimos en el *ALEANR*» en José M.ª Enguita Utrilla (ed.): *Jornadas sobre la variación lingüística en Aragón a través de los textos*, Zaragoza: Institución Fernando el Católico/CSIC, pp. 319-330 [En línea, <http://ifc.dpz.es/recursos/publicaciones /23/31/ebook2431_10.pdf>].

GARCÍA MOUTON, Pilar (2006): «Los nombres del murciélago en los atlas regionales españoles», *Quaderni di Semantica*, XXVII, 1-2, pp. 289-299.

GARCÍA MOUTON, Pilar, e Isabel MOLINA MARTOS (2009): «Trabajos sociolectales en la Comunidad de Madrid», *Revista de Filología Española*, 89/1, pp. 175-186.

GARCÍA-PAGE SÁNCHEZ, Mario (2008a): *Introducción a la fraseología española: estudio de las locuciones*, Barcelona: Anthropos.

GARCÍA-PAGE SÁNCHEZ, Mario (2008b): *Cuestiones de morfología española*, Madrid: Centro de estudios Ramón Areces [2.ª ed.].

GARCÍA-PAGE SÁNCHEZ, Mario (2008c): «Los animales verdaderos y falsos de la fraseología» en María Álvarez de la Granja (ed.): *Lenguaje figurado y motivación: una perspectiva desde la fraseología*, Frankfurt am Main: Peter Lang.

GÉVAUDAN, Paul, Peter KOCH y Antonia NEU (2003): «Hundert Jahre Nach Zauner. Die romanischen Namen der Körperteile im DECOLAR», *Romanische Forschungen*, 115/1, pp. 1-27.

GIBBS, Raymond W. (1996): «What's Cognitive about Cognitive Linguistics?» en Eugene H. Casad (ed.): *Linguistics in the Redwoods: The Expansion of a New Paradigm in Linguistics*, Berlin: Mouton de Gruyter, pp. 27-53.

GIBBS, Raymond W. (2006): *Embodiment and Cognitive Science*, Cambridge: Cambridge University Press.

GILI GAYA, Samuel (1919): «Casos de etimología popular en nombres de plantas», *Revista de Filología Española*, 6, pp. 181-184.

GILI GAYA, Samuel (1947): «Cultismos y semicultismos en los nombres de plantas», *Revista de Filología Española*, 31, pp. 1-18.

GONZÁLEZ GONZÁLEZ, Manuel (2005): «Taula rodona: "Sobre los métodos en dialectología actual"» en Joan Veny Clar (ed.): *Els mètodes en dialectologia: continuïtat o alternativa? I Jornada de l'Associació d'amics del professor Antoni M. Badia i Margarit (Barcelona, 11 de març de 2004)*, Barcelona: IEC, pp. 93-101.

GONZÁLEZ DÍAZ, José Luis (1998): *Dichos y proverbios populares*, Madrid: Edimat.

GONZÁLEZ OLLÉ, Fernando (1962): *Los sufijos diminutivos en castellano medieval*, Madrid: CSIC.

GONZÁLEZ OLLÉ, Fernando (1964): *El habla de la Bureba. Introducción al castellano actual de Burgos*, Madrid: CSIC [Anejo LXXVIII de la *Revista de Filología Española*].7

GONZÁLEZ RUIZ, Ramón, e Inés OLZA MORENO (2011): «Eco y emoción: funciones pragmadiscursivas de algunos fraseologismos somáticos con *narices*» en Ramón González Ruiz y Carmen Llamas Saíz (eds.): *Gramática y discurso. Nuevas aportaciones sobre partículas discurisvas del español*, Pamplona: Eunsa, pp. 105-134.

GONZÁLEZ SALGADO, José A. (2000): *Cartografía lingüística de Extremadura. Origen y distribución del léxico extremeño*, Madrid: Universidad Complutense de Madrid [Tesis doctoral digitalizada en <http://eprints.ucm.es/tesis/19972000/H/3/H3059901.pdf>].

GOOCH, Anthony (1970 [1967]): *Diminutive, Augmentative and Pejorative Suffixes in Modern Spanish (A Guide to their Use and Meaning)*, Oxford/New York/Toronto/Sideny/Braunschweig: Pergamon Press [2.ª edición].

GOOSSENS, Louis (1990): «Metaphtonymy: the Interaction of Metaphor and Metonymy in Expressions for Linguistic Action», *Cognitive Linguistics*, 1/3, pp. 323-340.

GOOSSENS, Louis (1995): «Metaphtonymy: the Interaction of Metaphor and Metonymy in Figurative Expressions for Linguistic Action» en Louis Goossens *et al.* (eds.): *By Word of Mouth. Metaphor, Metonymy and Linguistic Action in a Cognitive Perspective*, Amsterdam/Philadelphia: John Benjamins, pp. 159-174.

GOSCHLER, Juliana (2005): «Embodiment and Body Metaphors», *Metaphorik.de*, 09, pp. 33-52.

GUARDIET, Romà (2008): «Els rols de la metàfora en la divulgació científica», *Trípodos*, 22, pp. 51-59.

*GUILLÉN MONJE, Gonzalo (2004): *Fraseología contrastiva ruso-española: análisis de un corpus bilingüe de somatismos*, Granada: Universidad de Granada [Tesis doctoral inédita].

GUIRAUD, Pierre (1986 [1967]): *Structures étymologiques du lexique français*, Paris: Payot.

GUIRAUD, Pierre (1986 [1980]): *El lenguaje del cuerpo*, México: Fondo de Cultura Económica [Traducción de *Le langage du corps*, Paris: Presses Universitaires].

GUTIÉRREZ PÉREZ, Regina (2010): *Estudio cognitivo-contrastivo de las metáforas del cuerpo. Análisis empírico del corazón como dominio fuente en inglés, francés, español, alemán e italiano*, Frankfurt am Main: Peter Lang.

GUTIÉRREZ RODILLA, Bertha M. (1998): *La ciencia empieza en la palabra. Análisis e historia del lenguaje científico*, Barcelona: Península.

GRIMAL, Pierre (1999 [1981]): *La civilización romana. Vida, costumbres, leyes, artes*, Barcelona: Paidós [Traducción de *La civilisation romaine*, Paris: Flammarion].

HEINE, Bernd (1997): *Cognitive Foundations of Grammar*, Oxford: Oxford University Press.

HILFERTY, Joseph (1995): «Metonímia i metàfora des d'una perspectiva cognitiva», *Caplletra*, 18, pp. 31-44.

HOLZINGER, Herbert (1998): «¿Ni pies ni cabeza? Apuntes sobre la utilización de fraseologismos somáticos en textos de prensa» en Brigitte E. Jirku, Cecilia López Roig y Herta Schulze Schwarz (eds.): *El cuerpo en la lengua y literatura alemanas: Ein Weites Feld*, València: Universitat de València, pp. 81-108 [Anejo XXX de la revista *Cuadernos de Filología*].

HOUAISS, Antônio, Mauro DE SALLES VILLAR y Francisco Manoel DE MELLO FRANCO (eds.) (2003): *Diccionário Houaiss da língua portuguesa*, Lisboa: Temas e Debates.

INCHAURRALDE BESGA, Carlos, e Ignacio VÁZQUEZ ORTA (1998): *Una introducción cognitiva al lenguaje y la lingüística*, Zaragoza: Mira Editores.

INSTITUT D'ESTUDIS CATALANS (*s. f.*): *Gramàtica de la llengua catalana*, [en línea] <hhttp://www.iecat.net/institucio/seccions/Filologica/Gramatica/> [Versión provisional].

IÑESTA MENA, Eva M.ª, y Antonio PAMIES BERTRAN (2002): *Fraseología y metáfora: aspectos tipológicos y cognitivos*, Granada: Granada Lingüística.

IRIBARREN RODRÍGUEZ, José M.ª (1962): *El porqué de los dichos. Sentido, origen y anécdota de los dichos, modismos y frases proverbiales de España con otras muchas curiosidades*, Madrid: Aguilar.

IRIBARREN RODRÍGUEZ, José M.ª (1984): *Vocabulario navarro*, Pamplona Comunidad Foral de Navarra/Departamento de Educación y Cultura/Institución Príncipe de Viana [Nueva edición preparada y ampliada por Ricardo Ollaquindia].

*JESPERSEN, Otto (1933): *Symbolic Value of the Vowel. Linguistica. Selected Papers in English, French and German*, Copenhagen: Levin and Munsksgaard.

JOHNSON, Mark (1992 [1987]): *El cuerpo en la mente: fundamentos corporales del significado, la imaginación y la razón*, Madrid: Debate [Traducción de *The Body in the Mind: The Bodily Basis of Meaning, Imagination and Reason*, Chicago: The University of Chicago Press].

JOHNSON, Mark (2007): *The Meaning of the Body: Aesthetics of Human*, Chicago: University of Chicago Press.

JOHNSON, Mark, y Tim ROHRER (2007): «We Are Live Creatures: Embodiment, American Pragmatism, and the Cognitive Organism» en René Dirven, Roz Frank, Tom Ziemeke y Jordan Zlatev (eds.): *Body, Language and Mind*, Berlin: Mouton de Gruyter, I, 17-54.

JULIÀ LUNA, Carolina (2007): *Léxico y variación: las denominaciones de las partes del ojo*, Bellaterra: Universitat Autònoma de Barcelona [Trabajo de investigación en línea, <http:// www.recercat.net/handle/2072/4360>].

JULIÀ LUNA, Carolina (2008): «El léxico de la metrología en la lexicografía académica de los siglos XVIII y XIX: las unidades de capacidad tradicionales» en Dolores Azorín Fernández (dir.): *El diccionario como puente entre las lenguas y culturas del mundo. Actas del II Congreso Internacional de Lexicografía Hispánica Alicante (19 a 23 de septiembre de 2006)*, Alicante: Biblioteca Virtual Miguel de Cervantes, pp. 706-714 [Disponible en CD-ROM y en línea, <http://www.cervantesvirtual .com/FichaObra.html?Ref=307 99>].

JULIÀ LUNA, Carolina (2009a): «Los nombres de la pupila en los atlas regionales de la Península Ibérica», *Lingüística Española Actual*, 31/1, pp. 89-131.

JULIÀ LUNA, Carolina (2009b): «El cuerpo humano en la creación y motivación de los nombres románicos de insectos», *Revue de Linguistique Romane*, tomo 73, n.º 291-292, pp. 321-369.

JULIÀ LUNA, Carolina (2010): *Estructura y variación en el léxico del cuerpo humano*, Bellaterra: Universitat Autònoma de Barcelona [Tesis doctoral].

JULIÀ LUNA, Carolina (2011): «Procedimientos de creación léxica en las designaciones iberorrománicas del *párpado* (I)», *Revista de Filología Románica*, 28, pp. 49-68.

JULIÀ LUNA, Carolina (en prensa a): «Procedimientos de creación léxica en las designaciones iberorrománicas del *párpado* (II)», *Revista de Filología Románica*, 29.

JULIÀ LUNA, Carolina (en prensa b): «Estudio semasiológico de los atlas lingüísticos: los nombres de parentesco en el léxico del cuerpo humano» en *I Encuentro de jóvenes investigadores y doctores en Filología, Lingüística y Literatura Románicas y áreas afines "La filología románica hoy"* Madrid (Universidad Complutense de Madrid, 3, 4 y 5 de noviembre de 2011).

JULIÀ LUNA, Carolina, y Laura ROMERO AGUILERA (2010): «Los somatismos que contienen la voz *ojo* en el *Diccionario de Autoridades*: análisis fraseográfico y semántico-cognitivo» en M.ª Teresa Encinas, Miguel Gutiérrez, M.ª Ángeles López, Carolina Martín, Laura Romero, Marta Torres, e Irene Vicente (eds.): *Ars longa. Diez años de AJIHLE (Asociación de Jóvenes Investigadores de Historiografía e Historia de la Lengua Española)*, Buenos Aires: Voces del Sur, vol. II., pp. 531-552.

JULIÀ LUNA, Carolina, y Laura ROMERO AGUILERA (2011): «Evolución histórico-semántica de la locución somática *no dar pie con bola*» en Elena Carmona Yanes y Santiago del Rey Quesada (coords.): *Id est, loquendi peritia. Aportaciones a la Lingüística Diacrónica de los Jóvenes Investigadores de Historiografía e Historia de la Lengua Española*, Sevilla: Departamento de Lengua Española, Lingüística y Teoría de la Literatura. Facultad de Filosofía/Universidad de Sevilla, pp. 387-400.

JULIÀ LUNA, Carolina, y Ana PAZ AFONSO (en prensa): «Los somatismos con *mano* y verbos de desplazamiento en el *Diccionario de Autoridades*: análisis histórico y cognitivo» en *VIII Congreso Internacional de Historia de la Lengua Española*, Santiago de Compostela (14-18 de septiembre).

KANY, Charles E. (1962): *Semántica hispanoamericana*, Madrid: Aguilar.

KASTEN, Lloyd A., y John J. NITTI (2002): *Diccionario de la prosa castellana del rey Alfonso X*, New York: Hispanic Seminary of Medieval Studies, 3 vols.

KLIFFER, Michael D. (1987): «Los sustantivos intrínsecamente relacionales: un análisis multinivelístico», *Revista española de lingüística*, 17/2, pp. 283-300.

KOCH, Peter (1997): «La diacronia quale campo empirico della semantica cognitiva» en Marco Carapezza, Daniele Gambarara y Franco Lo Piparo (eds.): *Atti del XXVIII Congresso della Società di Linguistica Italiana*, Roma: Bulzoni, pp. 225-246.

KOCH, Peter (1999): «Frame and Contiguity. On the Cognitive Bases of Metonymy and Certain Types of Word Formation» en Klaus-Uwe Panther y Günter

Radden (eds.): *Metonymy in Language and Thought*, Amsterdam/Philadelphia: John Benjamins, pp. 139-167.

KOCH, Peter (2001): «Metonymy», *Journal of Historical Pragmatics*, 2/2, pp. 201-244.

KOCH, Peter (2008): «Cognitive Onomasiology and Lexical Change. Around the Eye» en Martine Vanhove (ed.): *From Polysemy to Semantic Change. Towards a Typology of Lexical Semantic Associations*, Amsterdam/Philadelphia: John Benjamins, pp. 107-137.

KÖVECSES, Zoltán (2000): «The Scope of Metaphor» en Antonio Barcelona Sánchez (ed.): *Metaphor and Metonymy at the Crossroads. A Cognitive Perspective*, Berlin/New York: Mouton de Gruyter, pp. 79-92.

KÖVECSES, Zoltán (2002): *Metaphor. A Practical Introduction*, Oxford: Oxford University Press.

KREFELD, Thomas (1999): «Cognitive Ease and Lexical Borrowing: the Categorization of Body Parts in Romance» en Andreas Blank y Peter Koch (eds.): *Historical Semantics and Cognition*, Berlin/New York: Mouton de Gruyter, pp. 259-278.

KULA, Witold (1980): *Las medidas y los hombres*, Madrid: Siglo veintiuno de España editores S.A.

LAKOFF, George (1987a): *Women, Fire and Dangerous Things. What Categories Reveal about the Mind*, Chicago: University of Chicago Press.

LAKOFF, George (1987b): «Image Metaphors», *Metaphor and Symbolic Activity*, 2/3, pp. 219-222.

LAKOFF, George (1990): «The Invariance Hypothesis: Is Abstract Reasoning Based on Image-Schemas?», *Cognitive Linguistics*, 1/1, pp. 39-74.

LAKOFF, George (1993): «The Contemporary Theory of Metaphor» en Andrew Ortony (ed.): *Metaphor and Thought*, Cambridge: Cambridge University Press, 2.ª edición, pp. 202-251.

LAKOFF, George, y Mark JOHNSON (1986 [1980]): *Metáforas de la vida cotidiana*, Madrid: Cátedra [Traducción de *Metaphors We Live By*, Chicago: The University of Chicago Press].

LAKOFF, George, y Mark JOHNSON (1999): *Philosophy in the Flesh. The Embodied Mind and Its Challenger Western Thought*, New York: Basic Books.

LAKOFF, George, y Zoltán KÖVECSES (1987): «The Cognitive Model of Anger Inherent in American English» en Dorothy Holland y Naomi Quinn (eds.): *Cultural Models in Language and Thought*, Cambridge: Cambridge University Press, pp. 195-221.

LAKOFF, George, y Rafael E. NÚÑEZ ERRÁZURIZ (2000): *Where Mathematics Comes From. How the Embodied Mind Brings Mathematics into Being*, New York: Basic Books.

LAKOFF, George, y Mark TURNER (1989): *More than Cool Reason: A Field Guide to Poetic Metaphor*, Chicago: University of Chicago Press.

LAMANO Y BENEITE, José De (1989 [1915]): *El dialecto vulgar salmantino*, Salamanca: Diputación de Salamanca.

LANDA, Alazne (1996): «Metaphorical Extension of the Names of Body Parts in English and Spanish», *Revista de Linguiística Teórica y Aplicada*, 34, pp. 129-139.

LANGACKER, Ronald W. (1987-1991): *Foundations of Cognitive Grammar*, Standford: Standford University Press.

LAPESA MELGAR, Rafael (2000): «Los casos latinos: restos sintácticos y sustitutos en español» en Rafael Cano Aguilar y M.ª Teresa Echenique Elizondo (eds.): *Estudios de morfosintaxis histórica del español*, Madrid: Gredos, vol. I, pp. 73-122.

LARRETA ZULATEGUI, Juan Pablo (2001): *Fraseología contrastiva del alemán y el español. Teoría y práctica a partir de un corpus bilingüe de somatismos*, Frankfurt aum Main: Peterlang.

LÁZARO MORA, Fernando A. (1999): «La derivación apreciativa» en Ignacio Bosque Muñoz y Violeta Demonte Barreto (dirs.): *Gramática descriptiva de la lengua española*, Madrid: Espasa, III, pp. 4645-4682.

LE GUERN, Michel (1976 [1973]): *La metáfora y la metonimia*, Madrid: Cátedra [Traducción de *Sémantique de la métaphore et de la métonymie*, Paris: Librairie Larousse].

LE MEN LOYER, Jeannick-Yvonne (1996): *Repertorio de léxico leonés*, León: Universidad de León, 3 vols. [Tesis doctoral inédita].

LEECH, Geoffrey (1985 [1974]): *Semántica*, Madrid: Alianza Editorial [Traducción de *Semantics*, Hardmondsworth/Middlesex/Inglaterra: Penguin Books].

LEWANDOWSKI, Theodor (1982 [1973-1975]): *Diccionario de lingüística*, Madrid: Cátedra [Traducción de *Linguistisches Wörterbuch*, Heildelberg: Quelle & Meyer].

LLAMAS SAÍZ, Carmen (2005): *Metáfora y creación léxica*, Pamplona: Eunsa (Ediciones de la Universidad de Navarra).

LLOYD, Paul M. (1968): *Verb-Complement in Spanish*, Tübingen: Max Niemeyer.

LOBO CABRERA, Manuel (1997): «Emigración andaluza a Indias vía Gran Canaria» en Agustín Millares Cantero, Manuel Lobo Cabrera y Pablo Atoche Peña (coords): *Homenaje a Celso Martín de Guzmán*, Las Palmas de Gran Canaria: Excmo. Ayuntamiento Genral de La Ciudad de Gáldar/Dirección General de Patrimonio Histórico, pp. 201-213.

LÓPEZ MORALES, Humberto (1992): «Muestra del léxico panantillano: el cuerpo humano» en Elisabeth Luna Traill (coord.): *Scripta Philologica in honorem Juan M. Lope Blanch*, México: Universidad Autónoma de México, pp. 593-625.

LÓPEZ RODRÍGUEZ, Inés (2009): «¡Que no se te vaya la olla! Estudio lingüístico-cognitivo del campo semántico de la 'cabeza'», *Tonos. Revista electrónica de estudios filológicos*, XVII, en línea: <http://www.um.es/tonosdigital/znum17/secciones/estudios-9-cabeza.htm>.

LUNA TRAILL, Elisabeth (1997): «Muestra del léxico panhispánico: el cuerpo humano», *Anuario de Letras*, XXXV, pp. 313-333.

LUQUE DURÁN, Juan de Dios (1998): «Introducción a la tipología léxica» en Beatriz Gallardo Paúls (ed.): *Temas de lingüística y gramática*, València: Universitat de València, pp. 122-145.

LUQUE DURÁN, Juan de Dios (2004): «Sobre la diversidad léxica de las lenguas del mundo», *Aspectos universales y particulares de las lenguas del mundo*, pp. 179-222 [*Estudios de lingüística del español*, n.º 21; en línea, <http://elies.rediris.es/elies21/>].

LUQUE DURÁN, Juan de Dios, y Francisco José MANJÓN POZAS (1997): «Los signos primigenios: hipótesis sobre la ontogénesis del léxico» en José Andrés Molina Redondo, Juan de Dios Luque Durán y Francisco Fernández García (coords.): *Estudios de lingüística general: conferencias y trabajos presentados en el II Congreso Nacional de Lingüística General. Granada, 25-27 de marzo de 1996*, Granada: Método Ediciones, vol. III, pp. 251-272.

LYONS, John (1989 [1977]): *Semántica*, Barcelona: Teide [Traducción de *Semantics*, Cambridge: Cambridge University Press].

MADARIAGA PISANO, Nerea (2003): «Datos para una tipología del cambio lingüístico en los términos referidos al cuerpo humano», *Anuario del Seminario de Filología Vasca "Julio de Urquijo"*, 37/2, pp. 1-60.

MAJEWICZ, Alfred F. (1981): «Le rôle du doigt et de la main et leurs désignations dans la formation des systèmes particuliers de numération et des noms de nombre dans certaines langues» en Fanny de Sivers (ed.): *La main et les doigts dans l'expression linguistique. Actes de la Table Ronde Internationale du CNRS (Sèvres, France, 9-12 septembre 1980)*, Paris: SELAF, II, pp. 193-212.

MAJEWICZ, Alfred F. (1983): «Le rôle du doigt et de la main et leurs désignations en certaines langues dans la formation des systèmes particuliers de numération et des noms de nombre», *Lingua posnaniensis*, 26, pp. 69-84.

MAJID, Asif (2006): «Body Part Categorisation in Punjabi», *Language Science*, 28, pp. 241-261.

MALKIEL, Yakov (1958): «Español antiguo "cuer" y "coraçón"», *Bulletin Hispanique*, LX, pp. 180-207.

MALKIEL, Yakov (1962): «Etimology and General Linguistics», *Words*, 18, pp. 198-219.

MALKIEL, Yakov (1983): «Gender, Sex, and Size, as Reflected in the Romance Languages» en *From Particular to General Linguistics. Selected Essays 1965-1978*, Amsterdam/Philadelphia: John Benjamins, pp. 155-175.

MALKIEL, Yakov (1990): *Diachronic Problems on Phonosymbolism*, Amsterdam: John Benjamins.

MALKIEL, Yakov (1994): «Regular Sound Development Phonosymbolic Orchestration, Disambiguation of Homonyms» en John J. Ohala, Leanne Hinton y Johanna Nichols (eds.): *Sound Symbolism*, Cambridge: Cambridge University Press, pp. 207-221.

MANCHO DUQUE, M.ª Jesús (2005a) (ed.): *Historia de las yervas y plantas* de Juan de Jarava, Salamanca: Universidad de Salamanca.

MANCHO DUQUE, M.ª Jesús (2005b): «La metáfora corporal en el lenguaje científico-técnico del Renacimiento» en *Filología y Lingüística. Estudios ofrecidos a Antonio Quilis*, Madrid: CSIC-UNED-Universidad de Valladolid, vol. I, pp. 791-805.

MANNIX, Daniel P. (2004): *Breve historia de los gladiadores*, Madrid: Ediciones Nowtilus.

MARCONI, Luca (2001): «Música, semiótica y expresión: la música y la expresión de las emociones» en Margarita Vega Rodríguez y Carlos Villar-Taboada (eds.): *Música, lenguaje y significado*, Valladolid/Glares: Universidad de Valladolid/Seminario de Interdisciplinas de Teoría y Estética Música.

*MARQUÉS, Elizabete Aparecida (2007): *Análisis cognitivo-contrastivo de locuciones somáticas del español y el portugués*, Alcalá de Henares: Universidad de Alcalá de Henares [Tesis doctoral inédita].

MÁRQUEZ LINARES, Carlos Francisco (1998): *La polisemia en el campo léxico "el cuerpo humano": un estudio contrastivo inglés-español*, Córdoba: Universidad de Córdoba [Tesis doctoral inédita].

MARTÍN-MUNICIO, Ángel (1992): «La metáfora en el lenguaje científico», *Boletín de la Real Academia Española*, LXXII, cuaderno CCLVI, pp. 221-249.

MARTINES PERES, Josep (2002): «L'aragonès i el lèxic valencià: una aproximació», *Caplletra*, 32, pp. 157-201.

MARTÍNEZ DEL CASTILLO, Jesús (2008): *La lingüística cognitiva. Análisis y revisión*, Madrid: Biblioteca Nueva.

MARTÍNEZ-DUEÑAS, José Luis (1993): *La metáfora*, Barcelona: Ediciones Octaedro.

MARTINS-BALTAR, Michel, y Geneviève CALBRIS (1997): *Le corps dans la langue. Esquisse d'un dictionnaire onomasiologique. Notions et expressions dans le champ de «dent» et de «manger»*, Tübingen: Max Niemeyer.

MATEOS DE VICENTE, Manuel (2004): *Términos lígrimos salmantinos y otros solamente charros*, [en línea], <http://www.manuelmateos.info/menu/libros/diccionario_charro.pdf>.

MILLER, George A. (1990): «Linguists, Psychologists, and the Cognitive Sciences», *Language*, 66/2, pp. 317-322.

MELLADO BLANCO, Carmen (1999): *Los somatismos del alemán: semántica y estructura*, Salamanca: Universidad de Salamanca. [Tesis doctoral]

MELLADO BLANCO, Carmen (2004): *Fraseologismos somáticos en alemán. Un estudio léxico-semántico*, Frankfurt am Main: Peter Lang.

MELLADO BLANCO, Carmen (2009): «La pupila es la 'niña': las metáforas de los lexemas somáticos del alemán y el español», *Paremia*, 18, pp. 53-63.

MERLEAU PONTY, Maurice (1975 [1945]): *Fenomenología de la percepción*, Barcelona: Ediciones Península [Traducción de *Phénoménologie de la perception*, Paris: Éditions Gallimard].

MEYA LLOPART, Montserrat (1975): «Interpretación del mapa 1204 del *ALEA* 'orzuelo'», *Revista de Dialectología y Tradiciones Populares*, 31, pp. 103-110.

MEYER-LÜBKE, Wilhelm (1914-1915): «Lat. *supercilium*», *Wörter und Sachen*, 6, pp. 115-116.

MONDÉJAR CUMPIÁN, José (1999): «Onomasiología ictionímica y diccionario de la lengua (Cuestiones metodológicas y prácticas)», *Anuario de estudios filológicos*, XXII, pp. 301-318.

MONTERO CARTELLE, Emilio (1981): *El eufemismo en Galicia (Su comparación con otras áreas romances)*, Santiago de Compostela: Universidad de Santiago de Compostela [Anexo 17, *Verba. Anuario de Filoloxía*].

MONTES GIRALDO, José J. (1983): *Motivación y creación léxica en el español de Colombia*, Bogotá: Instituto Caro y Cuervo, LXVII.

MORENO CABRERA, Juan Carlos (1997): *Introducción a la lingüística. Enfoque tipológico y universalista*, Madrid: Síntesis.

MORENO LARA, M.ª Ángeles (2004): *La metáfora conceptual y el lenguaje político periodístico: configuración, interacciones y niveles de descripción*, La Rioja: Universidad de La Rioja.

MORREALE, Margherita (1963-1964): «El sufijo *-ero* en el *Libro del Buen Amor*», *Archivo de Filología Aragonesa*, XIV-XV, pp. 235-244.

MORRIS, Desmond (1994): *Bodytalk: A World Guide to Gesture*, London: Jonathan Cape.

MORRIS, Desmond, Peter COLLETT, Peter MARSH y Marie O'SHAUGHNESSY (1979): *Gestures. Their origins and distribution,* London: Jonathan Cape.

MUÑOZ NÚÑEZ, M.ª Dolores (1999): *La polisemia léxica*, Cádiz: Universidad de Cádiz.

NAVARRO CARRASCO, Ana Isabel (1998): *Comentario de mapas lingüísticos españoles*, Alicante: Publicaciones de la Universidad de Alicante.

NAVARRO, Carmen (2007): «Fraseología contrastiva del español y el italiano (análisis de un corpus bilingüe)», *Tonos. Revista electrónica de estudios filológicos*, XIII [En línea, <http://www.um.es/tonosdigital/znum13/secciones/estudios_U_fraseologia.htm>].

NEBRIJA, Elio Antonio (1951 [1495]): *Vocabulario español-latino*, Madrid: Real Academia Española [Edición facsimilar].

NEGRO ROMERO, Marta (2009): «O léxico tradicional no campo semántico das partes da cabeza: proposta de recuperación nos diccionarios normativos», *Estudos de Lingüística Galega*, 1, pp. 235-246.

NÉNKOVA, Véselka Ángelova (2006): «Somatismos fraseológicos en búlgaro y español: contraste de unidades fraseológicas desde la praxis traductora» en Joaquín García-Medall (ed.): *Fraseología e ironía. Descripción y contraste*, Lugo: Axac, pp. 97-110.

[*NGLE*] Real Academia Española (2009): *Nueva gramática de la lengua española. Morfología y sintaxis*, I, Madrid: Espasa.

NISSEN, Uwe Kjær (2006): «"¡Ojo!" Un análisis contrastivo de metáforas y metonimias relativas al 'ojo' en español y en inglés» en Elena de Miguel Aparicio, Azucena Palacios Alcaine y Ana M.ª Serradilla Castaño (eds.): *Estructuras léxicas y estructura del léxico*, Frankfurt am Main: Peter Lang, pp. 95-109.

NUÑO ÁLVAREZ, M.ª del Pilar (1996): «Cantabria» en Manuel Alvar López (dir.): *Manual de dialectología hispánica. El español de España*, Barcelona: Ariel, pp. 183-196.

OBST, Ulrich (1981): «Expressions phraséologiques se rapportant au champ sémantique de la main et des doigts en italien et en allemand contemporains» en Fanny de Sivers (ed.): *La main et les doigts dans l'expression linguistique. Actes de la Table Ronde Internationale du CNRS (Sèvres, France, 9-12 septembre 1980)*, Paris: SELAF, II, pp. 233-246.

OLÍMPIO DE OLIVEIRA SILVA, Maria Eugênia (2007): *Fraseografía teórica y práctica*, Frankfurt am Main: Peter Lang.

OLZA MORENO, Inés (2006a): «Las partes del cuerpo humano como bases metonímicas en la fraseología metalingüística del español» en *Actes del VII Congrés de Lingüística General*, Barcelona: Universitat de Barcelona, pp. 1-20 [Edición en CD-ROM].

OLZA MORENO, Inés (2006b): «Metáfora y conocimiento del lenguaje: fraseología somática metalingüística del español y francés actuales» en Ramón González Ruiz, Manuel Casado Velarde y Miguel Ángel Esparza (eds.): *Discurso, lengua y metalenguaje. Balance y perspectivas*, Hamburgo: Buske, pp. 155-174 [Anejo 15 de *Romanistik in Geschischte und Gegentwant*].

OLZA MORENO, Inés (2006c): «Fraseología metafórica metalingüística: ensayo de análisis contrastivo entre español y francés actuales» en Cristina Mourón Figueroa y Teresa Iciar Moralejo Gárate (2006): *Studies in Contrastive Linguistics. Proceedings of the 4th International Contrastive Linguistics Conference Santiago de Compostela, September 2005*, Santiago de Compostela: Universidad de Santiago de Compostela, pp. 729-740.

OLZA MORENO, Inés (2007): «¿Cómo conceptualizan el lenguaje los hablantes del español? El caso de los somatismos basados en *boca*» en Juan de Dios Luque Durán y Antonio Pamies Bertrán (eds.): *Interculturalidad y lenguaje I. El significado como corolario cultural*, Granada: Método, pp. 235-251.

OLZA MORENO, Inés (2009a): «*Habla, soy todo oídos.* Reflexo das accións e das actitudes do receptor na fraseología somática metalingüística do español», *Cadernos de fraseoloxía galega*, 11, pp. 139-162.

OLZA MORENO, Inés (2009b): *Aspectos de la semántica de las unidades fraseológicas. La fraseología somática metalingüística del español*, Pamplona: Universidad de Navarra [Tesis doctoral disponible en <http://dspace.unav.es/dspace /bitstream/10171/6985/1/Tesis%20In%C3%A9 s%20Olza.pdf>].

OLZA MORENO, Inés (2011a): *Corporalidad y lenguaje. La fraseología somática metalingüística del español*, Frankfurt am Main: Peter Lang.

OLZA MORENO, Inés (2011b): «On the (Meta)Pragmatic Value of Some Spanish Idioms Based on Terms for Body Parts», *Journal of Pragmatics*, 43/12, pp. 3049-3067.

OROZ SCHEIBE, Rodolfo (1949): «Metáforas relativas a las partes del cuerpo humano en la lengua popular chilena», *Boletín del Instituto Caro y Cuervo*, V, pp. 85-100.

ORTONY, Andrew (ed.) (1979): *Metaphor and Thought*, Cambridge: Cambrdige University Press.

PALENCIA, Alonso de (2005 [1490]): *Universal vocabulario en latín y en romance*, Alicante/Madrid: Biblioteca Virtual Miguel de Cervantes/Biblioteca Nacional [Reproducción digital de la edición de Sevilla, 1490. Edición facsímil: Madrid, Comisión Permanente de la Asociación de Academias de la Lengua Española, 1967. En línea, < http://www.cervantesvirtual.com/servlet/SirveObras/ 46872785767254386754491/index.htm>].

PALMA, Héctor A. (2005): «El desarrollo de las ciencias a través de las metáforas: un programa de investigación en estudios sobre la ciencia», *CTS: Revista iberoamericana de ciencia, tecnología y sociedad*, 2/6, pp. 45-65.

PANTHER, Klaus-Uwe, y Günter RADDEN (1999): «Introduction» en Klaus-Uwe Panther y Günter Radden (eds.): *Metonymy in Language and Thought*, Amsterdam/Philadelphia: John Benjamins, pp. 1-14.

PASCUAL ARANSÁEZ, Cristina (1998-1999): «The Role of the Head in the Conceptualization of Rational Behaviour: A Cross-Linguistic Study of the Metaphorical Expressions of the Folk Model of the Head», *Revista Española de Lingüística Aplicada*, 13, pp. 113-124.

PAUWELS, Paul, y Anne-Marie SIMON-VANDENBERGEN (1995): «Body Parts in Linguistic Action: Underlying Schemata and Value Judgements» en Louis Goossens *et al.* (eds.): *By Word of Mouth. Metaphor, Metonymy and Linguistic*

*Action in a Cognitive Perspective*, Amsterdam/Philadelphia: John Benjamins, pp. 35-69.

PENADÉS MARTÍNEZ, Inmaculada (2008): «Análisis cognitivo de locuciones somáticas nominales del español, catalán y portugués» en *Actas del VIII Congreso Lingüística General 2008*, pp. 1-20 [en línea], <http://www.lllf.uam.es/clg8/actas/pdf/ paperCLG93.pdf>.

PENADÉS MARTÍNEZ, Inmaculada (2010): «La teoría cognitiva de la metonimia a la luz de locuciones nominales somáticas», *Revista Española de Lingüística*, 40/2, pp. 75-94.

PENSADO RUIZ, Carmen (1983): «Sobre los resultados de las vocales velares latinas precedidas de yod inicial», *Revista de Filología Románica*, 1, pp. 109-136.

PEÑALBA ACITORES, Alicia (2005): «El cuerpo en la música a través de la teoría de la Metáfora de Johnson: análisis crítico y aplicación a la música», *Revista Transcultural de Música*, 9, [en línea] <http://www.sibetrans.com/trans/trans9/penalba.htm>.

PEÑALBA ACITORES, Alicia (2008): *El cuerpo en la interpretación musical: un modelo teórico basado en las propioceciones en al interpretación de instrumentos acústicos, hiperinstrumentos e instrumentos digitales*, Valladolid: Universidad de Valladolid [Tesis doctoral digitalizada en <http://uvadoc.uva.es/handle/10324/55>].

PÉREZ VIDAL, José (1944): *Los portugueses en Canarias. Portuguesismos*, Las Palmas: Ediciones del Cabildo Insular de Gran Canaria.

PÉREZ VIDAL, José (1967): «Fenómenos de analogía en los portuguesismos de Canarias», *Revista de Dialectología y Tradiciones Populares*, XXIII, pp. 55-82.

PHARIES, David (1984): «What is "creación expresiva"?», *Hispanic Review*, 52/2, pp. 169-180.

PHARIES, David (1986): *Structure and Analogy in the Playful Lexicon of Spanish*, Tübingen: Max Niemeyer.

PIAGET, Jean (1975 [1926]): *La representación del mundo en el niño*, Madrid: Morata [Traducción de *La représentation du monde chez l'enfant*, Paris: Presses Universitaires de France].

PICALLO SOLER, M. Carme, y Gemma RIGAU OLIVER (1999): «El posesivo y las relaciones posesivas» en Ignacio Bosque Muñoz y Violeta Demonte Barreto (dirs.): *Gramática descriptiva de la lengua española*, Madrid: Espasa, I, pp. 973-1023.

POCH OLIVÉ, Dolors (2010): «Los poemas no existen más que en la voz» in Gloria Clavería Nadal y Dolors Poch Olivé (coords.): *Al otro lado del espejo. Comentario lingüístico de textos literarios. Estudios en homenaje a José Manuel Blecua Perdices*, Barcelona: Ariel, pp. 187-216.

POHL, Jacques (1981): «Remarques sur la main, les doigts et la numération» en Fanny de Sivers (ed.): *La main et les doigts dans l'expression linguistique. Actes de la Table Ronde Internationale du CNRS (Sèvres, France, 9-12 septembre 1980)*, Paris: SELAF, II, pp. 279-284.

*POLLIO, Howard R., Jack M. BARLOW, Harold J. FINE y Marilyn R. POLLIO (1977): *The Poetics of Growth: Figurative Language in Psychology, Psychotherapy, and Education*, Hillsdale N. J.: Lawrence/Erlbaum Associates.

POLO POLO, José (2004): «La fraseología en la obra del hispanista Werner Beinhauer (1896-1983)» en José Manuel González Calvo, Jesús Terrón González y José Carlos Martín Camacho (eds.): *VII Jornadas de metodología y didáctica de la lengua española: las unidades fraseológicas*, Cáceres: Universidad de Extremadura, pp. 101-151.

PORTOLÉS LÁZARO, José (1999): «La interfijación» en en Ignacio Bosque Muñoz y Violeta Demonte Barreto (dirs.): *Gramática descriptiva de la lengua española*, Madrid: Espasa, III, pp. 5041-5073.

PUCHADES ORTS, Alfonso (1992): *La mano, admirable don del hombre*, Alicante: Universidad de Alicante, [Lección inaugural, apertura del curso 1992/1993, en línea], <http://www.cervantesvirtual.com/servlet/SirveObras/78031730983403 80636 5679/p0000001.htm>.

RABANALES, Ambrosio (1983): «Términos de base indígena y extranjera en el léxico relativo al cuerpo humano del habla culta de Santiago de Chile» en Alberto Blecua, José M. Blecua y Francisco Rico (eds.): *Philologica Hispaniensia in Honorem Manuel Alvar*, Madrid: Gredos, vol. I, pp. 549-564.

RAINER, Franz (1999): «La derivación adjetival» en Ignacio Bosque Muñoz y Violeta Demonte Barreto (dirs.): *Gramática descriptiva de la lengua española*, Madrid: Espasa, III, pp. 4595-4643.

RAINER, Franz, y Soledad VARELA ORTEGA (1992): «Compounding in Spanish», *Rivista di Linguistica*, 4/1, pp. 117-142.

RAMÍREZ DOMÍNGUEZ, Juan Antonio (2002): «Cuerpo humano y arquitectura: analogías, metáforas, derivaciones», *Boletín de arte*, 23, pp. 15-78.

RAMÍREZ DOMÍNGUEZ, Juan Antonio (2003): *Edificios-cuerpos. Cuerpo humano y arquitectura: analogías, metáforas y derivaciones*, Madrid: Siruela.

REAL ACADEMIA ESPAÑOLA (1726-1739): *Diccionario de Autoridades*, Madrid: Imprenta de Francisco del Hierro [Edición facsímil de 1984, Madrid: Gredos].

RENSON, Jean (1962): *Les dénominations du visage en français et dans les autres langues romanes: étude sémantique et onomasiologique*, Paris: Les Belles Lettres.

[REW] Wilhelm MEYER-LÜBKE (1968): *Romanisches Etymologisches Wörterbuch*, Heidelberg: Winter.

*RIFÓN, Antonio (1994): *La derivación verbal en español*, Santiago de Compostela: Universidad de Santiago de Compostela [Tesis doctoral].

*RIVAS QUINTAS, Eligio (1997): *O Castañeiro e as castañas*, Ourense: Grafos DOS.

RODRÍGUEZ GONZÁLEZ, Eladio (1958-1961): *Diccionario enciclopédico gallego-castellano*, Vigo: Galaxia, 3 vols.

RODRÍGUEZ MARÍN, Francisco (1882): *Cantos populares españoles*, Sevilla: Francisco Álvarez y C.ª editores.

ROHRER, Tim (2001): «Pragmatism, Ideology and Embodiment: William James and the Philosophical Fundations of Cognitive Linguistics» en René Dirven, Bruce Hawkins y Esra Sandikcioglu (eds.): *Language and Ideology: Cognitive Theoretical Approaches*, Amsterdam: John Benjamins, pp. 49-82.

ROHRER, Tim (2007a): «The Body in Space: Embodiment, Experientialism and Linguistic Conceptualization» en René Dirven, Roz Frank, Tom Ziemeke y Jordan Zlatev (eds.): *Body, Language and Mind*, Berlin: Mouton de Gruyter, I, pp. 339-378.

ROHRER, Tim (2007b): «Embodiment and Experientialism» en Dirk Geeraerts y Hubert Cuyckens (eds.): *Cognitive Linguistics*, Oxford: Oxford University Press, pp. 25-47.

ROMANOS HERNANDO, Fernando (*s. f.*): *Dizionario aragonés de las comarcas de la alta Zaragoza*, [en línea], <www.charrando.com/lesicoaltazaragoza.pdf>.

ROMERO TRIÑANES, Mario, y Larisa SANTOS SUÁREZ (2002): «As denominacións dos dedos da man: un estudio motivacional» en Rosario Álvarez Blanco, Francisco Dubert García y Xulio Sousa Fernández (eds.): *Dialectoloxía e Léxico*, Santiago de Compostela: Consello da Cultura Galega/Instituto da Lingua Galega, pp. 303-327.

ROSCH, Eleanor (1973): «On the Internal Structure of Perceptual and Semantic Categories» en Timothty Moore (ed.): *Cognitive Development and the Acquisition of Language*, New York: Academic Press.

ROSCH, Eleanor (1978): «Principles of Categorization» en Eleanor Rosch y Barbara L. Lloyd (eds.): *Cognition and Categorization*, New Jersey: Lawrence Erlbaum Associates.

RUIZ DE MENDOZA IBÁÑEZ, Francisco José (1997): «Cognitive and Pragmatic Aspects of Metonymy», *Cuadernos de Filología Inglesa*, 612, pp. 161-178.

RUIZ DE MENDOZA IBÁÑEZ, Francisco José (1999): *Introducción a la teoría cognitiva de la metonimia*, Granada: Granada Lingüística/Método Ediciones.

RUIZ FERNÁNDEZ, Ciriaco (2008): «Las equivalencias léxicas castellanas en el *Universal Vocabulario* de Alonso de Palencia» en Dolores Azorín Fernández (dir.): *El diccionario como puente entre las lenguas y culturas del mundo. Actas del II Congreso Internacional de Lexicografía Hispánica Alicante (19 a 23 de septiembre de 2006)*, Alicante: Biblioteca Virtual Miguel de Cervantes, pp. 157-163 [Disponible en CD-ROM y en formato electrónico <http://www.cervantesvirtual.com/FichaObra.html?Ref=031315>].

RUIZ GURILLO, Leonor (2001): «La fraseología como cognición: vías de análisis», *Lingüística Española Actual*, XIII/1, pp. 107-132.

RUIZ GURILLO, Leonor (2006): «Metáfora y metonimia» en *Biblioteca Virtual E-Excellence*, Área Lengua Española, Subárea III (Semántica, Pragmática y Análisis del Discurso) 15, [en línea], <http://www.liceus.com/cgi-bin/aco/areas.asp ?id_area=15#>].

RUIZ NÚÑEZ, José M. (1998): «Homogeneidad del léxico agrícola en la Merindad de Campoo según el *Atlas Lingüístico y Etnográfico de Cantabria*», *Estudios de Lingüística*, 12, pp. 283-298.

RUIZ PRIETO, Miguel (2006 [1906]): *Historia de Úbeda*, Úbeda: Asociación Cultura ubetense "Alfredo Cazabán Laguna", 2 vols. [Edición digital conmemorativa en <http://www.vbeda.com/prieto/>].

RUTHROF, Horst (1999): *The Body in Language*, London/New York: Cassell.

SÁNCHEZ GONZÁLEZ DE HERRERO, M.ª Nieves (2007): «Tecnicismos anatómicos y patológicos en la versión castellana del *Libro de las Propiedades de las cosas*» en Mar Campos Souto, Rosalía Cotelo y José I. Pérez Pascual (eds.): *Historia del léxico español*, A Coruña: Universidade da Coruña (Anexos de la Revista de Lexicografía), pp. 157-166.

SÁNCHEZ MANZANARES, M.ª Carmen (2006): *Creación lingüística: la renovación del léxico español actual por la metonimia*, Murcia: Universidad de Murcia [Tesis doctoral en < http://tdx.cat/bitstream/handle/10803/10941/Sanchez-Manzanares_Tesis.pdf?sequence=2>].

SÁNCHEZ MARTÍN, Francisco Javier (2006): «La metrología, una disciplina transversal en las artes prácticas renacentistas» en Gloria Clavería Nadal y M.ª Jesús Mancho Duque (eds.): *Estudio del léxico y bases de datos*, Bellaterra: Servei de Publicacions de la Universitat Autònoma de Barcelona, pp. 137-155.

SÁNCHEZ MARTÍN, Francisco Javier (2008): «Aproximación al léxico de la práctica mensuradora en el Renacimiento: el cuerpo humano como base del sistema metrológico» en Dolores Azorín Fernández (dir.): *El diccionario como puente entre las lenguas y culturas del mundo. Actas del II Congreso Internacional de Lexicografía Hispánica Alicante (19 a 23 de septiembre de 2006)*, Alicante: Biblioteca Virtual Miguel de Cervantes, pp. 789-796 [Disponible en CD-ROM y en formato electrónico <http://www.cervantesvirtual.com/FichaObra.html? Ref=3079 9>].

SÁNCHEZ MARTÍN, Francisco Javier, Marta SÁNCHEZ ORENSE y Cristina MARTÍN HERRERO (2009): «Presentación de la base de datos del *Diccionario de la Ciencia y de la Técnica del Renacimiento*» en Carolina Julià Luna y Laura Romero Aguilera (eds.): *Tendencias actuales en la investigación diacrónica de la lengua*, Barcelona: Edicions i Publicacions de la Universitat de Barcelona, pp. 125-132.

SÁNCHEZ MÉNDEZ, Juan (2009): «La formación de palabras por composición desde un punto de vista histórico», *Revista de Filología Española*, LXXXIX/1, pp. 103-128.

SANTOS DOMÍNGUEZ, Luis A., y Rosa M.ª ESPINOSA ELORZA (1996): *Manual de semántica histórica*, Madrid: Síntesis.

SANZ MARTÍN, Blanca Elena y M.ª del Refugio PÉREZ PAREDES (2008): «Frases hechas con el verbo *tener* y partes del cuerpo» en María Álvarez de la Granja (ed.): *Lenguaje figurado y motivación*, Frankfurt: Perter Lang, pp. 249-258.

SARDELLI, M.ª Antonella (2007): «Análisis contrastivo español-italiano de fraseologismos relacionados com los brazos» em Juan de Dios Luque Durán y Antonio Pamies Bertrán (eds.): *Interculturalidad y lenguaje. El significado como corolário cultural*, Granada: Granada Lingüística, pp. 141-150.

SARMIENTO, Martín (1973 [1745-1755]): *Catálogo de voces y frases de la lengua gallega*, Salamanca: Universidad de Salamanca.

SAXE, Geoffrey B. (1981): «Body Parts as Numerals: a Developmental Analysis of Numeration among the Oksapmin in Papua New Guinea», *Child Development*, 52, pp. 306-316.

*SCIUTTO, Virginia (2005a): *Fraseologismos somáticos del español de Argentina*, Università degli Studi di Napoli «L'Orientale» [Tesis doctoral inédita].

SCIUTTO, Virginia (2005b): «Unidades fraseológicas: un análisis contrastivo de los somatismos del español de Argentina y el italiano» en Lorenzo Blini, Maria Vittoria Calvi e Antonella Cancellier (eds.): *Linguistica contrastiva tra italiano e lingue iberiche. Atti del XXIII Convegno Palermo 6-8 ottobre 2005*, Centro Virtual Cervantes [en línea], <http://cvc.cervantes.es/literatura/aispi/pdf/22/II_31.pdf>.

SEVILLA, San Isidoro de (1993-1994 [627-630]): *Etymologiae u Originum sive etymologiarum libri viginti*, Madrid: Biblioteca de Autores Cristianos, 2 vols. [Texto latino, versión española y notas por José Oroz Reta y Manuel-A. Marcos Casquero; introducción general por Manuel C. Díaz y Díaz].

SKODA, Françoise (1988): *Médicine ancienne et métaphore. Le vocabulaire de l'anatomie et de la pathologie en grec ancien*, Paris: Peters/Selaf.

SMITH, Colin (1977): «La fraseología "física" del lenguaje épico», *Estudios cidianos*, Madrid: Cupsa Editorial, pp. 219-289.

SPITZER, Leo (1924): «Murc. "dedo margarite, margarín" 'petit doigt'», *Revista de Filología Española*, XI, pp. 314-315.

ŠTRBÁKOVÁ, Radana (2007): *Procesos de cambio léxico en el español del siglo XIX: el vocabulario de la indumentaria*, Granda: Universidad de Granada [Tesis doctoral digitalizada en <http://epub.sub.uni-hamburg.de/epub/volltexte/2009/2045/pdf/16920600.pdf>]

STEEN, Gerard (2005): «Metonymy Goes Cognitive-Linguistics», *Style*, 39/1, pp. 1-11.

STĘPIEŃ, Maciej Adam (2007): «Metáfora y metonimia conceptual en la fraseología de cinco partes del cuerpo humano en español y polaco», *Anuario de estudios filológicos*, 30, pp. 319-409.

STRUIJS, Maarten (1999): «El cuerpo como metáfora de la infraestructura urbana»,
*Via arquitectura*, 5, pp. 56-59.

SVOROU, Soteria (1993): *The Grammar of Space*, Amsterdam/Philadelphia: John
Benjamins.

SWETZ, Frank (ed.) (1994): *From Five Fingers to Infinity: A Journey through the
History of Mathematics*, Lasalle: Open Court.

SWIGGERS, Pierre (1983): «Sémasiologie et onomasiologie: opposition, recouvre-
ment et complémentarité» en Christian Anglet *et al.* (eds.): *Langue, dialecte,
littérature. Études romanes à la mémoire d'Hugo Plomteux*, Leuven, pp. 431-
438.

TAGLIAVINI, Carlo (1949): «Di alcune denominazioni della <pupilla> (studio di
onomasiologia, con speciale riguardo alle lingue camito-semitiche e negro
africane)», *Annali dell'Istituto Universitario Orientale di Napoli*, III, pp. 341-
378.

*TAPPOLET, Ernst (1895): Die Romanischen Verwandtschaftsnamen: Mit
Besonderer Berücksichtigung Der Französischen Und Italienischen Mundarten
ein Beitrag zur vergleichenden Lexikologie, Strassburg, Karl J. Trübner.

TAYLOR, John (1989): *Linguistic Categorization. Prototypes in Linguistic Theory*,
Oxford: Clarendon Press.

TAYLOR, John (1999): «Cognitive Semantics and Structural Semantics» en Andreas Blank y Peter Koch (eds.): *Historical Semantics and Cognition*, Ber-
lin/New York: Mouton de Gruyter, pp. 17-48.

[*TLEC*] Cristóbal CORRALES ZUMBADO (1992): *Tesoro lexicográfico del español
de Canarias*, Madrid: Real Academia Española.

[*TLF*] Centre National de la Recherche Scientifique (2004): *Le trésor de la langue
française informatisé*, Paris: CNRS Éditions [en línea], <http://atilf.atilf.
fr/tlf.htm>.

[*TLHA*] Manuel ALVAR EZQUERRA (2000): *Tesoro léxico de las hablas andaluzas*,
Madrid: Arco/Libros.

TRISTÁ PÉREZ, Antonia M.ª, Zoila CARNEADO MORÉ y Graciela PÉREZ (1986):
«Elementos somáticos en las unidades fraseológicas», *Anuario L/L*, 17, pp. 55-
68.

TRUSZCZYŃSKA, Anna (2002-2003): «Conceptual Metonymy-The Problem of
Boundaries in the Light of ICMs», *Poznań Studies in Contemporary Linguistics*, 38, pp. 227-237.

TVERSKY, Barbara (1990): «Where Partonomies and Taxonomies Meet» en Savas
L. Tsohatzidis (ed.): *Meanings and Prototypes. Studies in Linguistic Categorization*, London/New York: Routledge, pp. 334-344.

ULLMANN, Stephen (1980 [1962]): *Semántica. Introducción a la ciencia del significado*, Madrid: Aguilar [Traducción de *Semantics: an Introduction to the Science of Meaning*, Oxford: Basil Blackwell].

ULLMANN, Stephen (1963): «Semantic Universals» en Joseph Greenberg (ed.): *Universals of Language*, Cambridge/Massachusetts: MIT Press, pp. 172-207.

UNGERER, Friedrich, y Hans-Jörg SCHMID (1996): *An Introduction to Cognitive Linguistics*, London/New York: Longman.

URITANI, Nozomu, y Aurora BERRUETA DE URITANI (1985): «Los diminutivos en los atlas lingüísticos españoles», *Lingüística Española Actual*, VII/2, pp. 203-236.

VAL ÁLVARO, José F. (1999): «La composición» en Ignacio Bosque Muñoz y Violeta Demonte Barreto (dirs.): *Gramática descriptiva de la lengua española*, Madrid: Espasa, III, pp. 4757-4841.

VAN LAWICK, Heike (2006): *Metàfora, fraseologia i traducció. Aplicació als somatismes en una obra de Bertolt Brecht*, Aachen: Shaker Verlag.

VARELA GARCÍA, Francisco Javier (1990): *Conocer: las ciencias cognitivas: tendencias y perspectivas: cartografía de las ideas actuales*, Barcelona: Gedisa.

VARELA GARCÍA, Francisco Javier, Evan THOMPSON y Eleanor ROSCH (1992): *De cuerpo presente. Las ciencias cognitivas y la experiencia humana*, Barcelona: Gedisa [3.ª Reimpresión].

VÀRVARO, Alberto (1988 [1960]): *Historia, problemas y métodos de la lingüística románica*, Barcelona: Sirmio [Traducción de *Storia, problema e metodi della lingüística romanza*, Napoli: Liguori].

VELÁZQUEZ-CASTILLO, Maura (1996): *The Grammar of Possession. Inalienability, Incorporation and Possessor Ascension in Guaraní*, Amsterdam/Philadelphia: John Benjamins.

VELÁZQUEZ-CASTILLO, Maura (2000): «Posesión inalienable en español: niveles de tematicidad e individualización», *Revista española de lingüística aplicada*, vol. extra I, pp. 83-110.

VENY CLAR, Joan (1982): *Els parlars catalans (Síntesi de dialectologia)*, Palma de Mallorca: Moll [3.ª edición corregida y aumentada].

VENY CLAR, Joan (1991): «Cap a una tipologia de l'etimologia popular», *Mots d'ahir i mots d'avui*, Barcelona: Empúries, pp. 69-95.

VENY CLAR, Joan (2000): «De la nineta a l'ànima de l'ull» en *Jornades de la secció filològica de l'Institut d'Estudis Catalans a Elx i a la Universitat d'Alacant (16 i 17 d'octubre de 1998)*, Barcelona/Elx: Institut d'Estudis Catalans/Ajuntament d'Elx, pp. 83-92.

VENY CLAR, Joan, y Lídia PONS GRIERA (1998): *Atles lingüístic del domini català. Etnotextos del català oriental*, Barcelona: Institut d'Estudis Catalans.

VICO, Giambattista (1744): *Principi di scienza nuova: d'intorno alla comune natura delle nazioni*, Napoli: Stamperia Muziana [En línea,

<http://gallica2.bnf.fr/ark:/12148/bpt6k84339f.image.r=intorno.f535.langES.hl
#>].

VILLAR DÍAZ, M.ª Belén (2006): «Parte y todo: un puzzle semántico lexicográfi-co», ponencia presentada en el Seminario de lengua española 'La semántica en la confección de un diccionario histórico' dirigido por José A. Pascual y cele-brado en Soria, 24-28 de julio de 2006.

VOLTAIRE DIOUSSÉ, Gustave (2010): «Locuciones somáticas del mancagne y el español: análisis contrastivo unilateral» en Dolores García Padrón y M.ª del Carmen Fumero Pérez (eds.): *Tendencias generales en lingüística general y aplicada*, Frankfurt am Main: Peter Lang, pp. 97-105.

WEINREICH, Uriel (1963): «On the Semantic Structure of Language» en Joseph Greenberg (ed.): *Universals of Language*, Cambridge/Massachusetts: MIT Press, pp. 114-171.

WIERZBICKA, Anna (1972): *Semantic Primitives*, Frankfurt: Athenäum [Linguistische Forschungen, 22].

WIERZBICKA, Anna (1996): *Semantics, Primes and Universals*, Oxford: Oxford University Press.

WIERZBICKA, Anna (1999): «Emotional Universals», *Language Design: Journal of Theoretical and Experimental Linguistics*, 2, pp. 23-69 [En línea, <http://elies.rediris.es/Language _Design/LD2/wierzbicka.pdf>].

WIERZBICKA, Anna (2000): «Primitivos semánticos y universales léxicos: teoría y algunos ejemplos» en Antonio Pamies Bertrán y Juan de Dios Luque Durán (eds.): *Trabajos de lexicografía y fraseología contrastivas*, Granada: Serie Co-llectae, pp. 1-28.

WILLIAMS, Burma P., y Richard S. WILLIAMS (1995): «Finger Numbers in the Greco-Roman World and the Early Middle Ages», *Isis*, 86, pp. 587-608.

WILSON, Frank R. (2002 [1998]): *La mano. De cómo su uso configura el cerebro, el lenguaje y la cultura humana*, Barcelona: Tusquets [Traducción de *The Hand. How Its Use Shapes the Brain, Language and Human Culture*, New York: Pantheon Books].

ZAMBRANA MORAL, Patricia (2005): «Rasgos generales de la evolución histórica de la tipología de las penas corporales», *Revista de estudios histórico-jurídicos*, 27, pp. 197-229.

ZAUNER, Adolf (1903 [1902]): «Die romanischen Namen der Körperteile», *Romanische Forschungen*, XIV, pp. 339-530.

ZIEMKE, Tom (2003): «What's that Thing Called Embodiment?» en Richard Al-terman y David Kirsh (eds.): *Proceedings of 25th Annual Meeting of the Cogni-tive Science Society*, Boston/Massachusetts: Lawrence Erlbaum, pp. 1305-1310 [En línea, <http://www.cogsci.rpi.edu/csjarchive/proceedings/2003/pdfs/244 .pdf>].

**Atlas lingüísticos**

[*ALC*] Antoni Griera Gaja (1962-1969): *Atlas lingüístic de Catalunya*, Barcelona: La Polígrafa, 8 vols. [2.ª ed.].

[*ALCyL*] Manuel Alvar López (1999): *Atlas lingüístico de Castilla y León*, Salamanca: Junta de Castilla y León/Consejería de Educación y Cultura, 3 vols.

[*ALDC*] Joan Veny Clar y Lídia Pons Griera (2001-): *Atles lingüístic del domini català*, Barcelona: Institut d'Estudis Catalans, 3 vols.

[*ALE*] AA. VV. (1976-): *Atlas linguarum europae*, Pays Bas/Maastricht: Van Gorcum/Assen y Roma: Istituto Poligrafico/Zecca dello stato/Libreria dello stato.

[*ALEA*] Manuel Alvar López (1963-1973): *Atlas lingüístico y etnográfico de Andalucía*, Universidad de Granada, Granada, 6 vols.

[*ALEANR*] Manuel Alvar López (1970-1983): *Atlas lingüístico y etnográfico de Aragón, Navarra y Rioja*, Madrid: La Muralla, 12 vols., [Con la colaboración de Antonio Llorente, Tomás Buesa y Elena Alvar].

[*ALEC*] AA. VV. (1983): *Atlas linguüístico-etnográfico de Colombia*, Bogotá: Instituto Caro y Cuervo, 5 vols.

[*ALECant*] Manuel Alvar López (1995): *Atlas lingüístico y etnográfico de Cantabria*, Madrid: Arco/Libros, 2 vols.

[*ALeCMan*] Pilar García Mouton y Francisco Moreno Fernández (1987-): *Atlas lingüístico y etnográfico de Castilla La Mancha* [En línea, <http://www.uah.es/otrosweb/ alecman/>].

[*ALEICan*] Manuel Alvar López (1975-1978): *Atlas lingüístico y etnográfico de las Islas Canarias*, Madrid: La Muralla, 3 vols.

[*ALGa*] Constantino García González y Antón Santamarina Delgado (1990-): *Atlas lingüístico galego*, Santiago de Compostela: Universidade de Santiago/Instituto da Lingua Galega, 6 vols.

[*ALiR*] AA. VV. (2001): *Atlas linguistique roman (ALiR)*, Roma: Istituto Poligrafico/Zecca dello stato/Libreria dello stato, vol. II/a [a. Insectes et petits animaux sauvages].

# ANEXO. Nombres de las localidades y puntos de encuesta

1. *Atlas Lingüístico y Etnográfico de Andalucía* (*ALEA*)

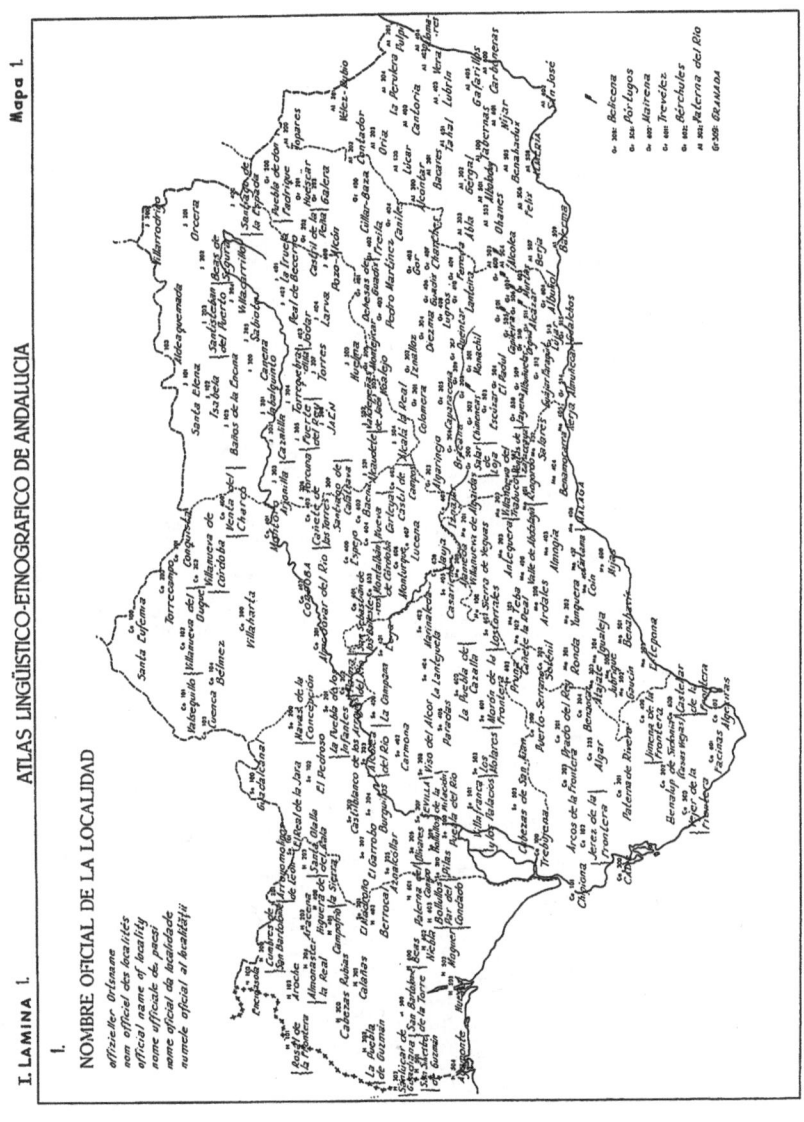

3.

NOMBRE OFICIAL DE LAS LOCALIDADES

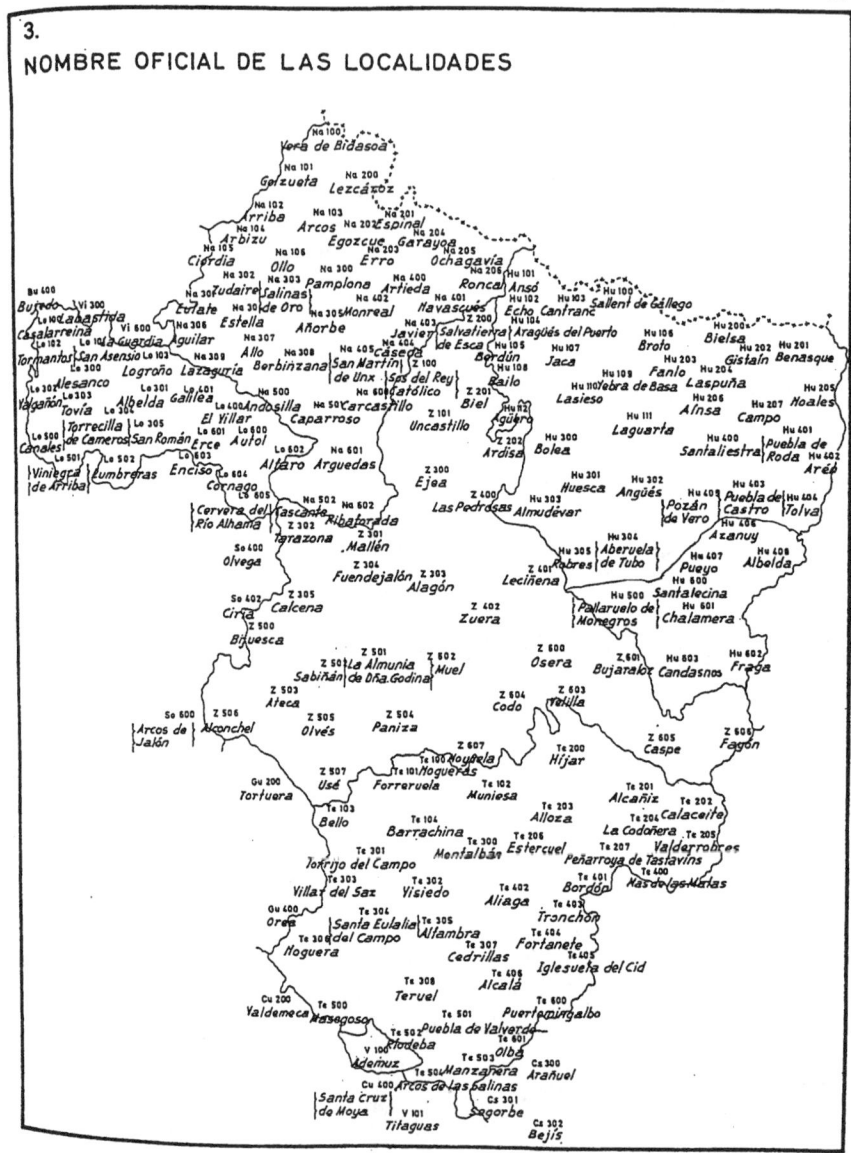

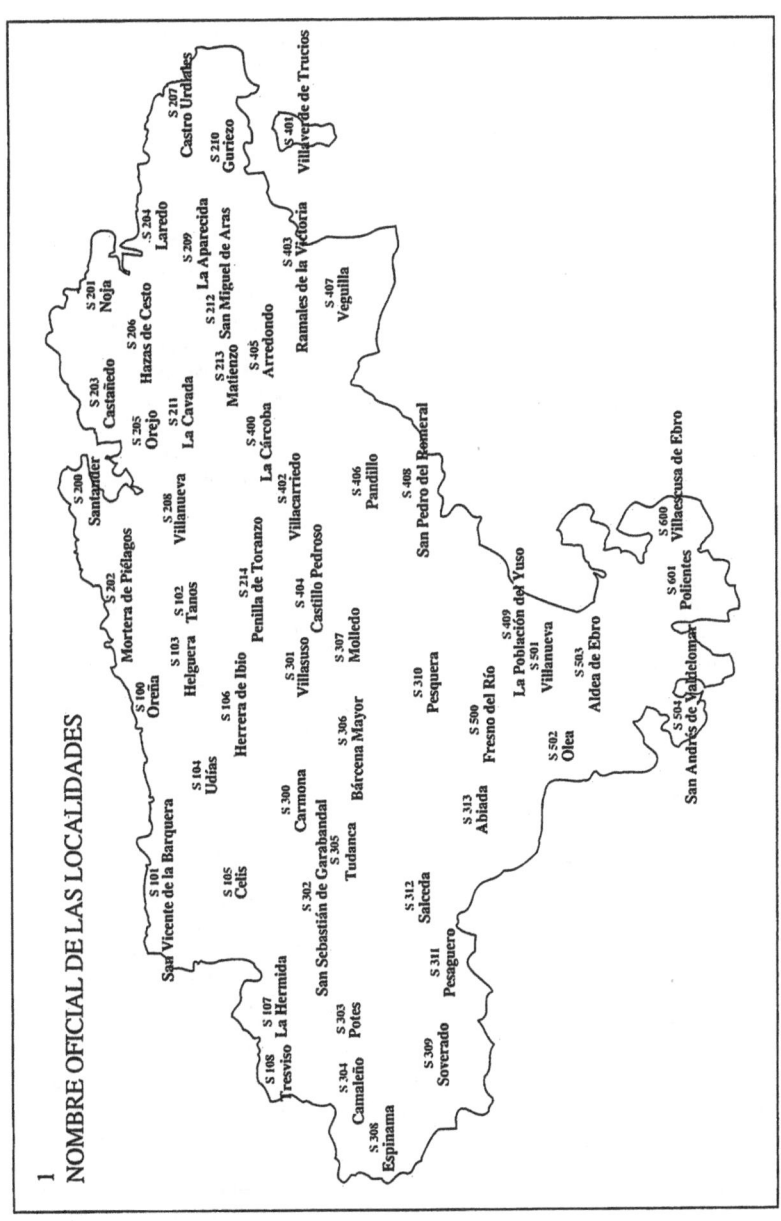

# 4. Atlas Lingüístico y Etnográfico de Castilla La Mancha (*ALeCMan*)

Los puntos de encuesta del *ALeCMan* no se encuentran representados en un mapa, por ello, a continuación se citan los nombres de las localidades junto al número de punto de encuesta, tal y como aparecen en la página web del atlas (<http://www.linguas.net/alecman/>):

**ALBACETE**

AB 103 La Roda
AB 206 Balsa de Ves
AB 207 Villamalea
AB 208 Alcalá del Júcar
AB 209 Navas de Jorquera
AB 210 Carcelén
AB 211 Motilleja
AB 213 Casas de Juan Núñez
AB 304 Albacete
AB 306 Balazote
AB 307 El Bonillo
AB 308 Masegoso
AB 309 Alcaraz
AB 310 Pozohondo
AB 311 Salobre
AB 312 Paterna del Madera
AB 404 Higueruela
AB 405 Chinchilla del Monte
AB 406 Almansa
AB 407 Corral Rubio
AB 409 Tobarra
AB 503 Molinicos
AB 504 Letur
AB 505 Villaverde de Guadalimar
AB 600 Hellín

**CIUDAD REAL**

CR 101 Anchuras
CR 102 Retuerta del Bullaque
CR 103 Navalpino
CR 104 Malagón
CR 202 Tomelloso
CR 203 Herencia
CR 302 Ciudad Real
CR 305 Luciana
CR 306 Fernancaballero
CR 307 Agudo
CR 308 Alcolea de Calatrava
CR 309 Cabezarados
CR 310 Pozuelo de Calatrava
CR 405 Torralba de Calatrava
CR 406 Membrilla
CR 407 Moral de Calatrava
CR 408 Villahermosa
CR 503 Alamillo
CR 504 Villamayor de Calatrava
CR 505 Brazatortas
CR 506 Aldea del Rey
CR 507 Fuencaliente
CR 508 Puertollano
CR 509 Solana del Pino
CR 510 Mestanza
CR 605 Torrenueva
CR 606 Villanueva de los Infantes
CR 608 Montiel
CR 610 Villamanrique
CR 611 Almuradiel

**CUENCA**

CU 104 Alcantud
CU 105 Castejón
CU 106 Cañaveras
CU 107 Barajas de Melo
CU 109 Huete
CU 202 Masegosa
CU 203 Arcos de la Sierra
CU 204 Tragacete
CU 205 Uña
CU 206 Zafrilla
CU 300 Cuenca
CU 310 Abia de la Obispalía
CU 311 Horcajo de Santiago
CU 312 Zafra de Záncara
CU 313 Saelices
CU 314 Belmontejo
CU 315 Hontanaya

CU 405 Valdemorillo de la Sierra
CU 406 Alcalá de la Vega
CU 407 Reíllo
CU 408 Moya
CU 409 Cardenete
CU 505 Mota del Cuervo
CU 506 Buenache de Alarcón
CU 507 Las Pedroñeras
CU 508 San Clemente
CU 604 Mira
CU 605 Alarcón
CU 606 Campillo de Altobuey
CU 607 Casas de Benítez
CU 608 Minglanilla
CU 609 Villagarcía del Llano

## GUADALAJARA

GU 105 Miedes de Atienza
GU 106 Sienes
GU 107 Galve de Sorbe
GU 108 Sigüenza
GU 109 Bustares
GU 110 Alocolea del Pinar
GU 111 Robledo de Corpes
GU 112 Matillas
GU 113 La Toba
GU 203 Villel de Mesa
GU 204 La Yunta
GU 205 Maranchón
GU 308 Guadalajara
GU 309 Cogolludo
GU 310 Abádanes
GU 311 Valdepeñas de la Sierra
GU 312 Ledanca
GU 313 Humanes
GU 314 Brihuega
GU 315 Casar de Talamanca
GU 316 Trillo
GU 317 Azuqueca de Henares
GU 318 Peñalver
GU 401 Molina de Aragón
GU 407 Villanueva de Alcorón
GU 408 Tordellego
GU 410 Checa
GU 505 Loranca de Tajuña
GU 506 Auñón
GU 507 Mondéjar
GU 508 Alcocer

GU 509 Pastrana
GU 510 Albalate de Zorita

## TOLEDO

TO 100 La Iglesuela
TO 103 Buenaventura
TO 104 Almorox
TO 105 Castillo de Bayuela
TO 106 Nombela
TO 107 Oropesa
TO 108 Portillo de Toledo
TO 109 La Calzada de Oropesa
TO 110 Santa Olalla
TO 112 Santo Domingo-Caudilla
TO 113 Mejorada
TO 114 Villamiel de Toledo
TO 201 Carranque
TO 202 Seseña
TO 203 Méntrida
TO 301 Talavera de la Reina
TO 307 Valdeverdeja
TO 308 Cebolla
TO 309 Navalmoralejo
TO 310 El Carpio de Tajo
TO 311 Belvís de la Jara
TO 312 Polán
TO 407 Toledo
TO 408 Villarrubia de Santiago
TO 409 Cedillo del Condado
TO 410 Ocaña
TO 411 Yunclillos
TO 412 Yepes
TO 413 Cobeja
TO 414 Cabañas de Yepes
TO 415 Añover de Tajo
TO 502 Navahermosa
TO 503 Mohedas de la Jara
TO 504 Cuerva
TO 505 Sevilleja de la Jara
TO 507 Los Navalucillos
TO 605 Mazarambroz
TO 606 Quintanar de la Orden
TO 607 Mora
TO 608 Villacañas
TO 609 Los Yébenes
TO 610 Camuñas

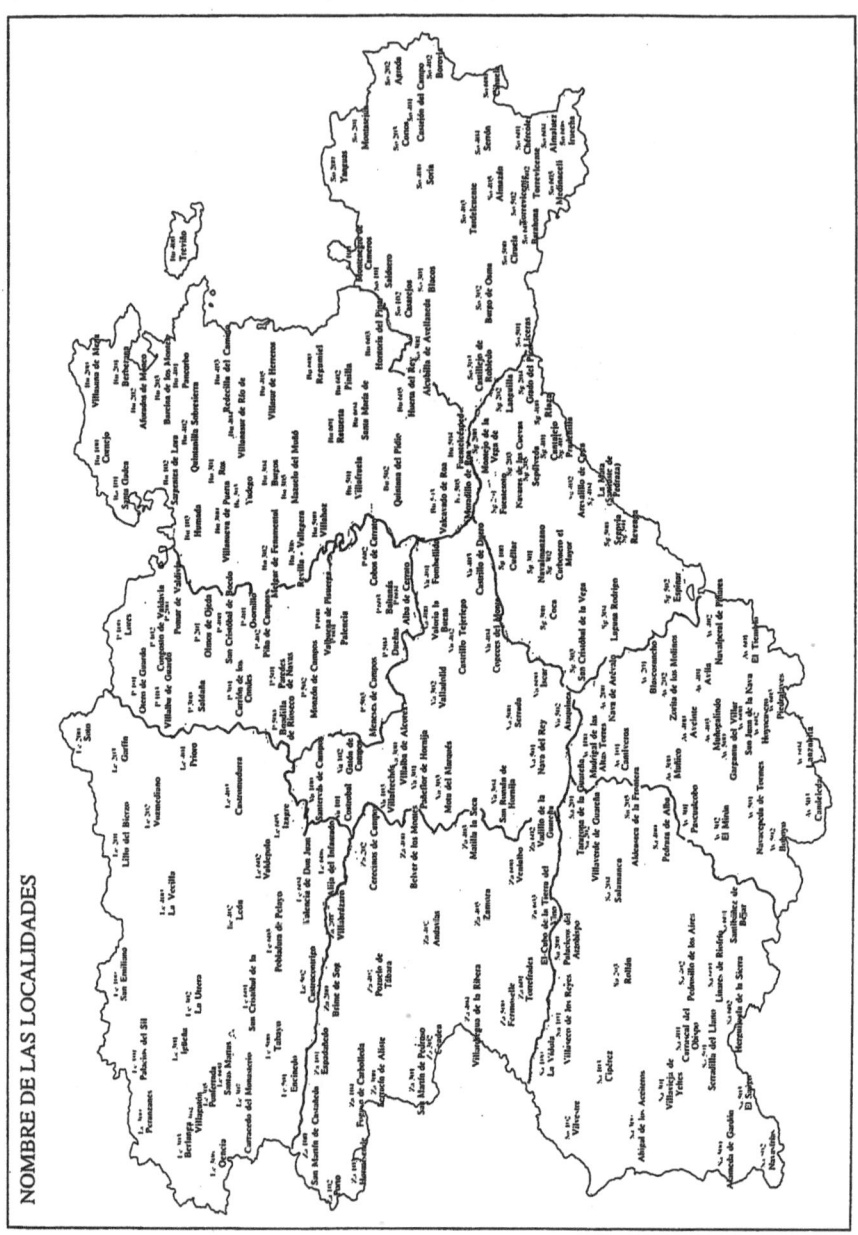

NOMBRE DE LAS LOCALIDADES

6. *Atlas Lingüístico y Etnográfico de las Islas Canarias (ALEICan)*

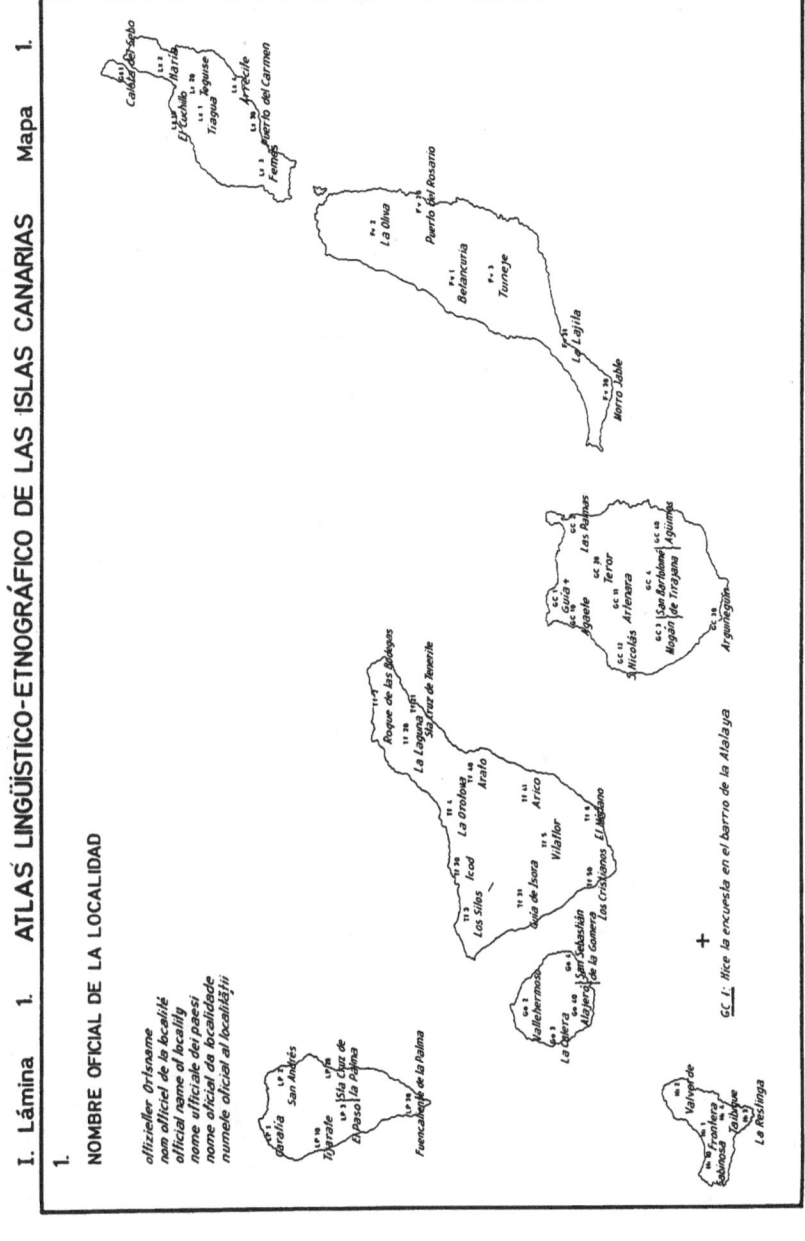

345

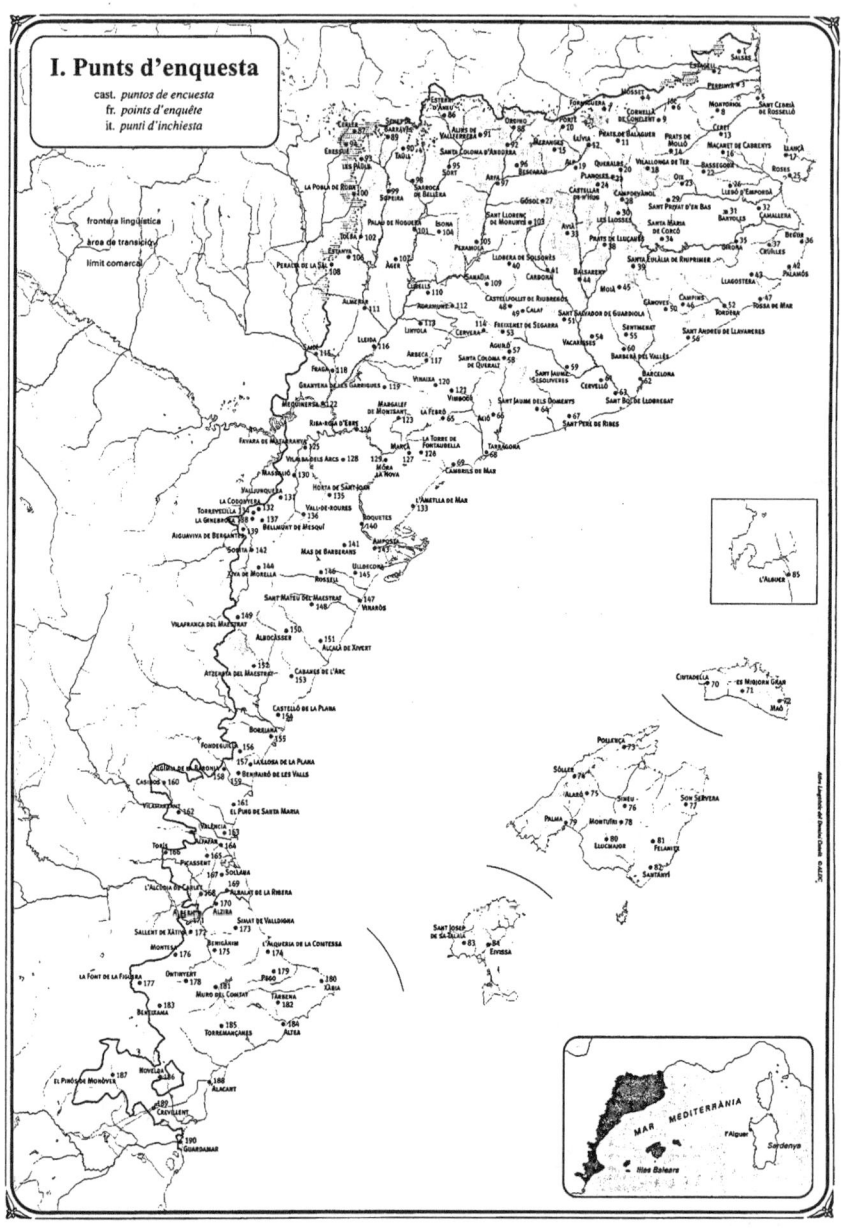

## 8. *Atlas Lingüístico Galego (ALGa)*

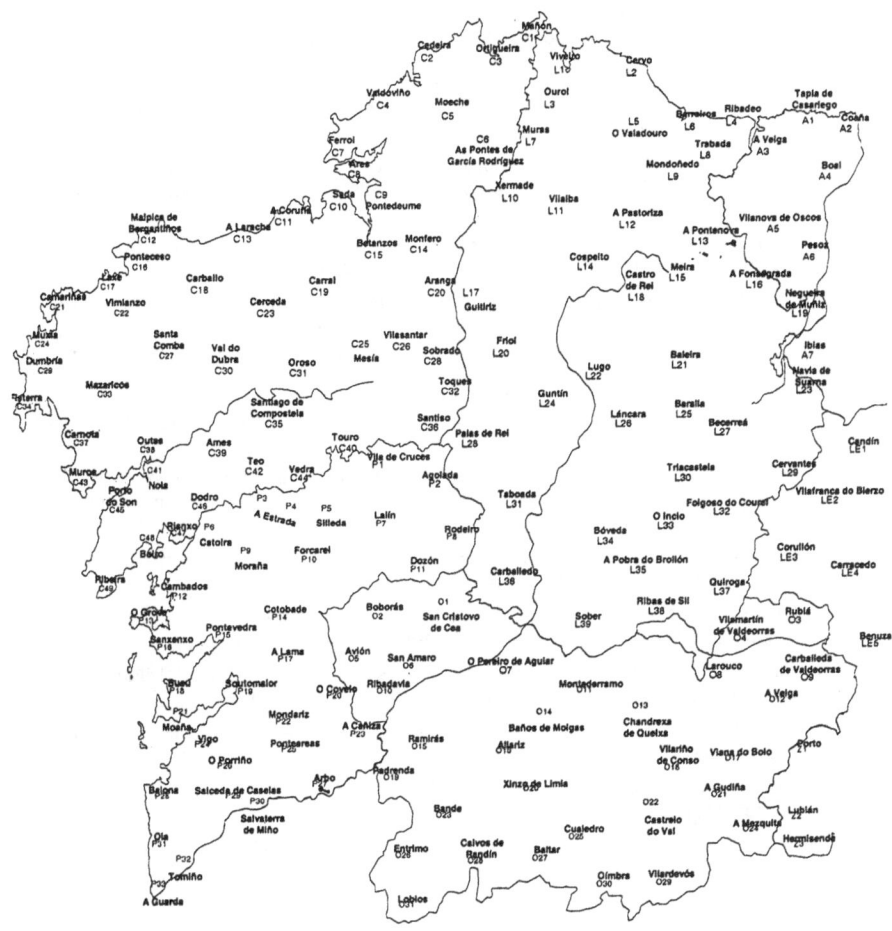

# Studien zur romanischen Sprachwissenschaft und interkulturellen Kommunikation

Herausgegeben von Gerd Wotjak

Band 63 Concepción Martínez Pasamar (ed.): Estrategias argumentativas en el discurso periodístico. 2010.

Band 64 Regina Gutiérrez Pérez: Estudio cognitivo-contrastivo de las metáforas del cuerpo. Análisis empírico del corazón como dominio fuente en inglés, francés, español, alemán e italiano. 2010.

Band 65 Dolores García Padrón / María del Carmen Fumero Pérez (eds.): Tendencias en lingüística general y aplicada. 2010.

Band 66 Aquilino Sánchez / Moisés Almela (eds.): A Mosaic of Corpus Linguistics. Selected Approaches. 2010.

Band 67 Maria Carmen Àfrica Vidal Claramonte: Traducción y asimetría. 2010.

Band 68 Ana Maria Garcia Bernardo: Zu aktuellen Grundfragen der Übersetzungswissenschaft. 2010.

Band 69 María Cristina Toledo Báez: El resumen automático y la evaluación de traducciones en el contexto de la traducción especializada. 2010.

Band 70 Elia Hernández Socas: Las Islas Canarias en viajeras de lengua alemana. 2010.

Band 71 Ramón Trujillo: La gramática de la poesía. 2011.

Band 72 Maria Estellés Arguedas: Gramaticalización y paradigmas. Un estudio a partir de los denominados marcadores de digresión en español. 2011.

Band 73 Inés Olza Moreno: Corporalidad y lenguaje. La fraseología somática metalingüística del español. 2011.

Band 74 Ana Belén Martínez López: Traducción y terminología en el ámbito biosanitario (inglés-español). 2011.

Band 75 Carsten Sinner / Elia Hernández Socas / Christian Bahr (eds.): Tiempo, espacio y relaciones-temporales. Nuevas aportaciones de los estudios contrastivos. 2011.

Band 76 Elvira Manero Richard: Perspectivas lingüísticas sobre el refrán. El refranero metalingüístico del español. 2011.

Band 77 Marcial Morera: El género gramatical en español desde el punto de vista semántico. 2011.

Band 78 Elia Hernández Socas / Carsten Sinner / Gerd Wotjak (eds.): Estudios de tiempo y espacio en la gramática española. 2011.

Band 79 Carolina Julià Luna: Variación léxica en los nombres de las partes del cuerpo. Los dedos de la mano en las variedades hispanorrománicas. 2012.

www.peterlang.de

Regina Gutiérrez Pérez

# Estudio cognitivo-contrastivo de las metáforas del cuerpo

**Análisis empírico del corazón como dominio fuente en inglés, francés, español, alemán e italiano**

Frankfurt am Main, Berlin, Bern, Bruxelles, New York, Oxford, Wien, 2010. 219 pp.
Studien zur romanischen Sprachwissenschaft und interkulturellen Kommunikation. Edited by Gerd Wotjak. Vol. 64
ISBN 978-3-631-59719-4 · hardback € 47,80*

Este volumen examina cómo los hablantes conceptualizan la realidad usando metafóricamente las partes del cuerpo. A través de un análisis pormenorizado de una de ellas, el corazón, se lleva a cabo un estudio contrastivo en cinco lenguas, tres romances (francés, italiano y español) y dos germánicas (inglés y alemán), en el seno de la Teoría de la Metáfora Conceptual (TMC), estableciendo un patrón de semejanzas y diferencias en esas lenguas. La mayoría de las similitudes derivan de aspectos universales del cuerpo humano. Sin embargo, la diversidad cultural proporciona diferentes expresiones lingüísticas que evidencian la necesidad de situar los universales experienciales en un nivel de pensamiento culturalmente determinado.
Tanto el aspecto de la universalidad como el de la variación de la metáfora constituyen una de las cuestiones más complejas y, a la vez, más interesantes de su investigación. Este trabajo supone una aportación a la desafiante tarea que lleva a cabo la Lingüística Cognitiva en el estudio de esta figura.

*Content:* La metáfora en la Teoría Cognitiva · Clasificación de las metáforas · Enseñanza de la metáfora · La metonimia, demarcación respecto a la metáfora · Estudio empírico 1: cuestionario de las partes del cuerpo · Estudio empírico 2: el corazón · Estudio empírico 3: ejemplo de análisis de corpus

*inklusive der in Deutschland gültigen Mehrwertsteuer. Preisänderungen vorbehalten

Frankfurt am Main · Berlin · Bern · Bruxelles · New York · Oxford · Wien
Auslieferung: Verlag Peter Lang AG
Moosstr. 1, CH-2542 Pieterlen
Telefax 00 41 (0) 32 / 376 17 27
E-Mail info@peterlang.com
**Seit 40 Jahren Ihr Partner für die Wissenschaft
Homepage http://www.peterlang.de**

Peter Lang · Internationaler Verlag der Wissenschaften

Printed by
CPI books GmbH, Leck